教育部高等学校电子信息类专业教学指导委员会规划教材
高等学校电子信息类专业系列教材

Embedded Linux System Development
Based on ARM Processor

嵌入式Linux系统开发

——基于ARM处理器通用平台

冯新宇　编著
Feng Xinyu

清華大學出版社
北京

内 容 简 介

本书系统论述了基于 ARM 处理器的嵌入式 Linux 系统开发的原理、方法与实践。全书共 15 章，分别介绍了嵌入式 Linux 系统管理、Linux 编程基础、Linux 高级编程、Linux 内核开发、Linux 系统移植和 Linux 驱动程序开发等。

本书内容吸收了作者在 Linux 系统教学、科研和实际项目研发中的经验，实践性强。在内容编排上，按照读者学习的一般性规律，结合大量实例论述，能够使读者高效地掌握嵌入式 Linux 系统的基本原理和应用方法。本书既可以作为高等院校相关专业的教材，也可以作为从事嵌入式系统开发人员的参考用书。

图书在版编目（CIP）数据

嵌入式 Linux 系统开发：基于 ARM 处理器通用平台/冯新宇编著. —北京：清华大学出版社，2017（2023.1 重印）
（高等学校电子信息类专业系列教材）
ISBN 978-7-302-48219-2

Ⅰ. ①嵌… Ⅱ. ①冯… Ⅲ. ①Linux 操作系统－高等学校－教材 Ⅳ. ①TP316.85

中国版本图书馆 CIP 数据核字（2017）第 209681 号

责任编辑： 盛东亮
封面设计： 李召霞
责任校对： 时翠兰
责任印制： 曹婉颖

出版发行： 清华大学出版社
网　　址： http://www.tup.com.cn, http://www.wqbook.com
地　　址： 北京清华大学学研大厦 A 座　　**邮　　编：** 100084
社 总 机： 010-83470000　　**邮　　购：** 010-62786544
投稿与读者服务： 010-62776969，c-service@tup.tsinghua.edu.cn
质量反馈： 010-62772015，zhiliang@tup.tsinghua.edu.cn
课件下载： http://www.tup.com.cn，010-83470236
印 装 者： 涿州市般润文化传播有限公司
经　　销： 全国新华书店
开　　本： 185mm×260mm　　**印　　张：** 25.75　　**字　　数：** 621 千字
版　　次： 2017 年 10 月第 1 版　　**印　　次：** 2023 年 1 月第 7 次印刷
定　　价： 79.00 元

产品编号：076191-01

高等学校电子信息类专业系列教材

序

FOREWORD

我国电子信息产业销售收入总规模在2013年已经突破12万亿元，行业收入占工业总体比重已经超过9%。电子信息产业在工业经济中的支撑作用凸显，更加促进了信息化和工业化的高层次深度融合。随着移动互联网、云计算、物联网、大数据和石墨烯等新兴产业的爆发式增长，电子信息产业的发展呈现了新的特点，电子信息产业的人才培养面临着新的挑战。

（1）随着控制、通信、人机交互和网络互联等新兴电子信息技术的不断发展，传统工业设备融合了大量最新的电子信息技术，它们一起构成了庞大而复杂的系统，派生出大量新兴的电子信息技术应用需求。这些“系统级”的应用需求，迫切要求具有系统级设计能力的电子信息技术人才。

（2）电子信息系统设备的功能越来越复杂，系统的集成度越来越高。因此，要求未来的设计者应该具备更扎实的理论基础知识和更宽广的专业视野。未来电子信息系统的设计越来越要求软件和硬件的协同规划、协同设计和协同调试。

（3）新兴电子信息技术的发展依赖于半导体产业的不断推动，半导体厂商为设计者提供了越来越丰富的生态资源，系统集成厂商的全方位配合又加速了这种生态资源的进一步完善。半导体厂商和系统集成厂商所建立的这种生态系统，为未来的设计者提供了更加便捷却又必须依赖的设计资源。

教育部2012年颁布了新版《高等学校本科专业目录》，将电子信息类专业进行了整合，为各高校建立系统化的人才培养体系，培养具有扎实理论基础和宽广专业技能的、兼顾“基础”和“系统”的高层次电子信息人才给出了指引。

传统的电子信息学科专业课程体系呈现“自底向上”的特点，这种课程体系偏重对底层元器件的分析与设计，较少涉及系统级的集成与设计。近年来，国内很多高校对电子信息类专业课程体系进行了大力度的改革，这些改革顺应时代潮流，从系统集成的角度，更加科学合理地构建了课程体系。

为了进一步提高普通高校电子信息类专业教育与教学质量，贯彻落实《国家中长期教育改革和发展规划纲要（2010—2020年）》和《教育部关于全面提高高等教育质量若干意见》（教高【2012】4号）的精神，教育部高等学校电子信息类专业教学指导委员会开展了“高等学校电子信息类专业课程体系”的立项研究工作，并于2014年5月启动了《高等学校电子信息类专业系列教材》（教育部高等学校电子信息类专业教学指导委员会规划教材）的建设工作。其目的是为推进高等教育内涵式发展，提高教学水平，满足高等学校对电子信息类专业人才培养、教学改革与课程改革的需要。

本系列教材定位于高等学校电子信息类专业的专业课程，适用于电子信息类的电子信息工程、电子科学与技术、通信工程、微电子科学与工程、光电信息科学与工程、信息工程及其相近专业。经过编审委员会与众多高校多次沟通，初步拟定分批次（2014—2017 年）建设约 100 门课程教材。本系列教材将力求在保证基础的前提下，突出技术的先进性和科学的前沿性，体现创新教学和工程实践教学；将重视系统集成思想在教学中的体现，鼓励推陈出新，采用“自顶向下”的方法编写教材；将注重反映优秀的教学改革成果，推广优秀的教学经验与理念。

为了保证本系列教材的科学性、系统性及编写质量，本系列教材设立顾问委员会及编审委员会。顾问委员会由教指委高级顾问、特约高级顾问和国家级教学名师担任，编审委员会由教育部高等学校电子信息类专业教学指导委员会委员和一线教学名师组成。同时，清华大学出版社为本系列教材配置优秀的编辑团队，力求高水准出版。本系列教材的建设，不仅有众多高校教师参与，也有大量知名的电子信息类企业支持。在此，谨向参与本系列教材策划、组织、编写与出版的广大教师、企业代表及出版人员致以诚挚的感谢，并殷切希望本系列教材在我国高等学校电子信息类专业人才培养与课程体系建设中发挥切实的作用。

吕志伟 教授

前言

PREFACE

嵌入式系统及其应用是一个庞大的知识体系，笔者在多年的授课过程中，也很难选择一本合适的书作为本科学生的授课教材。结合课堂讲稿和学生的部分毕业设计内容，以及在学生学习过程中经常遇到的问题，笔者整理成本书——《嵌入式 Linux 系统开发——基于 ARM 处理器通用平台》，之所以这么命名，是打破了以前 ARM9 体系或者 ARM11 体系的框架。Linux 操作系统在 ARM9 之上的处理器均有较好的兼容，读者稍加修改，代码就能应用，所以命名时就回避了某一款处理器的限定。关于嵌入式有太多的内容可以介绍，本书侧重应用，并结合了当前嵌入式的发展和应用。

嵌入式系统无疑是当前最热门、最有发展前途的 IT 应用领域之一。嵌入式系统用在某些特定的专用设备上，通常这些设备的硬件资源（如处理器、存储器等）非常有限，并且对成本很敏感，有时还对实时响应等要求很高。特别是随着消费家电的智能化，嵌入式更显重要。像我们平时常见的手机、PDA、电子字典、可视电话、数字相机、数字摄像机、机顶盒、高清电视、游戏机、智能玩具、交换机、路由器、数控设备或仪表、汽车电子、家电控制系统、医疗仪器、航天航空设备等都是典型的嵌入式系统。

嵌入式系统是软硬结合的产品，嵌入式开发主要分为两类。

一类是无线电相关专业，例如电子工程、通信工程等专业出身的人，他们主要搞硬件设计，有时需要开发一些与硬件关系最密切的最底层软件（例如 BootLoader、Board Support Package)、最初级的硬件驱动程序等。他们的优势是对硬件原理非常清楚，不足是他们更擅长定义各种硬件接口，但对复杂的软件系统往往力不从心（例如嵌入式操作系统原理和复杂的应用软件等)。

另一类是软件、计算机专业出身的人，主要从事嵌入式操作系统和应用软件的开发。如果我们学软件的人对硬件原理和接口有较好的掌握，也完全可以编写 BSP 和硬件驱动程序。嵌入式硬件设计完成后，各种功能就全靠软件来实现了。嵌入式设备的增值很大程度上取决于嵌入式软件，设备越智能，系统越复杂，软件的作用越关键，这也是目前的趋势。

目前，国内外的相关人才都很稀缺。一方面，该领域入门门槛较高，不仅要了解较底层的软件（例如操作系统级、驱动程序级软件），对软件专业水平要求较高（嵌入式系统对软件设计的时间和空间效率要求较高)，而且必须熟悉硬件的工作原理，所以非专业 IT 人员很难切入这一领域；另一方面，该领域较新，发展太快，很多软硬件技术出现时间不长或正在出现（例如 ARM 处理器、嵌入式操作系统、MPEG 技术、无线通信协议等)，掌握这些新技术的人较少。嵌入式人才稀缺，身价自然就高。嵌入式人才稀少的根本原因可能是大多数人无条件接触该领域，这需要相应的嵌入式开发板和软件，另外需要有经验的人进行开发流程的指导。

与企业计算等应用软件的开发人员不同，嵌入式领域人才的工作强度通常较低，收入却很高。从事企业应用软件的 IT 人员，这个用户的系统开发完成后，又要去开发下一个用户的系统，并且每个用户的需求和完成时间都必须按客户要求改变，往往疲于奔命，重复劳动。相比而言，开发嵌入式系统的公司，都有自己的产品计划，按自己的节奏行事，所开发的产品通常是通用的，不会因客户的不同而修改。某一型号的产品开发完成后，往往有较长的一段空闲时间（或只是对软件进行一些小修补），有时间进行充电和休整。另外，从事嵌入式软件开发的人员的工作范围相对狭窄，所涉及的专业技术范围比较小（ARM、RTOS、MPEG、802.11 等），随着时间的累积，经验也逐渐累积，可“倚老卖老”，寥寥数语的指导就足够让初入道者琢磨半年。如果从事应用软件开发，可能不同的客户的软件开发平台也完全不同，这会使得开发工作也相对更加辛苦。

嵌入式开发更注重的是练习，嵌入式系统开发设计最难的是入门，嵌入式系统开发涉及知识较多，初学者很难从纷杂的知识中快速上手学习，现在市面上用于嵌入式开发的学习板比比皆是，价格都比较低廉，读者可以买一款相对通用的开发板，按照书中的操作练习，本书将一步一步引导初学者进行嵌入式开发的学习。任何知识的学习都是由浅入深，由感性认识到理性认识，掌握了前几章的学习，相信读者一定能够掌握嵌入式入门开发的基本要领。

本书主要由冯新宇编写。此外，本书第 11~15 章由蒋洪波编写。参与编写的还有杨昕宇、刘宇莹、刘琳、史殿发、孟莹等。

感谢广州碾展公司的技术支持！

感谢您选择了本书，希望我们的努力对您的工作和学习有所帮助，也希望您把对本书的意见和建议反馈给我们。

作　者

2017 年 4 月

学 习 说 明

Study Shows

学习资源

为了方便读者学习，本书配套提供了教学课件、相关设计文档、源代码，以及免费的Linux 安装包。购买本书的读者可加入 QQ 交流群号，获取百度网盘链接下载地址。

注意：所有教学课件及工程文件仅限购买本书读者学习使用，不得以任何方式传播！

作者联络方式

电子邮件：88574099@163.com

嵌入式交流 QQ 群号：185156135

微信公众号

目录

CONTENTS

第 1 章 Linux概述与系统管理

CHAPTER 1

随着计算机技术的发展，嵌入式 Linux 系统在嵌入式处理器中的应用越来越广泛，只有熟练使用了 Linux 系统后，才可能在嵌入式开发领域得心应手，本章从嵌入式系统的基本概念入手，在了解嵌入式系统的发展和应用的基础上，阐述 Linux 操作系统的安装和使用方法，使读者对 Linux 常用命令和系统的管理方法有一个全面的认识。

1.1 嵌入式系统概述

嵌入式系统是以应用为中心、以计算机技术为基础并且软硬件可裁剪，适用于应用系统对功能、可靠性、成本、体积、功耗有严格要求的专用计算机系统。

嵌入式系统是把计算机直接嵌入到应用系统中，它融合了计算机软硬件技术、通信技术和微电子技术。随着微电子技术和半导体技术的高速发展，超大规模集成电路技术和深亚微米制造工艺已十分成熟，从而使高性能系统芯片的集成成为可能，并推动着嵌入式系统向最高级构建形式，即片上系统 SoC（System on Chip）的水平发展，进而促使嵌入式系统得到更深入、更广阔的应用。嵌入式技术的快速发展不仅使其成为当今计算机技术和电子技术的一个重要分支，同时也使计算机的分类从以前的巨型机、大型机、小型机和微型机变为通用计算机和嵌入式计算机（即嵌入式系统）。

1.1.1 嵌入式系统的发展历史

20 世纪 80 年代初，嵌入式系统的研发开始使用商业级“操作系统”编写嵌入式应用软件，使嵌入式应用的开发周期缩短、成本降低。这些嵌入式操作系统均具有嵌入式技术的典型特点：采用占先式的调度，响应的时间很短，任务执行的时间可以确定；系统内核很小，且具有可剪裁性、可扩充性和可移植性，可以移植到各种型号的微处理器（单片机）上；具有较强的实时性和可靠性，适合于嵌入式应用。

20 世纪 90 年代以后，随着诸多应用领域对嵌入式系统实时性要求的提高，各种应用软件的规模不断扩大，又促使嵌入式系统的实时内核逐渐发展为实时多任务操作系统（RTOS），并作为一种软件平台逐步演变为目前国际上流行的嵌入式操作系统。

在嵌入式操作系统迅速发展的同时，系统芯片的制造与设计技术也在不断进步。系统芯片就是把一个完整的最终产品的主要功能单元集成到一块或一组大规模集成电路芯片上，这是现代集成电路工艺技术——深亚微米技术迅速发展的必然结果。系统芯片制造技术的发展主要体现在硅圆片的尺寸逐渐增大以及硅晶片的特征线宽逐步减小，同时芯片的集成度不断提高。系统芯片技术的发展，使得嵌入式系统硬件进一步向微型化、高集成化发展，从而为嵌入式系统的应用开辟了更为广阔的天地。

1.1.2 嵌入式系统的特点

嵌入式系统也是计算机系统，由三大部分构成：CPU、内存和输入输出设备。此外，当然还得有将这三大部分连接起来的“总线”。这是所有计算机系统的共性，但与以 PC 为代表的通用计算机系统相比，嵌入式有它的特殊性，其特点概括如下：

（1）具有良好的可靠性与稳定性。

（2）嵌入式系统的软硬件均是面向特定应用对象和任务设计的，具有很强的专用性。

（3）有些嵌入式系统需要长期连续运行（如电话交换机）。

（4）有些要求高可靠的嵌入式系统还需要采用容错技术，即系统在损坏时能自动切换到它的备份，或者对系统进行重构。

（5）许多嵌入式系统都有实时性要求，需要有对外部事件迅速作出反应的能力。

（6）在系统组成上，因为嵌入式系统常常用于控制，其外设接口更多样化，并且数量往往比较多。

（7）与通用计算机相比，嵌入式系统一般都不具有用于大容量存储目的的外部设备，也就是不带磁盘。

（8）许多嵌入式系统的人机界面也有其特殊性。

1.1.3 嵌入式系统的体系结构

嵌入式系统早期主要应用于军事及航空航天等领域，后来逐步广泛应用于工业控制、仪器仪表、汽车电子、通信和家用消费电子类等领域。随着 Internet 的发展，新型的嵌入式系统正朝着信息家电和 3C 产品方向发展。嵌入式系统采用量体裁衣的方式把所需的功能嵌入至各种应用系统中。根据应用形式的不同，有 IP 级、芯片级和模块级三级不同的体系架构。体系结构的主要特点概括如下：

（1）IP 级的架构也就是系统级芯片 SOC 的形式。把不同的 IP 单元，根据应用的要求集成在一块芯片上，各种嵌入式软件也可以以 IP 方式集成在芯片上。

（2）芯片级架构是根据各种 IT 产品的要求，选用相应的处理器芯片、RAM、ROM（EPROM/EEPROM/FLASH）及 I/O 接口芯片等组成相应的嵌入式系统；相应的系统软件或应用软件也以固件形式固化在 ROM 中。这是目前嵌入式系统最常见的形式。

（3）模块级架构是将以 x86 处理器构成的计算机系统模块嵌入到应用系统中。这样可充分利用目前常用的 PC 的通用性和便利性。不过，此方式不但要缩小体积、增加可靠性，而且还要把操作系统改造为嵌入式操作系统，把应用软件固化在固态盘中。这种嵌入式系统较多地出现在工业控制和仪器仪表中。

1.1.4 典型嵌入式系统介绍

国际上用于信息电器的嵌入式操作系统大约有 40 种。目前，市场上非常流行的嵌入式操作系统产品，包括 3Com 公司下属子公司的 Palm OS（全球占有份额达 50%）以及微软公司的 Windows CE（全球占有份额不超过 29%）。在美国市场，Palm OS 更以 80%的占有率远超 Windows CE。开放源代码的 Linux 操作系统近几年异军突起，市场占有份额逐渐增加，特别是在消费类电子相关领域。

1. Palm OS

Palm 是 3Com 公司的产品，其操作系统为 Palm OS。Palm OS 是一种 32 位的嵌入式操作系统。Palm 提供了串行通信接口和红外线传输接口，利用它们可以方便地与其他外部设备通信、传输数据；它还拥有开放的 OS 应用程序接口，开发商可根据需要自行开发所需的应用程序。Palm OS 是一套具有强开放性的系统，现在有大约数千种专门为 Palm OS 编写的应用程序，从程序内容上看，小到个人管理、游戏，大到行业解决方案，Palm OS 无所不包。在丰富的软件支持下，基于 Palm OS 的便携式笔记本功能得以不断扩展。

2. Windows CE

Windows CE 是微软开发的一个开放的、可升级的 32 位嵌入式操作系统，是基于便携式笔记本类的电子设备操作系统。它是精简的 Windows 95。Windows CE 的图形用户界面相当出色。其中，CE 中的 C 代表袖珍、消费、通信能力和伴侣；E 代表电子产品。与 Windows 95/98、Windows NT 不同的是，Windows CE 是所有源代码全部由微软自行开发的嵌入式新型操作系统，其操作界面虽来源于 Windows 95/98，但 Windows CE 是基于 Win32 API 重新开发的、新型的信息设备平台。Windows CE 具有模块化、结构化和基于 Win32 应用程序接口以及与处理器无关等特点。Windows CE 不仅继承了传统的 Windows 图形界面，并且在 Windows CE 平台上可以使用 Windows 95/98 上的编程工具（如 Visual Basic、Visual C++等）、使用同样的函数、使用同样的界面网格，绝大多数的应用软件只需简单的修改和移植就可以在 Windows CE 平台上继续使用，目前最新版本为 wince 7.0（Windows Embedded Compact）。

3. Linux

Linux 是一个类 UNIX 的操作系统，两种操作系统的基本操作无异。Linux 系统起源于芬兰一个名为 Linus Torvalds 的业余爱好者，现在已经是最为流行的一款开放源代码的操作系统。Linux 从 1991 年问世到现在，已经发展成为一个功能强大、设计完善的操作系统。Linux 系统不仅能够运行于 PC 平台，还在嵌入式系统方面大放光芒，在各种嵌入式操作系统迅速发展的情况下，Linux OS 逐渐形成了可与 Windows CE 等嵌入式操作系统抗衡的局面。目前正在开发的嵌入式系统中，49%的项目选择 Linux 作为嵌入式操作系统。Linux 已成为嵌入式操作系统的理想选择。

Palm OS、Windows CE、Linux 这三种嵌入式操作系统各有不同的特点、不同的用途。Linux 比 Palm OS 和 Windows CE 更小、更稳定，并且 Linux 是开放的操作系统，在价格上极具竞争力。三种嵌入式操作系统的比较如表 1-1 所示。

表 1-1 三种嵌入式操作系统的比较

比较项目	Palm OS	Windows CE 3.0	嵌入式 Linux
大小	核心占几十 KB，整个嵌入式环境也不大	核心占 500KB 的 ROM 和 250KB 的 RAM。整个 Windows CE 操作系统，包括硬件抽象层、Windows CE Kernel、User、GDI、文件系统和数据库，大约共 1.5MB	核心从几十 KB 到 500KB。整个嵌入式环境最小只有 100KB 左右，并且以后还将越来越小
可开发定制	可以方便地开发定制	用户开发定制不方便，受 Microsoft 公司限制较多	用户可以方便地开发定制，可以自由卸装用户模块，不受任何限制
互操作性	互操作性强	互操作性比较强，Windows CE 可通过 OEM 的许可协议用于其他设备	互操作性很强
通用性	适用于多种 CPU 和多种硬件平台	适用于多种 CPU 和多种硬件平台	不仅适用于 x86 芯片，还可以支持 30 多种 CPU 和多种硬件平台，开发和使用都很容易
实用性	比较好	比较好	很好
适用的应用领域	应用领域较广，特别适用于便携式笔记本的开发	应用领域较广。Windows CE 是为新一代非传统的 PC 设备而设计的，这些设备包括便携式笔记本、手持笔记本以及车载计算机等	由于 Linux 内核结构及功能等原因，嵌入式 Linux 应用领域非常广泛，特别适于进行信息家电的开发

1.2 嵌入式 Linux 基础

Linux 是一种适用于 PC 的计算机操作系统，并且适用于多种平台，Linux 系统越来越受到计算机用户的欢迎，于是很多人开始学习 Linux。Linux 系统之所以会成为目前最受关注的系统之一，主要原因是它的免费，以及系统的开放性。可以随时取得程序的源代码，这对于程序开发人员来说是很重要的。除了这些，它还具有以下优势：

（1）跨平台的硬件支持；

（2）丰富的软件支持；

（3）多用户多任务；

（4）可靠的安全性；

（5）良好的稳定性；

（6）完善的网络功能。

1.2.1 Linux 发行版本

Linux 这个词本身指的是操作系统内核，也就是一个操作系统最核心的部分。它支持大多数 PC 及其他类型的计算机平台，Linux 操作系统和 Windows 系列操作系统的发布方式不一样，它不是一套单一的产品。各种发行版本以自己的方案提供 Linux 操作系统从内核到桌面的全套应用软件，以及该发行版本的工具包和文档，从而构建为一套完整的操作系统软件。目前常用的 Linux 发行版本包括 Red Hat、Debian 和 Ubuntu 等。

1. Red Hat Linux/Fedora Core

这是最出色、用户最多的 Linux 发行版本之一，同时也是中国用户最熟悉的发行版。Linux 如今在各领域蓬勃发展，而不仅仅是黑客社区交流技术的工具，Red Hat（红帽子）功不可没。它创建的 rpm 软件包管理器为用户提供了安全方便的软件安装/反安装方式，也是目前 Linux 界最流行的软件安装方式。今天，红帽子 Linux 工程师认证 RHCE 和微软工程师认证 MSCE 一样炙手可热，含金量甚至比后者还要高。Red Hat 公司在 2003 年发布了 Red Hat 9.0，之后转向了支持商业化的 Red Hat Enterprise Linux（RHEL）的开发。目前嵌入式系统开发使用 RHEL5 版本较多。

2. Debian Linux

在很多社区，Debian Linux 是现在讨论得相当热烈的 Linux 发行版。它至今坚持由开源社区的黑客们按照 GNU 的思想以更完善、更开放、更自由的原则独立发布，不含任何商业性质。Debian 主要包括 Woody、Sarge 和 Sid 三款产品。

（1）Woody 是最稳定安全的系统，但稳定性的苛刻要求也导致它不会使用软件的最新版本，它非常适合于服务器的运行。

（2）Sarge 上则运行了版本比较新的软件，但稳定性不如 Woody 有充分保证，它比较适合普通用户。

（3）Sid 保证了软件是最新的，但不能保证这些最新的软件在系统上的稳定运行，尽管这些软件可能也是以稳定版本的形式发布，它适合于乐于追求新软件的爱好者。

3. Ubuntu

Ubuntu 在 2005 年 10 月 18 日被 Linux Journal 杂志的读者们选为最喜欢的 Linux 发行版。它是基于 Debian 体制的新一代 Linux 操作系统，继承了 Debian 的一切优点，并提供了更易用、更人性化的使用方式。

4. SUSE

这是著名的 Novell 公司旗下的 Linux 发行版，发行量在欧洲占第一位。它使用的是 YaST 的软件包管理方式，拥有最华丽的 Linux 界面，是目前国内服务器领域用户群使用比较广泛的 Linux 系统。

5. 国内 Linux 发行版

国内的 Linux 厂商以做服务器为主。最著名的应该是红旗 Linux，他们也单独发行了免费下载的桌面版。红旗 Linux 在桌面领域主要致力于模仿 Windows 的界面和使用方法，以吸引更多的 Windows 用户转入其中。虽然也是使用 rpm 的包管理体系，但安装软件可以使用类似 Windows 的向导方式。此外，系统安装的界面和 Windows XP 几乎一样，KDE 桌面也做成尽力模仿 Windows 的主题和文件浏览方式，甚至包括对 Windows 键的支持，这种倾向于模仿 Windows 的做法见仁见智。

1.2.2 Linux 定制安装

个人 PC 可以安装独立的 Linux 操作系统，也可以采用虚拟机在 Windows 平台上安装 Linux 系统。对于初学嵌入式系统开发的人来说，采用在 Windows 平台安装虚拟机，在虚拟机基础上再安装 Linux 是比较合理的。一方面，对于初学者，计算机如果仅仅有 Linux 一个版本的操作系统，对于常用应用软件的安装和使用会带来一定的麻烦；其次，很多应用程序在 Linux 下并不支持，在嵌入式系统开发工作中也需要使用 Windows 操作系统的环境。基于此，采用虚拟机安装 Linux，对于开发和应用都比较方便。本节以 Red Hat Enterprise Linux 5 为例，讲解 Linux 操作系统定制安装的方法。具体步骤如下：

（1）首先在计算机上安装虚拟机 VMware6，双击 Windows 的应用程序 VMware6，打开虚拟机，会出现如图 1-1 所示的界面。

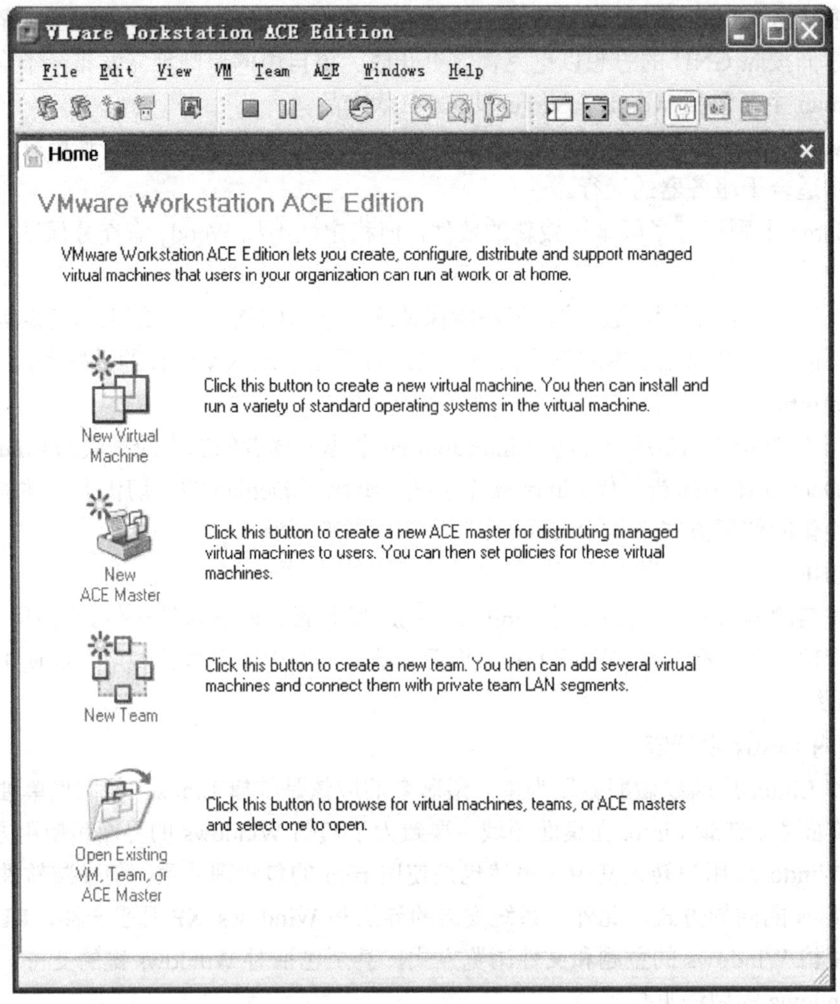

图 1-1　虚拟机启动界面

（2）单击 File 下拉菜单中的 New 选项，在出现的菜单中单击 Virtual Machine 选项（或者单击图标 ）会出现如图 1-2 所示的界面。

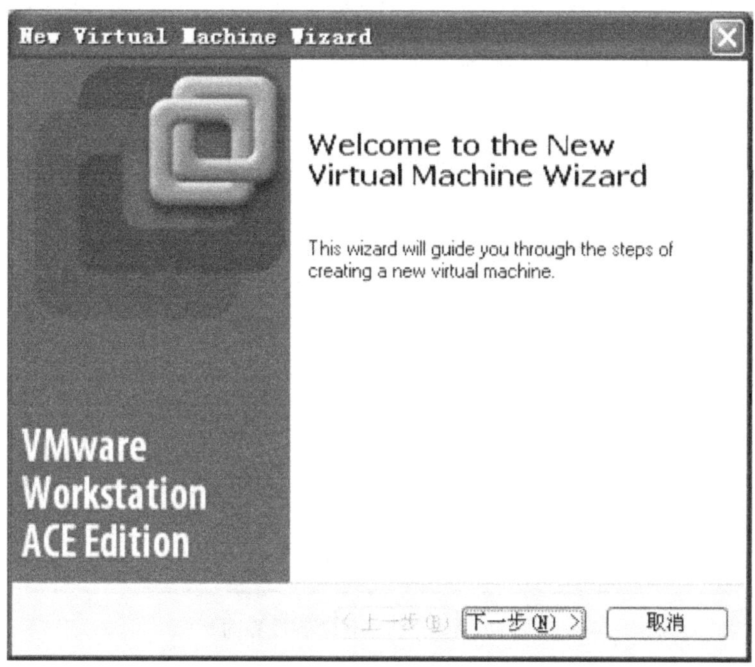

图 1-2　新建虚拟机项目

（3）单击“下一步”按钮，出现虚拟机安装配置界面，在如图 1-3 所示的对话框中，选择 Custom 选项，单击“下一步”按钮，出现硬件兼容性对话框，如图 1-4 所示，其作用是配置该虚拟机软件所兼容的计算机。

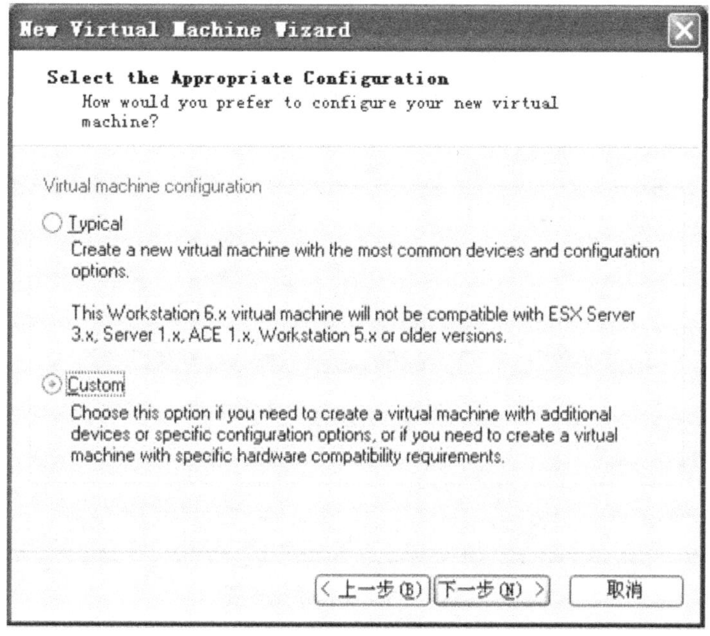

图 1-3　虚拟机配置界面

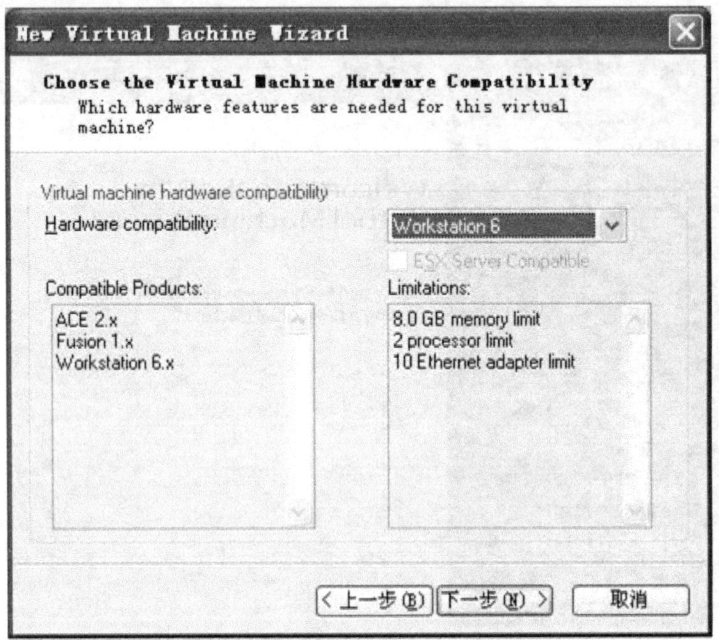

图 1-4　虚拟机硬件兼容性界面

（4）默认选择 Workstation 6，单击“下一步”按钮，进行用户操作系统设置，如图 1-5 所示的界面，选择 Linux，在 Version 下拉列表中设置安装的 Linux 版本，选择 Red Hat Enterprise Linux 5，单击“下一步”按钮出现如图 1-6 所示的界面。

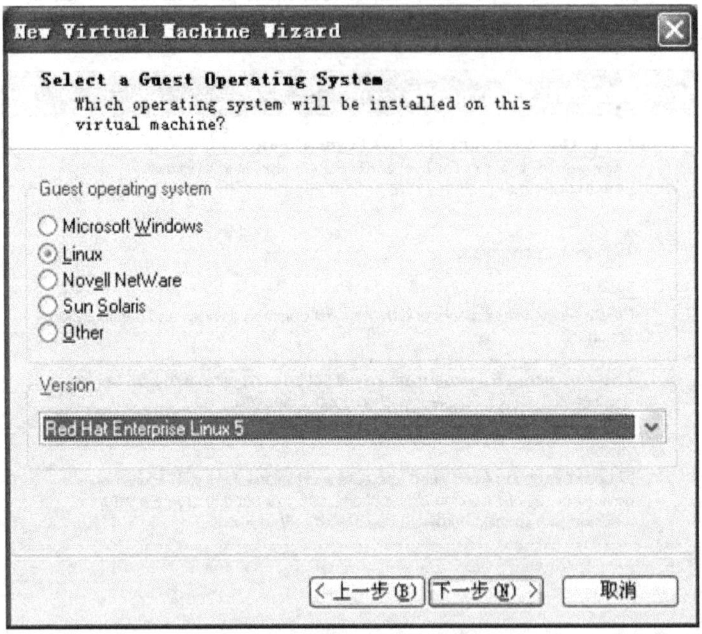

图 1-5　用户操作系统设置

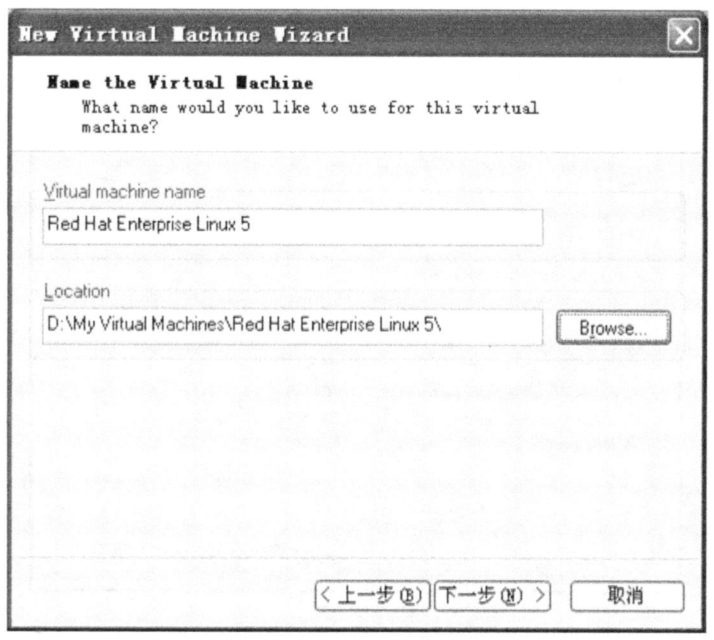

图 1-6　虚拟机名称

（5）在图 1-6 所示的界面中，选择要安装 Linux 的位置，虚拟机的名称可以更改，也可以采用默认，单击“下一步”按钮，出现如图 1-7 所示的对话框，根据 CPU 核的数目进行选择，如果是双核则选择 Two。单击“下一步”按钮，出现如图 1-8 所示的界面。

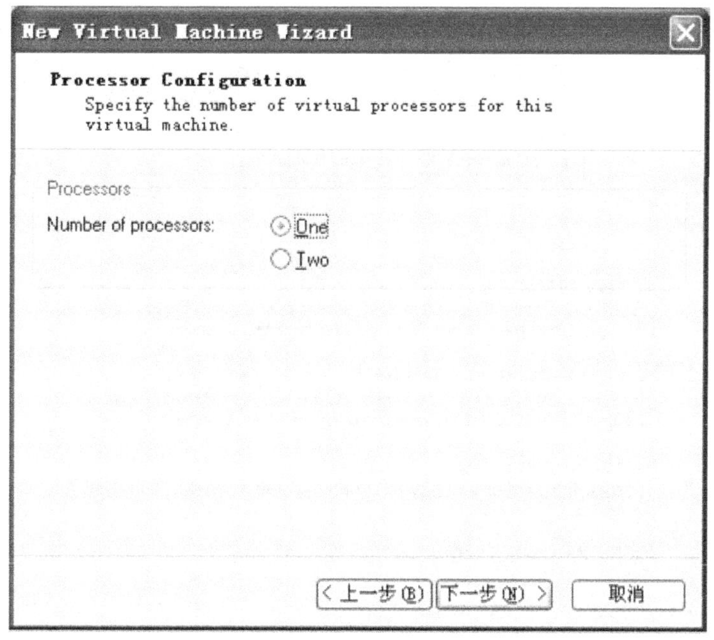

图 1-7　处理器架构选择

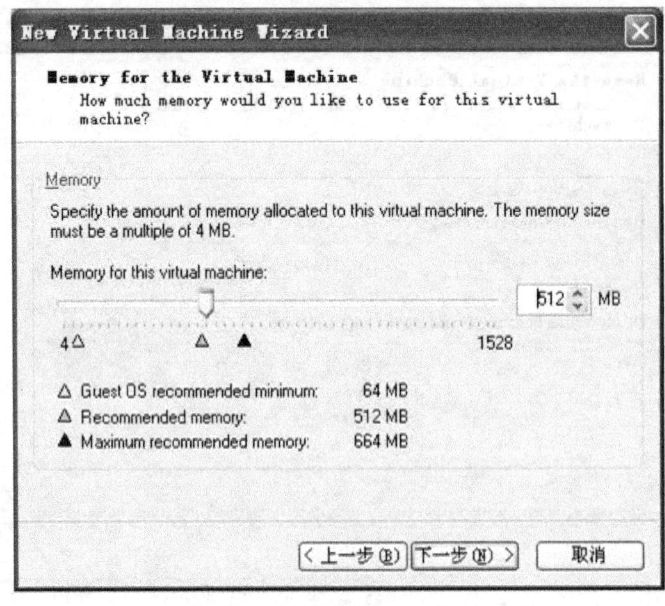

图 1-8 虚拟机内存配置

（6）选择给虚拟机分配的内存大小，若 PC 内存较大，可以选择 1024MB，根据 PC 的物理内存大小来选择。但是，如果要运行图形界面，建议分配后内存在 256MB 以上。例如，PC 的物理内存大小为 2GB，可分配 512MB 给虚拟机。

（7）单击“下一步”按钮，出现如图 1-9 所示的对话框，网络连接方式选择 Use bridged networking，单击“下一步”按钮，出现如图 1-10 所示的对话框，可按图示进行选择。

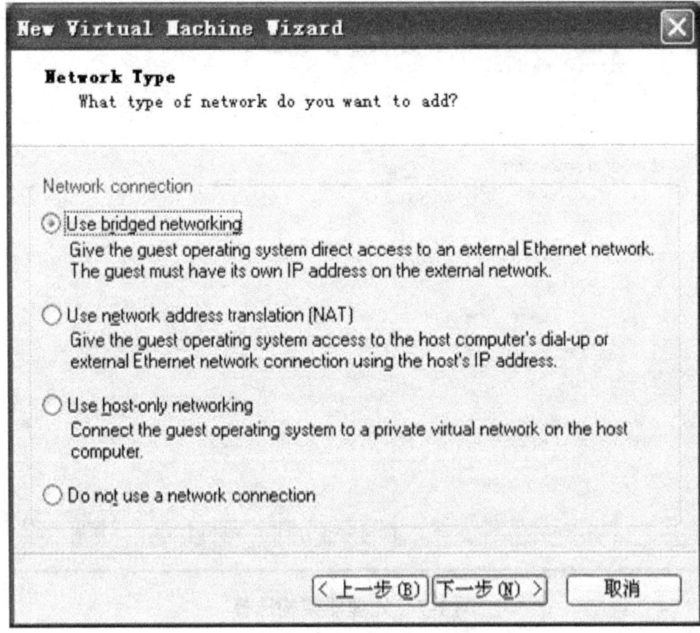

图 1-9 虚拟机网络连接方式配置

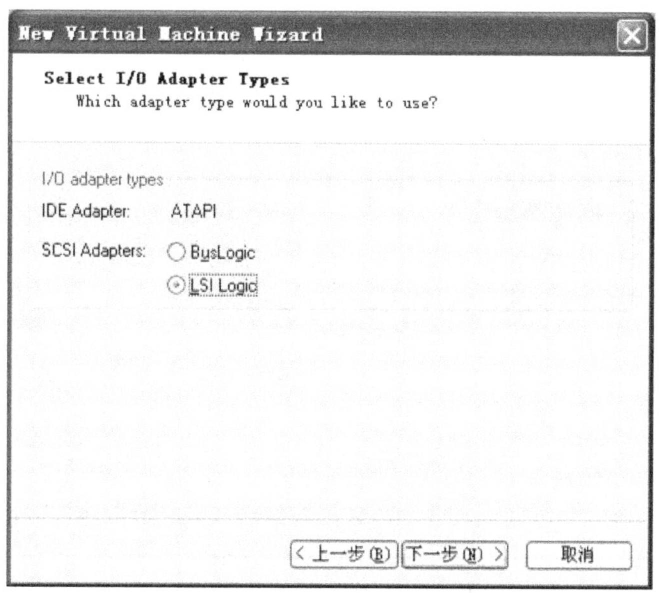

图 1-10 SCSI Adapter 配置

（8）单击“下一步”按钮，设置虚拟机磁盘，选择 Create a new virtual disk，如图 1-11 所示，单击“下一步”按钮，设置虚拟机磁盘类型，选择 SCSI 类型，如图 1-12 所示。

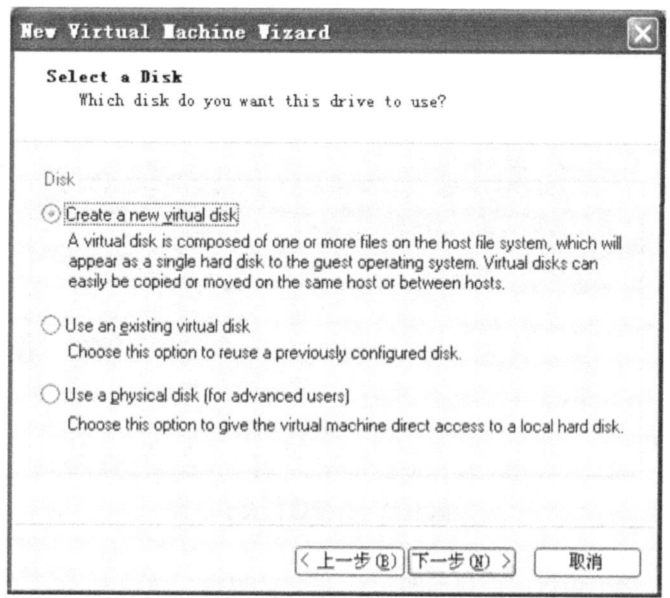

图 1-11 虚拟机磁盘设置

（9）单击“下一步”按钮，出现如图 1-13 所示的对话框，磁盘大小可以根据需要进行分配，虚拟磁盘划分选择 Split disk into 2 GB files，单击“下一步”按钮，出现如图 1-14 所示的界面，指定磁盘文件，这里采用默认设置。

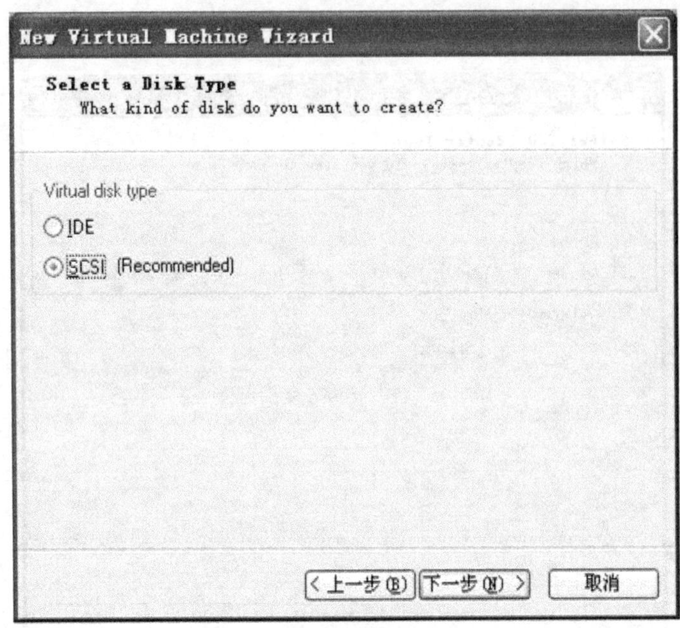

图 1-12　虚拟机磁盘类型设置

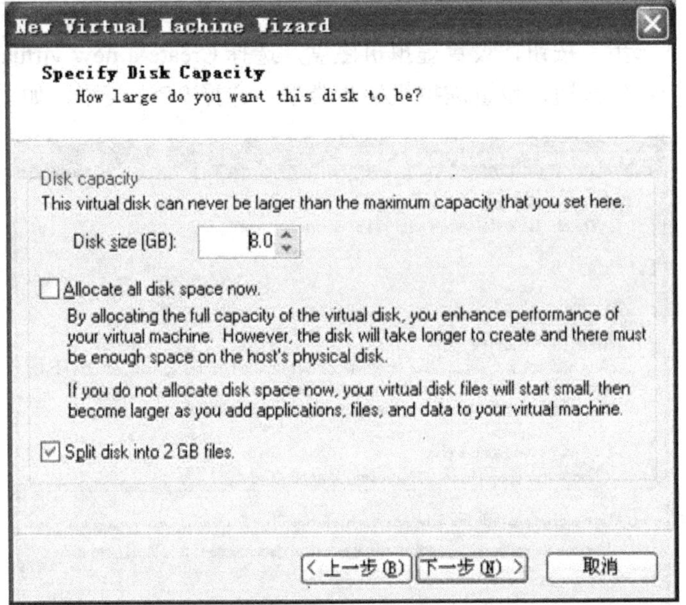

图 1-13　分配磁盘大小

（10）单击“完成”按钮，出现如图 1-15 所示的界面，单击 Close，出现如图 1-16 所示的界面。

（11）单击 Yes 按钮，出现如图 1-17 所示的界面，进入虚拟机的启动状态，会显示找不到操作系统 “Operating System not found”。需要把 RHEL5 的镜像文件（IOS 格式）映射到虚拟机的光盘驱动器中。单击菜单栏中的 VM 选项后单击 Settings 项会出现如图 1-18 所示的界面。

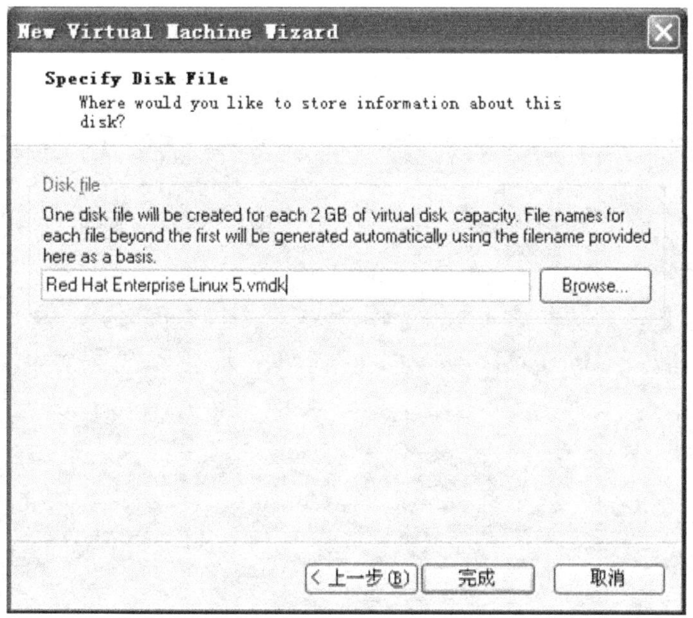

图 1-14 指定磁盘文件

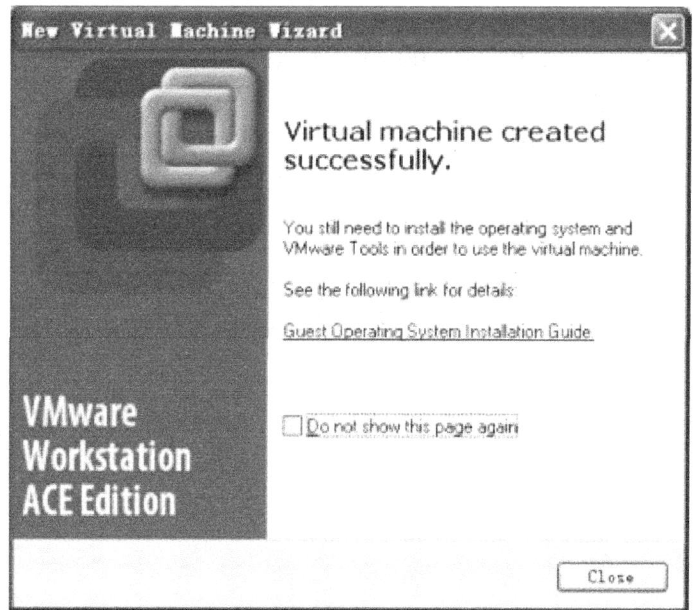

图 1-15 安装成功提示界面

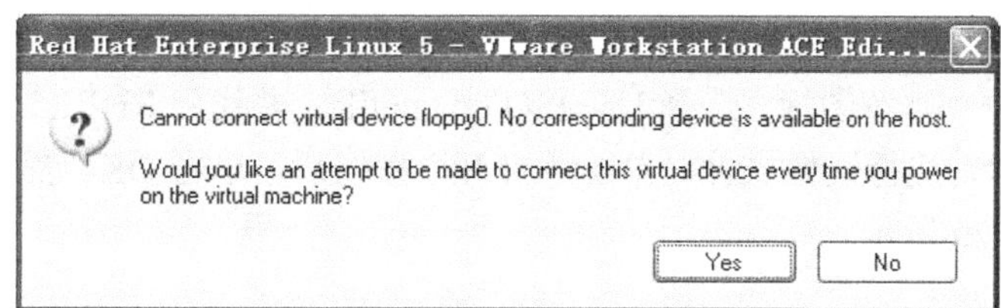

图 1-16 系统虚拟机启动开始界面

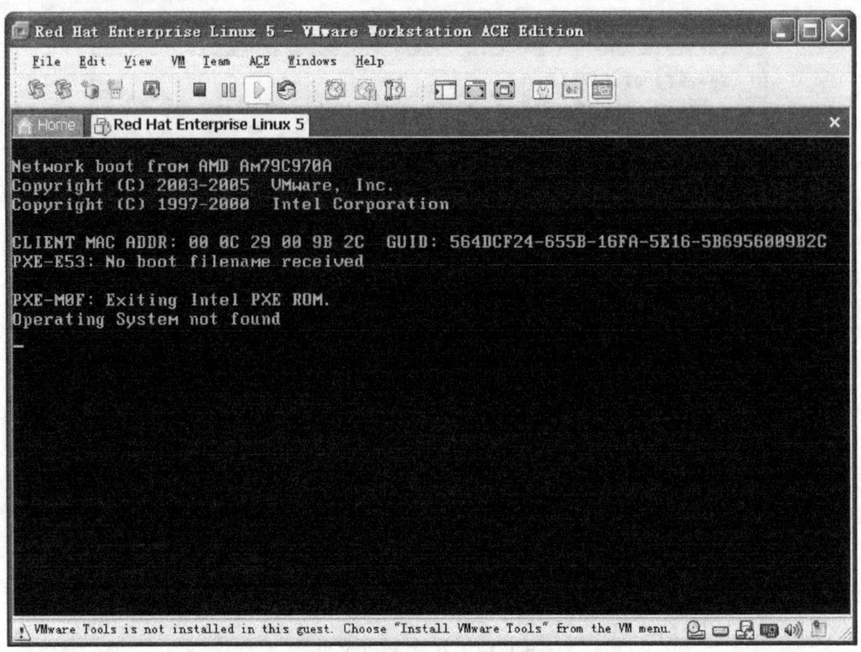

图 1-17 未安装 Linux 系统的启动界面

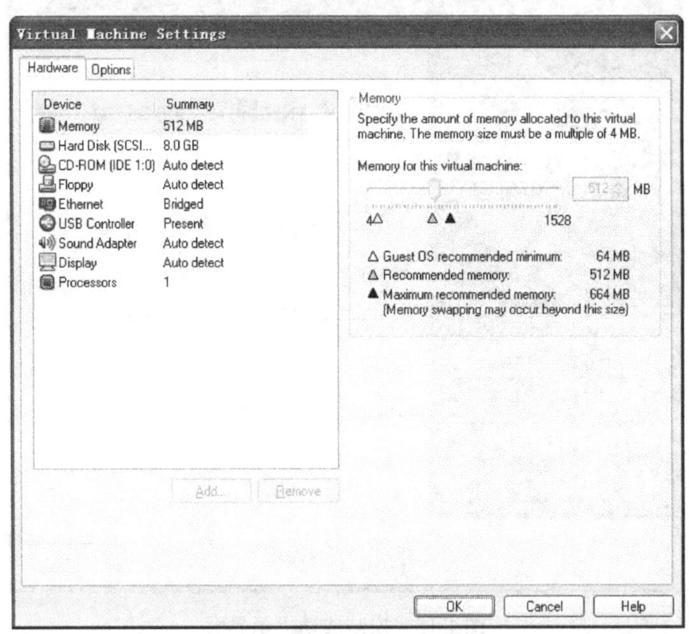

图 1-18 虚拟机设置菜单

（12）单击 CD-ROM (IDE 1:0) 图标，选择 Use ISO image file：并找到 RHEL5 镜像文件所在的光盘，如图 1-19 所示，选择镜像文件，单击“打开”按钮后，单击 OK。然后单击按钮，启动虚拟机，如图 1-20 所示。

图 1-19　ISO 镜像文件选择

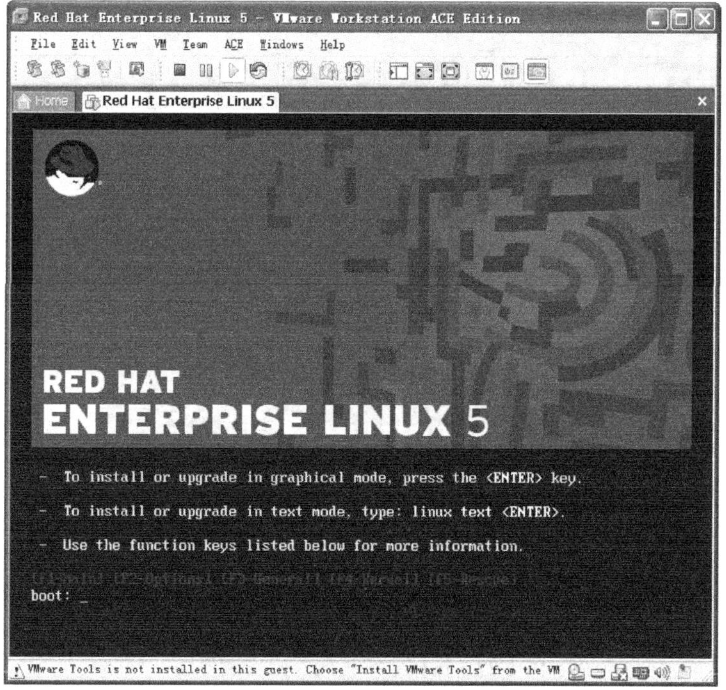

图 1-20　安装 Linux 启动界面

（13）按下 Enter 键，显示安装界面，如图 1-21 所示，选择是否检测磁盘完整性，按下 Tab 键选择Skip，跳过并按 Enter 键进入下一步，如图 1-22 所示。

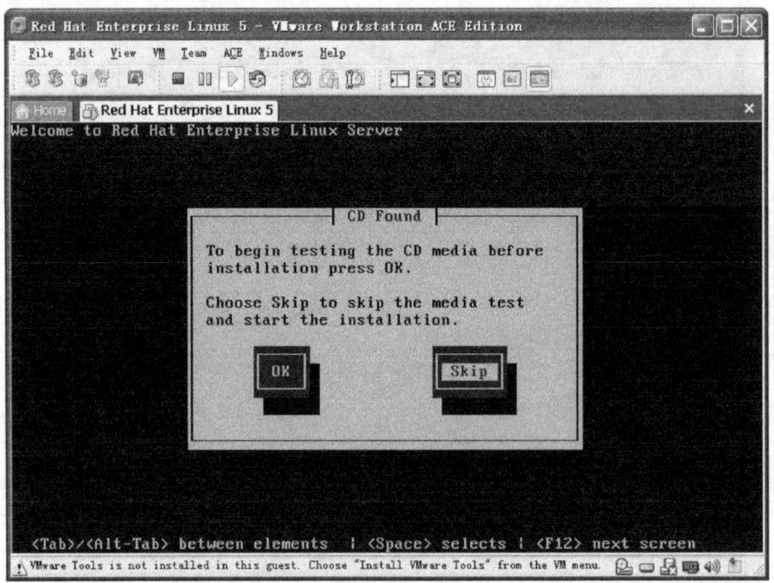

图 1-21 初始磁盘完整性测试界面

图 1-22 操作系统正式开始安装界面

（14）连续单击“下一步”按钮，安装过程中会依次出现安装语言提示、选择键盘语言、初始化磁盘、网络配置、时区选择、初始化网络、设置 root 密码、定制软件安装（建议初次使用 Linux 的用户全部安装）、系统重新引导、防火墙设置（选择禁用）、调整日期和时间、创建普通用户等，这些操作均采用系统默认设置即可。和一般操作系统的安装无异，最后重新引导系统，出现登录界面，如图 1-23 所示，输入前面安装过程中的 root 账户或者普通用户的账户和密码。图 1-24 所示的界面是 Red Hat Enterprise Linux 5 的桌面，这时系统安装完毕。为读者使用方便，本书配套电子版资料中已经安装好该系统。用户名为：root，密码为：123456。

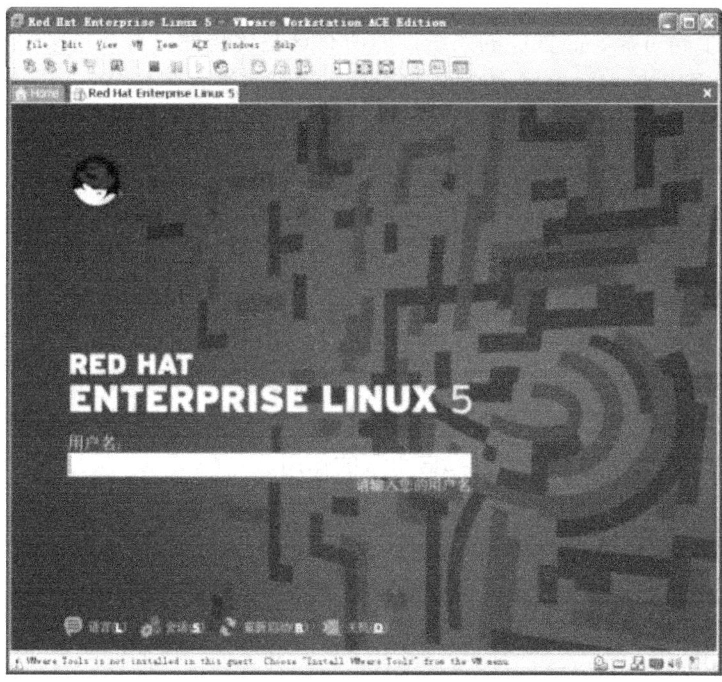

图 1-23　登录界面

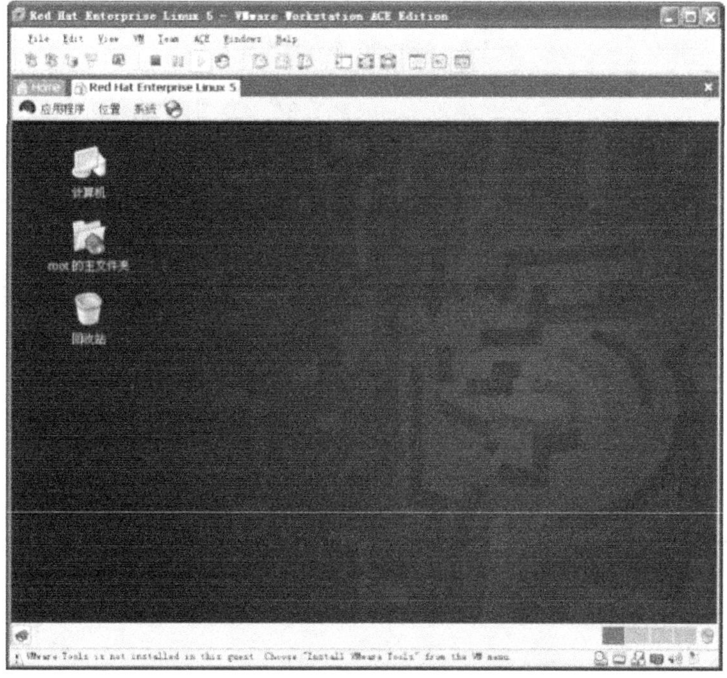

图 1-24　Red Hat Enterprise Linux 5 桌面

1.3 Linux 常用命令

Linux 是一个高可靠、高性能的系统，而所有这些优越性只有在直接使用 Linux 命令行时才能充分地体现出来。Linux 系统安装完成后，就可以进入到与 Windows 类似的图形化界面了。这个界面就是 Linux 图形化界面 X 窗口系统的一部分。X 窗口系统仅仅是 Linux 上的一个软件，它不是 Linux 自身的一部分。虽然现在的 X 窗口系统已经与 Linux 整合得相当好了，但还不能保证绝对的可靠性。另外，X 窗口系统是一个相当耗费系统资源的软件，它会大大降低 Linux 的系统性能。因此，若是希望更好地享受 Linux 所带来的高效及高稳定性，建议读者尽可能地使用 Linux 的命令行界面，也就是 shell 环境。

由于 Linux 中的命令非常多，要全部介绍几乎是不可能的。因此，本书只介绍嵌入式系统开发过程中常用的命令，命令的具体参数设置和含义不一一列出，由于同一类命令有很大的相似性，因此，读者通过学习本书中所列的命令，可以很快地掌握其他命令，这些在嵌入式系统开发过程中最常用的命令起到抛砖引玉的作用。

1.3.1 系统管理相关命令

1．useradd 命令

功能：添加用户。

用法：useradd[选项] 用户名

参数：useradd 主要选项参数如表 1-2 所示。

表 1-2 useradd 命令常用参数

选 项	参 数 含 义
-g	指定用户所属的群组
-m	自动建立用户的登入目录
-n	取消建立以用户名称为名的群组

示例 1.3.1-1 用 useradd 命令添加 mihu 用户。打开终端，添加名字为 mihu 的普通用户，创建后，在/home 目录下多了 mihu 文件夹，这就是 mihu 这个用户的主目录，具体操作如下：

```
[root@bogon home]# useradd mihu
[root@bogon home]# ls
history   mihu
[root@bogon home]#
```

2．passwd 命令

功能：设置账户密码。

用法：passwd 用户名

示例 1.3.1-2 用 passwd 命令设置 mihu 用户的账户密码。打开终端，具体操作如下：

```
[root@bogon home]# passwd mihu
Changing password for user mihu.
New UNIX password:
BAD PASSWORD: it is too simplistic/systematic
Retype new UNIX password:
passwd: all authentication tokens updated successfully.
```

3．su 命令

功能：切换用户。

用法：su [选项] [用户名]

参数：su 命令的主要选项参数如表 1-3 所示。

表 1-3 su 命令常用参数

选 项	参 数 含 义
-，-l，--login	为该使用者重新登录，大部分环境变量和工作目录都以该使用者为主，若没有设定使用者，默认情况是 root
-m，-p	执行 su 时不改变环境变量
-c，--command	变更账号使用者，执行命令后再变回原来使用者

示例 1.3.1-3 用 su 命令切换用户。实现从 root 用户切换到 mihu 用户，再切换回 root 用户。打开终端，具体操作如下：

```
[root@bogon home]# su mihu
[mihu@bogon home]$ su
口令：
[root@bogon home]#
```

4．shutdown 命令

功能：关机命令。

用法：shutdown [-t sec]

示例 1.3.1-4 用 shutdown 命令实现 3 分钟后关机。打开终端，具体操作如下：

```
[root@bogon home]# shutdown    3
Broadcast message from root (pts/1) (Mon Dec 19 21:56:50 2016):
The system is going DOWN to maintenance mode in 3 minutes!
```

1.3.2 文件管理相关命令

1．cp 命令

功能：复制命令。

用法：cp [选项] 源文件或目录　目标文件或目录

参数：cp 命令的主要选项参数如表 1-4 所示。

表 1-4　cp 命令常用参数

选　项	参 数 含 义
-a	保留链接、文件属性，并复制其子目录
-d	复制时保留链接
-f	删除已经存在的目标文件而不提示
-i	在覆盖目标文件之前给出提示要求用户确认，回答“y”（是）时目标文件将被覆盖，并且是交互式复制
-p	此时 cp 除复制源文件的内容外，还将把其修改时间和访问权限也复制到新文件中
-r	若给出的源文件是一个目录文件，cp 将递归复制该目录下所有的子目录和文件，此时目标文件必须为一目录名

示例 1.3.2-1　用 cp 命令将/home 目录下的 test 文件复制到/tmp 目录下。打开终端，具体操作如下：

```
[root@bogon home]# ls
chapter4    history    mihu    test
[root@bogon home]# cp /home/test    /tmp
[root@bogon home]# ls /tmp
test
```

示例 1.3.2-2　用 cp 命令将/home 目录下的 chapter4 目录复制到/tmp 目录下。打开终端，具体操作如下：

```
[root@bogon home]# ls
chapter4    history    mihu    test
[root@bogon home]# cp -r /home/chapter4//tmp
[root@bogon home]# ls /tmp
chapter4                                test
```

2．mv 命令

功能：移动或更名。

用法：mv [选项] 源文件或目录　目标文件或目录

参数：主要选项参数如表 1-5 所示。

表 1-5　mv 命令常用参数

选　项	参 数 含 义
-i	若 mv 操作将导致对已存在的目标文件的覆盖，此时系统询问是否重写，并要求用户回答 y 或 n，这样可以避免误覆盖文件
-f	禁止交互操作。在 mv 操作要覆盖已有的目标文件时不给出任何指示，在指定此选项后，i 选项将不再起作用

示例 1.3.2-3　用 mv 命令将/home 目录下的 test 文件更名为 test1。打开终端，具体操作如下：

```
[root@bogon home]# ls
chapter4    history    mihu    test
[root@bogon home]# mv test test1
[root@bogon home]# ls
chapter4    history    mihu    test1
```

示例 1.3.2-4　用 mv 命令将/home 目录下 test5 目录移动（剪切）到/tmp 目录下。打开终端，具体操作如下：

```
[root@bogon home]# ls
chapter4    history    mihu    test1    test5
[root@bogon home]# mv /home/test5 /tmp
[root@bogon home]# ls /tmp
chapter4
test
test5
```

3. rm 命令

功能：删除文件或目录。

用法：rm [选项] 文件或目录

参数：主要选项参数如表 1-6 所示。

表 1-6　rm 命令常用参数

选　项	参 数 含 义
-i	进行交互式删除
-f	忽略不存在的文件，但从不给出提示
-r	指示 rm 将参数中列出的全部目录和子目录均递归地删除

示例 1.3.2-5　用 rm 命令删除/home 目录下的 test1 文件。打开终端，具体操作如下：

```
[root@bogon home]# ls
chapter4    history    mihu    test1
[root@bogon home]# rm /home/test1
[root@bogon home]# ls
chapter4    history    mihu
```

示例 1.3.2-6　用 rm 命令删除/tmp 目录下的 test5 目录。打开终端，具体操作如下：

```
[root@bogon tmp]# ls
chapter4    test    test5
[root@bogon tmp]# rm -r test5
[root@bogon tmp]# ls
chapter4    test
```

4. mkdir 命令

功能：创建目录。

用法：mkdir [选项] 目录名

参数：主要选项参数如表 1-7 所示。

表 1-7　mkdir 命令常用参数

选　项	参 数 含 义
-m	对新建目录设置存取权限
-p	可以是一个路径名称，若此路径中的某些目录不存在，在指定此选项后，系统将自动创建不存在的目录

示例 1.3.2-7　用 mkdir 命令在/home 目录下创建 test 目录。打开终端，具体操作如下：

```
[root@bogon home]# ls
chapter4   history   mihu
[root@bogon home]# mkdir test
[root@bogon home]# ls
chapter4   history   mihu   test
```

示例 1.3.2-8　用 mkdir 命令创建/home/dir1/dir2 目录，如果 dir1 不存在，先创建 dir1。打开终端，具体操作如下：

```
[root@bogon home]# ls
chapter4   history   mihu   test
[root@bogon home]# mkdir -p /home/dir1/dir2
[root@bogon home]# ls
chapter4   dir1   history   mihu   test
[root@bogon home]# cd dir1/
[root@bogon dir1]# ls
dir2
```

5. cd 命令

功能：改变工作目录。

用法：cd 目录名

示例 1.3.2-9　用 cd 命令进入/home 目录。打开终端，具体操作如下：

```
[root@bogon ~]# cd   /home
[root@bogon home]# ls
chapter4   dir1   history   mihu   test
```

6. pwd 命令

功能：查看当前路径。

用法：pwd

示例 1.3.2-10　用 pwd 命令显示当前工作目录的绝对路径。打开终端，具体操作如下：

```
[root@bogon home]# pwd
/home
```

7. ls 命令

功能：查看目录。

用法：ls [选项] [目录或文件]

参数：主要选项参数如表 1-8 所示。

表 1-8 ls 命令常用参数

选 项	参 数 含 义
-l	单列输出
-a	列出目录中的所有文件，包括以“.”开头的隐藏文件
-d	将目录名像文件一样列出，而不是列出目录的内容
-f	不排序目录内容，按它们在磁盘上存储的顺序列出

示例 1.3.2-11 用 ls 命令显示/home 目录下的文件与目录(不包含隐藏文件)。打开终端，具体操作如下：

```
[root@bogon ~]# ls /home
chapter4   dir1   history   mihu   test
```

示例 1.3.2-12 用 ls 命令显示/home 目录下的所有文件与目录(包含隐藏文件)。打开终端，具体操作如下：

```
[root@bogon ~]# ls -a /home
.   ..   chapter4   dir1   history   mihu   test   .tmp_versions
```

示例 1.3.2-13 用 ls 命令显示/home 目录下的文件与目录的详细信息。打开终端，具体操作如下：

```
[root@bogon ~]# ls -l /home
总计 20
drwxr-xr-x    3    root    root    4096 12-19 21:29 chapter4
drwxr-xr-x    3    root    root    4096 01-05 15:16 dir1
drwxr-xr-x   21    root    root    4096 12-20 13:20 history
drwx-------  19    mihu    mihu    4096 01-05 14:55 mihu
drwxr-xr-x    2    root    root    4096 01-05 15:14 test
```

示例 1.3.2-14 用 ls 命令显示/home 目录下的文件与目录，按修改时间顺序列出。打开终端，具体操作如下：

```
[root@bogon ~]# ls -c /home
dir1   test   mihu   history   chapter4
```

8. chmod 命令

功能：改变访问权限。

用法：chmod [who] [+-=] [mode] 文件名

参数：主要选项参数如表 1-9 所示。

表 1-9　chmod 命令常用参数

选　项	参 数 含 义
-c	若该文件权限确实已经更改，显示其更改动作
-f	若该文件权限无法被更改，不显示错误信息
-v	显示权限变更的详细资料

示例 1.3.2-15　用 chmod 命令给 hello.c 文件所有者同组的用户加上写的权限。打开终端，具体操作如下：

```
[root@bogon home]# ls -l
总计 20
drwxr-xr-x  3 root root 4096 12-19 21:29 chapter4
drwxr-xr-x  3 root root 4096 01-05 15:16 dir1
-rw-r--r--  1 root root     0 01-05 15:44 hello.c
drwxr-xr-x 21 root root 4096 12-20 13:20 history
drwx------ 19 mihu mihu 4096 01-05 14:55 mihu
drwxr-xr-x  2 root root 4096 01-05 15:14 test
[root@bogon home]# chmod g+w hello.c
[root@bogon home]# ls -l
总计 20
drwxr-xr-x  3 root root 4096 12-19 21:29 chapter4
drwxr-xr-x  3 root root 4096 01-05 15:16 dir1
-rw-rw-r--  1 root root     0 01-05 15:44 hello.c
drwxr-xr-x 21 root root 4096 12-20 13:20 history
drwx------ 19 mihu mihu 4096 01-05 14:55 mihu
drwxr-xr-x  2 root root 4096 01-05 15:14 test
[root@bogon home]#
```

示例 1.3.2-16　用 chmod 命令将文件 hello.c 的访问权限改变为文件所有者可读可写可执行、文件所有者同组的用户可读可写、其他用户可执行。打开终端，具体操作如下：

```
chmod 761 hello.c
[root@bogon home]# ls -l
总计 20
drwxr-xr-x  3 root root 4096 12-19 21:29 chapter4
drwxr-xr-x  3 root root 4096 01-05 15:16 dir1
-rwxrw---x  1 root root     0 01-05 15:44 hello.c
drwxr-xr-x 21 root root 4096 12-20 13:20 history
drwx------ 19 mihu mihu 4096 01-05 14:55 mihu
drwxr-xr-x  2 root root 4096 01-05 15:14 test
```

9．df 命令

功能：查看磁盘使用情况。

用法：df [选项]

示例 1.3.2-17 用 df 命令以 KB 为单位显示磁盘的使用情况。打开终端，具体操作如下：

```
[root@bogon home]# df -k
文件系统          1K-块      已用       可用      已用%  挂载点
/dev/sda2      14877092   3778792   10330396    27%   /
/dev/sda3       3112252     70336    2881268     3%   /tools
/dev/sda5       7928476   3666020    3853204    49%   /usr
/dev/sda1        489992     16060     448632     4%   /boot
tmpfs            275836         0     275836     0%   /dev/shm
```

10．du 命令

功能：查看目录大小。

用法：du [选项] 目录

示例 1.3.2-18 用 du 命令以字节为单位显示 dir1 目录的大小。打开终端，具体操作如下：

```
[root@bogon home]# du -b dir1
4096        dir1/dir2
8192        dir1
```

1.3.3 备份压缩相关命令

tar 命令

功能：打包与压缩文件。

用法：tar [选项] 目录或文件

参数：主要选项参数如表 1-10 所示。

表 1-10 tar 命令常用参数

选 项	参 数 含 义
-c	建立新的打包文件
-r	向打包文件末尾追加文件
-x	从打包文件中释放文件
-o	将文件解开到标准输出
-v	处理过程中输出相关信息
-f	对普通文件操作
-z	调用 gzip 来压缩打包文件，与-x 联用时调用 gzip 完成解压缩
-j	调用 bzip2 来压缩打包文件，与-x 联用时调用 bzip2 完成解压缩
-Z	调用 compress 来压缩打包文件，与-x 联用时调用 compress 完成解压缩

示例 1.3.3-1 用 tar 命令将/home/dir1 目录下的所有文件和目录打包成一个 dir1.tar 文件。打开终端，具体操作如下：

```
[root@bogon home]# tar cvf dir1.rar /home/dir1
tar: 从成员名中删除开头的"/"
```

```
/home/dir1/
/home/dir1/dir2/
[root@bogon home]# ls
chapter4   dir1   dir1.rar   hello.c   history   mihu   test
```

示例 1.3.3-2 把 dir1.rar 文件复制到/home/test 文件夹下，用 tar 命令解压该文件。打开终端，具体操作如下：

```
[root@bogon home]# mv dir1.rar   /home/test/
[root@bogon home]# cd test/
[root@bogon test]# ls
dir1.rar
[root@bogon test]# tar xvf dir1.rar
home/dir1/
home/dir1/dir2/
```

示例 1.3.3-3 用 tar 命令将/home/dir1 目录下的所有文件和目录打包并压缩成一个 dir1.tar.gz 文件。打开终端，具体操作如下：

```
[root@bogon home]# ls
chapter4   dir1   hello.c   history   mihu   test
[root@bogon home]# tar cvzf dir1.tar.gz /home/dir1
tar: 从成员名中删除开头的"/”
/home/dir1/
/home/dir1/dir2/
[root@bogon home]# ls
chapter4   dir1   dir1.tar.gz   hello.c   history   mihu   test
```

示例 1.3.3-4 把 dir1.tar.gz 文件复制到/home/test 文件夹下，用 tar 命令解压该文件。打开终端，具体操作如下：

```
[root@bogon home]# mv dir1.tar.gz   /home/test/
[root@bogon home]# cd test/
[root@bogon test]# ls
dir1.rar   dir1.tar.gz   home
[root@bogon test]# tar xvzf dir1.tar.gz
home/dir1/
home/dir1/dir2/
[root@bogon test]#
```

1.3.4 网络通信相关命令

1. ifconfig 命令

功能：网络配置。

用法：ifconfig [选项] [网络接口]

参数：主要选项参数如表 1-11 所示。

表 1-11 ifconfig 命令常用参数

选 项	参 数 含 义
-interface	指定网络的接口名
up	激活指定的网络接口
down	关闭指定的网络接口
broadcast address	设置接口的广播地址
point to point	启用点对点方式
address	设置指定接口设备的 IP 地址
netmask address	设置接口的子网掩码

示例 1.3.4-1 用 ifconfig 命令配置 eth0 网卡的 IP 地址为 192.168.0.198。打开终端，具体操作如下：

```
[root@bogon home]# ifconfig eth0 192.168.0.198
[root@bogon home]# ifconfig
eth0      Link encap:Ethernet  HWaddr 00:0C:29:83:9C:96
          inet addr:192.168.0.198  Bcast:192.168.0.255  Mask:255.255.255.0
          inet6 addr: fe80::20c:29ff:fe83:9c96/64 Scope:Link
          UP BROADCAST RUNNING MULTICAST  MTU:1500  Metric:1
          RX packets:3205 errors:0 dropped:0 overruns:0 frame:0
          TX packets:2184 errors:0 dropped:0 overruns:0 carrier:0
          collisions:0 txqueuelen:1000
          RX bytes:2704248 (2.5 MiB)  TX bytes:161144 (157.3 KiB)
          Interrupt:67 Base address:0x2024

lo        Link encap:Local Loopback
          inet addr:127.0.0.1  Mask:255.0.0.0
          inet6 addr: ::1/128 Scope:Host
          UP LOOPBACK RUNNING  MTU:16436  Metric:1
          RX packets:1249 errors:0 dropped:0 overruns:0 frame:0
          TX packets:1249 errors:0 dropped:0 overruns:0 carrier:0
          collisions:0 txqueuelen:0
          RX bytes:1763170 (1.6 MiB)  TX bytes:1763170 (1.6 MiB)
```

示例 1.3.4-2 用 ifconfig 命令暂停 eth0 网卡的工作。打开终端，具体操作如下：

```
[root@bogon home]# ifconfig eth0 down
[root@bogon home]# ifconfig
lo        Link encap:Local Loopback
          inet addr:127.0.0.1  Mask:255.0.0.0
          inet6 addr: ::1/128 Scope:Host
          UP LOOPBACK RUNNING  MTU:16436  Metric:1
          RX packets:1249 errors:0 dropped:0 overruns:0 frame:0
          TX packets:1249 errors:0 dropped:0 overruns:0 carrier:0
          collisions:0 txqueuelen:0
          RX bytes:1763170 (1.6 MiB)  TX bytes:1763170 (1.6 MiB)
```

示例 1.3.4-3 用 ifconfig 命令恢复 eth0 网卡的工作。打开终端，具体操作如下：

```
[root@bogon home]# ifconfig eth0 up
[root@bogon home]# ifconfig
eth0      Link encap:Ethernet   HWaddr 00:0C:29:83:9C:96
          inet addr:192.168.0.198   Bcast:192.168.0.255   Mask:255.255.255.0
          inet6 addr: fe80::20c:29ff:fe83:9c96/64 Scope:Link
          UP BROADCAST RUNNING MULTICAST   MTU:1500   Metric:1
          RX packets:3222 errors:0 dropped:0 overruns:0 frame:0
          TX packets:2193 errors:0 dropped:0 overruns:0 carrier:0
          collisions:0 txqueuelen:1000
          RX bytes:2705850 (2.5 MiB)   TX bytes:163139 (159.3 KiB)
          Interrupt:67 Base address:0x2024

lo        Link encap:Local Loopback
          inet addr:127.0.0.1   Mask:255.0.0.0
          inet6 addr: ::1/128 Scope:Host
          UP LOOPBACK RUNNING   MTU:16436   Metric:1
          RX packets:1249 errors:0 dropped:0 overruns:0 frame:0
          TX packets:1249 errors:0 dropped:0 overruns:0 carrier:0
          collisions:0 txqueuelen:0
          RX bytes:1763170 (1.6 MiB)   TX bytes:1763170 (1.6 MiB)
```

2．netstat 命令

功能：查看网络状态。

用法：netstat [选项]

示例 1.3.4-4 用 netstat 命令查看系统中所有的网络监听端口。打开终端，具体操作如下：

```
[root@bogon home]# netstat -a
Active Internet connections (servers and established)
Proto Recv-Q Send-Q Local Address               Foreign Address     State
tcp      0      0 localhost.localdomain:2208      *:*               LISTEN
tcp      0      0 *:ldp                           *:*               LISTEN
tcp      0      0 *:sunrpc                        *:*               LISTEN
tcp      0      0 localhost.localdomain:ipp       *:*               LISTEN
Active UNIX domain sockets (servers and established)
Proto RefCnt Flags    Type     State        I-Node Path
unix  2      [ ACC ] STREAM   LISTENING    15750  /tmp/scim-panel-socket:0-root
unix  2      [ ACC ] STREAM   LISTENING    14829  @/tmp/fam-root-
…
```

3．grep 命令

功能：查找字符串。

用法：grep [选项] 字符串

参数：主要选项参数如表 1-12 所示。

表 1-12 grep 命令常用参数

选　项	参数含义
-c	只输出匹配行计数
-I	不区分大小写
-h	查询多文件时不显示文件名
-l	查询多文件时只输出包含匹配字符的文件名
-n	显示匹配行及行号
-s	不显示不存在或无匹配文本的错误信息
-v	显示不包含匹配文本的所有行

示例 1.3.4-5 用 grep 命令在当前目录及其子目录中，查找包含 w 字符串的文件。打开终端，具体操作如下：

```
[root@bogon home]# cd chapter4/
[root@bogon chapter4]# ls
a.out        example2.c   example4     example5.c   example7     newdir
example1.c   example3     example4.c   example6     example7.c
example2     example3.c   example5     example6.c   mkdir1
[root@bogon chapter4]# grep   "w" ./ -rn
Binary file ./example2 matches
Binary file ./example7 matches
./example7.c:27:        if (st.st_mode &S_IWUSR) mod[1]='w';
./example7.c:30:        if (st.st_mode &S_IWGRP) mod[4]='w';
./example7.c:33:        if (st.st_mode &S_IWOTH) mod[7]='w';
./example7.c:41:    int i,isls=0,isview=0;
./example7.c:47:            if (strchr(argv[i],'a')) isview=1;
./example7.c:52:            while((p=strstr(p1+1,"/"))!=NULL) p1=p;
./example7.c:61:    while((db=readdir(fp))!=NULL){
./example7.c:62:        if (isview==0 && db->d_name[0]=='.') continue;
./example2.c:3:       getcwd(dir,256);
./example3.c:10:          //while((p=strstr(p1+1□□"/"))□□=NULL) p1=p;
Binary file ./example3 matches
Binary file ./example4 matches
./example6.c:22:          while ((entry = readdir(dp)) != NULL) {
Binary file ./mkdir1 matches
Binary file ./a.out matches
Binary file ./example5 matches
Binary file ./example6 matches
[root@bogon chapter4]#
```

示例 1.3.4-6 用 grep 命令查看所有端口中用于 TCP 的端口。打开终端，具体操作如下：

```
[root@bogon home]# netstat -a | grep tcp
tcp      0      0 localhost.localdomain:2208          *:*                 LISTEN
```

```
tcp    0    0 *:asipregistry                 *:*    LISTEN
tcp    0    0 *:sunrpc                       *:*    LISTEN
tcp    0    0 localhost.localdomain:ipp      *:*    LISTEN
tcp    0    0 localhost.localdomain:smtp     *:*    LISTEN
tcp    0    0 localhost.localdomain:2207     *:*    LISTEN
tcp    0    0 *:ssh                          *:*    LISTEN
```

1.3.5 其他常用命令

1. rpm 命令

功能：软件安装。

用法：rpm [选项] [安装文件]

示例 1.3.5-1 用 rpm 命令安装名称为 VMwareTools-6.0.2-59824.i386 的文件。打开终端，具体操作如下：

```
[root@bogon Vmware Tools]# ls
VMwareTools-6.0.2-59824.i386.rpm    VMwareTools-6.0.2-59824.tar.gz
[root@bogon Vmware Tools]# rpm –ivh VMwareTools-6.0.2-59824.i386.rpm
Preparing…                 ###########################################[100%]
   1:VmwareTools           ###########################################[100%]
```

示例 1.3.5-2 用 rpm 命令列出所有已安装的 rpm 包。打开终端，具体操作如下：

```
[root@bogon chapter2]#rpm -qa
cyrus-sasl-plain-2.1.22-4
gstreamer-tools-0.10.9-3.el5
traceroute-2.0.1-3.el5
rdate-1.4-6
rsh-0.17-38.el5
rdist-6.1.5-44
cdda2wav-2.01-10
liboil-0.3.8-2.1
comps-extras-11.1-1.1
words-3.0-9
redhat-release-notes-5Server-12
libselinux-1.33.4-5.el5
…
```

示例 1.3.5-3 用 rpm 命令查找所有安装包中关于 samba 的包。打开终端，具体操作如下：

```
[root@bogon chapter2]# rpm -qa | grep samba
samba-3.0.28-0.el5.8
samba-common-3.0.28-0.el5.8
samba-client-3.0.28-0.el5.8
system-config-samba-1.2.39-1.el5
```

示例 1.3.5-4 用 rpm 命令卸载名称为 VMwareTools-7240-59824 的 rpm 包。打开终端，具体操作如下：

```
[root@bogon home]# rpm –qa | grep VMwareTools
VMwareTools-7240-59824
[root@bogon home]# rpm –e VMwareTools-7240-59824
[root@bogon home]# rpm –qa | grep VMwareTools
[root@bogon home]#
```

2. mount 命令

功能：挂载文件系统。

用法：mount [选项] 设备源　目标目录

参数：主要选项参数如表 1-13 所示。

表 1-13 mount 命令常用参数

选项	参 数 含 义
-a	依照/etc/fstab 的内容装载所有相关的硬盘
-l	列出当前已挂载的设备、文件系统名称和挂载点
-t	将后面的设备以指定类型的文件格式装载到挂载点上。常见的类型主要有 vfat、ext3、ext2、nfs 等
-f	通常用于除错，它会使 mount 不执行实际挂上的动作，而是模拟整个挂上的过程

示例 1.3.5-5 用 mount 命令将光驱挂载到/mnt 目录下。打开终端，具体操作如下：

```
[root@bogon home]# ls /mnt
cdrom   hgfs   nfs   usb
[root@bogon home]# mount /dev/cdrom /mnt/cdrom
mount: block device /dev/cdrom is write-protected, mounting read-only
[root@bogon home]# ls /mnt/cdrom
manifest.txt   VMwareTools-9.2.0-799703.tar.gz
[root@bogon home]#
```

3. umount 命令

功能：卸载文件系统。

用法：umount 目标目录

示例 1.3.5-6 用 umount 命令取消光驱在/mnt 下的挂载。打开终端，具体操作如下：

```
[root@bogon home]# umount /dev/cdrom
[root@bogon home]# ls /mnt/cdrom
[root@bogon home]#
```

4. find 命令

功能：查找文件。

用法：find 路径 name '文件名'

示例 1.3.5-7 用 find 命令在当前目录及其子目录中寻找名称以 tmp 开头的文件。打开终端，具体操作如下：

```
[root@bogon tmp]# ls
gconfd-root                                   scim-helper-manager-socket-root
keyring-26ZWoy                                scim-panel-socket:0-root
keyring-NR8TXD                                scim-socket-frontend-root
keyring-SAhOZ8                                sealert.log
keyring-uAT7V7                                ssh-lKyFxz4184
keyring-zs7y3C                                virtual-root.2mSZZ7
mapping-root                                  virtual-root.zcM2ZW
orbit-root                                    vmware-block-insert0
scim-bridge-0.3.0.lockfile-0@localhost:0.0    VMwareDnD
scim-bridge-0.3.0.socket-0@localhost:0.0      vmware-root
[root@bogon tmp]# find ./ -name 'sci*'
./scim-bridge-0.3.0.lockfile-0@localhost:0.0
./scim-socket-frontend-root
./scim-panel-socket:0-root
./scim-bridge-0.3.0.socket-0@localhost:0.0
./scim-helper-manager-socket-root
```

5. top 命令

功能：动态查看 CPU 的使用情况。

用法：top

示例 1.3.5-8 使用 top 命令查看系统中的进程对 CPU、内存等的占用情况。打开终端，具体操作如下：

```
[root@bogon home]# top
top - 16:54:33 up    2:08,  2 users,  load average: 0.00, 0.03, 0.00
Tasks: 121 total,    2 running, 118 sleeping,   0 stopped,   1 zombie
Cpu(s):  6.3%us,  0.5%sy, 0.0%ni, 92.3%id, 0.0%wa, 0.9%hi, 0.0%si, 0.0%st
Mem:    551676k total,   497824k used,    53852k free,    36492k buffers
Swap:  4192924k total,      124k used,  4192800k free,   281728k cached

  PID USER      PR  NI  VIRT  RES  SHR S %CPU %MEM    TIME+  COMMAND
10222 root      15   0  129m  17m  11m R  4.4  3.3   0:08.26 gnome-terminal
 9416 root      15   0  149m  12m 6096 S  2.3  2.2   0:23.24 Xorg
 5584 root      18   0  1948  736  652 S  0.2  0.1   0:03.88 hald-addon-stor
 7985 root      15   0  2188 1028  804 R  0.2  0.2   0:00.03 top
 9526 root      15   0 35008 8172 6764 S  0.2  1.5   0:00.30 gnome-settings-
 9564 root      15   0  139m  22m  17m S  0.2  4.2   0:02.04 vmtoolsd
    1 root      15   0  2064  652  560 S  0.0  0.1   0:00.81 init
```

6. ps 命令

功能：查看进程。

用法：ps [选项]

参数：主要选项参数如表 1-14 所示。

表 1-14 ps 命令常用参数

选项	参数含义
-ef	查看所有进程及其 PID、系统时间、命令详细目录、执行者等
-aux	除可显示-ef 所有内容外，还可显示 CPU 及内存占用率、进程状态
-w	显示加宽并且可以显示较多的信息

示例 1.3.5-9 用 ps 命令查看系统中的所有进程。打开终端，具体操作如下：

```
[root@bogon home]# ps aux
USER       PID %CPU %MEM    VSZ   RSS TTY      STAT START   TIME COMMAND
root         1  0.0  0.1   2064   652 ?        Ss   14:46   0:00 init [5]
root         2  0.0  0.0      0     0 ?        S<   14:46   0:00 [migration/0]
root         3  0.0  0.0      0     0 ?        SN   14:46   0:00 [ksoftirqd/0]
root         4  0.0  0.0      0     0 ?        S<   14:46   0:00 [watchdog/0]
root         5  0.0  0.0      0     0 ?        S<   14:46   0:00 [events/0]
root         6  0.0  0.0      0     0 ?        S<   14:46   0:00 [khelper]
root         7  0.0  0.0      0     0 ?        S<   14:46   0:00 [kthread]
root        10  0.0  0.0      0     0 ?        S<   14:46   0:00 [kblockd/0]
root        11  0.0  0.0      0     0 ?        S<   14:46   0:00 [kacpid]
```

7. kill 命令

功能：杀死进程。

用法：kill [选项] 进程号

参数：主要选项参数如表 1-15 所示。

表 1-15 kill 命令常用参数

选项	参数含义
-s	将指定信号发送给进程
-p	打印出进程号，但并不送出信号
-l	列出所有可用的信号名称

示例 1.3.5-10 在一个终端运行命令 top，然后在另一个终端运行命令 ps aux，查看命令 top 产生的进程号，并使用 kill 命令杀掉这个进程。打开终端，具体操作如下：

```
[root@bogon home]# ps -aux | grep top
Warning: bad syntax, perhaps a bogus '-'? See /usr/share/doc/procps-3.2.7/FAQ
root      7926  0.0  0.1   5016   656 pts/1    R+   16:51   0:00 grep top
[root@bogon home]# kill -s SIGKILL 7926
```

8. man 命令

功能：查看命令或者函数的使用信息。

用法：man 命令名

示例 1.3.5-11 使用 man 命令查看 grep 命令的使用方法如图 1-25 所示。具体操作如下：

```
[root@bogon home]# man grep
```

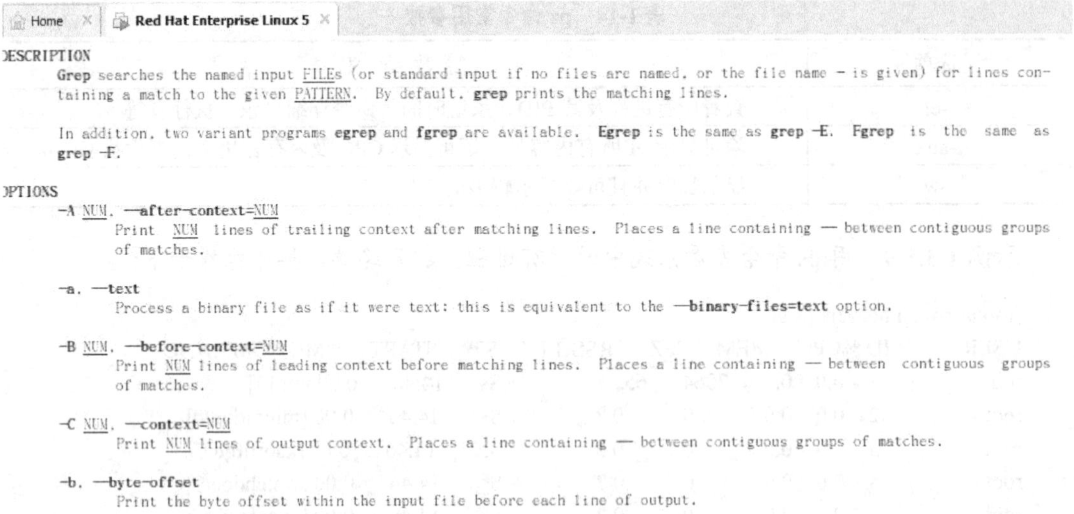

```
Home   Red Hat Enterprise Linux 5
DESCRIPTION
       Grep searches the named input FILEs (or standard input if no files are named, or the file name - is given) for lines con-
       taining a match to the given PATTERN.  By default, grep prints the matching lines.

       In addition, two variant programs egrep and fgrep are available.  Egrep is the same as grep -E.  Fgrep  is  the  same  as
       grep -F.

OPTIONS
       -A NUM, --after-context=NUM
              Print  NUM  lines of trailing context after matching lines.  Places a line containing -- between contiguous groups
              of matches.

       -a, --text
              Process a binary file as if it were text; this is equivalent to the --binary-files=text option.

       -B NUM, --before-context=NUM
              Print NUM lines of leading context before matching lines.  Places a line containing -- between  contiguous  groups
              of matches.

       -C NUM, --context=NUM
              Print NUM lines of output context.  Places a line containing -- between contiguous groups of matches.

       -b, --byte-offset
              Print the byte offset within the input file before each line of output.
```

图 1-25　man 命令的使用方法

1.4　服务器配置

在嵌入式系统应用开发中，tftp、nfs 和 samba 服务器是最常用的文件传输工具，tftp 和 nfs 是在嵌入式 Linux 开发环境中经常使用的传输工具，samba 则是 Linux 和 Windows 之间的文件传输工具。

1.4.1　samba 服务器

samba 是在 Linux/UNIX 系统上实现 SMB（Session Message Block）协议的一个免费软件，以实现文件共享和打印机服务共享，它的工作原理与 Windows 的网上邻居类似。

为了能让使用 Linux 操作系统的计算机和使用 Windows 操作系统的计算机共享资源，需要使用 samba 工具。

这时，Windows 计算机的用户可以“登录”到 Linux 计算机中，从 Linux 中复制文件，提交打印任务。如果 Linux 运行环境中有较多的 Windows 用户，使用 SMB 将会非常方便。为 Windows 客户提供文件服务是通过 samba 实现的，这套软件由一系列组件构成，主要的组件有：

（1）smbd（SMB 服务器）

smbd 是 samba 服务器的守护进程，是 samba 的核心，时刻侦听网络的文件和打印服务请求，负责建立对话进程、验证用户身份、提供对文件系统和打印机的访问机制。该程序默认安装在/usr/sbin 目录下。

（2）nmbd（Netbios 名字服务器）

nmbd 也是 samba 服务器的守护进程，用来实现 Network Browser（网络浏览服务器）的功能，对外发布 samba 服务器可以提供的服务。用户甚至可以将 samba 作为局域网的主浏览服务器。

（3）smbclient（SMB 客户程序）

smbclient 是 samba 的客户端程序，客户端用户使用它可以复制 samba 服务器上的文件，还可以访问 samba 服务器上共享的打印机资源。

（4）testparm

testparm 用来快速检查和测试 samba 服务器配置文件 smb.conf 中的语法错误。

（5）smbtar

smbtar 是一个 shell 脚本程序，它通过 smbclient 使用 tar 格式备份和恢复一台远程 Windows 计算机的共享文件。

还有其他工具命令用来配置 samba 的加密口令文件、配置用于 samba 国际化的字符集。在 Linux 上，samba 还提供了安装和卸载 SMB 文件系统的工具程序 smbmount 和 smbumount。

示例 1.4.1-1　samba 服务器配置。本例以 Red Hat Enterprise Linux 5 演示 samba 服务器的配置方法，主要步骤如下：

（1）修改 samba 的配置文件。打开 samba 服务器配置文件 smb.conf。打开命令为：#vi /etc/samba/smb.conf，如下所示。注意，不同版本的 Linux 系统，代码位置不一定相同，但是操作方法一样。

```
154 # machine to add or delete corresponding unix accounts
155 ;    add user script = /usr/sbin/useradd %u
156 ;    add group script = /usr/sbin/groupadd %g
157 ;    add machine script = /usr/sbin/adduser -n -g machines -c Machine -d /dev/null -s /bin/false %u
158 ;    delete user script = /usr/sbin/userdel %u
159 ;    delete user from group script = /usr/sbin/deluser %u %g
160 ;    delete group script = /usr/sbin/groupdel %g
161
162
163 #======================= Share Definitions =======================
164 [homes]
165      comment = Home Directories
166      browseable = no
167      writable = yes
168
169 # Un-comment the following and create the netlogon directory for Domain Logons
170 ; [netlogon]
171 ;    comment = Network Logon Service
172 ;    path = /usr/local/samba/lib/netlogon
173 ;    guest ok = yes
174 ;    writable = no
175 ;    share modes = no
```

（2）在命令行模式下，在 168 行处，添加如下几行代码，修改后，保存文件退出。

```
154 # machine to add or delete corresponding unix accounts
155 ;    add user script = /usr/sbin/useradd %u
156 ;    add group script = /usr/sbin/groupadd %g
```

```
; add machine script = /usr/sbin/adduser -n -g machines -c Machine -d /dev/null -s /bin/false %u
; delete user script = /usr/sbin/userdel %u
; delete user from group script = /usr/sbin/deluser %u %g
; delete group script = /usr/sbin/groupdel %g
#======================= Share Definitions ======================
[homes]
    comment = Home Directories
    browseable = no
    writable = yes
[root]]
    comment = Root Directories
    browseable = no
    writable = yes
# Un-comment the following and create the netlogon directory for Domain Logons
; [netlogon]
;   comment = Network Logon Service
;   path = /usr/local/samba/lib/netlogon
;   guest ok = yes
;   writable = no
;   share modes = no
```

（3）添加用户。具体操作如下：

```
[root@bogon home]# useradd sambauser
```

（4）设置 mihu 账户登录 samba 服务器的密码。设置密码使用 smbpasswd 命令，具体操作如下：

```
[root@bogon home]# smbpasswd -a sambauser
New SMB password:
Retype new SMB password:
```

（5）重启 samba 服务器。具体操作如下：

```
[root@bogon home]# /etc/init.d/smb restart
关闭 SMB 服务:                                              [失败]
关闭 NMB 服务:                                              [失败]
启动 SMB 服务:                                              [确定]
启动 NMB 服务:                                              [确定]
```

（6）在 Windows 和 Linux 网络都畅通的情况下，在 Windows 下登录 samba 服务器。如设置 Linux 系统的 IP 为 192.168.111.112，则在 Windows 下运行\\192.168.111.112，如图 1-26 所示。

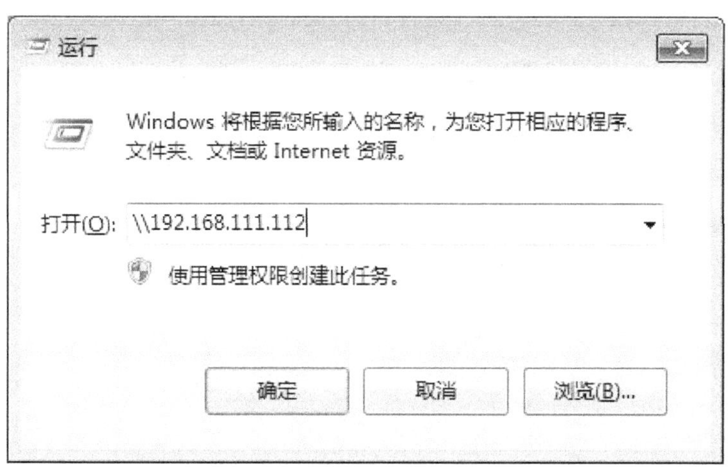

图 1-26　通过 IP 访问 samba 服务器

（7）弹出如图 1-27 所示的登录界面，输入账号 mihu 和设置的登录 samba 服务器的密码。

图 1-27　samba 服务器登录界面

登录后的界面如图 1-28 所示。

用户在配置 samba 服务器时，需要注意网络选择为 bridge 连接，如图 1-29 所示。在此基础上，用户在 Linux 下设置的 IP 与 Windows 下的 IP 地址应当在一个网段内，且相互可以 ping 通。

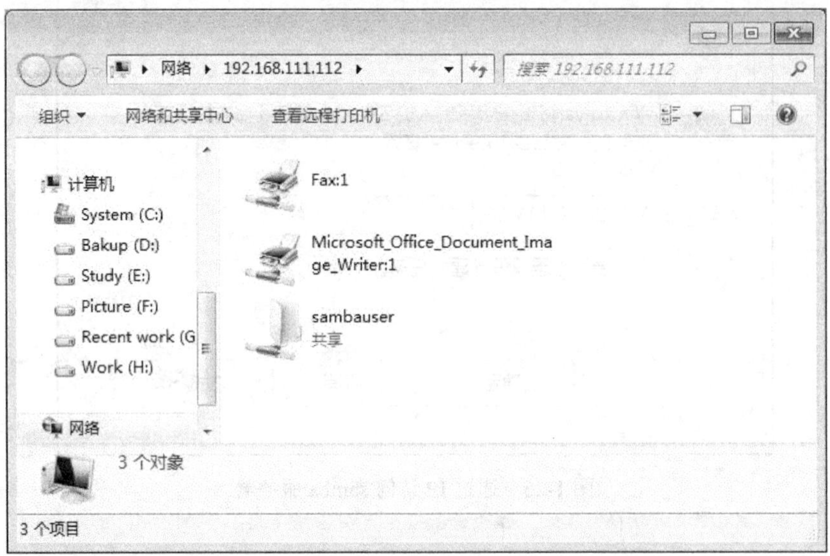

图 1-28　通过 Windows 访问 samba 服务器的界面

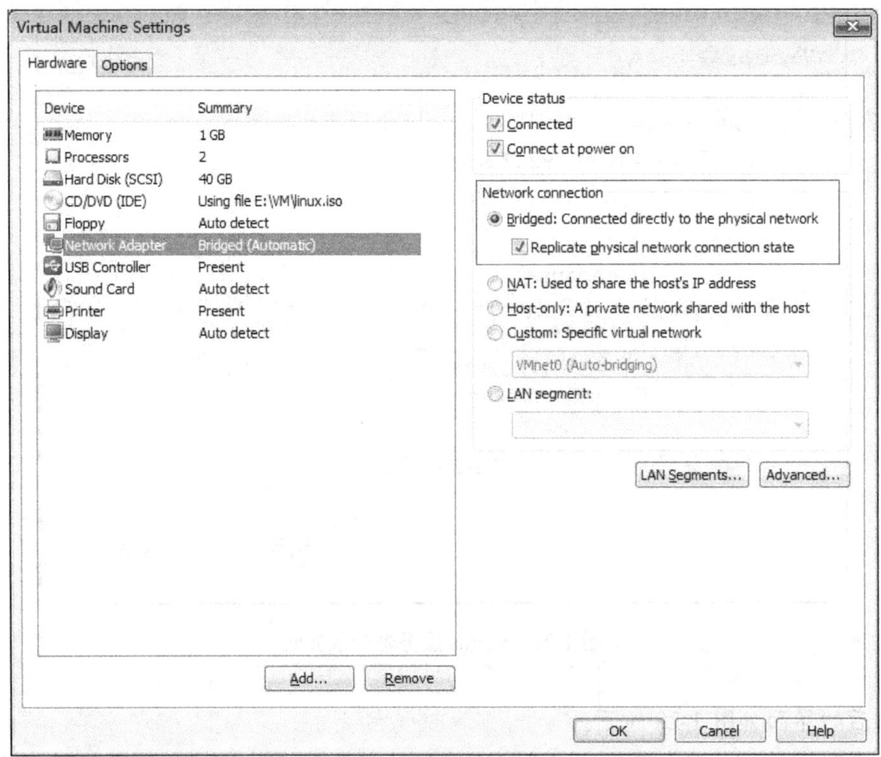

图 1-29　samba 服务器配置的网络设置

1.4.2　NFS 服务器

NFS 是网络文件系统（Network File System）的简称，是分布式计算系统的一个组成部分，可实现在多种网络上共享和装配远程文件系统。NFS 由 Sun 公司开发，目前已经成为文件服务的一种标准。其最大的功能就是可以通过网络，让不同操作系统的计算机共享数据，所以也可以将它看作是一个文件服务器。NFS 提供了除 samba 外，Windows 与 Linux 及 UNIX 与 Linux 之间通信的方法。

客户端 PC 可以挂载 NFS Server 所提供的目录，并且挂载后这个目录看起来就像本地的磁盘分区一样，可以使用 cp、cd、mv、rm、df 等磁盘相关的指令进行操作。NFS 有属于自己的协议与端口号，但是在资料传送或者其他相关信息传递时，NFS Server 使用的则是一个称为远程过程调用的协议来协助 NFS Server 本身的运作。

NFS 本身的服务并没有提供资料传递的协议，但是它却能进行文件的共享。原因就是 NFS 使用了一些其他相关的传输协议，而这些传输协议就是远程过程调用。NFS 也可以视为一个 RPC Server。需要说明的是，要挂载 NFS Server 的客户端 PC 主机，也需要同步启动远程过程调用。这样服务器端和客户端才能根据远程过程调用协议进行数据共享。

示例 1.4.2-1 下面以 Red Hat Enterprise Linux 5 演示 NFS 服务器的配置方法，主要步骤如下:

（1）查看是否安装了 nfs-utils 的安装包。使用 rpm 命令查看该系统是否安装了 nfs-utils 的安装包，具体操作如下:

```
[root@bogon chapter2]# rpm -q nfs-utils
nfs-utils-1.0.9-33.el5
```

该结果说明该系统已经安装了 NFS 的安装包。

（2）如果没有安装 nfs-utils 的安装包，那么从对应的 Linux 操作系统版本的安装光盘上找到 nfs-utils 的安装包并安装。把光盘中 nfs-utils-1.0.9-24.el5.i386.rpm 和 system-config-nfs-1.3.23-1.e15.noarch.rpm 两个文件复制到 home 文件夹，安装 NFS 服务器，具体操作如下:

```
[root@bogon chapter2]# ls
nfs-utils-1.0.9-24.el5.i386.rpm     system-config-nfs-1.3.23-1.e15.noarch.rpm
 [root@bogon chapter2]#rpm –ivh nfs-utils-1.0.9-24.el5.i386.rpm
warning:nfs-utils-1.0.9-24.el5.i386.rpm:Header V3 DSA signature:NOKEY,key ID 37017168
 Preparing···                ########################################[100%]
      1:nfs-utils            ########################################[100%]
 [root@bogon chapter2]# rpm -q nfs-utils
nfs-utils-1.0.9-33.el5
```

（3）NFS 配置。加入允许被哪些计算机访问、访问的目录和访问权限。打开 exports 文件，使用命令：#vi /etc/exports，在该文件中添加数据，具体操作如下:

```
/home 192.168.0.*(rw,sync,no_root_squash)
```

（4）启动 NFS 服务器。操作结果如下:

```
[root@bogon chapter2]# /etc/init.d/nfs restart
关闭 NFS mountd:                                             [失败]
关闭 NFS 守护进程:                                           [失败]
关闭 NFS quotas:                                             [失败]
关闭 NFS 服务:                                               [确定]
```

```
启动 NFS 服务:                                  [确定]
关掉 NFS 配额:                                  [确定]
启动 NFS 守护进程:                              [确定]
启动 NFS mountd:                                [确定]
```

（5）挂载 NFS 服务器上的共享目录。使用 mount 命令来挂载 NFS 服务器上的共享目录。可以看到挂载后的本机/mnt 目录和本机/home 目录是一样的，也就是说，通过 NFS 服务器把本机的/home 目录挂载到了本机/mnt 目录下。注意，NFS 服务器在实际应用中用于两台不同的 Linux 主机间的挂载，这里为了演示方便，使用同一主机的系统。具体操作如下：

```
[root@bogon home]# ifconfig eth0 192.168.0.111
[root@bogon home]# ls
a.out       rgb565      testing.cc~                      vmware-tools-distrib
ch5         sambauser   viewtalk                         yinyue
chapter3    test.c      VMwareTools-8.4.6-385536.tar.gz
[root@bogon home]# mount -t nfs 192.168.0.111:/home /mnt
[root@bogon home]# ls /mnt
a.out       rgb565      testing.cc~                      vmware-tools-distrib
ch5         sambauser   viewtalk                         yinyue
chapter3    test.c      VMwareTools-8.4.6-385536.tar.gz
[root@bogon home]#
```

1.4.3 TFTP 服务器

TFTP(Trivial File Transfer Protocol，简单文件传输协议)是 TCP/IP 协议族中的一个用来在客户机与服务器之间进行简单文件传输的协议，提供不复杂、开销不大的文件传输服务。

当前 TFTP 有 3 种传输模式：①netASCII 模式即 8 位 ASCII；②八位组模式（替代了以前版本的二进制模式），如原始八位字节；③邮件模式，在这种模式中，传输给用户的不是文件而是字符。主机双方可以自定义其他模式。

在 TFTP 协议中，任何一个传输进程都以请求读写文件开始，同时建立一个连接。如果服务器同意请求，则连接成功，文件就以固定的 512 字节块的长度进行传送。每个数据包都包含一个数据块，在发送下一个包之前，数据块必须得到确认响应包的确认。少于 512 字节的数据包说明了传输的结束。如果包在网络中丢失，接收端就会超时并重新发送其最后的包（可能是数据也可能是确认响应），这就导致丢失包的发送者重新发送丢失包。发送者需要保留一个包用于重新发送。注意，传输的双方都可以看作发送者和接收者；一方发送数据并接收确认响应，另一方发送确认响应并接收数据。

示例 1.4.3-1 本例采用 Red Hat Enterprise Linux 5 演示 TFTP 服务器的配置方法，主要步骤如下：

（1）用 netstat 命令查看 tftp 服务器是否启动，如果已经启动，则不用安装。具体操作如下：

```
[root@bogon chapter2]# netstat –a |grep tftp
```

（2）说明没有安装 TFTP 服务器，如果已经安装了 TFTP 服务器，则操作结果为

```
[root@bogon chapter2]# netstat -a |grep tftp
udp        0      0 *:tftp                  *:*
```

（3）如果没有安装，从安装光盘中复制相应的文件，执行如下命令安装，操作结果如下：

```
[root@bogon chapter2]# ls
tftp-0.42-3.1.i386.rpm   tftp-server-0.42-3.1.i386.rpm
[root@bogon chapter2]# rpm -ivh tftp-server-0.42-3.1.i386.rpm
warning: tftp-server-0.42-3.1.i386.rpm: Header V3 DSA signature: NOKEY, key ID 4f2a6fd2
Preparing...        ########################################### [100%]
   1:tftp-server ########################################### [100%]
[root@bogon chapter2]# rpm -ivh tftp-0.42-3.1.i386.rpm
warning: tftp-0.42-3.1.i386.rpm: Header V3 DSA signature: NOKEY, key ID 4f2a6fd2
Preparing...        ########################################### [100%]
   1:tftp           ########################################### [100%]
```

（4）注意，个别系统还需要安装 xinetd-2.3.14-10.el5.i386 包，操作结果如下：

```
[root@bogon chapter2]# rpm -ivh xinetd-2.3.14-10.el5.i386.rpm
warning: xinetd-2.3.14-10.el5.i386.rpm: Header V3 DSA signature: NOKEY, key ID e8562897
Preparing...        ########################################### [100%]
        package xinetd-2.3.14-10.el5 is already installed
        file /usr/sbin/xinetd from install of xinetd-2.3.14-10.el5 conflicts
with file from package xinetd-2.3.14-10.el5tftp
```

（5）修改配置文件，在/etc/xinetd.d/tftp 目录下，打开 tftp 的配置文件，操作结果如下：

```
# default: off
# description: The tftp server serves files using the trivial file transfer \
#       protocol.  The tftp protocol is often used to boot diskless \
#       workstations, download configuration files to network-aware printers, \
#       and to start the installation process for some operating systems.
service tftp
{
        socket_type             = dgram
        protocol                = udp
        wait                    = yes
        user                    = root
        server                  = /usr/sbin/in.tftpd
        server_args             = -s /tftpboot
        disable                 = no
        per_source              = 11
        cps                     = 100 2
        flags                   = IPv4
}
```

（6）启动 tftp 服务器，操作如下：

```
[root@bogon chapter2]# /etc/init.d/xinetd start
启动 xinetd:
```

（7）同样，用 netstat 命令查看 TFTP 服务器是否启动成功，如下所示：

```
[root@bogon chapter2]# netstat -a |grep tftp
udp        0        0 *:tftp                          *:*
```

习题与练习

1．什么是嵌入式系统？

2．常用的嵌入式系统有哪几种？它们各自的优缺点是什么？

3．在一台计算机上，采用虚拟机的方法安装 Linux 操作系统。

4．把一块 U 盘插在 PC 上，用 fdisk 命令查看盘符，然后用 mount 命令吧 U 盘挂载到虚拟机上。

5．Linux 系统服务器的配置应用很多，特别是 samba 服务器，在嵌入式系统开发中经常使用。配置 samba 服务器，实现 Windows 系统和 Linux 系统的通信。

第 2 章

CHAPTER 2

Linux脚本编程

在 Linux 系统中，虽然有各种各样的图形化接口工具，但是 shell 仍然是一个非常灵活的工具。shell 不仅是命令的收集，也是一门编程语言。用户可以通过使用 shell 使大量的任务自动化，shell 擅长系统管理任务，尤其适合那些易用性、可维护性和便携性比效率更重要的任务。对于希望精通系统管理的人来说，脚本应用知识是必需的。一般来说，一个 Linux 机器启动后，它会执行在/etc/rc.d 目录下的 shell 脚本重建系统环境并且启动各种服务，理解这些启动脚本的细节对分析系统的运作行为并修改系统行为具有重大意义。

2.1 常用 shell 命令

在 shell 脚本中可以使用任意的 UNIX 命令，有一些相对常用的命令用来进行文件和文字操作。常用 shell 命令语法及功能如表 2-1 所示。

表 2-1　常用 shell 命令

函　数	说　明
echo "some text"	将文字内容打印在屏幕上
ls	文件列表
wc -l file	计算文件行数
wc -w file	计算文件中的单词数
wc -c file	计算文件中的字符数
cp sourcefile destfile	文件复制
mv oldname newname	重命名文件或移动文件
rm file	删除文件
grep 'pattern' file	在文件内搜索字符串，例如：grep 'searchstring' file.txt
cat file.txt	输出文件内容到标准输出设备（屏幕）上
file somefile	获取文件类型
read var	提示用户输入，并将输入值赋值给变量
sort file.txt	对 file.txt 文件中的行进行排序
uniq	删除文本文件中出现的行列，例如：sort file.txt | uniq
expr	进行数学运算，例如：expr 2 "+" 3

续表

函　　数	说　　明
find	搜索文件，例如，根据文件名搜索：find　.　－name　filename　－print
tee	将数据输出到标准输出设备(屏幕）和文件，例如：somecommand　| tee　outfile
basename　file	返回不包含路径的文件名，例如：basename　/bin/tux 将返回 tux
dirname　file	返回文件所在路径，例如：dirname　/bin/tux 将返回/bin
head　file	打印文本文件开头几行
tail　file	打印文本文件末尾几行
sed	sed 是一个基本的查找替换程序。可以从标准输入（比如命令管道）读入文本，并将结果输出到标准输出（屏幕）。不要和 shell 中的通配符相混淆。例如，将 linuxfocus 替换为 LinuxFocus：cat　text.file　|　sed 's/linuxfocus/LinuxFocus/' > newtext.file
awk	awk 用来从文本文件中提取字段。默认的字段分割符是空格，可以使用-F 指定其他分割符。例如：cat　file.txt　|　awk　-F,　'{print ",　" }'，这里使用“,”作为字段分割符，同时打印第一个和第三个字段

2.2　脚本编写基础

shell 脚本的第一行必须是#!/bin/sh 格式，符号#！用来指定该脚本文件的解析程序，当编译好脚本后，如果要执行该脚本，还必须使其具有可执行的属性，例如：chmod +x filename。

2.2.1　特殊字符

脚本文件涉及特殊字符较多，本章重点介绍在脚本中出现频率较高的字符。

1. #

注释。以#开头的行（#!是例外）是注释行，注释也可以出现在一个命令语句的后面，注释行前面也可以有空白字符。

在同一行中，命令不能跟在注释语句的后面，因为这种情况下，系统无法分辨注释的结尾。命令只能放在同一行的行首。用另外的一个新行开始下一个注释。

2. ;

命令分割符（分号），分割符允许在同一行里有两个或更多的命令。

3. ;;

case 语句分支的结束符（双分号）。

4. .

“点”命令（圆点）作为一个文件名的组成部分，当点（.）以一个文件名为前缀时，使该文件变成了隐藏文件，在使用 ls 命令时，一般不会显示这种隐藏文件。作为目录名时，单个点（.）表示当前目录，两个点（..）表示上一级目录。

5. ”

部分引用（双引号）。"STRING"的引用会使 STRING 里的特殊字符能够被解释。

6. ‘

完全引用（单引号）。'STRING'能引用 STRING 里的所有字符（包括特殊字符也会被原样引用）。这是一个比使用双引号（“）更强的引用。

7. ,

逗号操作符（逗号）。逗号操作符用于连接多个数学表达式，每一个数学表达式都被求值，但只有最后一个表达式的值被返回。例如：

```
let "t2=((a=9, 15/3))" #设置"a=9"且"t2=15/3"
```

**8. **

转义符（反斜杠）。用于单个字符的引用机制。

\X“转义”字符为X，它有“引用”X的作用，也等同于直接在单引号里的'X'。\也可以用于引用双引号（"）和单引号（'），这时双引号和单引号就表示普通的字符，而不表示引用。

9. /

文件路径的分隔符（斜杠）。分隔一个文件路径的各个部分。例如/home/bozo/projects/Makefile。同时，它也是算术操作符中的除法运算符。

10. `

命令替换。`command`结构使字符（`）引住的命令（command）的执行结果能赋值给一个变量。它也被称为后引号或是斜引号。

11. :

空命令（冒号）。该命令的意思是空操作。它一般被认为与shell的内建命令true是一样的。

12. !

取反一个测试结果或退出状态（感叹号）。取反操作符（!）取反一个命令的退出状态。它也取反一个测试操作。例如，它能改相等符（=）为不等符（!=）。取反操作符（!）是bash的关键字。

13. *

通配符（星号）。星号（*）字符是用于匹配文件名扩展的通配符。它自动匹配给定的目录下的每一个文件。

算术操作符。在计算时，星号（*）表示乘法运算符。两个星号（**）表示求幂运算符。

14. ?

测试操作符。在一些表达式中，问号（?）表示一个条件测试。在双括号结构里，问号（?）表示C语言风格的三元操作符。在参数替换表达式里，问号（?）测试一个变量是否被设置了值。

15. $

变量替换（引用一个变量的内容）。一个变量名前面加一个$字符前缀表示引用该变量的内容。

16. ()

命令组。一组由圆括号括起来的命令是新开一个子shell来执行的。因为是在子shell里执行，在圆括号里的变量不能被脚本的其他部分访问。因为父进程（即脚本进程）不能存取子进程（即子shell）创建的变量。

17．{}

代码块（花括号）。这个结构也是一组命令代码块，它是匿名的函数。与函数不同的是，在代码块里的变量仍然能被脚本后面的代码访问。由花括号括起的代码块可以引起输入输出的 I/O 重定向。

18．>，&>，>&，>>

重定向。例如：

scriptname>filename　把命令 scriptname 的输出重定向到文件 filename 中。如果文件 filename 存在则将会被覆盖。

command&>filename　把命令 command 的标准输出（stdout）和标准错误（stderr）重定向到文件 filename 中。

command>&2　把命令 command 的标准输出（stdout）重定向到标准错误（stderr）。

scriptname>>filename appends　把脚本 scriptname 的输出追加到文件 filename。如果 filename 不存在，则它会被创建。

19．|

管道。把上一个命令的输出传给下一个命令，这是连接命令的一种方法。

2.2.2　变量和参数

1．变量替换

变量的名字是它的值保存的地方。引用它的值称为变量替换。如果 variable1 是一个变量的名字，那么$variable1 就是引用该变量的值，即这个变量包含的数据。

2．变量赋值

用“=”对变量进行赋值，“=”的左右两边不能有空白符。

3．bash 变量无类型

不同于许多其他编程语言，bash 不以“类型”区分变量。本质上说，bash 变量是字符串，但是根据环境的不同，bash 允许变量有整数计算和比较操作，其中决定因素是变量的值是否只含有数字。

示例 2.2.2-1　对变量操作的脚本如下：

```
#!/bin/sh
a="hello world"              #对变量赋值
echo "A is:"                 #打印变量 a 的内容
echo $a
```

有时变量名很容易与其他文字混淆，例如：

```
num=2
echo "this is the $numnd"
```

这并不会打印出“this is the 2nd”，而仅仅打印“this is the”，因为 shell 会去搜索变量 numnd 的值，但是这个变量是没有值的。可以使用花括号来告诉 shell 所要打印的是 num 变量，修改如下：

```
num=2
echo "this is the ${num}nd"
```

这将打印“this is the 2nd”。

4．局部变量

局部变量只在代码块或一个函数里有效。如果变量用 local 来声明，那么它只能在该变量声明的代码块中可见。这个代码块就是局部“范围”。在一个函数内，局部变量意味着该变量只有在函数代码块内才有意义。

示例 2.2.2-2　局部变量使用方法的脚本如下：

```
#!/bin/bash
hello="var1"
echo $hello
function func1 {
      local hello="var2"
      echo $hello
      }
func1
echo $hello
```

打开超级终端，建立该脚本文件，运行结果如下：

```
[root@bogon chapter2]# ./Example2.1.2-2
var1
var2
var1
```

从结果中能看出局部变量的使用方法。

5．环境变量

环境变量会影响 shell 的行为和用户接口，在大多数情况下，每个进程都有一个“环境表”，它由一组被进程使用的环境变量组成。shell 的其他进程也一样，每次当一个 shell 启动时，它都会创建新的合适的环境变量。增加或是更新一个环境变量，都会使这个 shell 的环境表得到更新，换句话说，更改或增加的变量会立即生效，并且这个 shell 的所有子进程（即它执行的命令）都能继承它的环境变量。准确地说，应该是后继生成的子进程才会继承 shell 的新环境变量，已经运行的子进程并不会得到它的新环境变量。分配给环境变量的总空间是有限的，如果创建太多的环境变量或有些环境变量的值太长而占用太多空间则会出错。例如：

```
bash$ eval "`seq 10000 | sed -e 's/.*/export var&=ZZZZZZZZZZZZZZ/'`"
bash$ du
bash: /usr/bin/du: Argument list too long(参数列表太长)
```

6．位置参数

命令行传递给脚本的参数是$0，$1，$2，$3，…

$0 是脚本的名字，$1 是第一个参数，$2 是第二个参数，$3 是第三个参数，以此类推。

在位置参数$9之后的参数必须用括号括起来，例如：${10}，${11}，${12}。

特殊变量$*和$@表示所有的位置参数。

示例 2.2.2-3 位置参数实例如下：

```
#!/bin/sh
echo "number of vars:"$#
echo "values of vars:"$*
echo "value of var1:"$1
echo "value of var2:"$2
echo "value of var3:"$3
echo "value of var4:"$4
```

打开超级终端，建立该脚本文件，运行结果为

```
[root@bogon chapter2]# ./Example2.1.2-3   1 2 3 4 5
number of vars:5
values of vars:1 2 3 4 5
value of var1:1
value of var2:2
value of var3:3
value of var4:4
```

2.2.3 退出和退出状态

exit 命令一般用于结束一个脚本，就像 C 语言的 exit 一样。它也能返回一个值给父进程。每一个命令都能返回一个退出状态（有时也看作返回状态）。一个命令执行成功时返回 0，执行不成功时则返回一个非零值，此值通常可以被解释成一个对应的错误值。同样地，脚本里的函数和脚本自身都会返回一个退出状态码。在脚本或函数里被执行的最后一个命令将决定退出状态码。如果一个脚本以不带参数的 exit 命令结束，脚本的退出状态码将会是执行 exit 命令前的最后一个命令的退出码。脚本结束没有 exit、不带参数的 exit 和 exit $?三者是等价的，以下三段代码等价。

```
#!/bin/bash
COMMAND_1
...
COMMAND_LAST
# 脚本将会以最后命令 COMMAND__LAST 的状态码退出
exit   n

#!/bin/bash
COMMAND_1
...
COMMAND_LAST
exit $?

#!/bin/bash
COMMAND1
```

```
...
COMMAND_LAST
```

在一个脚本里，exit n 命令将会返回 shell 一个退出状态码 n（n 必须是一个在 0～255 范围内的十进制整数）。

$?变量保存了最后一个命令执行后的退出状态。当一个函数返回时，$?保存了函数里最后一个命令的退出状态码，这就是 bash 里函数返回值的处理办法。当一个脚本运行结束，$?变量保存脚本的退出状态，而脚本的退出状态就是脚本中最后一个已执行命令的退出状态。并且依照惯例，0 表示执行成功，1～255 的整数表示错误。

示例 2.2.3-1　退出/退出状态案例如下：

```
#!/bin/bash
echo hello
echo $?
lskdf
echo $?
echo
exit 113                          #返回 113 状态码给 shell
```

打开超级终端，建立该脚本文件，运行结果中第一行显示 hello，因为第一行执行成功，所以第二行打印 0，第三行为无效命令，第四行因为上面的无效命令执行失败，打印一个非零的值，运行结果如下：

```
[root@bogon chapter2]# ./Example2.1.3-1
hello
0
./Example2.1.2-4: line 4: lskdf: command not found
127
```

2.3　流程控制

对代码块的操作是构造和组织 shell 脚本的关键，循环和分支结构为脚本编程提供了操作代码块的工具，流程控制主要包括测试条件、循环控制语句、分支控制语句及与其相关的操作控制符。

2.3.1　条件测试

每一个完善的编程语言都应该能测试一个条件，然后依据测试的结果执行进一步的动作。bash 由 test 命令、各种括号及内嵌的操作符，以及 if/then 结构来完成条件测试的功能。

大多数情况下，可以使用测试命令对条件进行测试。例如可以比较字符串、判断文件是否存在及是否可读等。通常用“[ ]”表示条件测试。注意，这里的空格很重要，要确保方括号两侧的空格。

1．比较操作符

比较操作包括整数比较操作、字符串比较操作和混合比较操作。其中，常用整数比较操作如表 2-2 所示，字符串比较操作如表 2-3 所示，混合比较操作如表 2-4 所示。

表 2-2　常用整数比较操作

函数	说　明
-eq	等于，例如：if ["$a" -eq "$b"]
-ne	不等于，例如：if ["$a" -ne "$b"]
-gt	大于，例如：if ["$a" -gt "$b"]
-ge	大于等于，例如：if ["$a" -ge "$b"]
-lt	小于，例如：if ["$a" -lt "$b"]
-le	小于等于，例如：if ["$a" -le "$b"]
<	小于（在双括号里使用），例如：(("$a" < "$b"))
<=	小于等于（在双括号里使用），例如：(("$a" <= "$b"))
>	大于（在双括号里使用），例如：(("$a" > "$b"))
>=	大于等于（在双括号里使用），例如：(("$a" >= "$b"))

表 2-3　常用字符串比较操作

函数	说　明
=	等于，例如：if ["$a" = "$b"]
==	等于，例如：if ["$a" == "$b"] 它和=是同义词
!=	不相等，例如：if ["$a" != "$b"]操作符在[[...]]结构里使用模式匹配
<	小于，依照 ASCII 字符排列顺序，例如：if [["$a" < "$b"]]，if ["$a" \< "$b"]。注意，"<"字符在[ ]结构里需要转义
>	大于，依照 ASCII 字符排列顺序，例如：if [["$a" > "$b"]]，if ["$a" \> "$b"]。注意，">"字符在[ ]结构里需要转义
-z	字符串为"null"，即指字符串长度为零
-n	字符串不为"null"，即指字符串长度不为零

表 2-4　常用混合比较操作

函数	说　明
-a	逻辑与，如果 exp1 和 exp2 都为真，则 exp1 -a exp2 返回真
-o	逻辑或，只要 exp1 和 exp2 任何一个为真，则 exp1 -o exp2 返回真

2．文件测试操作符

常用文件测试操作如表 2-5 所示，如果条件成立，则返回真。

表 2-5　常用文件测试操作

函数	说　明
-e	文件存在
-f	文件是一个普通文件（不是一个目录或一个设备文件）
-s	文件大小不为零

续表

函数	说　明
-d	文件是一个目录
-b	文件是一个块设备（例如软盘、光驱等）
-c	文件是一个字符设备（例如键盘、调制解调器、声卡等）
-p	文件是一个管道
-h	文件是一个符号链接
-L	文件是一个符号链接
-S	文件是一个 socket
-t	文件（描述符）与一个终端设备相关
-r	文件是否可读（指运行这个测试命令的用户的读权限）
-w	文件是否可写（指运行这个测试命令的用户的写权限）
-x	文件是否可执行（指运行这个测试命令的用户的可执行权限）
-g	文件或目录的 sgid 标志被设置，如果一个目录的 sgid 标志被设置，在该目录下创建的文件都属于拥有此目录的用户组，而不必是创建文件的用户所属的组。这个特性对在一个工作组里同享目录很有用处
-u	文件的 suid 标志被设置

示例 2.3.1-1　分析下列测试命令的含义。

```
[[ $a == z* ]]          #如果变量$a 以字符"z"开始(模式匹配)则为真
[[ $a == "z*" ]]        #如果变量$a 与 z*(字面上的匹配)相等则为真
[ $a == z* ]            #文件扩展和单元分割有效
[ "$a" == "z*" ]        #如果变量$a 与 z*(字面上的匹配)相等则为真
[ -f "somefile" ]       #判断是否是一个文件
[ -x "/bin/ls" ]        #判断/bin/ls 是否存在并有可执行权限
[ -n "$var" ]           #判断$var 变量是否有值
[ "$a" = "$b" ]         #判断$a 和$b 是否相等
```

3．嵌套的 if/then 语句

```
if [ condition1 ]
  then
    if [ condition2 ]
    then
      do-something          #仅当 condition1 和 condition2 同时满足才能执行 do-something 语句
    fi
fi
```

2.3.2　操作符相关主题

常用的操作符主要包括赋值操作符、计算操作符、位操作符和逻辑操作符。具体符号和含义如表 2-6 所示。

表 2-6 常用操作符

类 别	符 号	说 明
赋值操作符	=	通用的变量赋值操作符，可以用于数值和字符串的赋值
计算操作符	+	加
	-	减
	*	乘
	/	除
	**	求幂
	%	求模
位操作符	<<	位左移（每移一位相当于乘以 2）
	<<=	位左移赋值
	>>	位右移（每移一位相当于除以 2）
	>>=	位右移赋值（和<<=相反）
	&	位与
	&=	位与赋值
	|	位或
	|=	位或赋值
	~	位反
	!	位非
	^	位异或
	^=	位异或赋值
逻辑操作符	&&	逻辑与
	||	逻辑或

示例 2.3.2-1 下面看一个求最大公约数的实例：

```
#!/bin/bash
#最大公约数，使用 Euclid 算法
#参数检测
ARGS=2
E_BADARGS=85
   if [ $# -ne "$ARGS" ]
   then
       echo "Usage: `basename $0` first-number second-number"
       exit $E_BADARGS
   fi
gcd()
{
   dividend=$1              #赋任意值
   divisor=$2               #这里两个参数的赋值大小没有关系，为什么
   remainder=1
   #如果在循环中使用未初始化变量，在循环中第一个传递值会返回一个错误信息
   until [ "$remainder" -eq 0 ]
   do
       let "remainder = $dividend % $divisor"
       dividend=$divisor
```

```
        divisor=$remainder
    done
}
    gcd $1 $2
    echo
    echo "GCD of $1 and $2 = $dividend"
    echo
exit 0
```

打开超级终端，建立该脚本文件，任意输入两个数235和200，得到最大公约数为5，运行结果如下：

```
[root@bogon chapter2]# ./Example2.3.2-1 235 200
GCD of 235 and 200 = 5
```

2.3.3 循环控制

1. for

对代码块的操作是构造和组织shell脚本的关键，循环和分支结构为脚本编程提供了操作代码块的工具。

```
for arg in [list]
```

list中的参数允许包含通配符。如果do和for想在同一行出现，那么在它们之间需要添加一个“；”。

下面是一个基本的循环结构，它与C语言的for结构有很大不同。

```
for arg in [list]
do
    command(s)…
done
```

示例 2.3.3-1 分配行星的名字和它距太阳的距离：

```
#!/bin/bash
for planet in "Mercury 36" "Venus 67" "Earth 93"    "Mars 142" "Jupiter 483"
do
    set -- $planet  # Parses variable "planet" and sets positional parameters.
    #"--" 将防止$planet为空或者是以一个破折号开头
    #可能需要保存原始的位置参数,因为它们被覆盖了
    echo "$1        $2,000,000 miles from the sun"
    #-------two    tabs---把后边的0和$2连接起来
done
exit 0
```

打开超级终端，建立该脚本文件，运行结果如下：

```
[root@bogon chapter2]# ./Example2.3.3-1
Mercury         36,000,000 miles from the sun
```

```
Venus          67,000,000 miles from the sun
Earth          93,000,000 miles from the sun
Mars          142,000,000 miles from the sun
Jupiter       483,000,000 miles from the sun
```

2．while

while 结构在循环的开始判断条件是否满足，如果条件一直满足，那就一直循环下去（0 为退出码[exit status]），与 for 循环的区别是，while 结构适合用在循环次数未知的情况下。while 循环的结构如下：

```
while [condition]
do
    command…
done
```

和 for 循环一样，如果想把 do 和条件放到同一行，还需要一个“；”，代码如下：

```
while [condition] ; do
```

示例 2.3.3-2 简单的 while 循环:

```
#!/bin/bash
var0=0
LIMIT=10
while [ "$var0" -lt "$LIMIT" ]
do
    echo -n "$var0 "              #-n 将会阻止产生新行
    var0=`expr $var0 + 1`         #var0=$(($var0+1)) 也可以
                                  #var0=$((var0 + 1))也可以
                                  #let "var0 += 1"也可以
done                              #使用其他方法也行
echo
exit 0
```

打开超级终端，建立该脚本文件，命名为 while，运行结果如下:

```
[root@bogon chapter2]          # ./Example2.3.3-2
0 1 2 3 4 5 6 7 8 9
```

3．until

until 结构在循环的顶部判断条件，如果条件一直为 false，那就一直循环下去（与 while 相反）。until 循环的结构如下：

```
until [condition-is-true]
do
    command…
done
```

until 循环的判断在循环的顶部，这与某些编程语言是不同的。与 for 循环一样，如果想把 do 和条件放在一行里，需要使用“；”。

```
until [condition-is-true] ; do
```

示例 2.3.3-3 until 循环:

```
#!/bin/bash
    END_CONDITION=end
    until [ "$var1" = "$END_CONDITION" ]    #在循环的顶部判断条件
do
    echo "Input variable #1 "
    echo " ($END_CONDITION to exit) "
    read var1
    echo "variable #1 = $var1"
    echo
done
exit 0
```

打开超级终端，建立该脚本文件，运行文件，直到出现结束标志“end”，程序运行结束，运行结果如下：

```
[root@bogon chapter2]# ./Example2.3.3-3
Input variable #1
(end to exit)
3
variable #1 = 3

Input variable #1
(end to exit)
end
variable #1 = end
```

4．break，continue

break 和 continue 这两个循环控制命令与其他语言的类似命令的行为是相同的，break 命令将会跳出循环，continue 命令将会跳过本次循环后面的语句，直接进入下次循环。

break 命令可以带一个参数，不带参数的 break 循环只能退出最内层的循环，而 break N 可以退出 N 层循环。continue 命令也可以带一个参数，不带参数的 continue 命令只跳过本次循环的剩余代码。而 continue N 将会把 N 层循环剩余的代码都跳过，但是循环的次数不变。

2.3.4 测试与分支

case 和 select 结构在技术上说不是循环，因为它们并不对可执行的代码块进行迭代。但是和循环相似的是，它们也依靠在代码块的顶部或底部的条件判断来决定程序的分支。shell 中的 case 同 C/C++中的 switch 结构是相同的，它允许通过条件判断来选择执行代码块中多条路径中的一条。它的作用和多个 if/then/else 语句相同，是它们的简化结构，特别适用于创建目录。

1．case

```
case "$variable" in
?"$condition1" )
```

```
?command…
?;;
?"$condition2" )
?command…
?;;
esac
```

对变量使用""并不是强制的，因为不会发生单词分离。每句测试行，都以右小括号“）”结尾。每个条件块都以两个分号结尾。case 块的结束以 esac（case 的反向拼写）结尾。

示例 2.3.4-1 用 case 查看计算机的架构：

```
#!/bin/bash
#case-cmd.sh: 使用命令替换来产生"case"变量
case $( arch ) in                #arch"返回机器的类型,等价于'uname -m'…
      i386 ) echo "80386-based machine";;
      i486 ) echo "80486-based machine";;
      i586 ) echo "Pentium-based machine";;
      i686 ) echo "Pentium2+-based machine";;
*     ) echo "Other type of machine";;
esac
exit 0
```

打开超级终端，建立该脚本文件，运行结果如下所示。从结果可以看到当前运行的计算机的架构。

```
[root@bogon chapter2]# ./Example2.3.4-1
Pentium2+-based machine
```

2．select

select 结构是建立菜单的另一种工具，从 ksh 中引入的结构如下：

```
select variable [in list]
do
    ?command…
    ?break
done
```

示例 2.3.4-2 用 select 来创建菜单：

```
#!/bin/bash
PS3='Choose your favorite vegetable: '                #设置提示符字串
echo
select vegetable in "beans" "carrots" "potatoes" "onions" "rutabagas"
do
    echo
    echo "Your favorite veggie is $vegetable."
    echo "Yuck!"
    echo
    break                                             #如果这里没有'break'会发生什么
done
exit 0
```

打开超级终端，建立该脚本文件，运行结果如下：

```
[root@bogon chapter2]# ./Example2.3.4-2

1) beans
2) carrots
3) potatoes
4) onions
5) rutabagas
Choose your favorite vegetable: 3

Your favorite veggie is potatoes.
Yuck!
```

如果忽略了 in list 列表，那么 select 命令将使用传递到脚本的命令行参数（$@）或者函数参数（当 select 是在函数中时）。

示例 2.3.4-3 参数大小比较。

编写脚本，在脚本中对输入的两个参数进行大小比较。

```
#!/bin/bash
a=$1
b=$2
#判断 a 或者 b 变量是否为空,只要有一个为空就打印提示语句并退出
if [ -z $a ] || [ -z $b ]
then
    echo "please enter 2 no"
    exit 1
#判断 a 和 b 的大小,并根据判断结果打印语句
fi
if [ $a -eq $b ]
then
    echo "number a = number b"
else if [ $a -gt $b ]
    then
        echo "number a>number b"
    elif [ $a -lt $b ]
        then
            echo "number a<number b"
    fi
fi
```

打开超级终端，建立该脚本文件，运行结果如下：

```
[root@bogon chapter2]# ./Example2.3.4-3 7 8
number a<number b
```

示例 2.3.4-4 当前目录下的文件数目统计：

```
#!/bin/bash
#变量 counter 用于统计文件的数目
```

```
counter=0
#变量 files 遍历当前文件夹
for files in *
do
    #判断 files 是否是文件,如果是,就将 counter 变量的值加一,再赋给自己
    if [ -f "$files" ]
    then
    counter=`expr $counter + 1`
    fi
done
echo "There are $counter file in `pwd` "
```

打开超级终端，建立该脚本文件，命名为 count，运行结果如下：

```
[root@bogon chapter2]# ./Example2.3.4-4
There are 25 file in /home/chapter2
```

习题与练习

1. 什么是 shell？
2. 什么是局部变量？什么是环境变量？
3. 编程实现列出系统上的所有用户。
4. 编程实现在一个指定的目录的所有文件中查找源字串。
5. 编程实现检测是否有字母输入。

第 3 章 CHAPTER 3 Linux编程基础

编写一个程序，首先是程序的录入，然后是程序的编译，最后是程序的调试。本章主要介绍进行这三步工作的三个主要工具：vi、gcc 和 gdb。

通过这三个工具的学习，使读者在 Linux 下编程调试就像在 Windows 下一样轻松自如，提高工作效率。

3.1 编辑器介绍

Linux 系统提供了一个完整的编辑器家族系列。按功能可以分为两大类：行编辑器（Ed、Ex）和全屏幕编辑器（vi、Emacs）。行编辑器每次只能对一行进行操作，使用起来很不方便，而全屏幕编辑器可以对整个屏幕进行编辑，用户编辑的文件直接显示在屏幕上，从而避免了行编辑的不直观的操作方式，便于用户学习和使用，具有强大的功能。本节主要介绍 vi 编辑器的使用，Emacs 编辑器留给读者自学，Ed 编辑器和 Ex 编辑器使用较少，不再赘述。

3.1.1 vi 介绍

vi 编辑器是 Linux 系统的第一个全屏幕交互式编辑程序，它从诞生至今一直得到广大用户的青睐，历经数十年仍然是人们主要使用的文本编辑工具，足以见其生命力之强，而强大的生命力来源于其强大的功能。

vi 编辑器有三种模式，分别为命令行模式、插入模式及底行模式。下面具体介绍这三种模式。

1．命令行模式

用户在使用 vi 编辑器编辑文件时，最初进入的是一般命令行模式。在该模式中，用户可以通过上下移动光标进行删除字符或整行删除等操作，也可以进行复制、粘贴等操作，但无法编辑文字。

2．插入模式

在该模式下，用户才能进行文字的编辑输入，用户可按 Esc 键回到命令行模式。

3．底行模式

在该模式下，光标位于屏幕的底行。用户可以进行文件保存或退出操作，也可以设置编辑环境，例如寻找字符串、列出行号等。

3.1.2 vi 的各模式功能键

下面介绍 vi 编辑器的各模式功能键。

（1）命令行模式常见功能键如表 3-1 所示。

表 3-1 vi 命令行模式功能键

功 能 键	含 义
i	切换到插入模式，此时光标位于开始输入文件处
a	切换到插入模式，并从目前光标所在位置的下一个位置开始输入文字
O	切换到插入模式，且从行首开始插入新的一行
Ctrl+b	屏幕往“后”翻动一页
Ctrl+f	屏幕往“前”翻动一页
Ctrl+u	屏幕往“后”翻动半页
Ctrl+d	屏幕往“前”翻动半页
0（数字 0）	光标移到本行的开头
G	光标移动到输入文件的最后
nG	光标移动到第 n 行
$	光标移动到所在行的“行尾”
n<Enter>	光标向下移动 n 行
/name	在光标之后查找一个名为 name 的字符串
?name	在光标之前查找一个名为 name 的字符串
x	删除光标所在位置的“后面”一个字符
dd	删除光标所在行
ndd	从光标所在行开始向下删除 n 行
yy	复制光标所在行
nyy	复制光标所在行开始的下面 n 行
p	将缓冲区内的字符粘贴到光标所在的位置（与 yy 搭配）
u	恢复前一个动作

（2）插入模式的功能键只有一个 i，按 Esc 键返回命令行模式。

（3）底行模式常见功能键如表 3-2 所示。

表 3-2 vi 底行模式功能键

功 能 键	含 义
:w	将编辑的文件保存到磁盘中
:q	退出 vi（系统对做过修改的文件会给出提示）
:q!	强制退出 vi（对修改过的文件不作保存）
:wq	存盘后退出
:w [filename]	另存一个名为 filename 的文件
:set nu	显示行号，设定之后，会在每一行的前面显示对应行号
:set nonu	取消行号显示

vi 的操作命令较多，下面演示的操作是在嵌入式系统开发过程中经常用到的操作。例如编辑程序、查看文档、修改配置文件等操作。

（1）在当前目录下输入命令 vi hello.c，如图 3-1 所示，创建名为 hello.c 的文件。

图 3-1 创建文件

打开创建好的文件，如图 3-2 所示，hello.c 处于命令行模式。

图 3-2 命令行模式

（2）按 i 键进入插入模式，如图 3-3 所示。

图 3-3 插入模式

在插入模式下输入一段程序，如图 3-4 所示。

图 3-4 插入模式下输入程序

（3）按 Esc 键返回命令行模式，如图 3-5 所示。

```
#include <stdio.h>

void main()
{
    printf("hello world\n");
    return 0;
}
```

图 3-5 返回命令行模式

（4）按 Shift+：键，进入底行模式，如图 3-6 所示。

root@localhost:/home/test
文件(F) 编辑(E) 查看(V) 终端(T) 标签(B) 帮助(H)
#include <stdio.h>
void main()
{
printf("hello world\n");
return 0;
}
:

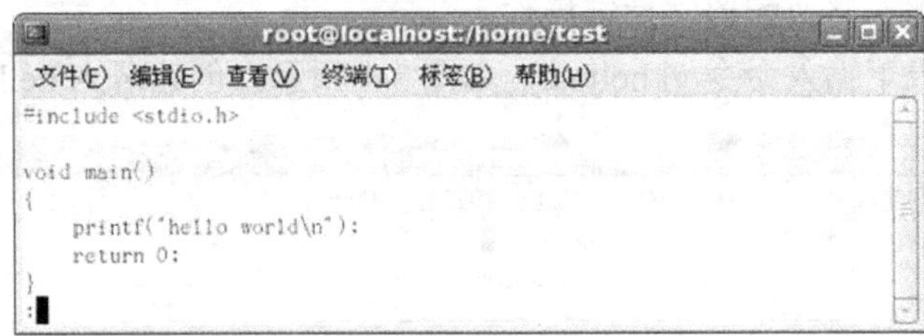

图 3-6　底行模式

输入 wq 保存退出，如图 3-7 所示。

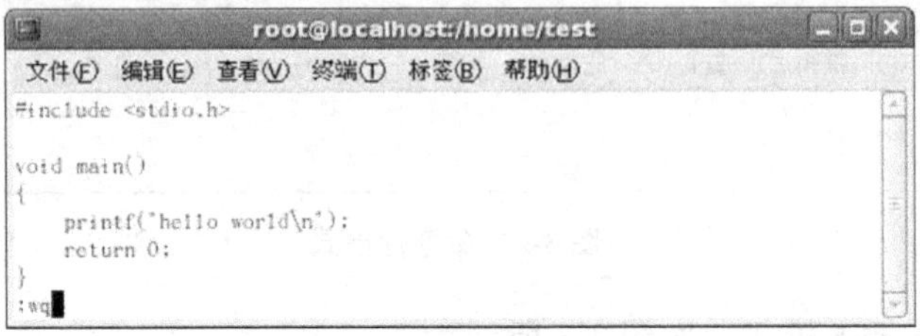

root@localhost:/home/test
文件(F) 编辑(E) 查看(V) 终端(T) 标签(B) 帮助(H)
#include <stdio.h>
void main()
{
printf("hello world\n");
return 0;
}
:wq

图 3-7　保存退出

（5）重新打开 hello.c，在底行模式下，输入：set nu 显示行号，如图 3-8 所示。

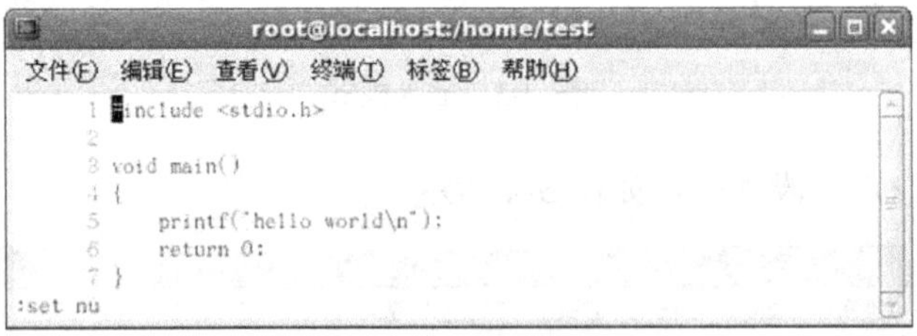

root@localhost:/home/test
文件(F) 编辑(E) 查看(V) 终端(T) 标签(B) 帮助(H)
1 #include <stdio.h>
2
3 void main()
4 {
5 printf("hello world\n");
6 return 0;
7 }
:set nu

图 3-8　显示行号

（6）将光标移动到第 5 行，命令为 5G，即在命令行模式下输入 5 并按 Shift+g 键，如图 3-9 所示。

root@localhost:/home/test
文件(F) 编辑(E) 查看(V) 终端(T) 标签(B) 帮助(H)
1 #include <stdio.h>
2
3 void main()
4 {
5 printf("hello world\n");
6 return 0;
7 }
:set nu

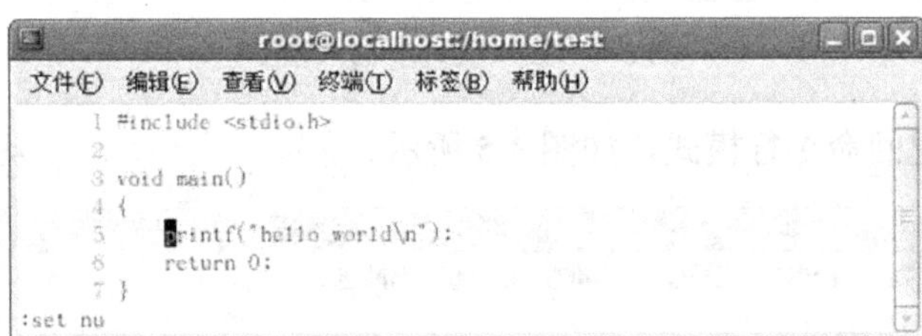

图 3-9　移动光标

（7）复制该行以下 2 行的内容，命令为 2yy；粘贴复制保留内容，命令为 p，如图 3-10 所示。

```
root@localhost:/home/test
文件(F) 编辑(E) 查看(V) 终端(T) 标签(B) 帮助(H)
#include <stdio.h>

void main()
{
    printf("hello world\n");
    printf("hello world\n");
    return 0;
    return 0;
}
```

图 3-10 复制粘贴操作

（8）删除第（7）步粘贴的 2 行，命令为 2dd，如图 3-11 所示。

```
root@localhost:/home/test
文件(F) 编辑(E) 查看(V) 终端(T) 标签(B) 帮助(H)
#include <stdio.h>

void main()
{
    printf("hello world\n");
    return 0;
}
~
```

图 3-11 删除操作

（9）撤销第（8）步的操作，命令为 u，如图 3-12 所示。

```
root@localhost:/home/test
文件(F) 编辑(E) 查看(V) 终端(T) 标签(B) 帮助(H)
#include <stdio.h>

void main()
{
    printf("hello world\n");
    printf("hello world\n");
    return 0;
    return 0;
}
2 more lines; before #3  20 seconds ago
```

图 3-12 撤销操作

（10）强制退出 vi，不存盘，命令为:q!，如图 3-13 所示。

```
root@localhost:/home/test
文件(F) 编辑(E) 查看(V) 终端(T) 标签(B) 帮助(H)
#include <stdio.h>

void main()
{
    printf("hello world\n");
    return 0;
}
~
:q!
```

图 3-13 强制退出

3.2 程序编译与调试

嵌入式系统开发常用的编译工具是 gcc，调试工具常用 gdb，下面一一介绍。

gcc 是 GNU 项目中符合 ANSI C 标准的编译系统，能够编译用 C、C++和 Object C 等语言编写的程序。gcc 又是一个交叉平台编译器，它能够在当前 CPU 平台上为多种不同体系结构的硬件平台开发软件，因此尤其适合嵌入式领域的开发编译。本节中的示例，采用的 gcc 版本为 4.1.2。表 3-3 是 gcc 支持编译的源文件的后缀名及其解释。

表 3-3 gcc 支持编译的源文件的后缀名及其解释

后 缀 名	所对应的语言	后 缀 名	所对应的语言
.c	C 源程序	.s/.S	汇编语言源程序
.C/.cc/.cxx	C++源程序	.h	预处理文件（头文件）
.m	Objective-C 源程序	.o	目标文件
.i	经过预处理的 C 源程序	.a/.so	编译后的库文件
.ii	经过预处理的 C++源程序		

3.2.1 gcc 编译流程

gcc 的编译流程分为四个步骤：预处理→编译→汇编→链接。

1. 预处理阶段

编译器将*.c 代码中的 stdio.h 编译进来，并且用户可以使用 gcc 的选项“-E”进行查看，该选项的作用是让 gcc 在预处理结束后停止编译过程。

2. 编译阶段

在编译阶段中，gcc 首先要检查代码的规范性以及是否有语法错误等，以确定代码实际要做的工作，在检查无误后，gcc 把代码翻译成汇编语言。用户可以使用“-S”选项进行查看，该选项只进行编译而不进行汇编，生成汇编代码。

3. 汇编阶段

汇编阶段是把编译阶段生成的“.s”文件转换成目标文件，用户可使用选项“-c”查看汇编代码转化的后缀名为“.o”的二进制目标代码。

4. 链接阶段

编译成功后，就进入了链接阶段。函数库一般分为静态库和动态库两种。静态库在编译链接时，把库文件的代码全部加入到可执行文件中，因此生成的文件比较大，但在运行时也就不再需要库文件了，其后缀名一般为“.a”。动态库与之相反，在编译链接时并没有把库文件的代码加入到可执行文件中，而是在程序执行时由运行时链接文件加载库，这样可以节省系统的开销，动态库的后缀名一般为“.so”。gcc 在编译时默认使用动态库。

3.2.2 gcc 编译选项分析

gcc 有 100 多个可用选项，主要包括总体选项、告警和出错选项、优化选项和体系结构相关选项。下面对每一类中最常用的选项进行介绍。

1. 总体选项

gcc 的总体选项如表 3-4 所示。

表 3-4　gcc 总体选项

后缀名	所对应的语言
-c	只编译不链接，生成目标文件“.o”
-S	只编译不汇编，生成汇编代码
-E	只进行预编译，不做其他处理
-g	在可执行程序中包含标准调试信息
-o file	将文件输出到 file 里
-v	打印编译器内部各编译过程的命令行信息和编译器的版本
-I dir	在头文件的搜索路径列表中添加 dir 目录
-L dir	在库文件的搜索路径列表中添加 dir 目录
-static	链接静态库
-l library	链接名为 library 的库文件

2. 告警和出错选项

gcc 的告警和出错选项如表 3-5 所示。

表 3-5　gcc 告警和出错选项

选　　项	含　　义
-ansi	支持符合 ANSI 标准的 C 程序
-pedantic	允许发出 ANSI C 标准所列的全部警告信息
-pedantic-error	允许发出 ANSI C 标准所列的全部错误信息
-w	关闭所有告警
-Wall	允许发出 gcc 提供的所有有用的报警信息
-werror	把所有的告警信息转化为错误信息，并在告警发生时终止编译过程

3. 优化选项

gcc 可以对代码进行优化，它通过编译选项“-On”控制优化代码的生成，其中 n 是一个代表优化级别的整数。对于不同版本的 gcc，n 的取值范围及其对应的优化效果可能并不完全相同，比较典型的范围是 0~2 或 0~3。

不同的优化级别对应不同的优化处理工作。例如，优化选项“-O”主要进行线程跳转和延迟退栈两种优化。优化选项“-O2”除了完成所有“-O1”级别的优化之外，同时还要进行一些额外的调整工作，例如处理器指令调度等。选项“-O3”则还包括循环展开和其他一些与处理器特性相关的优化工作。

4. 体系结构相关选项

gcc 的体系结构相关选项如表 3-6 所示。

表 3-6　gcc 体系结构相关选项

选　　项	含　　义
-mieee-fp/-mno-ieee-fp	使用/不使用 IEEE 标准进行浮点数的比较
-msoft-float	输出包含浮点库调用的目标代码
-mshort	将 int 类型作为 16 位处理，相当于 short int
-mrtd	强行将函数参数个数固定的函数用 ret NUM 返回，节省调用函数的一条指令
-mcpu=type	针对不同的 CPU 使用相应的 CPU 指令。可选择的 type 有 i386、i486、pentium 及 i686 等

示例 3.2.2-1 gcc 使用演示。

（1）先用 vi 编辑 hello.c 文件，内容如下：

```
#include <stdio.h>
int main(void){
        printf("hello world!\n");
        return 0;
}
```

（2）gcc 指令的一般格式为：gcc [选项]要编译的文件[选项] [目标文件]

使用 gcc 编译命令，编译 hello.c 文件并生成可执行文件 hello，运行 hello，操作过程如下：

```
[root@bogon chapter3]# gcc hello.c -o hello
[root@bogon chapter3]# ./hello
hello world!
[root@bogon chapter3]#
```

上述操作将 hello.c 文件生成了可执行文件，即将 gcc 的四个编译流程预处理、编译、汇编、链接一步完成，步骤（3）~步骤（6）将分别介绍四个流程所完成的工作。

（3）-E 选项的使用。-E 选项的作用：只进行预处理，不做其他处理。

如果只对 hello.c 文件进行预处理从而生成文件 hello.i，使用如下命令：

```
#gcc -E hello.c -o hello.i
```

使用命令#cat hello.i 查看 hello.i 文件的内容。可以看到，头文件包含的部分代码#include <stdio.h>经过预处理阶段后，编译器已将 stdio.h 的内容粘贴了进来。预处理后，生成的 hello.i 文件的部分内容如下：

```
# 1 "hello.c"
# 1 "<built-in>"
# 1 "<command line>"
# 1 "hello.c"
# 1 "/usr/include/stdio.h" 1 3 4
# 28 "/usr/include/stdio.h" 3 4
# 1 "/usr/include/features.h" 1 3 4
# 329 "/usr/include/features.h" 3 4
# 1 "/usr/include/sys/cdefs.h" 1 3 4
# 313 "/usr/include/sys/cdefs.h" 3 4
# 1 "/usr/include/bits/wordsize.h" 1 3 4
# 314 "/usr/include/sys/cdefs.h" 2 3 4
# 330 "/usr/include/features.h" 2 3 4
# 352 "/usr/include/features.h" 3 4
# 1 "/usr/include/gnu/stubs.h" 1 3 4
................................
extern char *ctermid (char *__s) __attribute__ ((__nothrow__));
# 814 "/usr/include/stdio.h" 3 4
extern void flockfile (FILE *__stream) __attribute__ ((__nothrow__));

extern int ftrylockfile (FILE *__stream) __attribute__ ((__nothrow__)) ;
```

```
extern void funlockfile (FILE *__stream) __attribute__ ((__nothrow__));
# 844 "/usr/include/stdio.h" 3 4

# 2 "hello.c" 2
int main(void){
 printf("hello world!\n");
 return 0;
}
```

（4）-S 选项的使用。-S 选项的作用：只编译不汇编，生成汇编代码。如果将 hello.i 文件只进行编译而不进行汇编，生成汇编代码 hello.s，可使用命令

```
gcc -S hello.i -o hello.s
```

可使用命令#cat hello.s 查看 hello.s 的内容，如下：

```
[root@bogon chapter3]# gcc -S hello.i -o hello.s
[root@bogon chapter3]# cat hello.s
        .file   "hello.c"
        .section        .rodata
.LC0:
        .string "hello world!"
        .text
.globl main
        .type   main, @function
main:
        leal    4(%esp), %ecx
        andl    $-16, %esp
        pushl   -4(%ecx)
        pushl   %ebp
        movl    %esp, %ebp
        pushl   %ecx
        subl    $4, %esp
        movl    $.LC0, (%esp)
        call    puts
        movl    $0, %eax
        addl    $4, %esp
        popl    %ecx
        popl    %ebp
        leal    -4(%ecx), %esp
        ret
        .size   main, .-main
        .ident  "GCC: (GNU) 4.1.1 20070105 (Red Hat 4.1.1-52)"
        .section        .note.GNU-stack,"",@progbits
[root@bogon chapter3]#
```

（5）-c 选项的使用。-c 选项的作用：只编译不链接，生成目标文件“.o”。如果将汇编代码 hello.s 只编译不链接，生成 hello.o 文件，可使用命令#gcc -c hello.s -o hello.o。再将编译后的 hello.o 文件链接到函数库，生成可执行文件 hello，可使用命令#gcc hello.o -o hello。如下所示：

```
[root@bogon chapter3]# gcc -c hello.s -o hello.o
[root@bogon chapter3]# gcc hello.o -o hello
```

```
[root@bogon chapter3]# ./hello
hello world!
[root@bogon chapter3]#
```

（6）-static 选项的使用。-static 选项的作用是链接静态库。

为了区分 hello.c 链接动态库生成的可执行文件和链接静态库生成的可执行文件的大小，将生成的可执行文件分别命名为 hello 和 hello1。可以看到，静态链接库的可执行文件 hello1 比动态链接库的可执行文件 hello 要大得多，它们的执行效果是一样的。具体操作如下：

```
[root@bogon chapter3]# gcc hello.c -o hello1
[root@bogon chapter3]# gcc -static hello.c -o hello1
[root@bogon chapter3]# ls -l
总计 592
-rwxr-xr-x 1 root root     4678 03-30 14:59 hello
-rwxr-xr-x 1 root root 514838 03-30 15:00 hello1
-rw-r--r-- 1 root root       75 03-30 14:53 hello.c
-rw-r--r-- 1 root root    18392 03-30 14:57 hello.i
-rw-r--r-- 1 root root      872 03-30 14:59 hello.o
-rw-r--r-- 1 root root      445 03-30 14:57 hello.s
-rwxr-xr-x 1 root root    39227 03-30 14:28 testing
-rwxrw-rw- 1 root root      378 03-30 14:28 testing.cc
[root@bogon chapter3]#
```

（7）-g 选项的使用。-g 选项的作用是在可执行程序中包含标准调试信息。例如，将 hello.c 编译成包含标准调试信息的可执行文件 hello2。带有标准调试信息的可执行文件可以使用 gdb 调试器进行调试，以便找出逻辑错误。操作如下；

```
[root@bogon chapter3]# gcc -g hello.c -o hello2
[root@bogon chapter3]# ls -l
总计 600
-rwxr-xr-x 1 root root     4678 03-30 14:59 hello
-rwxr-xr-x 1 root root 514838 03-30 15:00 hello1
-rwxr-xr-x 1 root root     5838 03-30 15:03 hello2
-rw-r--r-- 1 root root       75 03-30 14:53 hello.c
-rw-r--r-- 1 root root    18392 03-30 14:57 hello.i
-rw-r--r-- 1 root root      872 03-30 14:59 hello.o
-rw-r--r-- 1 root root      445 03-30 14:57 hello.s
-rwxr-xr-x 1 root root    39227 03-30 14:28 testing
-rwxrw-rw- 1 root root      378 03-30 14:28 testing.cc
[root@bogon chapter3]#
```

（8）-O2 选项的使用。-O2 选项的作用是完成程序的优化工作。例如，将 hello.c 用 O2 优化选项编译生成可执行文件 hello1，并和正常编译产生的可执行文件 hello 进行比较，如下所示：

```
[root@bogon chapter3]# gcc -O2 hello.c -o hello1
[root@bogon chapter3]# ls -l
总计 608
-rwxr-xr-x 1 root root     4678 03-30 14:59 hello
-rwxr-xr-x 1 root root 514838 03-30 15:00 hello1
-rwxr-xr-x 1 root root     5838 03-30 15:03 hello2
-rwxr-xr-x 1 root root     4694 03-30 15:04 hello3
-rw-r--r-- 1 root root       75 03-30 14:53 hello.c
-rw-r--r-- 1 root root    18392 03-30 14:57 hello.i
-rw-r--r-- 1 root root      872 03-30 14:59 hello.o
```

```
-rw-r--r-- 1 root root      445 03-30 14:57 hello.s
-rwxr-xr-x 1 root root    39227 03-30 14:28 testing
-rwxrw-rw- 1 root root      378 03-30 14:28 testing.cc
```

3.2.3 gdb 程序调试

在软件开发过程中，调试是其中最重要的一环，很多时候，调试程序的时间比实际编写代码的时间要长得多。

gdb 作为 GNU 开发组织发布的一个 UNIX/Linux 下的程序调试工具，提供了强大的调试功能。gdb 的基本调试命令如表 3-7 所示。

表 3-7　gdb 的基本调试命令

命　令	缩写	用　法	作　用
help	h	h command	显示命令的帮助
run	r	r [args]	运行要调试的程序，args 为要运行程序的参数
step	s	s [n]	步进，n 为步进次数。如果调用了某个函数，会跳入函数内部
next	n	n [n]	下一步，n 为下一步的次数
continue	c	c	继续执行程序
list	l	l/l+/l-	列出源码
break	b	b address	在地址 address 上设置断点
		b function	此命令用来在某个函数上设置断点
		b linenum	在行号为 linenum 的行上设置断点。程序在运行到此行前停止
		b +offset b -offset	在当前程序运行到的前几行或后几行设置断点，offset 为行号
watch	w	w exp	监视表达式的值
kill	k	k	结束当前调试的程序
print	p	p exp	打印表达式的值
output	o	o exp	同 print，但是不输出下一行语句
ptype		ptype struct	输出一个 struct 结构的定义
whatis		whatis var	显示变量 var 的类型
pwd		pwd	显示当前路径
delete	d	d num	删除编号为 num 的断点和监视
disable		disable n	使编号为 n 的断点暂时无效
enable		enable n	与 disable 相反
display		display expr	暂停，步进时自动显示表达式的值
finish			执行程序直到函数返回，执行程序直到当前 stack 返回
return			强制从当前函数返回
where			查看执行的代码在什么地方终止
backtrace	bt		显示函数调用的所有栈框架（stack frames）的踪迹和当前函数的参数值
quit	q		退出调试程序

续表

命　令	缩写	用　法	作　用
shell		shell ls	执行 shell 命令
make			不退出 gdb 而重新编译生成可执行文件
disassemble			显示反汇编代码
thread		thread thread_no	用于在线程之间的切换
set		set width 70	把标准屏幕设为 70 列
		set var=54	设置变量的值
forward/search		search string	从当前行向后查找匹配某个字符串的程序行
reverse-search			与 forward/search 相反，向前查找字符串。使用格式同上
up/down			上移/下移栈帧，使另一函数成为当前函数
info	i	i breakpoint	显示当前断点列表
		i reg[ister]	显示寄存器信息
		i threads	显示线程信息
		i func	显示所有函数名
		info procall	显示上述命令返回的所有信息
x	x/(length)(format)(size) addr x/6 (o/d/x/u/c/t) (b/h/w)		按一定格式显示内存地址或变量的值

示例 3.2.3-1　gdb 使用演示。

下面通过一个例子详细说明在 Linux 环境下程序调试的方法。

（1）编写用于 gdb 调试的实验程序，并命名为 testing.cc。程序如下：

```
#include <iostream>
#include <strings.h>
using namespace std;
void Fun(int k)
{
    cout << " k = " << k << endl;
    char a[]="abcde";
    cout << " a = " << a << endl;
    char* b = new char[k];
    bzero(b,k);
    for(int i = 0; i < strlen(a); i++)
    {
    b[i] = a[strlen(a)-i];}
    cout << " b = " << b << endl;
    delete [] b;
}
int main()
{
    Fun(100);
    return 0;
}
```

编译实验程序，命令为 g++ -g -o testing testing.cc。

（2）启动 gdb 调试工具，命令为 gdb testing，如下所示：

```
[root@bogon chapter3]# g++ -g testing.cc -o testing
[root@bogon chapter3]# gdb testing
GNU gdb Red Hat Linux (6.5-16.el5rh)
Copyright (C) 2006 Free Software Foundation, Inc.
GDB is free software, covered by the GNU General Public License, and you are
welcome to change it and/or distribute copies of it under certain conditions.
Type "show copying" to see the conditions.
There is absolutely no warranty for GDB.   Type "show warranty" for details.
This GDB was configured as "i386-redhat-linux-gnu"...Using host libthread_db
      library "/lib/libthread_db.so.1".
(gdb)
```

（3）查看源文件信息，相关命令为 list<行号>，用于显示行号附近的源代码，操作如下：

```
(gdb) list 0
1           #include <iostream>
2           #include <strings.h>
3           using namespace std;
4           void Fun(int k)
5           {
6                       cout << " k = " << k << endl;
7                       char a[]="abcde";
8                       cout << " a = " << a << endl;
9                       char* b = new char[k];
10                      bzero(b,k);
(gdb)
```

（4）单步执行程序，相关命令如下：

① step：用于单步执行代码，遇到函数将进入函数内部。

② next：执行下一条代码，遇到函数不进入函数内部。

③ finish：一直运行到当前函数返回。

④ until <行号>：运行到某一行。

（5）设置断点。所谓断点就是让程序运行到某处，暂时停下来以便我们查看信息的地方，相关命令如下：

① break <参数>：用于在参数处设置断点。

② tbreak <参数>：用于设置临时断点，如果该断点暂停了，那么该断点就被删除。

③ hbreak <参数>：用于设置硬件辅助断点，和硬件相关。

④ rbreak <参数>：参数为正则表达式。

通常，break 是应用得最多的设置断点的命令，命令为 break <参数>，参数可以是函数名称，也可以是行数。例如，在 main 函数和程序的第 5 行设置断点，操作如下：

```
(gdb) break main
Breakpoint 1 at 0x804888f: file testing.cc, line 19.
(gdb) break 7
Breakpoint 2 at 0x8048763: file testing.cc, line 7.
(gdb)
```

（6）查看断点。相关命令为 info break，用于查看断点信息列表，操作如下：

```
(gdb) info break
Num Type          Disp Enb   Address       What
1     breakpoint   keep y     0x0804888f   in main at testing.cc:19
2     breakpoint   keep y     0x08048763   in Fun(int) at testing.cc:7
(gdb)
```

其中：

① Num：断点号。

② Type：断点类型。

③ Disp：断点的状态，keep 表示断点暂停后继续保持断点；del 表示断点暂停后自动删除断点；dis 表示断点暂停后中断该断点。

④ Enb：表示断点是否是 Enabled。

⑤ Address：断点的内存地址。

⑥ What：断点在源文件中的位置。

（7）enable 和 disable 的相关命令格式如下：

① enable<Breakpoint Number>

② disable<Breakpoint Number>

断点号 Breakpoint Number 可以有多个，它们之间用空格分隔。

③ enable delete：启动断点，一旦在断点处暂停，就删除该断点；用 info break 查看时，该断点的状态为 del。

④ enable once：启动断点，但是只启动一次，之后就关闭该断点，用 info break 查看时，该断点的状态为 dis。

（8）条件断点，相关命令如下：

① break<参数> if <条件>：条件是任何合法的 C 语言表达式或函数调用，注意，gdb 为了设置断点进行了函数调用，但是实际程序并没有调用该函数。

② condition<Breakpoint Number><条件>：用于对一个已知断点设置条件。操作如下：

```
(gdb) break    13 if i==5
Breakpoint 3 at 0x80487d6: file testing.cc, line 13.
(gdb) info break
Num Type          Disp Enb    Address        What
1     breakpoint   keep y     0x0804888f   in main at testing.cc:19
2     breakpoint   keep y     0x08048763   in Fun(int) at testing.cc:7
3     breakpoint   keep y     0x080487d6   in Fun(int) at testing.cc:13
            stop only if i == 5
(gdb)
```

（9）删除断点，相关命令如下：

① delete break <Breakpoint Number>：删除指定断点号的断点。

② delete breakpoints：删除所有断点，操作如下：

```
(gdb) delete break
Delete all breakpoints? (y or n) y
(gdb) info break
No breakpoints or watchpoints.
(gdb)
```

（10）查看变量，相关命令为 print /格式<表达式>，作用是按格式打印表达式的值，相关参数如表 3-8 所示。

表 3-8　打印格式相关选项

格式	含　　义	格式	含　　义
x	十六进制	t	二进制
d	十进制	a	以十六进制格式打印地址
u	无符号整数	c	字符格式
o	八进制	f	浮点格式

查看变量演示如下：

```
(gdb) list 13
8                   cout << " a = " << a << endl;
9                   char* b = new char[k];
10                  bzero(b,k);
11                  for(int i = 0; i < strlen(a); i++)
12                  {
13                          b[i] = a[strlen(a)-i];}
14                          cout << " b = " << b << endl;
15                          delete [] b;
16                  }
17          int main()
(gdb) break 13
Breakpoint 4 at 0x80487d6: file testing.cc, line 13.
(gdb) run
Starting program: /home/chapter3/testing
 k = 100
 a = abcde
Breakpoint 4, Fun (k=100) at testing.cc:13
13                          b[i] = a[strlen(a)-i];}
(gdb) print a
$1 = "abcde"
(gdb) print /c a
$2 = {97 'a', 98 'b', 99 'c', 100 'd', 101 'e', 0 '\0'}
(gdb)
```

（11）输出格式的相关命令如下：

x /格式<地址>：按一定格式显示内存地址或变量的值。格式由三部分组成：

① N：查看的长度。

② F：查看变量中的地址。

③ U：单位。

查看内存堆栈演示如下：

```
(gdb) x /a b
0x93d9008:        0x0
(gdb) x /c b
0x93d9008:        0 '\0'
(gdb) x /f a
0xbfd52432:       -1.9324691963598235e-231
(gdb)
```

（12）查看汇编代码的相关命令为 disassemble，其作用是显示反汇编代码，如下所示：

```
(gdb) disassemble
Dump of assembler code for function _Z3Funi:
0x08048726 <_Z3Funi+0>: push    %ebp
0x08048727 <_Z3Funi+1>: mov     %esp,%ebp
0x08048729 <_Z3Funi+3>: push    %edi
0x0804872a <_Z3Funi+4>: push    %ebx
0x0804872b <_Z3Funi+5>: sub     $0x20,%esp
0x0804872e <_Z3Funi+8>: movl    $0x8048980,0x4(%esp)
0x08048736 <_Z3Funi+16>:        movl    $0x8049bc8,(%esp)
0x0804873d <_Z3Funi+23>:        call    0x80485ac
        <_ZStlsISt11char_traitsIcEERSt13basic_ostreamIcT_ES5_PKc@plt>
0x08048742 <_Z3Funi+28>:        mov     %eax,%edx
0x08048744 <_Z3Funi+30>:        mov     0x8(%ebp),%eax
0x08048747 <_Z3Funi+33>:        mov     %eax,0x4(%esp)
0x0804874b <_Z3Funi+37>:        mov     %edx,(%esp)
0x0804874e <_Z3Funi+40>:        call    0x804854c <_ZNSolsEi@plt>
0x08048753 <_Z3Funi+45>:        movl    $0x80485ec,0x4(%esp)
0x0804875b <_Z3Funi+53>:        mov     %eax,(%esp)
0x0804875e <_Z3Funi+56>:        call    0x80485dc <_ZNSolsEPFRSoS_E@plt>
0x08048763 <_Z3Funi+61>:        mov     0x8048992,%eax
0x08048768 <_Z3Funi+66>:        mov     %eax,0xffffffea(%ebp)
0x0804876b <_Z3Funi+69>:        movzwl 0x8048996,%eax
0x08048772 <_Z3Funi+76>:        mov     %ax,0xffffffee(%ebp)
0x08048776 <_Z3Funi+80>:        movl    $0x8048986,0x4(%esp)
---Type <return> to continue, or q <return> to quit---
```

（13）查看堆栈信息的相关命令如下：

① bt：查看当前堆栈 frame 情况。

② frame <Frame Number>：显示堆栈执行的语句的信息。

③ info frame：显示当前 frame 的堆栈详细信息。

④ up：查看上一个 Frame Number 的堆栈的具体信息。

⑤ down：查看下一个 Frame Number 的堆栈的具体信息。

相关操作如下：

```
(gdb) bt
#0  Fun (k=100) at testing.cc:13
#1  0x0804889b in main () at testing.cc:19
(gdb) frame 0
#0  Fun (k=100) at testing.cc:13
13                              b[i] = a[strlen(a)-i];}
(gdb) info frame
Stack level 0, frame at 0xbfd52450:
 eip = 0x80487d6 in Fun(int) (testing.cc:13); saved eip 0x804889b
 called by frame at 0xbfd52460
 source language c++.
 Arglist at 0xbfd52448, args: k=100
 Locals at 0xbfd52448, Previous frame's sp is 0xbfd52450
 Saved registers:
  ebx at 0xbfd52440, ebp at 0xbfd52448, edi at 0xbfd52444, eip at 0xbfd5244c
(gdb)
```

（14）调试时调用函数的相关命令为 call<函数>，用于调用目标函数并打印返回值，操作如下：

```
(gdb) call printf("hello\n")
hello
$4 = 6
(gdb) call fflush
$5 = {<text variable, no debug info>} 0x994690 <fflush>
(gdb)
```

（15）观察断点的相关命令为 watch<变量>，用于查看变量内容。

观察断点演示如下：

```
(gdb) break 13
Breakpoint 1 at 0x80487d6: file testing.cc, line 13.
 (gdb) run
Starting program: /home/chapter3/testing
 k = 100
 a = abcde

Breakpoint 1, Fun (k=100) at testing.cc:13
13                          b[i] = a[strlen(a)-i];}
(gdb) watch b[i]
Hardware watchpoint 2: b[i]
(gdb) next
11                   for(int i = 0; i < strlen(a); i++)
(gdb) next

Breakpoint 1, Fun (k=100) at testing.cc:13
13                          b[i] = a[strlen(a)-i];}
(gdb)
```

习题与练习

1．解释 vi 编辑器的三种工作模式，作用是什么？

2．gcc 编译流程分几个步骤？每个步骤的作用是什么？

3．用 vi 编辑器编写一段程序，实现正序读入倒序输出，并统计输入字符的个数，用 gdb 工具调试。

第 4 章 C语言进阶

CHAPTER 4

计算机语言可以分为机器语言、汇编语言、高级语言三大类。而这三种语言也恰恰是计算机语言发展历史的三个阶段。现在，计算机语言仍然在不断地发展，种类也相当多，例如 FORTRAN 语言、COBOL 语言、C 语言、C++、PASCAL、Java 等。本书默认读者已经有相关的 C 语言基础，本章进一步强化 C 语言的应用。

4.1 C 语言的基本知识

很多初学者刚学习 C 语言时，有这样的疑问，为什么输入一堆字母、进行一系列操作就能实现功能呢？那么本节首先阐述 C 语言的结构以及运行过程。

下面先写一段输出 hello world 的程序：

```
#include <stdio.h>
#include <stdlib.h>
#include <string.h>
int main(int argc,char **argv)
{
printf("---hello,world");
}
```

从这个最简单的程序进行分析。首先，从第一行开始有三个#include（注意：#include 不属于 C 语言的语句），中文意思为“包含”，这三行代码包含了三个头文件。

头文件<stdio.h>是标准输入输出的库，输入输出是相对于“屏幕”而言的，例如常用的输入函数 scanf()和输出函数 printf()都包含在这个头文件中。库包含了这些函数的实现过程，也就是说头文件<stdio.h>里实现了输入输出的功能，只要用#include 包含这个头文件就可以使用输入输出函数。类似地，<stdlib.h>包含了标准库函数；<string.h>包含了操作字符串的函数。C 语言中还有很多头文件，功能都不相同。

接着，进入到主函数 main()。函数一词在 C 语言里经常出现，为什么呢？因为 C 语言的本质就是通过函数的调用实现功能，不同的函数实现不同的功能，集合在一起实现最后的功能。函数包括程序员自己实现的用户函数，也包括库里包含的函数。例如，上述程序中的 printf()，就是<stdio.h>中包含的库函数，直接调用传入参数就可实现功能。一切函数工作的开始或者程序运行的开始都在主函数中，上述程序中主函数的写法是常用的主函数写法。

4.2　数据类型

C 语言有 32 个关键字，关键字的定义，就是在编写程序时，编译器为用户保留的 32 个关键符号，常用的关键字如下：

① auto：声明自动变量，编译器一般默认为 auto；
② int：声明整型变量；
③ double：声明双精度变量；
④ long：声明长整型变量；
⑤ char：声明字符型变量；
⑥ float：声明浮点型变量；
⑦ short：声明短整型变量；
⑧ signed：声明有符号类型变量；
⑨ unsigned：声明无符号类型变量；
⑩ struct：声明结构体变量；
⑪ union：声明联合数据类型；
⑫ enum：声明枚举类型；
⑬ static：声明静态变量；
⑭ switch：用于开关语句；
⑮ case：用于开关语句分支；
⑯ default：开关语句中的“其他”分支；
⑰ break：跳出当前循环；
⑱ register：声明寄存器变量；
⑲ const：声明只读变量；
⑳ volatile：说明变量在程序执行中可被隐含地改变；
㉑ typedef：用于给数据类型取别名。

以上是 C99 标准中的常用关键字，首先从定义数据类型的关键字进行分析。

在介绍数据类型之前，要明确一个概念，例如常见的 C 语句 int a=10，它表示在内存中开辟一个 4 字节的空间来存储 10 这个数，这块内存的名称叫 a，也就是说，数据类型的本质是告诉编译器要给这个变量开辟多大的空间。

auto 用于声明自动变量，编译器一般默认为 auto。也就是说，在 C 语言中， C=0 是合法的，该语句在编译时不会出现问题。因为在 C 语言中，如果没有声明任何数据类型，编译器默认是 auto 类型的变量。而在 C++中，该语句是不被允许的，因为 C++比 C 的编译器更加严格。

int 用于声明整型变量，告诉编译器开辟一个 4 字节的内存来存放用户所定义的变量，那么 int 一定是 4 个字节吗？不一定！int 类型所占内存的空间比较特殊，它与用户计算机的内部数据总线有关，如果 PC 上的数据总线为 32 根，那么一次可以处理 2^{32} 个字，即 4G 字节，这与后面讲的数据对齐有关，所以这里提出这样一个概念，在一些不是 32 位和 64 位的 PC 上，int 所占内存大小会发生变化。

double 用于声明双精度变量，它与 float 类型定义的变量的小数点后精确的位数不一样，但是不是很常用。double 声明的变量占用 8 字节，精确到小数点后 15~17 位。

float 用于声明单精度变量，占 4 字节，精确到小数点后 6 位。

long 用于声明长整型变量，有很多初学者认为 long 是 8 个字节，其实它只有 4 个字节。

signed 用于声明有符号类型变量。unsigned 用于声明无符号类型变量。有符号和无符号的区别在于，最高位是否为判断正负的位。例如，有符号类型变量，最高位如果是 1 表示负数，如果为 0 则表示正数。

4.2.1 常量和变量

1. 常量

编程时常常用到常量和变量。常量，顾名思义就是在程序运行中不变的量。在 C 语言中，一个很重要的知识点是内存。在 C 语言中定义的常量会被放在一块只读区里，这个只读区里的数据是不可以被修改的。但是，C 语言本身也有漏洞，放在只读区里的数据可以被强制修改，在 C++中这就是不被允许的，例如：

```
#define PI 2.1415926
```

上式是定义常量的一种方式。在编程时，常量一般是运算用到的一些常数，建议用宏定义来定义常量。

2. 变量

变量定义的格式为　数据类型　变量名=变量的值。

变量定义就是给该变量分配一块内存，数据类型标识该内存的属性（内存的大小以及内存存储数据的类型），而变量名就是这块内存的名字，变量的值存储在这块内存中。变量在程序运行中可以被改变，可以多次重复赋值，例如：

```
int a=23;
```

这句代码给 a 这个变量分配了一个 int 类型的空间，大小不确定，x86 上为 4 字节。这块内存里存储的值为 23，也就是初始化 a 的同时并赋值。

4.2.2 进制

进制是表达数的方式，平常所用的进制是十进制，但是计算机只识别二进制。二进制在计算机里的表达方式为 0b0010101010，二进制只有 0 和 1，计算机的时间是以 ns 计算的，所以，计算机的处理速度非常快。

八进制的表达方法为 0o123，十六进制的表达方法为 0x123。

十进制转换成其他进制，用十进制的数除以进制，余数是转换后的数，用商继续除以进制，又有余数，向前排列，直到商为 0 为止。其他进制转换成十进制，用前面的位乘以进制数，和后面的位相加，就变成了后面位的十进制，直到最后一个位计算结束。例如，十六进制数转换为十进制数：0x162→（1*16+6）*16+2。

4.2.3 字符

char 表示 1 字节，本质是无符号整型数，范围为 0~255。字符是用单引号括起来的一个符号。字符串是用双引号括起来的字符序列，以\0 结束。例如，"asdf"有 5 个字符，\0 也是其中的一个字符，但不显示。

4.2.4 转义符与字符集

1．转义符

常用的转义符如下：

① 单引号：'\'';

② 双引号：'\"';

③ tab 键：'\t';

④ 退格键：'\b';

⑤ 警铃：'\a';

⑥ 回车：'\r';

⑦ 换行：'\n';

⑧ 八进制：'\ddd'，必须是 3 个位，d 代表一个八进制位的数；

⑨ 十六进制：'\xhh'，必须是 2 个位，h 代表一个十六进制位的数。

2．字符集

① ASCII：0~127 表示字符的编码，如'\0' == 0==NULL。

② GBK：中国大陆字符集。

③ BIG5：中国台湾、中国香港、中国澳门、新加坡、美国字符集。

字符集还有 utf-8、utf-16、utf-24、utf-32 等。QT、android 等使用 utf-8 字符集。

示例 4.2.4-1 字符的算术运算:

```
'A'+2;      //A 字符的 ASCII 码加上 2
'8'+2;      //56+2
8+2;        //8+2
"8"+2       //地址+2,字符串本身是第 0 个字符的地址,指令参数输入的是字符串
```

4.2.5 类型转换

1．自动转换的规则

在表达式中，以高级别为准来自动转换，常用的类型有：char，short，int，long，float，double。下面通过示例来学习自动转换规则。

示例 4.2.5-1 类型转换。

（1）'c' +12；最终结果是什么类型？

解析：是 int 类型，'c'先变为 int 类型后和 12 相加。

（2）23f+12；最终结果是什么类型？

解析：最终结果是 float 类型，23 先自动转为 float，然后参与运算。

（3）'a'+'b'；最终结果是什么类型？

解析：最终是 int 类型，char 类型先自动变为 int，然后参与运算。

（4）'c'+32+(4e+1)；最终结果是什么类型？

解析：最终是 double 类型。

（5）int a=3.2；a 中最终结果是什么？

解析：a 内存存储的是 3，自动转换时舍去了小数部分。

（6）double b=3；b 中最终结果是什么？

解析：b 内存放的是 3.0。

2．强制转换

强制转换在实际应用中较为广泛，例如内存的类型是结构体类型，想把它转换为整型，就可用到强制转换。

强制转换的格式：(类型)值；

示例 4.2.5-2 判断强制转换后的值。

（1）(int)3/2;

解析：值是 1，整数除整数，值为整数。

（2）(double)3/2;

解析：值是 1.5，先将 3 强制转换为 3.0，然后 2 也自动转为 2.0。

（3）int a=1243;(double)a;

解析：a 还是 1243,(double)a 是一个新的内存空间，是表达式的临时存储区，里面存的是 1243.0。

（4）int *p=&a; char *str=(char*)p;

解析：这里是把 a 中的数据转换了吗？不是。p 是一个地址，代表整型的地址，(char*)p 表达式临时内存空间，存了地址值，代表了字符类型的地址，所以通过*p(名)存整型，通过*str(名)存字符。

从上述例子可以得出结论：强制转换的是类型所代表的长度以及数据的格式；一块内存可以存储任意类型的数据，要看内存是用什么类型来代表的。

3．字符串与数值之间的转换

C 语言有自己的标准库，<string.h>中包含了所有对字符串操作的函数，可直接调用，也可以自己去实现这些函数。下面列举一些字符串转换成数据类型的函数：

```
int atoi(const char *nptr);
long atol(const char *nptr);
double atof(const char *nptr);
```

其中，参数 nptr 是字符串，返回类型分别为 int、long、double。

示例 4.2.5-3 判断输出结果。

```
#include <stdio.h>
int main(int argc,char **argv){
```

```
    //字符串转整型
    int a=atoi(argv[1]);            //atoi 将字符串 argv[1]转换为整型,赋给 a
    printf("%d\n",a);
    int b=atoi("8");
    printf("%d\n",b);
    //字符转整型
    int c='8'-'0';
    printf("%d\n",c);
    }
```

输出结果如下：

```
[root@localhost chapter4]# gcc Example4.2.6-3.c -o Example4.2.6-3
[root@localhost chapter4]# ./Example4.2.6-3   4.25
4
8
8
```

数字转字符串，字符串即多个字符，例如：

```
char str[256]; //表示定义了 256 个字符,可以用来存储字符串,str 代表整个内存的地址
int   sprintf(char   *str,   const   char   *format,…);
```

参数：str 指定内存地址，将转换完的字符串保存在该内存中，format 是含有格式符的字符串，如下所示：

① %-md：整型；

② %-ml：长整型；

③ %mu：无符号；

④ %mo：八进制；

⑤ %mx：十六进制；

⑥ %mp：十六进制前面有 0x；

⑦ %m.nf：单精度；

⑧ %m.nlf：双精度；

⑨ %mc：字符；

⑩ %ms：字符串；

⑪ m：代表占多少个字符的宽度；

⑫ .n：代表小数点的位数；

⑬ -：代表左对齐；

⑭ …：用逗号分隔的值（常量、变量、表达式）替换前面的格式符。

示例 4.2.5-4 判断输出结果。

```
#include <stdio.h>
int main(int argc,char **argv){
int a=23;
char str[256];
sprintf(str,"%d",a);                  //将一个整型转成字符串
printf("%s\n",str);
```

```
sprintf(str,"0x%x,0%o",a,a);        //将一个整型转为十六进制和八进制并组合成一个字符串
printf("%s\n",str);
double b=3.13241324;
sprintf(str,"%.2lf",b);
printf("%s\n",str);
}
```

输出结果如下：

```
23
0x17,027
3.13
```

4.2.6 输入输出

在 C 语言中，编写程序时总是要包含一个头文件<stdio.h>，这个头文件封装了 C 语言中标准输入输出的函数接口，例如常用的 printf()和 scanf()函数。I/O 本身就代表输入输出的意思。下面分析这几个函数。

1．int scanf(const char *format,···);

参数：format 代表内存地址。

示例 4.2.6-1 判断输出结果。

```
int main(int argc,char **argv)
{
        int a;//&a
        scanf("%d",&a);
        printf("--- %d\n",a);
    }
```

输出结果如下：

```
[root@bogon shugao]# ./a.out
12
--- 12
```

2．int getchar(void)

功能：获取键盘输入的一个字符。

3．char *gets(char *s)

功能：获取键盘输入的一个字符串。

示例 4.2.6-2 判断输出结果。

```
#include <stdio.h>
int main(int argc,char **argv){
char c;                         //存字符
c=getchar();                    //获取一个字符
char str[256];                  //存字符串
gets(str);                      //获取一个字符串,空格也是字符串的一部分
int a;                          //&a
scanf("%d",&a);
```

```
char buf[256];
double b;
scanf("%s %lf",buf,&b);                    //默认情况,空格是一个数据的结束
printf("a=%d,buf=%s,b=%lf,c=%c,str=%s\n",a,buf,b,c,str);
    }
```

运行程序，输出结果如下：

```
[root@localhost chapter4]# gcc Example4.2.7-2.c -o Example4.2.7-2
[root@localhost chapter4]#./Example4.2.7-2
1234567893
55555
5555
55555
a=55555,buf=5555,b=55555.000000,c=1,str=234567893
```

4．printf()

功能：函数输出。

用法：int printf(const char *format,…);

参数：同 sprintf()。

示例 4.2.6-3 判断输出结果。

```
#include <stdio.h>
int main(int argc,char **argv){
    int a[23];
    scanf("%d",a);
    printf("--- %d\n",*a);          //*a 就是 a[0]
    int b;
    scanf("%d",&b);
    printf("--- %d\n",b);
    char c[256];
    scanf("%s",c);                  //%s 代表一串字符,s 对应的是一个内存的地址
    printf("--- %s\n",&c[0]);       //c 本身是地址
    scanf("%c",c);
    printf("--- %c\n",c[0]);        //c[0]是变量名
    }
```

运行程序，输出结果如下：

```
[root@localhost chapter4]# gcc Example4.2.7-3.c -o Example4.2.7-3
[root@localhost chapter4]# ./Example4.2.7-3
123666.555522336
--- 123666
--- 0
--- .555522336
---
```

4.2.7 运算符

运算符就是参与运算所用的符号。在 C 语言中，运算符的分类有很多种。下面分类讨论

各种类型的运算符。

1．算术运算符

（1）+：加法运算符，用于两个变量或者两个表达式之间的加法运算。

（2）–：减法运算符，用于两个变量或者两个表达式之间的减法运算。

（3）*：乘法运算符，用于两个变量或者两个表达式之间的乘法运算。

（4）/：除法运算符，用于两个变量或者两个表达式之间的除法运算。

（5）%：求余运算符，用于计算两个变量相除之后的余数。

（6）++：自增运算符。

（7）—：自减运算符。

除法运算符有一个规则：除数不能为 0。如果在写程序时没有发现这种错误，编译时一定会出现以下错误提示：浮点数异常。所以编译时如果遇到这个错误，就知道是因为除数为 0 了。

自增运算符++也是一个易混淆的知识点。例如，++i 和 i++这两个表达式的区别在哪里？++i 是先自加再参与运算，而 i++是 i 先参与运算，最后自加。i++常用在 for 循环中，例如 for（i=0；i<10；i++），在这个表达式里，i 是运算之后，自加一次。自减运算符—与自加运算符++类似。

2．赋值运算符

赋值运算符有=、+=、–=、*=、/=、%=。这部分的难点在于连写时怎么去处理。例如：

```
int a=b=c=d=23;
```

这么写是错误的，因为 b、c、d 没有被定义。正确写法为：

```
int b,c,d,a=b=c=d=23;          //相当于 a=(b=(c=(d=23))),()代表里面的表达式最后一次运算的结果
```

+=运算符比较常用。例如：

```
int a=23;
a+=1;                          //相当于 a 先加 1,再赋值给 a,后面的类似运算符同理
```

3．关系运算符

关系运算符有>、>=、<、<=、==、!=。

关系运算符里有一个优先级的问题，上述顺序就是关系运算符的优先级从高到低的顺序。关系运算符的运算结果是逻辑值，即 0 或 1，也就是真和假。例如：

```
int a=23,b=10,c=5;
a>b==c                         //先运算 a>b,结果是 0
a>b>c                          //错,程序中不可以这样写
```

4．逻辑运算符

逻辑运算符有&&、||、!。

逻辑运算符，顾名思义，运算结果也就是返回值是逻辑值，就是真或假。逻辑运算符的难点在于短路运算。什么是短路运算？先从短路说起，在一个电路里，如果发生短路，那么一定是有一部分的电路无效，因为被短路。那么类比到 C 语言里的逻辑运算，就是在逻辑运算符两端的两个变量或者表达式有一个是无效的。

对于逻辑运算符&&，如果两端的表达式全为真，那么结果就是真；如果有一个是假的，那么最后的结果也是假的。也就是说，逻辑运算符&&的两端的表达式里只要有一个为假，另一个表达式可不用运算，省去了计算量。||运算符也类似，如果||运算符两端的表达式有一个为真，那么另一个可忽略不算。例如，下面运算的结果是什么？

```
int a=23,b=12,c=3,d=20;
(a+=2) || (b=c+d++);
printf("%d,%d,%d,%d\n",a,b,c,d);
```

a+=2 的结果是 25，所以为真，后面 b=c+d++没有运算。

示例 4.2.7-1 计算输入的日期是否为闰年。

```
int main(int argc,char **argv){
int y;
scanf("%d",&y);
printf("%s\n",(y%4==0 && y%100！=0 || y%4==0)?"闰年":"平年");
}
```

运行程序，输出结果如下：

```
[root@localhost chapter4]# gcc Example4.2.8-1.c -o Example4.2.8-1
[root@localhost chapter4]# ./Example4.2.8-1
2018
平年
```

5. 条件运算符

条件运算符为 a?b：c。如果 a 为真，则结果为 b，否则结果为 c。例如：

```
int a=23,b=34,c=12;
a>b?a:b;
a>b?a:b>c?b:c;                    //右结合   相当于 a>b?a:(b>c?b:c);
```

6. 逗号运算符

先计算逗号前面的表达式，再算逗号后面的表达式，整个表达式的运算结果为最后一次运算的结果，例如：

```
int a=12,c=23;
int b=(a++,c+=a++,--a);
```

解析：a++后变为 13，a 又变为 14，a 又变为 13，()的值是 13 赋给了 b。

```
a+b=c*2+=b;
```

解析：该语句错误，赋值语句不能给常量和表达式赋值，只能给变量赋值(a+b)=((c*2)+=b)。

7. 长度运算符

sizeof()运算符是最容易混淆的。sizeof()本身是关键字并不是函数。sizeof 关键字的用途是计算数据类型以及变量的长度。

与 sizeof 不同的是，strlen()就是函数，封装在 string.h 的头文件里，所以该函数就是测量字符串的长度。字符串这里有一个难点在于，一个字符串的长度是指'/0'之前的长度，那么在用数组存取字符串时，分配的最小空间要比字符串的长度大 1，这样才能把字符串存进去。

示例 4.2.7-2 判断打印输出的结果。

```
printf("%d\n",sizeof(int));          //为 int 类型分配的内存是 4 字节,打印输出的结果为 4
int a;
printf("%d\n",sizeof(a));            //a 的内存是 4 字节,打印输出的结果为 4
char buf[200];
printf("%d\n",sizeof(buf));          //buf 内存长度为 200 字节,打印输出的结果为 200
char buf[200]="abc";
printf("%d\n",strlen(buf));          //buf 中字符串的长度为 3,打印输出的结果为 3
```

4.3 控制语句

4.3.1 分支语句

1. If

格式：

```
if (条件){                           //真与假。如果只有一条语句,则可省略{}
    语句
}
else if (条件){                      //可省略
    语句
}
....
else{                                //可省略
    语句
}
```

用途：根据条件决定执行哪些语句。

示例 4.3.1-1 判断输入的年份是否为闰年。

```
#include <stdio.h>
#include <string.h>
int main(int argc,char **argv){
int y;
    scanf("%d",&y);
    if (y%4==0 && y%100!=0 || y%400==0)
        printf("闰年\n");
    else
        printf("平年\n");
}
```

运行程序，输出结果如下：

```
[root@localhost chapter4]# gcc Example4.3.1-1.c -o Example4.3.1-1
[root@localhost chapter4]# ./Example4.3.1-1
```

```
2016
闰年
```

示例 4.3.1-2　输入学分，打印优、良、中、差、不及格。

```
#include <stdio.h>
#include <string.h>
int main(int argc,char **argv){
int s;
    scanf("%d",&s);
    if (s>100 || s<0)
        printf("输入错误\n");
    else if (s>=90)
        printf("优\n");
    else if (s>=80)
        printf("良\n");
    else if (s>=70)
        printf("中\n");
    else if (s>=60)
        printf("差\n");
    else
        printf("不及格\n");
}
```

运行程序，输出结果如下：

```
[root@localhost chapter4]# gcc Example4.3.1-2.c -o Example4.3.1-2
[root@localhost chapter4]# ./Example4.3.1-2
85
良
```

2．switch

格式：

```
switch(整型变量){              //int、short、long、char
case 常量:
        语句;
        break;                 //可省略,代表代码继续向下执行
...
default:
        语句;
        break;                 //可省略
}
```

首先，变量和 case 后面的常量如果匹配成功，则开始向下执行代码，如果在 case 中无法找到匹配的值，则进入 default，开始向下执行代码。在所有的 case 中，如果匹配成功，则不再继续匹配。break 用来跳出 switch 和循环。

示例 4.3.1-3　输入距今天的一个时间段（天数），输出这个时间段结束的那天是周几。

方法一：

```
#include <stdio.h>
#include <string.h>
int main(int argc,char **argv){
int w;
```

```
        char *week[]={"日","一","二","三","四","五","六"};
        scanf("%d",&w);
        printf("---今天是周%s\n",week[w%7]);
}
```

运行程序，输出结果如下：

```
[root@localhost chapter4]# gcc Example4.3.1-3-1.c -o Example4.3.1-3-1
[root@localhost chapter4]# ./Example4.3.1-3-1
3
---今天是周三
```

方法二：

```
#include <stdio.h>
#include <string.h>
int main(int argc,char **argv){
int w;
        scanf("%d",&w);
        char*   str;
        switch((0+w)%7){
        case 0: str="日"; break;          //字符串本身就是地址,地址存在 str 变量中
        case 1:   str="一"; break;
        case 2:   str="二"; break;
        case 3:   str="三"; break;
        case 4:   str="四"; break;
        case 5:   str="五"; break;
        case 6:   str="六"; break;
        }
        printf("---今天是周%s\n",str);
}
```

运行程序，输出结果如下：

```
[root@localhost chapter4]# gcc Example4.3.1-3-2.c -o Example4.3.1-3-2
[root@localhost chapter4]# ./Example4.3.1-3-2
4
---今天是周四
```

4.3.2 循环语句

1．goto

用途：转到标签的位置。

示例 4.3.2-1

```
#include <stdio.h>
int main(int argc,char **argv){
            int i=0;
            int sum=0;
    LOOP:                                      //标签
```

```
        sum+=i++;
        if (i<10) goto LOOP;            //i 只要小于 10 就跳到前一语句重复执行
        printf("--- %d\n",sum);
    }
```

运行程序，输出结果如下：

```
[root@localhost chapter4]# gcc Example4.3.2-1.c -o Example4.3.2-1
[root@localhost chapter4]# ./Example4.3.2-1
--- 45
```

注意，goto 不能交叉使用。

2．do…while

格式：

```
do {
}while(条件);                  //如果条件为真,则跳到 do 的位置
```

注意，结束后有分号，while 和“}”在同一行，do 循环至少执行一次。

示例 4.3.2-2

```
#include <stdio.h>
    int main(int argc,char **argv){
        int i=0;            //表示要加的数
        int sum=0;          //表示最终的和
        do{
          sum+=i++;
        }while(i<10);
        printf("--- %d\n",sum);
    }
```

运行程序，输出结果如下：

```
[root@localhost chapter4]# gcc Example4.3.2-2.c -o Example4.3.2-2
[root@localhost chapter4]# ./Example4.3.2-2
--- 45
```

3．while

格式：

```
while(条件){                   //如果只有一条语句,则可省略{}
    语句
}
```

用途：如果条件为真，则执行语句，先判断再执行。

示例 4.3.2-3

```
#include <stdio.h>
 int main(int argc,char **argv){
        int i=0;      //表示要加的数
        int sum=0;  //表示最终的和
        while(i<10){
```

```
            sum+=i++;
        }
        printf("--- %d\n",sum);
    }
```

运行程序，输出结果如下：

```
[root@localhost chapter4]# gcc Example4.3.2-3.c -o Example4.3.2-3
[root@localhost chapter4]# ./Example4.3.2-3
--- 45
```

4．for 循环

格式：

```
for(初始化;条件;增量){
    语句;
}
```

初始化语句不能被重复执行，所以不是循环体内的语句，相当于 while 前面的代码。条件如果为真，则进入循环体。增量本质就是循环体内的最后一条语句。

示例 4.3.2-4

```
int main(int argc,char **argv){
        int i=0;                //表示要加的数
        int sum=0;              //表示最终的和
        for(;i<10;){            //同 while,注意多了两个分号
            sum+=i++;
        }
        printf("--- %d\n",sum);
    }
```

运行程序，输出结果如下：

```
[root@localhost chapter4]# gcc Example4.3.2-4.c -o Example4.3.2-4
[root@localhost chapter4]# ./Example4.3.2-4
--- 45
```

示例 4.3.2-5

```
int main(int argc,char **argv){
        int i,sum;
        for(i=0,sum=0;i<10;){   //同 while,注意多了两个分号
            sum+=i++;
        }
        printf("--- %d\n",sum);
    }
```

运行程序，输出结果如下：

```
[root@localhost chapter4]# gcc Example4.3.2-5.c -o Example4.3.2-5
[root@localhost chapter4]# ./Example4.3.2-5
--- 45
```

示例 4.3.2-6

```
int main(int argc,char **argv){
        int i,sum;
        for(i=0,sum=0;i<10;sum+=i,i++);
        printf("--- %d\n",sum);
        }
```

运行程序，输出结果如下：

```
[root@localhost chapter4]# gcc Example4.3.2-6.c -o Example4.3.2-6
[root@localhost chapter4]# ./Example4.3.2-6
--- 45
```

示例 4.3.2-7　求 1~100 之间的能被 3 整除但不能被 7 整除的数的和。

要点解析：

（1）要注意条件用于做什么。1~100 是一个条件，i 代表取值用于循环，i%3==0 && i%7!=0 用于选择执行求和。

（2）哪些语句用于重复执行？哪些是选择执行？每个数都要判断，所以求和的条件被重复执行，i++ 也是被重复执行，所以不需要选择执行。

方法一：

```
int i,sum;
i=1,sum=0;
while(i<=100){
      if(i%3==0 && i%7!=0){
           sum+=i;
      }
      i++;
}
```

方法二：

```
for(i=1,sum=0;i<=100;i++){
    if(i%3==0 && i%7!=0){
        sum+=i;
    }
}
```

方法三：

```
int main(int argc,char **argv){
      int i,sum;
      i=1,sum=0;
      LOOP:
          if(i>100) goto OVER;
          if(i%3==0 && i%7!=0){
                 sum+=i;
          }
          i++;
          goto LOOP;
```

```
        OVER:
        printf("--- %d\n",sum);
}
```

方法四：

```
int main(int argc,char **argv){
    int i,sum;
    i=1,sum=0;
    LOOP:
        if(i%3==0 && i%7!=0){
                sum+=i;
        }
        i++;
        if(i<=100) goto LOOP;
    printf("--- %d\n",sum);
}
```

运行程序，输出结果如下：

```
[root@localhost chapter4]# gcc Example4.3.2-7.c -o Example4.3.2-7
[root@localhost chapter4]# ./Example4.3.2-7
--- 1473
```

5．循环跳转

return 结束当前函数，如果在循环里，同时结束循环；如果在 main 函数中，可结束程序。

exit(0)结束程序，在任何函数中或任何.c 文件中都可结束程序。

break 结束 switch 和循环，不能用在 goto 中向后跳出。

continue 向前跳到条件处。终止当前这一次的循环。

例如：

```
int i;
    for(i=0;i<10;i++){
    }
```

循环后 i 变为 10。

```
int i;
for(i=0;i<10;i++){
    if (i==6) break;
}
```

循环后 i 变为 6，break 时不再运行 i++。

```
int i;
for(i=0;i<10;i++){
    if (i==6) continue;
}
```

循环后 i 变为 10，continue 相当于循环的“}”，先运行 i++。

```
int i;
for(i=0;i<10;){
    if(i==6)continue;
    i++
}
```

循环为死循环，continue 相当于循环的“}”，前面没有 i++。

for(;;){}是死循环。for(;1;){}是死循环。for(i=1;i;i++){}不是死循环。while(1){}是死循环。

示例 4.3.2-8 计算半径为 1~100 的圆的面积，要求面积小于 100。

要点解析：1~100 之间重复取数 i，面积小于 100 时选择是否结束循环。

```
#include <stdio.h>
int main(int argc,char **argv){
int i;
        double s=0;
        for(i=1;i<=100; i++){
            s=3.14*i*i;
            if (s>=100) break;
            printf("--- s=%lf\n",s);
        }
}
```

运行程序，输出结果如下：

```
[root@localhost chapter4]# gcc Example4.3.2-8.c -o Example4.3.2-8
[root@localhost chapter4]# ./Example4.3.2-8
--- s=3.140000
--- s=12.560000
--- s=28.260000
--- s=50.240000
--- s=78.500000
```

示例 4.3.2-9 计算 1+3+5+7+…+n。

要点解析：a 代表 1~n 之间要使用的数，重复循环 a 的变化规律。

方法一：

```
#include <stdio.h>
int main(int argc,char **argv){
        int a,n=atoi(argv[1]),s=0;
        for(a=1;a<=n;a+=2){
            //printf("--- a=%d\n",a);              //测试
            s+=a;
        }
        printf("--- s=%d\n",s);
    }
```

方法二：

```
#include <stdio.h>
int main(int argc,char **argv){
```

```
        int i,a,n=atoi(argv[1]),s=0;
        for(i=1;i<=n/2;i++){
            a=i*2-1;
            //printf("--- a=%d\n",a);              //测试
            s+=a;
        }
        printf("--- s=%d\n",s);
    }
```

运行程序，输出结果如下：

```
[root@localhost chapter4]# gcc Example4.3.2-9.c -o Example4.3.2-9
[root@localhost chapter4]# ./Example4.3.2-9    100
--- s=2500
```

示例 4.3.2-10　计算 1+1/3+1/5+1/7+…+1/n。

要点解析：fm 为递增序列 1，3，5，…，n，fm+=2；fz=1；要使用的数为 a=fz/fm。

```
#include <stdio.h>
int main(int argc,char **argv){
            int fz,fm,n=atoi(argv[1]);
            double a,s=0;
            for(fz=1,fm=1;fm<=n;fm+=2){
                a=(double)fz/fm;
                //printf("--- a=%lf\n",a);              //测试
                s+=a;
            }
            printf("--- s=%lf\n"，s);
    }
```

运行程序，输出结果如下：

```
[root@localhost chapter4]# gcc Example4.3.2-10.c -o Example4.3.2-10
[root@localhost chapter4]# ./Example4.3.2-10    101
--- s=2.947676
[root@localhost chapter4]# ./Example4.3.2-10    100
--- s=2.937775
```

示例 4.3.2-11　计算 1-1/3+1/5-1/7+…+1/n。

```
#include <stdio.h>
int main(int argc,char **argv){
            int fz,fm,n=atoi(argv[1]);
            double a=1,s=0;
            for(fz=1,fm=1;fm<n;fm+=2){
                a=(double)fz/fm;
                //printf("--- a=%lf\n",a);                  //测试
                s+=a;
                //----做准备-----------
                fz=-fz;
            }
            printf("--- s=%lf\n",s);
        }
```

运行程序，输出结果如下：

```
[root@localhost chapter4]# gcc Example4.3.2-11.c -o Example4.3.2-11
[root@localhost chapter4]# ./Example4.3.2-11   100
--- s=0.780399
```

示例 4.3.2-12 1+1+2+3+5+8+13+⋯

要点解析：第三项是前两项的和。要使用的数为 a=a1+a2；下次要使用的数为 a2 和 a1。其中，a1=a2；a2=a。

```
#include <stdio.h>
int main(int argc,char **argv){
        int a=1,a1=0,a2=0,n=atoi(argv[1]);
        int s=0;
        for(;a<n;){
            //printf("----- a=%d\n",a);
            s+=a;
            //----为下次循环做准备
            a1=a2;
            a2=a;
            a=a1+a2;
        }

        printf("--- s=%d\n",s);
    }
```

运行程序，输出结果如下：

```
[root@localhost chapter4]# gcc Example4.3.2-12.c -o Example4.3.2-12
[root@localhost chapter4]# ./Example4.3.2-12   100
--- s=232
```

6. 循环嵌套

在循环体内还有循环，解决的问题含有矩阵（有行和列）、多轮多次的数据等。

示例 4.3.2-13 乘法口诀。

要点解析：i 代表行号，i≤9；j 代表列号，j≤i。

```
#include <stdio.h>
int main(int argc,char **argv){
        int i,j;
        for(i=1;i<=9;i++){          //i 行
            for(j=1;j<=i;j++){          //j 列
                printf("%d*%d=%-2d ",j,i,i*j);
            }
            //此处是一行的结束
            printf("\n");
        }
    }
```

运行程序，输出结果如下：

```
[root@localhost chapter4]# gcc Example4.3.2-13.c -o Example4.3.2-13
[root@localhost chapter4]# ./Example4.3.2-13
1*1=1
1*2=2   2*2=4
1*3=3   2*3=6   3*3=9
1*4=4   2*4=8   3*4=12 4*4=16
1*5=5   2*5=10 3*5=15 4*5=20 5*5=25
1*6=6   2*6=12 3*6=18 4*6=24 5*6=30 6*6=36
1*7=7   2*7=14 3*7=21 4*7=28 5*7=35 6*7=42 7*7=49
1*8=8   2*8=16 3*8=24 4*8=32 5*8=40 6*8=48 7*8=56 8*8=64
1*9=9   2*9=18 3*9=27 4*9=36 5*9=45 6*9=54 7*9=63 8*9=72 9*9=81
```

示例 4.3.2-14 打印如下图形。

```
     *
    ***
   *****
  *******
 *********
***********
```

要点解析：这个图形由 n 行组成，用 i 代表行号，每一行由" "（空格）和"*"组成，共分为两部分。

（1）空格规律：第 i 行有 n−i 个空格，所以有多少个空格，就重复多少次循环。

（2）*的规律：第 i 行有 i*2−1 个*，所以有多少个*就重复多少次循环。

```
#include <stdio.h>
int main(int argc,char **argv){
            int n=atoi(argv[1]);
            int i,j;
            for(i=1;i<=n;i++){
                //输出空格
                for(j=1;j<=n-i;j++) printf(" ");
                //输出*
                for(j=1;j<=i*2-1;j++) printf("*");
                //--是一行的结束
                printf("\n");
            }
    }
```

运行程序，输出结果如下：

```
[root@localhost chapter4]# gcc Example4.3.2-14.c -o Example4.3.2-14
[root@localhost chapter4]# ./Example4.3.2-14    10
         *
        ***
       *****
      *******
     *********
    ***********
   *************
  ***************
 *****************
*******************
```

示例 4.3.2-15　判断 101~200 之间有多少个素数，并输出所有素数。

要点解析：判断一个数 a 是否为素数，需要用 1~a−1 之间的所有数来除这个数，看是否能除尽。只要被一个数除尽就不是素数。设置一个标记，先假设是素数，如果遇到一个数可被除尽则更改标记。由于需要判断 101~200 之间的数，所以需要运行 100 次（轮）。

```
#include <stdio.h>
int main(int argc,char **argv){
        int i,j;
        for(i=101;i<=200;i++){                    //i 轮或理解为第 i 个数
                //判断是否为素数
          int sign=1;                             //先假设是素数
          for(j=2;j<i;j++){                       //j 代表要除的数
          if (i%j==0) {
          sign=0;
          break;
          }
          }
                //判断完之后输出
                if (sign==1){
                        printf("%d ",i);
                }
          }
        }
```

运行程序，输出结果如下：

```
[root@localhost chapter4]# gcc Example4.3.2-15.c -o Example4.3.2-15
[root@localhost chapter4]# ./Example4.3.2-15
101 103 107 109 113 127 131 137 139 149 151 157 163 167 173 179 181 191 193 197 199
```

4.4 数组与字符串

4.4.1 数组的定义

数组是相同类型数据的集合，内存空间连续。

格式：数据类型数组名 [元素的个数]

例如：

```
int a [5];
```

上述代码定义了一个数组，数组名为 a，数组里有 5 个元素，元素数据类型为整型。

数组赋值的几个问题：

（1）int a[12]；//定义了 12 个变量，a 是数组名，每个变量名为 a[i]，i 是下标、索引、序号，范围为 0~i−1。

（2）在定义数组时，[]里面的数据代表个数；在使用数组元素时，[]里面的数据代表下标。

4.4.2 数组本质探讨

数组是相同类型数据的连续存储空间，这是一个狭义的定义，是从数组是什么的角度来定义数组。现在换个角度深入地来看，数组的本质就是一种最简单的数据结构。所谓的数据结构狭义上来讲就是数据的存储方式。在实际应用中，数组的应用相当广泛，几乎每个程序都用到数组，有的是字符串数组，有的是纯数字的数组。数组还经常和指针联系在一起，例如数组的指针、指针数组等。下面深入剖析一下。

数组名的本质，是第 0 个元素（首元素）的地址。

示例 4.4.2-1 分析输出结果。

```
#include <stdio.h>
int main(int argc,char **argv){
        int a[6]={1,2,3,4,5,6};
        printf("%d,%p,%p,%p\n",a[0],&a[0],&a[1],a);
        }
```

运行程序，输出结果如下:

```
[root@localhost chapter4]# gcc Example4.4.2-1.c -o Example4.4.2-1
[root@localhost chapter4]# ./Example4.4.2-1
1,0xbf95604c,0xbf956050,0xbf95604c
```

每个数组元素之间地址差 4 字节(int)，地址+1 表示地址值为地址+1*sizeof(int)字节。a+0 是 a[0]的地址；a+1 是 a[1]的地址；a+2 是 a[2]的地址；…

示例 4.4.2-2 分析输出结果。

```
int main(int argc,char **argv){
    int a[6]={1,2,3,4,5,6};
     printf("%d,%p,%p,%p,%p\n",a[0],&a[0],&a[1],a,a+1);
     }
```

运行程序，输出结果如下:

```
[root@localhost chapter4]# gcc Example4.4.2-2.c -o Example4.4.2-2
[root@localhost chapter4]# ./Example4.4.2-2
1,0xbfe8c0f8,0xbfe8c0fc,0xbfe8c0f8,0xbfe8c0fc
```

a[i]的地址为&a[i]或 a+i；(a+1) [2]等价于 a[3]；[]代表地址向后偏移再取值。

数组之所以有这么多的属性，源于它本身的结构。数组的名，就是数组首元素的地址。我们可以通过指针的偏移来方便地访问每个数组元素。数组的优缺点归纳有以下几点：

（1）存储方式简单，便于访问；

（2）十分灵活；

（3）删除元素不方便，所以在数组中元素的删除很麻烦；

（4）所存取的数据类型相同，不适合大型程序的增删改查。

以上就是数组的优缺点，所以人们一直在寻找好的数据结构的统一方法。但是目前还没有找到，所以大型程序的增、删、改、查使用链表结构，平时使用数组结构。

4.4.3 一维数组和二维数组

1．关于多维度数组的探讨

任意一种数据类型在内存中有各自的存在形式。对于数组，可以把它抽象为一块内存条，也就是说二维数组、三维数组在内存中是不同的内存条。所以所谓的二维数组或者更高维度的数组都是一维数组，只不过需要不同的抽象模型，所以用到不同维度的数组。不同维度的数组是可以相互转换的，下面讲解转换方法。

2．二维数组的定义

一维数组是数据的数组，每个单元至少是一个数据。多维数组是数组的数组，每个元素是一个数组。

格式：类型　数组名[数组的个数][元素个数]

例如：

```
(1) int a[2][5];                 //a 是二维数组名,包含 2 个一维数组
(2) int b[3][5][6];              //3 个平面,5 个线,6 个点
(3) int c[8][3][5][6];           //8 个立方,3 个平面,5 个线,6 个点
(4) int a[4][5];                 //4 个一维数组,每个一维数组有 5 个元素
         //a 为二维数组名,是二维数组第 0 个元素的地址,即一个一维数组的地址
         //a[i]为一维数组名,是一维数组第 0 个元素的地址,即一个整型的地址
         //a[i][j]为第 i 个一维数组中的第 j 个变量名
(5) int a[5];
   //a+1 是 a[1]的地址,所以 a+1 是整数的地址
   //(a+1)+1 是从 a 算起的第 2 个元素的地址,也是从 a+1 算起的第 1 个元素地址
   //(a+1)[1]是从 a 算起的第 2 个元素的变量名(值),也是从 a+1 算起的第 1 个元素变量名(值)
(6) int a[5][4]; //a 有 5 个元素,每个元素都是一个数组,一维数组中有 4 个元素
         //a 是数组名
         //a+1 是 a[1]的地址,所以 a+1 是数组的地址
         //(a+1)+1 是从 a 算起的第 2 个数组(行)的地址
         //(a+1)[1]是从 a 算起的第 2 个数组(行)的名
```

一维数组名是一维数组的首地址，所以(a+1) [1]是第 2 行的首地址，即第 2 行第 0 列整数的地址。

3．二维数组的初始化

方法一：把二维数组当成一维数组，例如：

```
int a[3][4]={1,2,3,4,5,6,7,8,9,10,11,12};
int a[][4]={1,2,3,4,5,6,7,8,9,10,11,12};  //必须指定列数
int a[][4]={1,2,3};                        //默认 1 行,4 个整型,1 个为 0
```

方法二：把二维数组当成多组一维数组。例如：

```
int a[3][4]={{1,2,3,4},{5,6,7,8},{9,10,11,12}}; //{}为一个组
int a[][4]={{1,2},{6,7,8},{9}};
//a[0][2]和 a[0][3]为 0,a[1][3]为 0,a[2][1]、a[2][2]和 a[2][3]为 0,没有初始化的默认为 0
```

二维字符数组的初始化如下：

```
char a[3][4]={'1','2','3'}; //a[0][0]、a[0][1]和 a[0][2]都填数,其他默认为 0
char a[3][4]={"123"}; // a[0][1]、a[0][2]和 a[0][3]都填数,其他默认为 0
char a[][4]={"123","ad","YYZ"};
```

4．二维数组与一维数组的转换

二维数组与一维数组的转换很简单，牢记下面的公式：

i=k/m

j=k%m

k=i*m+j

i 和 j 分别代表二位数组的行数和列数，k 是总元素的个数，m 不是很好解释，例如 12 个元素的数组，我们想把它转换成二维数组，行数和列数的乘积必须是 12，所以 m 可以在这几个数中随意挑选，例如 3 或者 4。下面是公式的应用：

1）用二维数组来表示一维数组

```
int main(int argc,char **argv){
        int a[12]={6,3,4,5,11,7,8,9,10,1,2,12};
        int i,j;
            for(i=0;i<3;i++) {
                    for(j=0;j<4;j++){
                        printf("%d ",a[i*4+j]);
                    }
                }
        }
```

2）用两重循环操作二维数组

```
int main(int argc,char **argv){
      int a[3][4]={6,3,4,5,11,7,8,9,10,1,2,12};
      int i,j;
      for(i=0;i<3;i++) {
          for(j=0;j<4;j++){
                    printf("%d ",a[i][j]);
                          }
          }
      }
```

3）用一重循环操作二维数组

```
int main(int argc,char **argv){
       int a[3][4]={6,3,4,5,11,7,8,9,10,1,2,12};
       int i,j,k;
       for(k=0;k<12;k++){
       printf("%d ",a[k/4][k%4]);
               }
       }
```

或

```
int main(int argc,char **argv){
int a[3][4]={6,3,4,5,11,7,8,9,10,1,2,12};
int i,j,k;
for(k=0;k<12;k++){
```

```
printf("%d ",*(a[0]+k));
        }
    }
```

4.4.4 字符串

1．字符

要说字符，先从RGB显示原理说起。计算机屏幕由无数个点组成。每个点都是由RGB三个灯组成，RGB是光的三原色红、绿、蓝。三个灯通过不同亮度的混合形成不同的颜色。图片就是这些灯不同亮暗程度的组合。那么计算机存储数据时怎么表示字符呢？ASCII码解决了这个问题，它把这些字符都画出来存入一个特定的地址当中，当需要时取出来就行。单独写字符时，需要使用单引号''括起来。

2．字符串与数组

字符串数组在运用时容易发生内存错误，某种意义上来讲是因为没有理解透彻字符串的本质。

字符串的本质是字符数组，首先来看如何初始化一个字符串。例如：

```
char s[5]={"asdf"};    //字符串'长度为4，数组长度是5
char s[5]="asdf";      //同上
char s[]="asdf";       //数组长度是5，字符串长度为4
```

字符串有很多特殊的地方，第一个便是长度，从3行代码的初始化可以看出字符串长度本身为4，数组的长度却是5，原因是字符串的结束符号是'/0'，它代表着一个字符串的结束，也占一块内存空间。所以大家在初始化字符串时要切记这一点。

双引号括起来的字符串存在内存的数据段，也就是只读存储区，在程序运行中是无法改变的。

3．字符串操作的常用函数

在C语言的库中，string.h头文件里封装了对字符串操作的函数，可以直接使用，这些函数也可以自己实现。

常用字符串操作函数如下：

（1）复制字符串。

```
char *strcpy(char *dest,const char *src);
```

（2）计算字符串长度，size_t类型是int。

```
size_t strlen(const char *s);
```

（3）比较两个字符串。

```
int strcmp(const char *s1,const char *s2);
```

s1=s2，返回0；s1>s2 返回正数；s1<s2 返回负数。

（4）将字符串src连接在dest后面。

```
char *strcat (char *dest，const char *src);
```

例如：

```
int main(){
char str1[256]="asdf";
char str2[]="dsfasdf";或 char *str2="asfd";
strcat(str1,str2);
printf("%s\n",str1);
        }
```

（5）字符串查找。

查找 needle 是否在 haystack 内，如果在，则返回 needle 在 haystack 内的起始地址，否则返回 NULL。

```
char *strstr(const char *haystack,const char *needle);
```

（6）查找字符 c 是否在 s 字符串内，如果在，则返回 c 在 s 内的地址，否则返回 NULL。

```
char * strchr (const char *s,int c);
```

（7）从终端获取字符串。

```
char * gets(char *s);
```

与 scanf 的区别：gets 中间可以有空格，即空格是字符串中的一部分，scanf 输入的字符串，不包含空格。

（8）将字符串转换为双精度型。

```
double atof(const char *nptr);
```

（9）将字符串转换为整型。

```
int atoi(const char *nptr);
```

例如：

```
int main(int argc,char **argv){
        int a=atoi(argv[1]);
        char *str="45";
        int b=atoi(str);
    }
```

这里着重说一下，main 函数的形参是字符串，也就是说，输入一个 8，也是字符串形式的 8，不能直接当数字来用，必须用 atoi 函数将字符串转换成数字形式来使用。

（10）按格式输出字符串到字符数组 str 内。

```
int sprintf( char *str,const char * format,…);
```

可以用来将变量值转换为字符串，可以实现整型转字符串、转各种进制字符串格式，可用于字符串之间的连接。

例如：

```
int main(){
        int a=23;
        double f=23.2;
        char buf[256];
        sprintf(buf,"%d",a);
sprintf(buf,"%lf",f);
sprintf(buf,"aaa：%s%s%d%x%o %d：%d","a","b",4,20,20,2,20);
}
```

4.5　函数

4.5.1　函数的定义

定义格式：

返回类型　函数名（形参列表）{

return 返回值;

}

例如：

```
int add(int x,int y){
int c;
c=a+b;
return c;
}
```

声明格式：

返回类型　函数名（形参列表）;

例如：

```
int add(int x,int y);
```

返回类型就是函数结果的数据类型。如果没有输入参数和返回值，都用 void 来修饰。

声明与定义的区别：

定义必须包含函数的实现。函数实际是实现某个功能的代码集合，定义的实质就是要实现并告诉编译器这个函数的存在与实现。而声明只是告诉编译器这个函数存在，而并没有实现函数。

4.5.2　函数的深度剖析

我们要站在一个总体的角度来把握函数，C 语言本身是面向过程的，有很多初学者并不理解什么是面向过程，借用赵本山的小品里的话来形容，把大象放冰箱里分几步？第一步把冰箱门打开，第二步把大象放进去，第三步把冰箱门关上。这就是面向过程。面向过程就是一步一步地拆解，一步一步地把各部分的代码实现。在C语言里面向过程的体现就是函数，每一个函数都用来实现一个功能。函数的实现是一步一步地把功能实现，这就是面向过程以及函数的实质。

知道了上述的关系，可以把握在C语言下编程的理念，即根据功能实现相应的函数，这些函数统一实现一个工程。这些函数组成的文件叫函数库。

如果把函数比喻为一个工厂，工厂的名称为xxxAaaa，与变量起名的方法相同。函数名应尽可能地表达出该函数的功能。形参，可理解为是工厂供给原材料的通道；实参是原材料，是具体的值、表达式、常量、变量，用来给形参赋值，而形参是变量；产品就是计算的结果，是返回的值；return 就是送货员，如果返回的值是 void，则不需要返回计算的结果。return本质是结束函数。如果在main函数中结束程序，则值返回给系统。

在Linux中，通常返回0代表函数执行成功，返回-1代表函数执行失败，否则返回运行（计算）的结果。

4.5.3 函数的作用剖析

函数可用来简化代码，第一个作用也是最明显的作用就是简化代码的逻辑，使代码的可读性增强。试想一下，如果一个工程里的函数都打开，都在一个main函数里实现，会是什么样？那就太多了，只有写代码的人能看懂，并且如果程序出现 BUG，不好找也不好改，所以没有必要给自己找麻烦。一个功能就用一个函数封装，这样代码就会清晰可读；并且函数名一定要与功能有关系，让人望文生义，这样更会事半功倍，再者，使用频繁的代码要用函数来实现。

示例4.5.3-1 已知今天是2015年12月20日，周日，输入一个日期判断是周几。

要点解析：要判断是周几，需要知道天数差，7为周期，用%。计算天数差，需要计算出输入的日期到公元1年1月1日的总天数。计算总天数，需要把整年加起来，把整月加起来，把日加起来。今天到公元1年1月1日的总天数算法同上，用两个总天数相减即可得天数差。总结如下三个步骤：

（1）因为总天数的计算需要重复进行，所以写成函数；

（2）判断闰年的需要频繁使用，所以也写成函数；

（3）接下来思考每部分函数如何实现。

```
#include <stdio.h>
#include <string.h>
#include <fcntl.h>
int isReyear(int y){
    return y%4==0&&y%100!=0||y%400==0;
}
int days(int y,int m,int d){
    int i, months[12]={31,28,31,30,31,30,31,31,30,31,30,31};
    //前面年份总天数
    for(i=1;i<y;i++) d+=isReyear(i)?366：365;
    //前面月份总天数
    for(i=1;i<m;i++) d+=months[i-1];
    if (m>2 && isReyear(y)) d++;
```

```
	return d;
}
int main(int argc,char **argv){
	char wstr[][4]={"日","一","二","三","四","五","六"};
	int y,m,d;
	scanf("%d %d %d",&y,&m,&d);
	int diff=days(y,m,d)-days(2015,12,20);
	int w=((diff%7)+7)%7;
	printf("输入的日期是周%s\n",wstr[w]);
}
```

运行程序，输出结果如下：

```
[root@localhost chapter4]# gcc Example4.5.3-1.c -o Example4.5.3-1
[root@localhost chapter4]# ./Example4.5.3-1
2017
3
28
输入的日期是  周二
```

示例 4.5.3-2 在一个平面上绘制出一个海螺图案。图案如下计算：先绘一个半圆，半径为 2，再以这个半圆的切线位置画另一半圆，半径为 4，以此类推，则形成的图案为一个海螺图。

要点解析：画圆、函数、终端都是打印字符，所以把打印字符当成一个平面，涉及行和列，可用二维字符数组表示。平面的坐标就是二维数组的行和列的下标值，找到要画点的下标，修改这个点的字符变量的值。数组的清 0 有 3 种方式：

（1）memset(地址,0,长度);

（2）bzero(地址,长度);

（3）int a[30][30]={0}。

为了能将图形打印出来，数组中不能填 0，而填“.”。

```
#include <stdio.h>
#include <stdlib.h>
#include <string.h>
#include <math.h>
#define W 130
#define H 130
char buf[H*W];
void print(char buf[]){
	int i,j;
	for(i=H-1;i>=0;i--){
		for(j=0;j<W;j++) printf("%c",buf[i*W+j]);
		printf("\n");
	}
}
//(x0,y0)是圆心点,r 是半径,a1、a2 是起始和结束的角度
int drawcircle(int x0,int y0,int r,int a1,int a2){
	int x,y,a;
	for(a=a1;a<=a2;a++){
```

```
            x=x0+r*cos(3.14*a/180); // 2 pi /360 == l/a
            y=y0+r*sin(3.14*a/180);
            if (y <0 || y>H || x <0 || x>W) return -1;
            buf[y*W+x]='*';
        }
        return 0;
}
int main(int argc,char **argv){
    memset(buf,'.',W*H);
    int x0=60,y0=60,r=6,a=180;
    int sign=-1;
    while(1){
        if (drawcircle(x0,y0,r,a,a+180)==-1) break;
        sign=-sign;
        x0=x0+sign*r;
        r*=2;
        a=(a+180)%360;
    }
    print(buf);
    int i,j;

}
```

运行程序，部分输出结果如下：

```
[root@localhost chapter4]# gcc Example4.5.3-2.c -o Example4.5.3-2 -l m
[root@localhost chapter4]# ./Example4.5.3-2
```

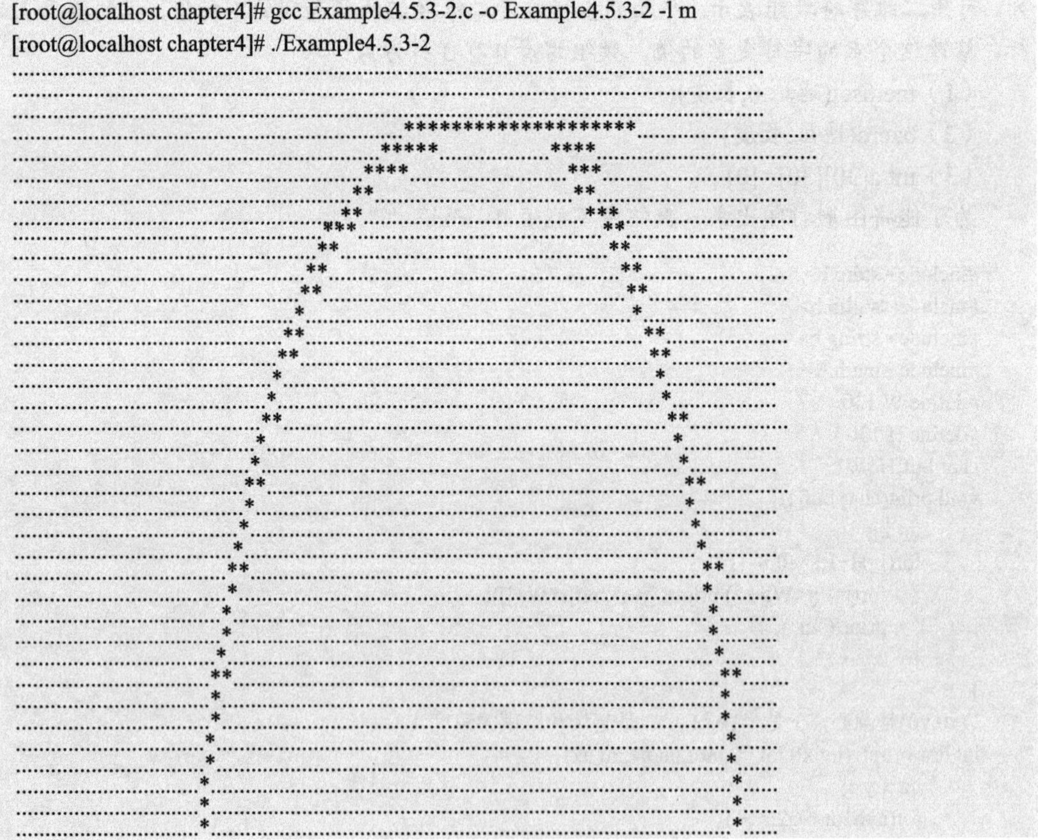

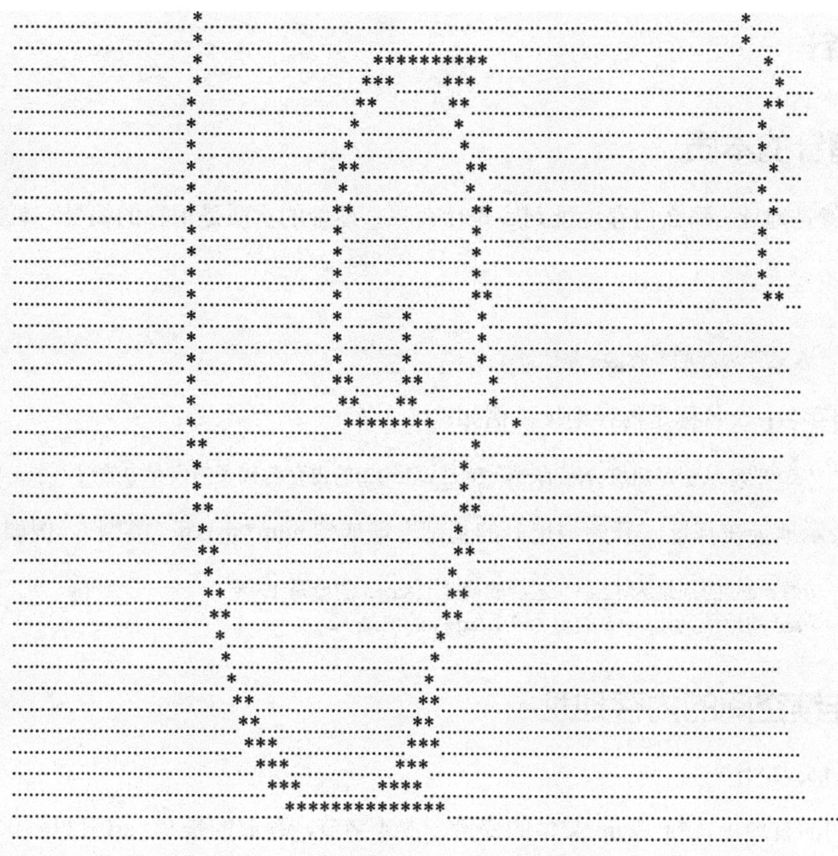

示例 4.5.3-3　计算一个数组中的最大值和最小值的差。

```
#include <stdio.h>
int max(int* a,int size){                //int[]是类型,a 是数组名,是地址,在形参的位置是变量
    int i,tmp=a[0];
        for(i=0;i<size;i++) if (tmp<a[i]) tmp=a[i];
        return tmp;
    }
    int min(int* a,int size){        //a 是数组名,是地址,在形参的位置是变量
        int i,tmp=a[0];
        for(i=0;i<size;i++) if (tmp>a[i]) tmp=a[i];
        return tmp;
    }
    int main(int argc,char **argv){
        int b[12]={32,12,4,32,5,4,65,7,876,8,56,3};
        int diff=max(b,12)-min(b,12);
        printf("%d\n",diff);
    }
```

运行程序，输出结果如下：

```
[root@localhost chapter4]# gcc Example4.5.3-3.c -o Example4.5.3-3
[root@localhost chapter4]# ./Example4.5.3-3
873
```

4.6 指针

4.6.1 指针的本质

指针的本质就是地址。那么内存地址到底是什么呢？地址的实质是内存的编号，本质是无符号整型。

例如：

```
int a;              //a 表示内存的名称,&a 是地址
```

*地址表示内存名；&名称是内存地址。例如：

```
int a=12;           //&a 的地址值是随机分配的,*&a 就是 a(是 12)的内存名代表的内存中的值
```

地址+num 表示地址在基址（开始地址）的基础上增加到 num*sizeof（类型）。例如：

```
char c='a';         //假设&c 的地址为 12,c+5 之后的值是'f',&c+5 的值是 17
double d=2.3;       //&d 的地址为 12,d+5 的值为 7.3,&d+5 的值是 52
```

4.6.2 连续空间的内存地址

```
int a[8]={9,2,3,4,5,6,7,8};
```

a 是内存空间的首地址，*a 是 int 类型的变量，占 4 字节，存放的是 9。a[0]也是这个内存的名，所以 a[0]就是*a，a+1 是 a[1]的地址，*（a+1）是内存名，是 a[1]。

注意：a+i 就是&a[i]，*（a+i）就是 a[i]。

示例 4.6.2-1 判断下面的表达方式是否正确。

```
int b=12;
&b[0]
```

解析：错误，b 先和[0]结合。

```
(&b)[0]
```

解析：正确，就是 b。

```
*(&b)
```

解析：正确，就是 b。

示例 4.6.2-2 判断下面是什么类型的地址。

```
int a[12];                //元素是整型
```

解析：&a 是数组的地址，代表内存长度为 48。a 是 a[0]的地址，代表内存长度为 4。a+1 是 a[1]的地址，*（a+1）就是 a[1]。

```
int b[3][4];              //元素是数组
```

解析：&b 是面的地址。b 是 b[0]的地址，b[0]是数组名，代表内存长度为 16。b+1 是 b[1]的地址，*(b+1)就是 b[1]。

4.6.3 指针变量

任何类型后面加一个*，为指针类型，指针变量用于存储内存的编号。

1. 栈区内存

```
int main(){
    int a=12;      //局部变量
    int* p=&a;    //给 p 赋值，而不是给*p 赋值
}
```

*p 就是变量名，值是 12；p[0]也是变量名，值是 12；p[1]的表达方式是错误的，因为此时 p 开始的内存中只有一个 4 字节的元素。

2. 数据段内存

```
int a=12;          //全局变量
int main(){
    int* p=&a;    //给 p 赋值,而不是给*p 赋值
    p[0]=23;
}
```

3. 堆区内存

```
int main(){
    int* p=(int*)malloc(4);
    *p=23;
}
```

整型的指针类型有以下含义：

（1）定义的变量的内存地址；

（2）这个地址存的是整型的变量地址；

（3）*地址是整型的内存名；

（4）地址代表所控制的内存长度为 4 字节。

---

*和[]的区别：

（1）* 代表根据地址取值，*(p+1)是第 1 个变量的值；

（2）[] 代表根据地址偏移后取值，p[1]表示从 p 偏移到第 1 个变量的值。

示例 4.6.3-1 编写一个函数，用来申请一个内存，存储两个数据后，将地址返回给调用处，在调用处打印这两个数。

要点解析：（1）要求在函数中申请内存，然后添数，所以数据段内存被排除；

（2）如果在函数内使用栈内存，函数结束后，内存被释放，无法实现在调用处打印，所以栈区内存被排除，只能用堆区内存，堆区内存使用后要释放。

```
#include <malloc.h>
#include <stdio.h>
```

```
int* creatmem(int n){
        int i, *tmp=(int *)malloc(4*n);
        for(i=0;i<n;i++)   scanf("%d",tmp+i);
        return tmp;
    }
    int main(){
        int i;
        int *a=creatmem(2);                         //a 存的是 tmp 的值
        for(i=0;i<2;i++){
            printf("%d\n",a[i]);
        }
        free(a);                                    //根据地址释放内存
    }
```

编译代码，运行结果如下：

```
[root@bogon chapter4]# gcc Example4.6.3-1.c -o Example4.6.3-1
[root@bogon chapter4]# ./Example4.6.3-1
123
123
123
123
```

示例 4.6.3-2 编写一个函数，用于给一个已知字符串中的字符进行排序。

要点解析：给定的已知字符串，需要传入函数，可利用形参字符指针传入，返回时则不需要。

```
#include <stdio.h>
#include <string.h>
#include <malloc.h>
void sort(char *buf){                       //0x00000000 -0xffffffff
        int i,j,len=strlen(buf);
        for(i=0;i<len-1;i++){               //排第 i 个字符
            for(j=i+1;j<len;j++){           //和第 j 个字符比较
                if (buf[i]<buf[j]){
                    buf[i]=buf[i]^buf[j];
                    buf[j]=buf[i]^buf[j];
                    buf[i]=buf[i]^buf[j];
                }
            }
        }
    }
```

方法一：

```
int main(){
   char str[256]="ajdsk";
   sort(str);
   int i=0;
   printf("%s",str);
}
```

方法二：

```
int main(){
    char *str=(char *)malloc(256);
    strcpy(str,"ajdsk");
    sort(str);
    printf("%s",str);
}
```

编译代码，运行结果如下：

```
[root@bogon chapter4]# gcc Example4.6.3-2.c -o Example4.6.3-2
[root@bogon chapter4]# ./Example4.6.3-2
skjda
```

4.6.4　指针数组和指针的指针

指针是存储地址的变量。

```
int   a;          //存整型
int   *p=&a;      //p 存整型的地址
int   a[];        //一维数组,存整型
int   *p=a;       //p 存整型的地址
int* a;           //存地址
int* *p=&a;       //p 存指针的地址
int* a[];         //一维数组,存地址
int* *p=a;        //p 存指针的地址
```

指针和数组的关系：

（1）整型的数组：元素是整型变量，整型指针就是整型数组名。

（2）浮点的数组：元素是浮点变量，浮点指针就是浮点数组名。

（3）字符的数组：元素是字符变量，字符指针就是字符数组名。

（4）结构的数组：元素是结构变量，结构指针就是结构数组名。

（5）数组的数组：元素是数组，数组指针就是数组数组名。

（6）指针的数组：元素是指针，指针的指针就是指针数组名。

（7）函数指针的数组：元素是函数指针，函数指针的指针就是函数指针数组名。

(任何类型的)数组：元素是(任何类型)，(任何类型)指针就是(任何类型)数组名。

区别下述表达的含义：

（1）int p；　//(整型)变量，表示变量中存整型，例如，int p=12；

（2）int *p；

//指针变量，表示变量中存整型地址，例如：

```
int a=12;
int *p=&a;
```

*地址，是变量名；&变量，是地址；*p 就是 a，例如：

```
int a[4]={1,2,3,4};
int *p=a;
```

其中，p 就是 a；*p 是 a[0]，等价于*a；*(p+i)就是 a[i]，等价于*(a+i)。

（3）int p[4]； //4 个变量，存整型

（4）int **pp；

（5）int *p[4]； //4 个变量，存整型地址

（指针的）指针变量，表示变量中存整型指针的地址，例如：

```
int a=12;
int *p=&a;
int **pp=&p;
```

其中，*pp 是 p；**pp 就是 *p，就是 a。

```
int c,d,e,f;
int *a[4]={&c,&d,&e,&f};
int **p=a;
```

其中，p 就是 a，*p 就是 a[0]，等价于*a； *(p+i)就是 a[i]，等价于*(a+i)；a[0]是 c 的地址；*a[0]就是 c，等价于 a[0][0]或 **p，认为 d 的地址为 a[0]+1 是错误的，因为 c 和 d 的内存空间不连续。*a[1]等价于 a[1][0]，等价于**(a+1)，等价于**(p+1)，即地址[i]等价于*(地址+i)。

（6）int (*p)[4]； //1 个变量，存 4 个元素的数组的地址，

数组的指针，例如：

```
int a[4]={1,2,3,4};
int (*p)[4]=&a;          //数据类型是 int (*)[4]
```

其中，表达式 p+1 中，p 代表 16 字节；p 是行地址，相当于&a；p[0]是行的名，即数组名 a；p[0]+1 是 a+1，是 a[1]的地址；*(p[0]+1)内容为 2，等价于*(*(p+0)+1)或 p[0][1]。

```
int a[3][4]={1,2,3,4,5,6,7,8,9,10,11,12};
int (*p)[4]=a;
```

其中，p+1 是第 1 行地址，是 a[1]的地址；*(p+1)是第 1 行的名，是 a[1]，是元素 5 所在的地址。

(p[i]+j)等价于(*(p+i)+j)或(*(p+i))[j]或 p[i][j]。

（7）int*(*p)[4]； //1 个变量，存储元素是指针类型的数组的地址

元素是指针数组的指针，例如：

```
char* s[3][3]={{"张三","男","学生"},
               {"李四","女","家长"},
               {"王五","男","家长"}};
```

其中，char* (*p)[3]=s，s 是首行地址；p[1][2]是字符串“家长”的地址；printf("%s\n", p[1][2])中，*p[1][2] 是半个"家"；*(*(p+1)+1)是字符串"女"的地址；**(*(p+1)+1)是半个"女"；

***p 是个半"张"，等价于*p[0][0]。

（8）int (*p[4])[4]; //4 个变量，存储 4 个元素的数组的地址

```
int   p();                                //函数的声明,返回类型为 int
int* p();                                 //函数的声明,返回类型为 int*
```

（9）int (*p)(); //1 个变量,存储函数的地址，p 是指针变量，存储函数地址

格式为返回类型为 int 的无参数函数，例如：

```
int fun(){
    int a=random();                       //产生一个随机数
    return a;
 }
 int main(){
    int (*p)()=fun;                       //p 是指针,存函数地址,p 就是函数
    printf("--- %d\n",p());               //函数名就是地址,p 就是函数
    printf("--- %d\n",(*p)());            //p 是地址,*p 就是名
    printf("--- %d\n",*p());              //错,给返回值加*
    printf("--- %d\n",*p);                //错,打印是函数地址
    printf("--- %d\n", p);                //错,打印是函数地址
 }
```

（10）int *(*p)(); //1 个变量，存储指针函数的地址

p 是指针变量，存函数地址，函数的返回类型是 int*，例如返回整型地址：

```
int* fun(){
   int* a=(int*)malloc(4);
   *a=random();                           //产生一个随机数
   return a;                              //返回地址
}
int main(){
   int* (*p)()=fun;                       //p 是指针,存函数地址,p 就是函数
   printf("--- %d\n",p());                //错,打印 a 内的地址
   printf("--- %d\n",*p());               //对,返回值是地址*p(),是*a
}
```

例如返回数组：

```
int* fun(){
   int i,* a=(int*)malloc(4*12);
   for(i=0;i<12;i++) a[i]=random();          //产生一个随机数
   return a;                                 //返回地址
}
int main(){
   int* (*p)()=fun;                          //p 是指针,存函数地址,p 就是函数
   printf("--- %d\n",p());                   //错,打印 a 内的地址
   printf("--- %d\n",*p());                  //对,返回值是地址*p(),是*a
   printf("--- %d\n",*(p()+2));              //对
}
```

（11）int**(*p)(); //1 个变量,存储指针函数的地址

p 是指针变量，存函数地址，函数的返回类型是 int**，例如返回指针数组：

```
int b=12,c=23,d=34,e=45;
int** fun(){
    int i,**a=(int**)malloc(4*4);
    a[0]=&b;
    a[1]=&c;
    a[2]=&d;
    a[3]=&e;
    return a;                    //返回地址
}
int main(){
    int** (*p)()=fun;            //p 是指针,存函数地址,p 就是函数
    int i;
    int** tmp=p();
    for(i=0;i<4;i++){
        printf("%d\n",*tmp[i]);
    }
}
```

（12）int(*p[4])(); //4 个变量,存储函数的地址

（13）int(**p)(); //1 个变量,存储函数指针的地址

p 是数组名，存函数地址，例如：

```
int max(int x,int y){
    return x>y?x：y;
}
int add(int x,int y){
    return x+y;
}
int sub(int x,int y){
    return x-y;
}
int mul(int x,int y){
    return x*y;
}
int div(int x,int y){
    return x/y;
}
typedef int (*PFUN)(int x,int y);
int main(){
    //一个函数指针变量
    int (*p)(int x,int y)=max;              //一个变量,存函数地址
    int a=p(12,23);
    //多个函数指针变量
    int (*p1[])(int x,int y)={max,add,sub,mul,div};
    int (**pp)(int x,int y)=p1;             //一个变量
    int i;
    for(i=0;i<5;i++) printf("--%d\n",pp[i](12,23));
```

```
    PFUN p2[]={max,add,sub,mul,div};
    PFUN* pp2=p2;
    for(i=0;i<5;i++) printf("--%d\n",pp2[i](12,23));
}
```

（14）int *(*p[4])(); //4 个变量，存储指针函数地址

整型变量存整型；整型指针存地址；数组指针变量，存数组行地址；指针数组是数组，存多个地址；函数指针变量，存函数地址；指针函数是函数，返回指针。

4.6.5　函数和指针

哪些类型可以作函数参数?答案是所有类型。

基本类型包括 int、long、short、char、double、float；自定义类型包括数组、枚举、联合体、结构体、类、typedef；指针类型包括 void*、其他类型*（即各种类型的地址）；引用类型包括其他类型&（即各种类型的别名）。

1．基本类型

基本类型用于向函数中传递一个数据，例如：

```
int max(int x,int y){
    return x>y?x：y;
}
int main(){
    max(12,23);             //12 赋给了 x 就是将 12 传入了函数中
}
```

2．指针类型

（1）大量的数据要传入函数，可以用这些数据的首地址传入，例如：

```
int fun(int *a){
        int i,s=0;
        for(i=0;i<12;i++,a++) s+=*a;
        return s;
    };
int main(){
        int a[12]={1,2,3,4,5,6,7,8,9,10,11,12};
        fun(a);
    }
```

（2）如果需要函数返回多个值，但函数只能返回一个，其他数可以通过形参传入内存地址，在函数中填写该内存中的值。例如：

```
int* fun(int *n){                                 //n 是指针
        int *p=malloc(12*4);
        *n=12;                                    //根据地址改写内存中的值
        return p;
    };
int main(){
        int n;
        int *p=fun(&n);                           //传入 n 的地址
```

```
        printf("---p=%x, n=%d\n",p,n);            //打印地址和 12
    }
```

3．引用类型

引用类型只能用于 C++，例如：

```
int* fun(int& n){                                  //n 是别名
        int *p=malloc(12*4);
        n=12;                                      //根据地址改写内存中的值
        return p;
    };
int main(){
        int n;
        int *p=fun(n);                             //传入 n 的地址
        printf("---p=%x, n=%d\n",p,n);             //打印地址和 12
 }
```

4．函数的返回类型

确定函数的返回类型，可采用以下方法：

（1）根据函数计算的结果确定返回类型；

（2）计算的结果是地址，则返回类型是指针类型；

（3）计算的结果是数组，则返回类型是指针类型。

例如：

```
int max(int x,int y){ }
int add(int x,int y){ }
int div(int x,int y){ }
int sub(int x,int y){ }
int fun( int (*p)(int,int) ){
        return p(12,23);
}
int main(){
        int a=fun(max);
        printf("--%d\n",a);
}
```

有 3 种类型，必须用 typedef 重定义才能作为返回类型。

（1）typedef int （*PFUN）（int,int）;　　　　//PFUN 是新类型

（2）typedef int （*PARR）[4];　　　　//PARR 是新类型

（3）typedef int （*PARR1）[4][8];　　　　//PARR1 是新类型

示例 1：

```
PFUN fun(int i){
    PFUN p;
    switch(i){
    case 0：p=max; break;
    case 1：p=add; break;
    case 2：p=sub; break;
    case 3：p=div; break;
```

```
    }
    return p;
}
int main(){
    int d=fun(1)(12,23);
    printf("--- %d\n",d);
}
```

示例 2：

```
PARR fun(int n){
    PARR p=(PARR)malloc(n*4*4);
    return p;
}
int main(){
    PARR p=fun(2);            //p 是二维数组名
}
```

示例 3：

```
int** fun(int n){
    int** p=(int **)malloc(n*4);
    return p;
}
int main(){
    int** p=fun(2);           //p 是指针类型的数组名,有 2 个元素
}
```

5．函数指针用途

（1）做回调；

（2）通过结构体做接口；

（3）Linux 系统 API，用来实现代码并行运行（线程），让一个函数由 CPU 独立运行，设置一个函数由 CPU 独立运行的系统调用，函数格式如下：

```
pthread_create(pthread_t *id，NULL,函数地址,NULL);
```

参数 id 即线程 id，是由 pthread_create 生成的编号，函数地址要求的格式为 void *函数名（void *参数）。

示例 4.6.5-1 播放流程控制。

mplay.h 代码如下：

```
#ifndef MPLAY_H
#define MPLAY_H
/* 函数功能：播放音频。
    返回值：返回 0 则成功,返回-1 则失败。
    参数： file 为文件名,handler 为函数指针。
    handler 结构：参数 int,int,分别表示 state 和 value。
*/
extern int play(char *file,int (*handler)(int,int));
/* 函数功能：暂停
    返回值：0 为成功,-1 为失败
```

```
*/
extern int pause();
/*  函数功能：停止。
    返回值：0 表示成功,-1 表示失败。
*/
extern int stop();
#endif
```

mplay.c 文件代码如下:

```
#include <stdio.h>
#include <stdlib.h>
#include <string.h>
static int (*sendstate)(int,int);
static int state;                                   //0 表示停止;1 表示播放;2 表示暂停
void* run(void* arg){
        int i=0;
        int size=180;
        while(state){
            while(state==2) usleep(20000);        //微秒
            //1) 读取磁盘文件
            //2) 解码
            //3) 写入声卡
            //4) 调用回调,将数据传入到 UI 层
            sendstate(state,i++);
            if (i>=size) break;
            sleep(1);
        }
        state=0;
        sendstate(state,i++);
}
int play(char *file,int (*handler)(int,int)){
        if (state==0){
            //保存函数地址到全局
            sendstate=handler;
            state=1;
            //启动一个循环
            pthread_t id;
            pthread_create(&id,NULL,run,NULL);
        }
        else state=1;
}
int pause(){
        state=2;
        sendstate(state,0);
}
int stop(){
        state=0;
        sendstate(state,0);
}
```

test.c 文件代码如下:

```
#include <stdio.h>
#include <string.h>
#include "mplay.h"
    int curstate;
    int getstate(int state,int val){
        curstate=state;
        printf("---- state =%d,val=%d\n",state,val);
    }
int main(int argc,char **argv){
        char cmd[256];
        while(1){
            scanf("%s",cmd);
            if (strcmp(cmd,"q")==0) break;
            else if (strcmp(cmd,"p")==0){
                if (curstate==2)
                    play(NULL,NULL);
                else {
                    printf("请输入文件名：\n");
                    scanf("%s",cmd);
                    play(cmd,getstate);                    //播放
                }
            }
            else if (strcmp(cmd,"s")==0)
                stop();
            else if (strcmp(cmd,"z")==0)
                pause();
        }
    }
```

编译并运行代码，结果如下:

```
[root@bogon Example4.6.5-1]# gcc -l pthread mplay.c   test.c   -o test
[root@bogon Example4.6.5-1]# ./test
p
请输入文件名：
music.wav
---- state =1,val=0
---- state =1,val=1
---- state =1,val=2
---- state =1,val=3
```

4.7　预处理指令

预处理指令不是 C 语言，是编译器指令。常用的三种预处理指令包括宏定义、include、条件编译，它们的本质都是在编译初期进行替换。

4.7.1 宏定义

格式：#define 宏名 [数据]

注意：后面没有分号。

1．宏的基本用法

（1）在多处使用 3.14 时，如果使用宏，方便修改。

```
#define PI 3.14
int main(){
        int r=2;
        double s=r*r*PI; //本质是在编译时，将 PI 替换为 3.14
}
```

（2）将数字用来代表具体含义的值，此时使用宏。

```
#define SUN 0
#define MON 1
int main(){
    int a;
    scanf("%d",&a);
    switch(a){
    case SUN: printf("周日") break;
    case MON: printf("周一") break;
    ...
    }
}
```

（3）用数字代表某个具体指令，此时使用宏，在 Linux 高级编程中普遍使用。

（4）用数字代表寄存器某个位的值，在 Linux 驱动中普遍使用。

2．带参数的宏

格式：#define 宏（参数列表）表达式

```
#define MUL(x,y) x*y
int main(){
        int a=MUL(12,2);                //24
        int b=MUL(12+1,2);              //14,展开后,b=12+1*2
}
```

注意：写这类的宏，一定要在后面表达式的参数上加（）。

格式：#define 宏（参数列表）表达式

```
#define MUL(x,y) (x)*(y)
int main(){
        int a=MUL(12,2);                //24
        int b=MUL(12+1,2);              //26,展开后 b=(12+1)*(2)
}
```

示例 4.7.1-1 （1）编写一个宏，用来计算两个数的最大值。

（2）编写一个宏，用来打印字符串。

```
#include <stdio.h>
#define max(x,y) (x)>(y)?(x):(y)
#define print(x) printf("%s\n",(x))
int main(){
int a=max(12,23);
print("asfdsfdasdf");
}
```

示例 4.7.1-2　编写一个宏，用来实现将两个字节型数据组合成一个短整型。

方法一:

```
#define SOFC(x,y) ((x)<<8) | (y)
int main(){
short a;
char a1=0x12;
char a2=0x34;
a=SOFC(a1,a2);
printf("%x\n",a);
    }
```

方法二:

```
#define SOFC(z,x,y) {
char *p=(char*)z;
p[0]=(y);
p[1]=(x);
        }
int main(){
  short a;
  char a1=0x12;
  char a2=0x34;
  SOFC(&a，a1，a2);
   printf("%x\n"，a);
        }
```

4.7.2　#include

本质也是替换，其中常用<>和""表示。

< >：/usr/include（绝对路径）。

" "：当前目录下（相对路径）。

4.7.3　条件编译

根据条件进行编译。

（1）#ifndef...#endif：判断是否定义了宏，如果没有定义则编译，通常用于头文件中。

（2）#ifdef...#endif：判断是否定义了宏，如果定义了则编译，通常用于系统移植。

```
#define LINUX
int main(){
    double s=12;
```

```
#ifdef WIN
    int r=2;
    s=r*r*3.14;
#endif
    printf("%lf\n",s);
}
```

（3）#if 值

```
  代码
#elif
  代码
...
#else
  代码
#endif
```

根据条件决定编译哪些语句。通常用于调试程序，#if 0 相当于多行注释。例如：

```
#define LINUX
int main(){
    double s=12;
#if 0
    int r=2;
    s=r*r*3.14;
#endif
    printf("%lf\n", s);
}
```

也可根据配置来决定编译的内容，例如：

```
#define V 2
int main(){
    double s=12;
#if V==1
    int r=2;
    s=r*r*3.14;
#elif V==2
    int r=3;
    s=4*3;
#elif V==3
    int r=9;
    s=3;
#endif
    printf("%lf\n",s);
}
```

#undef 用于取消宏的定义。

习题与练习

1．今年是羊年，29 年后是哪一年?

年份的顺序如下：

鼠	牛	虎	兔	龙	蛇	马	羊	猴	鸡	狗	猪
0	1	2	3	4	5	6	7	8	9	10	11

2．求 1+1/2+2/3+3/5+5/8+8/13+…的值。

3．求 s=a+aa+aaa+aaaa+…的值，其中 a 是一个数字。例如，2+22+222+2222+ 22222（此时共有 5 个数相加）。

第 5 章 文件I/O编程

CHAPTER 5

学习 Linux 环境高级编程，首先学习的是文件的操作。因为有一句很有趣的话“Linux 下一切皆文件”。所以掌握了文件操作的方法，也就算摸到了门路。

5.1 文件和目录

首先直观地感受一下，在终端下输入命令 ls -l，如图 5-1 所示。

```
[root@bogon home]# ls -l
总计 4640
drwxr-xr-x  2 root   root      4096 2015-06-25 1111
-rw-r--r--  1 root   root         0 2015-06-25 11.c
-rwxr-xr-x  1 root   root       784 2016-04-08 18b20test1.c
-rw-r--r--  1 root   root         0 2015-06-25 22.c
-rw-r--r--  1 root   root         0 2015-06-25 33.c
-rw-r--r--  1 root   root         0 2016-04-29 a
-rw-r--r--  1 root   root        13 11-29 09:08 a.c
-rwxr-xr-x  1 root   root      5444 2016-04-29 a.out
-rw-r--r--  1 root   root         0 2015-06-25 argc=2
-rw-r--r--  1 root   root         0 2015-06-25 argv[0]=touch
-rw-r--r--  1 root   root         0 2015-06-25 argv[1]=11.c
-rw-r--r--  1 root   root         0 2016-04-29 b
-rw-r--r--  1 root   root         0 11-29 09:08 b.c.
-rw-r--r--  1 root   root         0 2015-06-24 c.c
-rw-r--r--  1 root   root         0 11-29 09:08 c.d
-rwxr-xr-x  1 root   root     80838 2015-06-24 checkpatch.pl
drwxr-xr-x  3 root   root      4096 06-22 13:27 core
-rwxr--r--  1 root   root       284 2015-06-25 counter
-rw-r--r--  1 root   root         0 2015-06-24 d.c
-rw-r--r--  1 root   root         0 11-29 09:08 d1d1d
-rwxr-xr-x  1 root   root      5792 2016-04-08 ds18b201.c
```

图 5-1 文件目录

图 5-1 的前 2 行为

```
drwxr-xr-x   2 root    root       4096 2015-06-25 1111
-rw-r--r--   1 root    root          0 2015-06-25 11.c
```

1．drwxr-xr-x

drwxr-xr-x 代表的是文件类型和文件权限。常用的文件类型有：

（1）-：普通文件，存各种数据。

（2）d：目录文件，存结构体，结构体内部标识这个目录中的文件名称等信息。

（3）l：链接文件，需要注意的是，软链接才是文件，而硬链接仅仅是一节点。

（4）c：字符设备，除了块设备都是字符设备，没有扇区的概念。

（5）b：块设备，所有存储类的驱动都称为块设备，包含扇区处理。

（6）p：管道设备，是用内核内存模拟的通道。

从上述说明可以看出，例子中的文件是一个目录文件，原因是第一个符号代表文件类型，d 代表此文件是一个目录文件。

2．文件权限

文件权限有：

（1）r 为读，二进制权重为 100，即 4。

（2）w 为写，二进制权重为 010，即 2。

（3）x 为执行，二进制权重为 001，即 1。

（4）-为无操作，二进制权重为 0。

（5）rwx 的顺序不可改，表示可读可写可执行。

（6）-wx 表示不能读，可写可执行。

上述就是文件权限的表示方法，文件权限是用八进制来表达的，如果一个文件有全部的权限，那么对应八进制里的数是 7（4+2+1）。同时读者会发现有多组 rwx，它所表达的不仅仅是它自身的权限。这里涉及一个分组的概念。

（1）u 组：创建者（user）；

（2）g 组：创建者所在组的成员（group）；

（3）o 组：其他人所具备的权限（other）。

也就是说，例子中的三组 rwx 都是依照上述顺序来说明权限的。例子里的文件权限就是：创建者可读可写可执行，所在组的成员可读可执行，其他成员可读不可写不可执行。

3．2

图中文件类型和权限之后是数字 2，这个 2 表示的是文件节点数，也就是说，此文件是一个目录文件。所以，目录的节点数代表该目录下的文件个数，在这里应该是有两个文件。如果此文件不是目录，只是普通文件，那么这个数字就代表硬链接的个数。关于链接的几点说明如下：

（1）链接分为硬链接和软链接（符号链接，即快捷方式）。

（2）硬链接，只是增加一个引用计数，本质上并没有物理上的增加文件。硬链接不是文件。

（3）符号链接，是在磁盘上产生一个文件，这个文件内部写入了一个指向被链接的文件的指针。

（4）采用 ln 指令，用来在文件之间创建链接，默认为创建硬链接（目录不能创建硬链接），使用选项-s 创建符号链接。硬链接指向文件本身，符号链接指向文件名称。

（5）Linux 里寻找文件的顺序是，根据文件名，找到 inode 编号，根据编号找到 inode 块，然后根据 inode 块中的属性信息找到数据块（即文件内容）。

（6）符号链接、硬链接、Windows 快捷方式都具有指向功能；但它们的区别也很明显：Windows 快捷方式指向文件的位置，符号链接是一种文件，创建链接时，系统会为符号链接重新分配一个 inode（节点）编号，但硬链接根本不是一种文件，只是一种指向。

（7）创建硬链接只是增加一个引用计数，硬链接和它的源文件共享一个 inode。

例如：

```
ln file0 file1                //为文件 file0 创建硬链接 file1
ln -s file1 file2             //为文件 file2 创建软链接,其中 file1 为刚创建的硬链接(即 file0 本身)
```

4. 目录文件

工作目录是进入系统后所在的当前目录。“.”表示当前目录（工作目录），“..”表示上一级目录（父目录）。

用户目录是每创建一个用户时，就会分配的一个目录，用户名对应的目录就是用户目录，每个用户都有一个自己的主目录，主目录用“~”表示。

路径是从树形目录的某个目录层次到某个文件的一种通路。例如：

```
../../mnt/hgfs/project/linux
```

路径分为 2 种：

（1）相对路径：在工作目录下找到的一个文件路径（通路），随工作目录变化而变化。

（2）绝对路径：从根目录/开始，只有一条路径。

目录是一种特殊的文件，在该文件中存放了多个结构体数据，用来代表目录内的子目录、文件等信息。其结构如下：

```
struct direct{
    ino_t   d_ino;                          //目录文件的节点编号
    off_t   d_off;                          //目录文件开始到目录进入点的位移
    unsigned short d_reclen;                //d_name 的长度(字符串长)
    unsigned char   d_type;                 //d_name 的类型
    char    d_name[256];                    //文件或目录名
};
```

在前面的学习中介绍过，C 语言本身有自己的函数库，如果需要实现某个功能，包含头文件后直接调用就好。那么在操作系统中，依然会给用户提供一些功能接口 API。用户要实现某些功能必须要依赖这些 API 以及一些机制。

5.2 目录操作

1. 创建目录

表头文件

```
#include <sys/stat.h>
```

定义函数

```
int mkdir(const char *path, mode_t mode);
```

函数说明

path：目录名

mode：模式，即访问权限，包含如下选项：

（1）S_IRUSR：属主读权限；

（2）S_IWUSR：属主写权限；

（3）S_IXUSR：属主执行权限；

（4）S_IRGRP：属组读权限；

（5）S_IWGRP：属组写权限；

（6）S_IXGRP：属组执行权限；

（7）S_IROTH：其他用户读权限；

（8）S_IWOTH：其他用户写权限；

（9）S_IXOTH：其他用户执行权限。

可以使用 S_IRUSR | S_IWUSR 组合权限。可以直接使用数字，例如八进制数 0777、0666 等。例如：

```
int err=mkdir("./aaa",0777);     //在当前目录下创建一个 aaa 目录
```

返回值 返回 0 表示成功；返回-1 表示失败，如果创建成功，则在创建的目录自动创建两个子目录“.”和“..”。

示例 5.2-1 创建目录。

```
#include <stdio.h>
#include <sys/stat.h>
#include <errno.h>                          //系统错误
int main(int argc,char **argv){
      int err=mkdir(argv[1],0666);          //0666
      if(err==-1){
            printf("----- mkdir err no=%d,str=%s\n",errno,strerror(errno));
           //errno 错误编号,是系统全局,运行函数时,系统将运行的错误号写入 errno 中
           //strerror()将错误号对应的说明取出
      }
      return 0;
}
```

运行结果如下：

```
[root@localhost chapter4]# ls
mkdir1.c
[root@localhost chapter4]# gcc mkdir1.c -o mkdir1
[root@localhost chapter4]# ./mkdir1 newdir
[root@localhost chapter4]# ls
mkdir1    mkdir1.c    newdir
[root@localhost chapter4]#
```

文件或目录创建后，查看权限可能不是自己通过函数设定的权限。原因是文件或目录的权限不能超过系统设定的最大权限。对于文件和目录创建之后的 file mode 权限，按照如下方法计算：

文件创建权限为

```
PERM_MAX_FILE & (mode)
```

目录创建权限为

```
PERM_MAX_DIR & (mode)
```

其中，mode 就是创建文件或目录时输入的参数。

而最大权限的计算方法如下：

```
PERM_MAX_FILE = 0666 & ~(umask) //umask 是权限掩码,为系统内建 umask 的设定值
PERM_MAX_DIR = 0777 & ~(umask)
```

例如：

```
umask 0022
PERM_MAX_FILE = 0666 & ~(umask)   = 0644
PERM_MAX_DIR = 0777 & ~(umask) = 0755
```

所以在创建文件时，指定的权限不能超过 MAX。

2．删除目录

```
int rmdir(const char *path);
```

说明：只能删除空目录。

3．获取当前目录及执行目录

（1）获取当前目录，即执行程序时所在的目录。

表头文件

```
#include <unistd.h>
```

定义函数

```
char *getcwd(char *buf,size_t size);
```

函数说明

buf：保存当前目录的内存地址。

size：为内存的大小。

返回值　成功则返回获取的目录，失败则返回 NULL。

示例 5.2-2　获取当前目录。

```
#include <unistd.h>
#include <stdio.h>
#include <errno.h>
#include <string.h>
int main(int argc,char **argv){
        char dir[256];
```

```
        getcwd(dir,256);
        printf("---- %s\n",dir);
        return 0;
    }
```

运行结果如下：

```
[root@bogon chapter4]# gcc example3.c   -o example3
[root@bogon chapter4]# ./example3
---- /home/chapter4
[root@bogon chapter4]#
```

（2）获取程序运行路径，即应用程序存放的位置。

表头文件

```
#include <unistd.h>
```

定义函数

```
int   readlink(const   char *path,   char *buf, size_t   bufsiz);
```

函数说明

path：符号链接，在 Linux 内执行程序都用"/proc/self/exe"符号链接。

buf：用来写入正在执行的文件名（包含绝对路径）的内存。

bufsiz：指明 buf 的大小。

返回值　返回实际文件名的长度，返回-1 表示失败。

示例 5.2-3　获取当前文件或者目录的路径。

```
#include <unistd.h>
#include <stdio.h>
#include <errno.h>
#include <string.h>
int main(int argc,char **argv){
//获取程序目录,执行时在其他目录执行
        char dir[256]={0};
        int err=readlink("/proc/self/exe",dir,256);
        if (err==-1) return -1;
        int i;
        for(i=strlen(dir)-1;i>=0 && dir[i]！ ='/';i--);
        dir[i]=0;
        //打开程序所在目录中的文件
        char filename[256];
        sprintf(filename,"%s/%s",dir,argv[1]);
        printf("---- %s\n",filename);
        FILE *fp=fopen(filename,"r");
        if (fp==NUL=){
            printf("---- %s\n",strerror(errno));
        }
        return 0;
    }
```

运行结果如下：

```
[root@bogon chapter4]# gcc example2.c   -o example2
[root@bogon chapter4]# ./example2   newdir
---- /home/chapter4/newdir
[root@bogon chapter4]#
```

4．获取目录或文件的状态

表头文件

```
#include <sys/types.h>
#include <sys/stat.h>
```

定义函数

（1）读取指定文件或目录的状态信息。

```
int stat(const char *path, struct stat *buf);
```

（2）读取已打开的文件状态信息。

```
int fstat(int filedes, struct stat *buf);
```

函数说明

path：路径或文件名。

filedes：已打开文件或目录的句柄。

buf：是 struct stat 结构的指针，其结构格式如下：

```
struct stat{
    unsigned short st_mode;          //文件保护模式(即文件类型)
    unsigned short st_nlink;         //硬链接引用数
    unsigned short st_uid;           //文件的用户标识
    unsigned short st_gid;           //文件的组标识
    unsigned long   st_size;         //文件大小
    unsigned long   st_atime;        //文件最后的访问时间
    unsigned long   st_atime_nsec;   //文件最后的访问时间的秒数的小数
    unsigned long   st_mtime;        //文件最后的修改时间
    unsigned long   st_mtime_nsec;
    unsigned long   st_ctime;        //文件最后状态的改变时间
    unsigned long   st_ctime_nsec;
              ...
      };
```

返回值　返回获取文件状态的信息。

（3）判断文件类型及访问权限。

方法一：在 struct stat 结构中，由 st_mode 字段记录了文件类型及访问权限，操作系统提供了一系列的宏来判断文件类型。如下：

```
S_ISREG(mode)          //判断是否为普通文件
S_ISDIR(mode)          //判断是否为目录文件
S_ISCHR(mode)          //判断是否为字符设备文件
S_ISBLK(mode)          //判断是否为块设备文件
```

```
S_ISFIFO(mode)          //判断是否为管道设备文件
S_ISLNK(mode)           //判断是否为符号链接
```

示例 5.2-4

```
#include <unistd.h>
#include <stdio.h>
#include <errno.h>
#include <string.h>
#include <sys/types.h>
#include <sys/stat.h>
int main(int argc,char **argv){
        struct stat st;
        int err= stat(argv[1],&st);
        if (err==-1) return -1;
        if (S_ISDIR(st.st_mode)) printf("isdir\n");
        else if (S_ISREG(st.st_mode)) printf("file\n");
}
```

运行结果如下：

```
[root@bogon chapter4]# gcc example4.c -o example4
[root@bogon chapter4]# ./example4
[root@bogon chapter4]# ./example4 newdir/
isdir
[root@bogon chapter4]# ./example4 example3.c
file
[root@bogon chapter4]#
```

方法二：也可以直接读取 st_mode 内的数据，不过 st_mode 内的数据是组合而成的数据，包括很多信息，需要进行“与”运算才能取出这个字段中的数据。st_mode 是用特征位来表示文件类型的，特征位的定义如下：

S_IFMT	0170000	文件类型的位遮罩
S_IFSOCK	0140000	socket
S_IFLNK	0120000	符号链接（symbolic link）
S_IFREG	0100000	一般文件
S_IFBLK	0060000	区块装置（block device）
S_IFDIR	0040000	目录
S_IFCHR	0020000	字符装置（character device）
S_IFIFO	0010000	先进先出（FIFO）
S_ISUID	0004000	文件的 set user-id on execution 位
S_ISGID	0002000	文件的 set group-id on execution 位
S_ISVTX	0001000	文件的 sticky 位
S_IRWXU	00700	文件所有者的遮罩值（即所有权限值）
S_IRUSR	00400	文件所有者具有可读取权限
S_IWUSR	00200	文件所有者具有可写入权限
S_IXUSR	00100	文件所有者具有可执行权限

S_IRWXG	00070	用户组的遮罩值（即所有权限值）
S_IRGRP	00040	用户组具有可读取权限
S_IWGRP	00020	用户组具有可写入权限
S_IXGRP	00010	用户组具有可执行权限
S_IRWXO	00007	其他用户的遮罩值（即所有权限值）
S_IROTH	00004	其他用户具有可读取权限
S_IWOTH	00002	其他用户具有可写入权限
S_IXOTH	00001	其他用户具有可执行权限

示例 5.2-5

```
#include <unistd.h>
#include <stdio.h>
#include <errno.h>
#include <string.h>
#include <sys/types.h>
#include <sys/stat.h>
int main(int argc,char **argv){
        struct stat st;
        int err= stat(argv[1],&st);
           if (err==-1) return -1;
                        if (st.st_mode & S_IFREG) printf("file\n");
                        else if (st.st_mode & S_IFDIR) printf("isdir\n");
           }
```

运行结果：

```
[root@bogon chapter4]# gcc example5.c -o example5
[root@bogon chapter4]# ./example5 newdir/
isdir
[root@bogon chapter4]# ./example5 example4.c
file
[root@bogon chapter4]#
```

5．目录的读写操作（标准 C 语言内的函数）

表头文件

```
#include <sys/types.h>              //对外提供的各种数据类型,例如 size_t
#include <sys/stat.h>               //对外提供的各种结构类型,例如 time_t
typedef int ino_t;
struct direct{
          ino_t   d_ino;            //目录文件的节点编号
          off_t   d_off;            //目录文件开始到目录进入点的位移
          unsigned short d_reclen;  //d_name 的长度(字符串长)
          unsigned char   d_type;   //d_name 的类型
          char     d_name[256];     //文件或目录名
    };
    #include <stdio.h>
```

定义函数

（1）打开目录。

```
DIR *opendir(const char *path);
```

参数　path 为目录名。

返回值　返回 DIR 类型指针(文件为 FILE *)。

（2）关闭已打开的目录。

```
int closedir(DIR *dp);
```

（3）读取目录。

```
struct direct *readdir(DIR *dp);
```

参数　dp 为目录句柄，返回值是 opendir。

返回值　返回目录结构地址，该结构内存储指定目录下的文件信息，每读取一次则读取一个节点。目录文件本身是只读的，不可以写，如果创建目录，则用 mkdir 函数，删除目录用 rmdir 函数。

示例 5.2-6　打印目录下的所有文件及目录。

```
#include <unistd.h>
#include <stdio.h>
#include <dirent.h>
#include <string.h>
#include <sys/stat.h>
#include <stdlib.h>
void printdir(char *dir, int depth)
{
        DIR *dp;
        struct dirent *entry;
        struct stat statbuf;
        if ((dp = opendir(dir)) == NULL) {
        fprintf(stderr, "Can`t open directory %s\n", dir);
        return ;
        }
        chdir(dir);
        while ((entry = readdir(dp)) != NULL) {
        lstat(entry->d_name, &statbuf);
        if (S_ISDIR(statbuf.st_mode)) {
           if (strcmp(entry->d_name, ".") == 0 ||
             strcmp(entry->d_name, "..") == 0 )
             continue;
           printf("%*s%s/\n", depth, "", entry->d_name);
           printdir(entry->d_name, depth+4);
        } else
           printf("%*s%s\n", depth, "", entry->d_name);
        }
        chdir("..");
        closedir(dp);
```

```
}
int main(int argc, char *argv[])
{
        char *topdir = ".";
        if (argc >= 2)
        topdir = argv[1];
        printf("Directory scan of %s\n", topdir);
        printdir(topdir, 0);
        printf("done.\n");
        exit(0);
}
```

运行结果如下:

```
[root@bogon chapter4]# gcc example6.c -o example6
[root@bogon chapter4]# ./example6
Directory scan of .
example2
example4.c
example2.c
example3.c
newdir/
example3
example5.c
example4
example6.c
example1.c
mkdir1
a.out
example5
example6
done.
```

5.3 文件操作

5.3.1 基本概念

1．流

流指数据的永久性存储，主要指数据以文件为单位存储在磁盘上。Linux 以字节为单位操作数据，所有的数据都是 0 或 1 的序列，如果需要让人读懂的数据，则以字符的方式显示出来，这就是所谓的文本文件。

而数据不是存在磁盘上后就永远不动，往往要被读入到内存、传送到外部设备或搬移到其他位置，所以数据不断地在流动。然而不同设备之间的连接方法差异很大，数据读取和写入的方式也不相同，所以 Linux 定义了流（stream），建立了一个统一的接口，无论数据是从内存到外设，还是从内存到文件，都使用同一个数据输入输出接口。

2．文件流和标准流

文件操作有两种方法：原始文件 I/O 和标准 I/O。

1）标准 I/O

标准 I/O 是标准 C 的输入输出库，fopen、fread、fwrite、fclose 都是标准 C 的输入输出函数。标准 I/O 都使用 FILE * 流对象指针作为操作文件的唯一识别，所以标准 I/O 是针对流对象的操作，是带缓存（内存）机制的输入输出。标准 I/O 又提供了 3 种不同方式的缓冲：

（1）全缓冲。即缓冲区被写满或是调用 fflush 后，数据才会被写入磁盘。

（2）行缓冲。即缓冲区被写满或是遇到换行符时，才会进行实际的 I/O 操作。当流涉及一个终端时（标准输入和标准输出），通常使用行缓冲。

（3）不缓冲。标准 I/O 库不对字符进行缓存处理。标准出错流 stderr 往往是不带缓存的，使得出错信息可以尽快显示出来。

2）原始 I/O

原始 I/O 又称文件 I/O，是 Linux 操作系统提供的 API，称为系统调用，是针对描述符（即一个编号）操作的，是无缓存机制。

3）文件描述符

创建一个新的文件或打开已有文件时，内核向进程返回一个非负整数（即编号），用来识别操作的是哪一个文件。对于 Linux 而言，所有打开的文件都是通过文件描述符引用的，在操作系统内部有一个宏定义了描述符的最大取值 OPENMAX，不同版本的 Linux 的取值不同。

Linux 编程使用的 open、close、read、write 等文件 I/O 函数属于系统调用的，其实现方式是用了 fctrl、ioctrl 等一些底层操作的函数。而标准 I/O 库中提供的是 fopen、fclose、fread、fwrite 等面向流对象的 I/O 函数，这些函数在实现时本身就要调用 Linux 的文件 I/O。在应用上，文件读写时二者并没区别，但是一些特殊文件，例如管道等只能使用文件 I/O 操作。

3．标准输入、标准输出和标准错误

当 Linux 执行一个程序时，会自动打开三个流：标准输入（standard input）、标准输出（standard output）和标准错误（standard error）。命令行的标准输入连接到键盘，标准输出和标准错误都连接到屏幕。对于一个程序来说，尽管它总会打开这三个流，但它会根据需要使用，并不是一定要使用。系统默认打开的三个文件描述符（为进程预定义的三个流）如下：

```
STDOUT_FILENO   0 标准输入,用于从键盘获取数据
STDIN_FILENO    1 标准输出,用于向屏幕输出数据
STDERR_FILENO   2 标准错误,用于获取错误信息
```

例如，使用标准输入输出：

```
char buf[256]="akjfkaskfdasdf";
read(STDIN_FILENO,buf,256);                //相当于 scanf
write(STDOUT_FILENO,buf,strlen(buf));      //相当于 printf
```

4．常用设备

/dev/null　空设备，用来丢弃数据。

/dev/port　存取 I/O 的端口设备。

/dev/ttyN　N（0...）　字符终端设备。

/dev/sdaN　N（1...）　SCSI 磁盘设备。

/dev/scdN　N（1...）　SCSI 光驱设备。

/dev/fbN　N（0...）　帧缓冲设备（frame buffer），用于屏幕输出，多媒体操作必须使用这个设备。

/dev/mixer 混音器设备，用于调整音量的大小、各种音频的叠加，多媒体操作经常使用。

/dev/dsp 声卡数字采样和数字录音设备，用于播放声音和录音，多媒体操作必须使用。

/dev/audio 声卡音频设备，用于播放声音和录音，支持 sun 音频，较少使用。

/dev/video 视频设备，用于摄像头的视频采样（录像、照相）。

5．常用的头文件

```
#include <sys/types.h>          //操作系统对外供的各种数据类型的定义,例如 size_t
#include <sys/stat.h>           //操作系统对外提供的各种结构类型的定义,例如 time_t
#include <sys/ioctl.h>          //设备的控制函数定义
#include <sys/soundcard.h>      //声卡的结构及定义
#include <errno.h>              //对外提供的各种错误号的定义,用数字代表错误类型
#include <fcntl.h>              //文件控制的函数定义
#include <termios.h>            //串口的结构和定义
#include <unistd.h>             //C++标准库头文件
#include <sys/types.h>          //文件及设备操作函数
#include <sys/stat.h>           //文件及设备操作函数
#include <fcntl.h>              //文件及设备操作函数
```

5.3.2 检查文件及确定文件的权限

```
#include <unistd.h>
int access(const char *pathname, int mode);
```

参数　pathname 包含路径的文件名。

mode 为模式，有 5 种模式：

（1）0，检查文件是否存在；

（2）1，检查文件是否可执行 x；

（3）2，检查文件是否可写 w；

（4）4，检查文件是否可读 r；

（5）6，检查文件是否可读写 w+r。

返回值　0 为真，非零为假，无论是否为真，这个函数都会向标准错误发送信号，指明执行情况。

Linux 错误处理采用一个全局变量 errno，用来存储函数执行后的错误编码。每个错误编码都对应了一个解释，即错误提示内容。获取错误提示使用如下函数：

```
#include <errno.h>
char *strerror(int errno);              //根据错误号获取字符串
//errno 为 0 时代表成功,为非零时代表错误,由 strerror 获取提示
```

示例 5.3.2-1 判断文件是否存在。

```
//直接打开不存在的文件,看错误提示
#include <stdlib.h>
#include <stdio.h>
#include <string.h>
#include <unistd.h>
#include <errno.h>
        int main(int argc,char *argv[])
{
        FILE *fp=fopen(argv[1],"r");
printf("errno =%d,str=%s\n",errno,strerror(errno));
       //判断文件是否存在,然后决定是否打开文件,同时看错误提示
       int err=access(argv[1],0);
       printf("err=%d,errstr=%s\n",errno,strerror(errno));
       if (err==0){ //打开文件操作
                   }
       else {//创建文件操作
                   }
       }
```

将该代码文件命名为 Example5.3.2-1，编译，运行结果如下：

```
[root@bogon chapter5]# ./Example5.3.2-1 example1.c
errno =0,str=Success
err=0,errstr=Success
```

5.3.3 创建文件

```
int creat(const char *pathname, mode_t mode);
```

参数 pathname 包含路径的文件名。
mode 为模式，即访问权限，包含如下选项：
（1）S_IRUSR，属主读权限；
（2）S_IWUSR，属主写权限；
（3）S_IXUSR，属主执行权限。
返回值 成功时返回文件描述符，失败时返回-1。
示例 5.3.3-1 创建文件。

```
#include <stdio.h>
#include <fcntl.h>
#include <errno.h>
int main(int argc,char **argv){
      int fd=-1;
      fd=creat(argv[1],00777);
      if (fd<0){
            printf("errno： %s\n",strerror(errno));
      }
```

```
        else {
                printf("ok :   %d\n",fd);
                close(fd);
        }
        return 0;
}
```

将该代码文件命名为 Example5.3.3-1，编译并运行后，当前目录多了一个 hello.c 的文件。

```
[root@bogon chapter5]# ./Example5.3.3-1 hello.c
ok : 3
```

5.3.4 打开文件

```
int open(const char *pathname, int flags);
int open(const char *pathname, int flags, mode_t mode);
```

参数 pathname 包含路径的文件名。

flags 表示文件打开方式，有如下选项：

（1）O_RDONLY，只读方式打开文件；

（2）O_WRONLY，只写方式打开文件；

（3）O_RDWR，读写方式打开文件；

（4）O_APPEND，追加模式打开文件，在写以前，文件读写指针被置于文件的末尾；

（5）O_CREAT，创建文件，若文件不存在将创建一个新文件；

（6）O_EXCL，如果通过 O_CREAT 打开文件，若文件已存在，则 open 调用失败，用于防止重复创建文件；

（7）O_TRUNC，如果文件已存在，且又是以写方式打开，则将文件清空。使用 O_CREAT 和 O_TRUNC 时，如果对设备操作，报错，且防止对设备进行创建；

（8）O_SYNC，实现 I/O 的同步，任何通过文件描述符对文件的写操作都会使调用的进程中断，直到数据被真正写入硬件中；

（9）O_NONBLOCK，非阻塞模式（非块方式)打开，当打开文件不满足于条件时，则一直等待，函数不能马上返回，直到满足条件时才打开结束。

注：以上所有选项可以组合使用。

（1）O_CREAT|O_RDWR，如果文件不存在，则创建，否则以读写方式打开文件；

（2）O_CREAT|O_EXCL，如果文件已存在，则调用失败，用来实现互斥；

（3）O_RDONLY、O_WRONLY、O_RDWR 只能选择一个；

（4）O_CREAT | O_WRONLY|O_TRUNC 组合，则与 creat 函数等价。

---

mode 模式，即访问权限，包含如下选项：

（1）S_IRUSR，属主读权限；

（2）S_IWUSR，属主写权限；

（3）S_IXUSR，属主执行权限。

返回值　返回 0 表示正确，返回非零时表示失败。

示例 5.3.4-1　打开文件。

```
#include <stdlib.h>
#include <stdio.h>
#include <string.h>
#include <unistd.h>
#include <errno.h>
#include <fcntl.h>
int main(int argc,char *argv[])
{
int fd;
        int err=access(argv[1],0);
        printf("err=%d,errstr=%s\n",errno,strerror(errno));
        if (err==0){
                //打开文件操作
                fd=open(argv[1],O_RDWR|O_SYNC, 0666);
        }
        else {
                //创建文件操作
                fd=creat(argv[1],0666);
        }
        if (fd==-1) {
             printf("open or creat    err \n");
             return 0;
        }
}
```

将代码文件命名为 Example5.3.4-1，编译，运行结果如下：

```
[root@bogon chapter5]# ./ Example5.3.4-1    example1.c
err=0,errstr=Success
```

5.3.5　关闭文件

```
void close(int filedes);
```

参数　filedes 为文件描述符。

示例 5.3.5-1　当文件存在时，读取数据，否则创建文件并写入数据。

```
#include<stdlib.h>
#include <stdio.h>
#include <string.h>
#include <unistd.h>
#include <errno.h>
#include <fcntl.h>
int main(int argc,char **argv)
        {
             int fd,err=access(argv[1],0);
```

```
    if (!err){
            fd=open(argv[1],O_RDONLY);
            char buf[4096];
            int size=read(fd,buf,200);
            printf("--fd=%d,size=%d,buf=%s\n",fd,size,buf);
            close(fd);
                }
        else {
            fd=creat(argv[1],0777);
            char buf[256];
            scanf("%s",buf);
            int size=write(fd,buf,strlen(buf));
            close(fd);
                    }
    }
```

将该代码文件命名为 Example5.3.5-1，编译运行后，example1.c 文件被关闭，同时 example1.c 的内容也显示出来，运行结果的后 6 行为 example1.c 的内容。

```
[root@bogon chapter5]# ./ Example5.3.5-1      example1.c
--fd=3,size=200,buf=#include <stdio.h>
#include <errno.h>
int main(int argc,char **argv){
    int err=mkdir(argv[1],0666); //0666
    if (err==-1){
        printf("----- mkdir err no=%d,str=%s\n",errno,st
```

5.3.6 删除文件

```
int unlink(const char *pathname);
```

参数 pathname 为硬链接的各种名。

本质是解决硬链接，也就是删除节点数。

说明：只是将文件的引用计数减 1，如果引用计数为 0，则删除物理文件。

示例 5.3.6-1 实现 rm -rf 名。

要点解析：删除函数时，要判断是否是目录，如果是目录则排除 .和..，并递归调函数，然后删目录；否则删文件。

```
#include <stdio.h>
#include <stdlib.h>
#include <string.h>
#include <fcntl.h>
#include <errno.h>
#include <sys/stat.h>
#include <sys/types.h>
#include <dirent.h>
int i,isr=0,isf=0,isv=0;
void startdel(char *name,int isv)
    {
```

```
    struct stat st;
    stat(name,&st);
    if (S_ISDIR(st.st_mode))
      { //如果是目录，则递归调用
      DIR *fp=opendir(name);
      if (fp!=NULL)
         {
         struct dirent* p;
         char filename[256];
         while((p=readdir(fp))!=NULL)
           {
           if (strcmp(p->d_name,".")==0||strcmp(p->d_name,"..")==0)
           continue;
           sprintf(filename,"%s/%s",name,p->d_name);
           startdel(filename,isv);
           }
         }
      closedir(fp);
      rmdir(name); //删目录
      }
    else
      unlink(name); //删文件
      if (isv) printf("del %s\n",name);
    }
    char *isenbledel(char *name){
    static char filename[256];
    memset(filename,0,256);
    //--判断文件名是否完整，如果不完整，则补全
    if (name==NULL || strcmp(name,"")==0)
      return NULL;
    else if (name[0]!='.')
         sprintf(filename,"./%s",name);
    else if (name[1]!='/')
         {
         if (name[2]=='/')
           sprintf(filename,"%s",name);
         else
           sprintf(filename,"./%s",name);
         }
    else
      sprintf(filename,"%s",name);
    return filename;
}
int main(int argc,char **argv)
    {
    char **ls=NULL;
    for(i=1;i<argc;i++)
      {
         if (argv[i][0]=='-')
           {
           isf=strstr(argv[i],"f")?1：0;
```

```
                isr=strstr(argv[i],"r")?1：0;
                isv=strstr(argv[i],"v")?1：0;
                }
            else
                {
                ls=&argv[i];
                break;
                }
        }
    i=0;
    char cmd[256];
    while(ls[i]!=NULL)
        {
            char *pathname=isenbledel(ls[i++]);
            if (pathname==NULL)
                continue;
            if (isf==0)
                {
                printf("delete no[yes]\n");
                scanf("%s",cmd);
            if (strcmp(cmd,"yes")!=0)
                continue;
                }
            if (isr==0)
                {
                struct stat st;
                stat(pathname,&st);
                if (S_ISDIR(st.st_mode))
                    {
                    printf("dir isn't deleted\n");
                    continue;
                    }
                }
        startdel(pathname,isv);
        }
    }
```

将该代码文件命名为Example5.3.6-1，编译运行后，删除hello.c文件，提示用户是否删除，输入yes，则该文件被删除。

```
[root@bogon chapter5]# ./Example5.3.6-1    hello.c
delete no[yes]
yes
```

5.3.7 文件指针移动

当文件读写数据时，文件指针会自动移动，也可以通过函数来改变文件指针位置，函数如下：

```
off_t lseek(int filedes,off_t offset,int whence);
```

参数 filedes 为描述符。

offset 为偏移量。

whence 表示从哪里开始，有 3 种选项：

（1）SEEK_SET 0，从头开始；

（2）SEEK_CUR 1，当前位置；

（3）SEEK_END 2，从尾开始。

返回值 是移动后当前所在位置，即字节数。

示例 5.3.7-1 用如下两种方法读取 wav 文件头：

（1）结构体方法；

（2）文件指针移动法。

```
struct WAV{
    char riff[4];               //RIFF
    long len;                   //文件大小
    char type[4];               //WAVE
    char fmt[4];                //fmt
    char tmp[4];                //空出的
    short pcm;
    short channel;              //声道数
    long sample;                //采样率
    long rate;                  //传送速率
    short framesize;            //调整数
    short bit;                  //样本位数
    char data[4];               //数据
    long dblen;                 //len-sizeof(struct WAV);
};
```

几个基本概念如下所述：

（1）采样：获取音频数据；

（2）采样样本：一帧数据；

（3）采样率：每秒的帧数；

（4）格式：采样位数，即每一帧每一声道所占的内存空间；

（5）声道：双声道、单声道；

（6）t 秒内的字节数：①字节数=t * sample * bit *channel /8；②t=字节数/（sample * bit *channel /8）；③传送速率= sample * bit *channel /8，即一秒中的字节数；④调整数=channel*bit /8，即一帧的字节数。

方法一：

```
#include <unistd.h>
#include <fcntl.h>
#include <errno.h>
#include <sys/types.h>
#include <sys/stat.h>
#include <sys/ioctl.h>
```

```
#include <stdlib.h>
#include <stdio.h>
#include <string.h>
#include <linux/soundcard.h>
#include <alsa/asoundlib.h>
typedef struct WAV{
        char riff[4];              //RIFF
        long len;                  //文件大小
        char type[4];              //WAVE
        char fmt[4];
        char tmp[4];
        short pcm;
        short channel;             //声道数
        long sample;               //采样率
        long rate;                 //传送速率
        short framesize;           //调整数
        short bit;                 //样本位数
        char data[4];
        long dblen;                //len-sizeof(struct WAV);
    }wav_t;
int main(int argc,char **argv){
        //打开文件
        int fd=open(argv[1],O_RDONLY);
        if (fd==-1){
            printf("----- open err=%s\n",strerror(errno));
            return -1;
        }
        //wav_t *p=(wav_t*)malloc(sizeof(wav_t));
        //wav_t a,*p=&a;
        char buf[4096];
        wav_t *p=(wav_t*)buf;
        int size=read(fd,p,sizeof(wav_t));
        close(fd);
        printf("---%s,%d,%d,%d\n",p->type,p->channel,p->sample,p->bit);
        printf("---%d,%d\n",p->len,p->dblen);
    }
```

运行该程序，获取了 audio1.wav 文件数据，具体操作结果如下：

```
[root@bogon chapter5]# ./ Example5.3.7-1    audio1.wav
---WAVEfmt ,2,44100,8
---6303174,291939
```

方法二：

```
#include <unistd.h>
#include <fcntl.h>
#include <errno.h>
#include <sys/types.h>
#include <sys/stat.h>
#include <sys/ioctl.h>
#include <stdlib.h>
```

```
#include <stdio.h>
#include <string.h>
#include <linux/soundcard.h>
#include <alsa/asoundlib.h>

int main(int argc,char **argv){
        //打开文件
        int fd=open(argv[1],O_RDONLY);
        if (fd==-1){
            printf("----- open err=%s\n",strerror(errno));
            return -1;
        }
        char type[5]={0};
        short channel;
        short bit;
        int sample;
        lseek(fd,0x08,0);
        read(fd,type,4);
        lseek(fd,0x16,0);
        read(fd,&channel,2);
        read(fd,&sample,4);
        lseek(fd,0x22,0);
        read(fd,&bit,2);
        close(fd);
        printf("--- %s,%d,%d,%d\n",type,channel,sample,bit);
    }
```

运行该程序，获取了 audio1.wav 文件数据，具体操作结果如下：

```
[root@bogon chapter5]# ./ Example5.3.7-1audio1.wav
--- WAVE,2,44100,8
```

5.3.8 其他常用函数

1. 更改系统掩码函数

```
mode_t umask(mode_t mask);
```

2. 修改文件权限函数

```
int chmod(const char *path, mode_t mode);           //修改没被打开的文件或目录权限
int fchmod(int fildes, mode_t mode);                //修改已打开的文件权限
```

3. 截断函数

修改文件长度以及 length 长度，如果变长，则自动补 0。

```
int truncate(const char *path, off_t length);
int ftruncate(int fd, off_t length);
```

4. 创建硬链接

增加节点，对应的是 unlink。

```
int link(const char *oldpath, const char *newpath);
```

5．删除、移除文件或空目录

rmdir 函数用于删空目录，unlink 函数用于删文件。

```
int remove(const char *pathname);
```

6．重命名函数

```
int rename(const    char    *oldpath,    const char *new-path);
```

示例 5.3.8-1 读取文件内的字符串并排序，将排好序的字符串写回到文件。

```
#include <stdio.h>
#include <stdlib.h>
#include <string.h>
#include <fcntl.h>
#include <errno.h>
#include <sys/stat.h>
#include <sys/types.h>
int main(int argc,char **argv){
    if(access(argv[1],0)) {
        printf("------ err=%d,errstr=%s\n",errno,strerror(errno));
        return -1;
    }
    int fd=open(argv[1],O_RDWR);
    if (fd<0){
        printf("errno= %s\n",strerror(errno));
        return -1;
    }
    struct stat st;
    stat(argv[1],&st);
    int size=st.st_size;
    //--------------------------
    char *buf=(char *)malloc(size+1);
    bzero(buf,size+1);
    size=read(fd,buf,size);
    //--------------------------
    int i,j;
char tmp;
    for(i=0;i<size;i++){
      for(j=i;j<size;j++){
        if (buf[i] >buf[j]){
          tmp=buf[i];
          buf[i]=buf[j];
          buf[j]=tmp;
        }
      }
    }
    //--------------------------
    size=write(fd,buf,size);
    close(fd);
    return 0;
}
```

在当前目录创建 hello.c 文件，内容为“/ahow are you!”，编译运行示例 5.3.8-1，结果如下：

```
[root@bogon chapter5]# ./ Example5.3.6-2   hello.c
```

运行后，hello.c 文件的内容如下：

```
/ahow are you!

  !/aaehooruwy
```

示例 5.3.8-2　有一个结构体数组，已输入数据，将结构体数组内的数据保存到文件，要求用三种方式实现：读整块内存、循环读结构体大小、移位读取每一个成员。

```
#include <stdio.h>
#include <stdlib.h>
#include <string.h>
#include <fcntl.h>
#include <errno.h>
#include <sys/stat.h>
#include <sys/types.h>
struct STU{
    int num;
    char name[32];
};
int main(int argc,char **argv){
        struct STU stu[5]={
            {23,"asdf"},
            {34,"gadf"},
            {44,"gasdfsaf"},
            {33,"ffffff"},
            {22,"fsssssss"}
        };
        int fd;
        int ishas=!access(argv[1],0);
        if(ishas)
            fd=open(argv[1],O_RDWR);
        else
            fd=open(argv[1],O_CREAT | O_RDWR);
         if (fd<0){
               printf("errno= %s\n",strerror(errno));
               return -1;
               }
        if (ishas){
            int size=lseek(fd,0,2);
            int n=size/sizeof(struct STU);
            lseek(fd,0,0);
            struct STU *p=(struct STU *)malloc(size);
            第一种方式
            size=read(fd,p,size);
            第二种方式
```

```
        for(int i=0;i<n;i++)
        read(fd,p,sizeof(struct STU));
        第三种方式
        void *pv=p;
        for(i=0;i<n;i++) {
        read(fd,pv,4); fd+=4;
        read(fd,pv,32);fd+=32;
        }
        for(int i=0;i<n;i++) printf("%d,%s\n",p->num,p->name);
    }
    else {
        第一种方法
        int size=write(fd,stu,sizeof(struct STU)*5);
        第二种方法
        for(int i=0;i<5;i++) write(fd,&stu[i],sizeof(struct STU));
        第三种方法
        void *pv=p;
        for(i=0;i<sizeof(struct STU)*5;i++) write(fd,pv++,1);
    }
    close(fd);
    return 0;
}

[root@bogon chapter5]# ./ Example5.3.8-2    text
```

5.4 设备控制

设备控制，就是在设备驱动中对设备 I/O 进行管理，即对设备的一些特性进行控制，例如串口的传输波特率、马达的转速、混音器的音量、声卡的采样率等。设备控制采用统一的接口函数，然后输入特定的指令及数值。

1．硬件设备控制

硬件设备控制即设置硬件或从硬件中获取信息。函数如下：

```
int ioctl(int fd,int request,…);
```

参数　fd 为设备描述符。

request 是控制指令，通常是一些特定的宏或宏函数。

…通常代表是多个参数，在这里是补充参数，实际上最多只有一个参数。

返回值　返回 0 表示成功，返回非零表示失败。

所需头文件　#include <sys/ioctl.h>

对于音频设备编程，常用的设备是内部的混音器和声卡。设备文件如下：

（1）/dev/mixer 混音器设备，用于调整音量大小以及各种音频的叠加。

（2）/dev/dsp 声卡数字采样和数字录音设备，用于播放声音和录音。

2．控制混音器

对混音器的操作一般通过 ioctl 系统调用来完成，所需头文件为#include <linux/soundcard.h>，常用控制命令如下：

（1）SOUND_MIXER_VOLUME：主音量调节；

（2）SOUND_MIXER_BASS：低音控制；

（3）SOUND_MIXER_TREBLE：高音控制；

（4）SOUND_MIXER_SYNTH：FM 合成器；

（5）SOUND_MIXER_PCM：主 D/A 转换器；

（6）SOUND_MIXER_SPEAKER PC：喇叭；

（7）SOUND_MIXER_LINE：音频线输入；

（8）SOUND_MIXER_MIC：麦克风输入；

（9）SOUND_MIXER_CD：CD 输入；

（10）SOUND_MIXER_IMIX：放音音量；

（11）SOUND_MIXER_ALTPCM：　D/A 转换器；

（12）SOUND_MIXER_RECLEV：录音音量；

（13）SOUND_MIXER_IGAIN：输入增益；

（14）SOUND_MIXER_OGAIN：输出增益；

（15）SOUND_MIXER_LINE1：声卡的第 1 输入；

（16）SOUND_MIXER_LINE2：声卡的第 2 输入；

（17）SOUND_MIXER_LINE3：声卡的第 3 输入。

以上控制指令的取值范围都是 0~100 的数据，按控制输入或输出，采用如下 2 个宏函数：

（1）SOUND_MIXER_READ 宏，读取混音通道的增益大小；

（2）SOUND_MIXER_WRITE 宏，写入混音通道的增益大小。

例如：

```
SOUND_MIXER_READ(SOUND_MIXER_MIC)            //代表从设备中获取麦克风的输入增益
SOUND_MIXER_WRITE(SOUND_MIXER_VOLUME)        //代表设置设备的主音量大小
```

关于增益值的数据保存在 16 位数据中，其中：

（1）对于只有一个混音通道的单声道设备，增益大小保存在低位字节中。

（2）对于支持多个混音通道的双声道设备，增益大小实际上包括两个部分，分别代表左、右两个声道的值，其中低位字节保存左声道的音量，高位字节则保存右声道的音量。

示例 5.4-1　控制音量大小。

```
#include <stdio.h>
#include <unistd.h>
#include <errno.h>
#include <dirent.h>
#include <sys/stat.h>
#include <sys/types.h>
#include <sys/ioctl.h>
#include <fcntl.h>
#include <sys/soundcard.h>
```

```
int setvol(int lvol,int rvol)
{
int fd=open("/dev/mixer",O_RDWR);
short vol =lvol<<8 | rvol;
int err=ioctl(fd,MIXER_WRITE(SOUND_MIXER_VOLUME),&vol);
close(fd);
}
int getvol(int *lvol,int *rvol)
{
int fd=open("/dev/mixer",O_RDWR);
short vol;
int err=ioctl(fd,MIXER_READ(SOUND_MIXER_VOLUME),&vol);
*lvol=vol >>8;
*rvol=vol & 0xFF;
close(fd);
    }
int main(int argc,char **argv)
{
setvol(atoi(argv[1]),atoi(argv[2]));
    }
```

3．控制采样设备

WAVE 文件作为多媒体中使用的声波文件格式之一，它以 RIFF 格式为标准。每个 WAVE 文件的头四个字节便是“RIFF”。WAVE 文件由文件头和数据体两大部分组成。

在音频文件中，有三个至关重要的数据，即声道、采样频率、采样大小。

采样指以固定的时间间隔对波形的值进行抽取，采样频率，即一秒钟内采样的次数。采样频率越高，声音保真度越好。常用的采样率有：

（1）8000Hz：电话所用采样频率， 对于人的说话已经足够。

（2）22050Hz：无线电广播所用采样频率。

（3）32000Hz：miniDV、数码视频 camcorder、DAT（LP mode）所用采样频率。

（4）44100Hz：音频 CD 的采样频率，也常用于 MPEG-1 音频（VCD，SVCD，MP3）。

（5）47250Hz：PCM 录音机所用采样频率。

（6）48000Hz：miniDV、数字电视、DVD、DAT、电影和专业音频所用的数字声音采样频率。

（7）50000Hz：商用数字录音机所用采样频率。

（8）50400Hz：三菱 X-80 数字录音机所用采样频率。

（9）96000Hz：DVD-Audio、LPCM DVD 音轨、BD-ROM 音轨和 HD-DVD 音轨所用采样频率。

采样大小指一个音频采样数据所占的字节数，目前只有 8 位和 16 位。声道数目通常有单声道、双声道两种。

通过上面的信息可知：

一个采样数据字节数=声道数目×采样大小/8（字节）；

一秒采样数据字节数=采样频率×声道数目×采样大小/8（字节）；

音频数据长度=播放时间×采样频率×声道数目×采样大小/8（字节）；

音频文件长度=文件头长度＋音频数据长度。

对混音器的操作一般都通过 ioctl 系统调用来完成，常用控制命令如下：

```
#include <linux/soundcard.h>
SNDCTL_DSP_SETFMT            //采样大小,也称采样格式,取值有 8 或 16
SNDCTL_DSP_SPEED             //采样频率,取值有 8000、11025、22050、32000、44100、47250、48000、50000
SNDCTL_DSP_STEREO            //立体声,取值 0 或 1
SNDCTL_DSP_CHANNELS          //设置声道数目
SOUND_PCM_READ_RATE          //设置 PCM 转换速度
SNDCTL_DSP_GETBLKSIZE        //设置 DSP 块空间的大小
SNDCTL_DSP_SETFRAGMENT//设置声卡驱动程序中的内核缓冲区的大小(分为读或写)
SNDCTL_DSP_SYNC              //控制读写文件同步
SNDCTL_DSP_GETOSPACE         //获取输出空间
SNDCTL_DSP_GETISPACE         //获取输入空间
SNDCTL_DSP_RESET             //DSP 复位
```

示例 5.4-2 实现 wav 音乐播放。

libao.h 文件代码如下：

```
#ifndef LIBAO_H
#define LIBAO_H

typedef enum {dsp,alsa} ao_type_t;
typedef struct AOINFO{
        ao_type_t type;                          //设备类型编号
        char *name;                              //oss、asla 等
        char *author;                            //作者
        char *time;                              //编写时间
        char *describe;                          //模块描述
} ao_info_t;

typedef struct LIBAO{
    ao_info_t *info;                             //模块信息
    int (*open)(char *devname,int flags);        //打开设备
    int (*read)(char *buf,int size);             //输入数据
    int (*write)(char *buf,int size);            //输出数据
    int (*ioctl)(int cmd,void *data);            //控制设备
    int (*close)();                              //关闭设备
} ao_t;

//extern ao_t *getdev(ao_type_t type);
extern ao_t ao_dsp;
#endif
```

libao.c 文件代码如下：

```
#include <stdlib.h>
#include "libao.h"
//extern ao_t ao_alsa;
extern ao_t ao_dsp;
ao_t *ao_ls[]={
```

```
        //&ao_alsa,
        &ao_dsp,
        NULL
};

ao_t *getdev(ao_type_t type){
        int i=0;
        while(1){
        if (ao_ls[i]->info->type ==type) return ao_ls[i];
        else if (ao_ls[i]==NULL) return NULL;
        i++;
        }
}
```

dsp.c 文件代码如下：

```
#include <stdio.h>
#include "libao.h"
static int dsp_fd;
static int dsp_open(char *devname,int flags){          //打开设备
            int dsp_fd=open(devname,flags);
            return dsp_fd;
            }
static int dsp_read(char *buf,int size){               //输入数据
           int size1=read(dsp_fd,buf,size);
           return size1;
}

static int dsp_write(char *buf,int size){              //输出数据
        int sze=write(dsp_fd,buf,size);
            return sze;
}

static int dsp_ioctl(int cmd,void *data){              //控制设备
            int ss=ioctl(dsp_fd,cmd,data);

}

static int dsp_close(){                                //关闭设备
        close(dsp_fd);
            return 0;
}

ao_info_t dsp_info={
         0,                                            //设备类型编号
        "dsp",                                         //oss、asla 等
        "ztl",                                         //作者
        "2016-1-29",                                   //编写时间
        "用于 dsp 音频设备接口"                          //块描述
};
```

```
ao_t ao_dsp={
    &(dsp_info),
    dsp_open,
    dsp_read,
    dsp_write,
    dsp_ioctl,
    dsp_close,
};
```

lib.h 文件代码如下：

```
#define LIB_H
#ifndef LIB_H
extern int minit(handler_t handler);
//播放函数,参数为 wav 音频文件名,如果暂停后继续播放,则可输入 NULL
extern int mplay(char *name);
//录音函数,参数为 wav 音频文件名
extern int mrecode(char *name);
//暂停,可暂停当前录音或播放
extern int mpause();
//停止,可停止当前录音或播放
extern int mstop();
//设置播放位置,参数为秒
extern int msetpos(int t);
//前进,参数为秒
extern int fastforward(int diff);
//后退,参数为秒
extern int fastretreat(int diff);
//设置音量,音量值范围为 0~100
extern int fastretreat(int diff);
//设置音量,音量值范围为 0~100
extern int setvolume(int left,int right);
//获取音量,音量值范围为 0~100
extern int getvolume(int *left,int *right);
//销毁
extern int destory();
#endif
```

libmplay.h 文件代码如下：

```
#ifndef MPLAY_H
#define MPLAY_H
//枚举,表示各种状态
typedef enum {STOP,PLAY,RECODE,PAUSE,READY} state_t;
//函数指针类型,表示播放状态
/*参数 state 为 STOP 时,val 为 0
            为 PLAY 时,val 为当前已播放时间
            为 RECODE 时,val 为当前已录音时间
            为 PAUSE 时,val 为 0
            为 READY 时,val 为播放前可播时间
*/
typedef void (*handler_t)(state_t state,int val);
```

```
//初始化函数,参数为回调函数句柄
int minit(handler_t handler);
//播放函数,参数为 wav 音频文件名,如果暂停后继续播放,则可输入 NULL
int mplay(char *name);
//录音函数,参数为 wav 音频文件名
int mrecode(char *name);
//暂停,可暂停当前录音或播放
int mpause();
//停止,可停止当前录音或播放
int mstop();
//设置播放位置,参数为秒
int msetpos(int t);
//前进,参数为秒
int fastforward(int diff);
//后退,参数为秒
int fastretreat(int diff);
//设置音量,音量值范围为 0~100
int setvolume(int left,int right);
//获取音量,音量值范围为 0~100
int getvolume(int *left,int *right);
//销毁
int destroy();
#endif
```

libmplay.c 文件代码如下：

```
#include<stdio.h>
#include "libmplay.h"
#include "libao.h"
#include "lib.h"
#include <linux/ioctl.h>
#include<linux/soundcard.h>
#include <sys/types.h>
#include <sys/stat.h>
#include <fcntl.h>
#include <string.h>
#include<errno.h>
#include<malloc.h>
#include <sys/ioctl.h>

typedef struct WAV{
        char riff[4];               //RIFF
        long len;                   //文件大小
        char type[4];               //WAVE
        char fmt[4];
        char tmp[4];
        short pcm;
        short channel;              //声道数
        long sample;                //采样频率
        long rate;                  //传送速率
```

```
        short framesize;            //调整数
        short bit;                  //样本位数
        char data[4];
         long dblen;
    }wav_t;
handler_t pp;
int ld,sd,dif,avfd;
state_t state;
char mz[23];
//struct ao_t *p=ao_dsp;
int minit(handler_t handler)
{
    //printf("--------8\n");
    pp=handler;
}
 void *run(void *arg)
{
 int t=0;
 int i=0;
 while(state) {
      int i=0;
      char stt[4096];
      ld=open(mz,O_RDONLY);
      wav_t sty;
      int size=read(ld,&sty,44);
      if(size==-1) printf("%s\n",strerror(errno));
      sd=ao_dsp.open("/dev/dsp",O_WRONLY);
      int a=sty.sample;
      int b=sty.channel;
      int c=sty.bit;
      ioctl(sd,SNDCTL_DSP_SPEED,&a);
      ioctl(sd,SNDCTL_DSP_CHANNELS,&b);
      ioctl(sd,SNDCTL_DSP_SETFMT,&c);
      int size1;
      int len=0;
   while((size1=read(ld,stt,4000))!=0) {
      while(state==RECODE) usleep(20000);
         if(dif!=0) lseek(ld,dif,1);
         dif=0;
         len+=size1;
         t=len/(a*b*c/8);
         pp(state,t);
         write(sd,stt,size1);
           }
 }
   close(ld);
   close(sd);
   }
int mplay(char *name)
{
  strcpy(mz,name);
```

```
    if(state==0)
    {
    state=PLAY;
    pthread_t id;
    printf("---------9\n");
    pthread_create(&id,NULL,run,NULL);
        }
   else
   state=PLAY;
}
int mrecode(char *name)
{
   strcpy(mz,name);
   int fd=open("/dev/dsp",O_RDONLY);
   char buf[4095];
   int speed=44100;
   int bit=16;
   int channel=2;
   wav_t head={"RIFF",44,"WAVE","fmt ",0,0x10,channel,speed,speed*bit*channel/8,
       channel*bit/8,bit,"data",0};
     avfd=open(mz,O_CREAT | O_WRONLY);
      if (fd==-1){
                        printf("---- open dsp err=%s\n",strerror(errno));
                        return -1;
                        }
        ioctl(fd,SNDCTL_DSP_SPEED,&speed);
        ioctl(fd,SNDCTL_DSP_CHANNELS,&channel);
        ioctl(fd,SNDCTL_DSP_SETFMT,&bit);
        write(avfd,&head,sizeof(head));
        int len=0,t=0;
   while(1) {
          int size=read(fd,buf,4000);
          write(avfd,buf,size);
          len+=size;
          t=len/(channel*bit*speed/8);
           if(t>5) break;
              }
      int all=len+44;
      lseek(avfd,0x04,0);
      write(avfd,&all,4);
      lseek(avfd,0x28,0);
      write(avfd,&len,4);
      close(fd);
      close(avfd);

 //暂停,可暂停当前录音或播放
 }
 int mpause()
 {
    state=RECODE;
    pp(state,0);
```

```
//停止,可停止当前录音或播放
}
int mstop()
{
   return -1;
//设置播放位置,参数为秒
}
int msetpos(int t)
{
   int sx=lseek(ld,0,1);
   return sx;

//前进,参数为秒
}
int fastforward(int diff)
{
   dif=diff;
//后退,参数为秒
}
int fastretreat(int diff)
{
dif=diff;
//设置音量,音量值范围为0~100
}
int setvolume(int left,int right)
{
     int vol=right<<8 | left;
     ioctl(sd,MIXER_WRITE(SOUND_MIXER_VOLUME),&vol);
//获取音量,音量值范围为0~100
}
int getvolume(int *left,int *right)
{
   int vol1;
   ioctl(sd,MIXER_READ(SOUND_MIXER_VOLUME),&vol1);
   *right=(vol1>>8)&0xff;
   *left=vol1&0xff;
//销毁
}
int destroy()
{

}
```

test.c 文件代码如下：

```
#include<stdio.h>
#include "lib.h"
int curstate,sq;
void fun(int state,int val)
{
```

```
        curstate=state;
}
int main(int argc,char **argv)
{
    printf("*************************************************************\n");
    printf("p 播放        q 暂停      r 录音       s 停止         d 销毁        \n");
    printf("f 播放位置   n 前进      t 后退       e 设置音量   h 获取音量 \n");
    printf("*************************************************************\n");
    char buf[23];
     while(1) {
        if(sq==-1) break;
        scanf("%s",buf);
        if(strcmp(buf,"p")==0) {
        if(curstate==3) {
          minit(NULL);
          mplay(NULL);
                  }
          else {
                  minit(fun);
                  mplay(argv[1]);
                     }
             }
      else if(strcmp(buf,"s")==0)
            sq=mstop();
            else if(strcmp(buf,"q")==0)
               mpause();
          else if(strcmp(buf,"f")==0)
             {
            int a=msetpos();
              printf("--%d\n",a);
             }
          else if(strcmp(buf,"n")==0)
          {
               fastforward(900000);
          }
          else if(strcmp(buf,"t")==0)
               fastretreat(-500000);
          else if(strcmp(buf,"e")==0)
               {
                 mpause();
                 int b,c;
                 scanf("%d %d",&b,&c);
                 setvolume(b,c);
                 }
          else if(strcmp(buf,"h")==0)
               {
                  mpause();
                  int vol,d,f;
                  getvolume(&d,&f);
                  vol=f<<8 | d;
                  printf("%d %d %d",d,f,vol);
```

```
            }
        else if(strcmp(buf,"r")==0)
                mrecode(argv[1]);
    }
}
```

编译代码，运行程序，结果如下：

```
[root@bogon Example5.4-2]# ls
audio1.wav   libao.c   lib.h          libmplay.h   test
dsp.c        libao.h   libmplay.c    music.WAV     test.c
[root@bogon Example5.4-2]# gcc -l pthread libao.c dsp.c libmplay.c test.c -o test
[root@bogon Example5.4-2]# ./test music.WAV
*********************************************************
p 播放       q 暂停      r 录音        s 停止          d 销毁
f 播放位置   n 前进      t 后退        e 设置音量   h 获取音量
*********************************************************
p
---------9
```

5.5 Linux 时间编程

在 Linux 系统下，经常需要输出系统当前的时间，涉及获取一些关于时间的信息，时间主要有世界标准时间和日历时间。

协调世界时（Coordinated Universal Time，UTC），又称为世界标准时间，也就是大家所熟知的格林威治标准时间（Greenwich MeanTime，GMT）。

日历时间（Calendar Time），是用“从一个标准时间点”（如 1970 年 1 月 1 日 0 点）到此时经过的秒数来表示的时间。

5.5.1 取得目前的时间

表头文件

```
#include<time.h>
```

定义函数

```
time_t time(time_t *t);
```

函数说明 此函数会返回从公元 1970 年 1 月 1 日的 UTC 时间从 0 时 0 分 0 秒算起到现在所经过的秒数。如果 t 不是空指针，此函数也会将返回值存到 t 指针所指的内存。

返回值 成功则返回秒数，失败则返回（(time_t）-1）值。

示例 5.5.1-1 time 函数使用方法。

```
#include<time.h>
#include <stdio.h>
main(){
    int seconds= time((time_t*)NULL);
```

```
	printf("%d\n",seconds);
}
```

取得时间命令的程序运行结果如下：

```
[root@localhost chapter5]# gcc Example5.5.1-1.c -o Example5.5.1-1
[root@localhost chapter5]# ./Example5.5.1-1
1489710775
```

5.5.2 取得目前时间和日期

表头文件

```
#include<time.h>
```

定义函数

```
struct tm*gmtime(const time_t*timep);
```

函数说明 gmtime()将参数 timep 所指的 time_t 结构中的信息转换成真实世界所使用的时间日期表示方法，然后将结果由结构 tm 返回。

tm 的结构定义如下：

```
struct tm
{
	int tm_sec;
	int tm_min;
	int tm_hour;
	int tm_mday;
	int tm_mon;
	int tm_year;
	int tm_wday;
	int tm_yday;
	int tm_isdst;
};
```

其中，int tm_sec 代表目前秒数，正常范围为 0~59，但允许至 61 秒；int tm_min 代表目前分数，范围为 0~59；int tm_hour 是从午夜算起的小时数，范围为 0~23；int tm_mday 是目前月份的日数，范围为 1~31；int tm_mon 代表目前月份，从一月算起，范围为 0~11；int tm_year 是从 1900 年算起至今的年数；int tm_wday 是一星期的日数，从星期一算起，范围为 0~6；int tm_yday 是从今年 1 月 1 日算起至今的天数，范围为 0~365；int tm_isdst 是日光节约时间的旗标。此函数返回的时间日期未经时区转换，是 UTC 时间。

返回值 返回结构体 tm 代表的是目前的 UTC 时间。

示例 5.5.2-1 gmtime()函数的使用方法。

```
#include<time.h>
#include <stdio.h>
main()
{
```

```
    char *wday[]={"Sun","Mon","Tue","Wed","Thu","Fri","Sat"};
    time_t timep;
    struct tm *p;
    time(&timep);
    p=gmtime(&timep);
    printf("%d-%d-%d\n",(1900+p->tm_year),(1+p->tm_mon),p->tm_mday);
    printf("%s%d:%d:%d\n",wday[p->tm_wday],p->tm_hour,p->tm_min, p->tm_sec);
}
```

取得目前时间和日期程序运行结果如下：

```
[root@localhost chapter5]# gcc Example5.5.2-1.c -o Example5.5.2-1
[root@localhost chapter5]# ./Example5.5.2-1
2017-3-17
Fri0:34:32
```

5.5.3 取得当地目前时间和日期

表头文件

```
#include<time.h>
```

定义函数

```
struct tm *localtime(const time_t * timep);
```

函数说明　localtime()将参数 timep 所指的 time_t 结构中的信息转换成真实世界所使用的时间日期表示方法，然后将结果由结构 tm 返回。此函数返回的时间日期已经转换成当地时区。

返回值　返回结构体 tm，代表目前的当地时间。

示例 5.5.3-1　localtime()函数的使用方法。

```
#include<time.h>
#include <stdio.h>
main(){
    char *wday[]={"Sun","Mon","Tue","Wed","Thu","Fri","Sat"};
    time_t timep;
    struct tm *p;
    time(&timep);
    p=localtime(&timep);
    printf("%d-%d-%d   ",(1900+p->tm_year), (1+p->tm_mon),p->tm_mday);
    printf("%s%d:%d:%d\n", wday[p->tm_wday], p->tm_hour, p->tm_min, p->tm_sec);
}
```

取得当地目前时间和日期程序运行结果如下：

```
[root@localhost chapter5]# gcc Example5.5.3-1.c -o Example5.5.3-1
[root@localhost chapter5]# ./Example5.5.3-1
2017-3-17   Fri8:35:50
```

5.5.4 将时间结构数据转换成经过的秒数

表头文件

```
#include<time.h>
```

定义函数

```
time_t mktime(struct tm * timeptr);
```

函数说明 mktime()用来将参数 timeptr 所指的 tm 结构数据转换成从公元 1970 年 1 月 1 日 0 时 0 分 0 秒算起至今的 UTC 时间所经过的秒数。

返回值 返回经过的秒数。

示例 5.5.4-1 用 time()取得时间(秒数)，利用 localtime()转换成结构 tm，再利用 mktine()将结构 tm 转换成原来的秒数。

```
#include<time.h>
#include <stdio.h>
main(){
    time_t timep;
    struct tm *p;
    time(&timep);                //取得时间(秒数)
    printf("time(): %d\n",timep);
    p=localtime(&timep);
    timep=mktime(p);
    printf("time()->localtime()->mktime():%d\n",timep);
}
```

Mktime()函数程序运行结果如下:

```
[root@localhost chapter5]# gcc Example5.5.4-1.c -o Example5.5.4-1
[root@localhost chapter5]# ./Example5.5.4-1
time(): 1489711031
time()->localtime()->mktime():1489711031
```

5.5.5 设置目前时间

表头文件

```
#include<sys/time.h>
#include<unistd.h>
```

定义函数

```
int settimeofday(const struct timeval *tv,const struct timezone *tz);
```

函数说明 settimeofday()把目前时间设成由 tv 所指的结构信息，当地时区信息则设成 tz 所指的结构。详细的说明请参考 gettimeofday()。

注意：只有 root 权限才能使用此函数修改时间。

返回值 成功则返回 0，失败则返回-1。

5.5.6　取得当前时间

表头文件

```
#include <sys/time.h>
#include <unistd.h>
```

定义函数

```
int gettimeofday ( struct timeval * tv , struct timezone * tz )
```

函数说明　gettimeofday()把目前的时间有 tv 所指的结构返回，当地时区的信息则放到 tz 所指的结构中。

timeval 结构定义如下：

```
struct timeval
{
        long tv_sec;            //秒
        long tv_usec;           //微秒
};
```

timezone 结构定义如下：

```
struct timezone
{
        int tz_minuteswest;     //和 Greenwich 时间差了多少分钟
        int tz_dsttime;         //日光节约时间的状态
};
```

返回值　成功则返回 0，失败则返回-1。

EFAULT 指针 tv 和 tz 所指的内存空间超出存取权限。

示例 5.5.6-1　gettimeofday()函数的使用方法。

```
#include<stdio.h>
#include<sys/time.h>
#include<unistd.h>
main()
{
      struct timeval tv;
      struct timezone tz;
      gettimeofday (&tv , &tz);
      printf("tv_sec; %d\n", tv.tv_sec);
      printf("tv_usec; %d\n",tv.tv_usec);
      printf("tz_minuteswest; %d\n", tz.tz_minuteswest);
      printf("tz_dsttime, %d\n",tz.tz_dsttime);
}
```

取得目前的时间程序运行结果如下:

```
[root@localhost chapter5]# gcc Example5.5.6-1.c -o Example5.5.6-1
[root@localhost chapter5]# ./Example5.5.6-1
tv_sec; 1489711185
```

```
tv_usec; 123826
tz_minuteswest; -480
tz_dsttime, 0
```

5.5.7　将时间和日期以 ASCII 码格式表示

表头文件

```
#include<time.h>
```

定义函数

```
char * asctime(const struct tm * timeptr);
```

函数说明　将 tm 格式的时间转化为字符串，若再调用相关的时间日期函数，此字符串可能会被破坏。此函数与 ctime 不同处在于传入的参数是不同的结构。

返回值　返回一字符串表示目前当地的时间日期。

示例 5.5.7-1　asctime 函数的使用方法。

```
#include <time.h>
#include<stdio.h>
main()
{
    time_t timep;
    time (&timep);
    printf("%s",asctime(gmtime(&timep)));
}
```

asctime 命令程序运行结果如下：

```
[root@localhost chapter5]# gcc Example5.5.7-1.c -o Example5.5.7-1
[root@localhost chapter5]# ./Example5.5.7-1
Fri Mar 17 00:41:02 2017
```

5.5.8　将时间和日期以字符串格式表示

表头文件

```
#include<time.h>
```

定义函数

```
char *ctime(const time_t *timep);
```

函数说明　将日历时间转化为本地时间的字符串形式，若再调用相关的时间日期函数，此字符串可能会被破坏。

返回值　返回一字符串表示目前当地的时间日期。

示例 5.5.8-1　ctime 函数的使用方法。

```
#include<time.h>
#include<stdio.h>
```

```
main()
{
    time_t timep;
    time (&timep);
    printf("%s",ctime(&timep));
}
```

ctime 命令程序运行结果如下：

```
[root@localhost chapter5]# gcc Example5.5.8-1.c -o Example5.5.8-1
[root@localhost chapter5]# ./Example5.5.8-1
Fri Mar 17 08：43：00 2017
```

示例 5.5.8-2　写一段程序，实现本地时间和格林尼治时间的转换。

```
#include <time.h>
#include <stdio.h>
int main(void){
    struct tm *local;
    time_t t;
    //获取日历时间
    t=time(NULL);
    //将日历时间转化为本地时间
    local=localtime(&t);
    //打印当前的小时值
    printf("Local hour is: %d\n",local->tm_hour);
    //将日历时间转换为格林威治时间
    local=gmtime(&t);
    printf("UTC hour is: %d\n",local->tm_hour);
    return 0;
}
```

运行结果如下:

```
[root@localhost chapter5]# gcc Example5.5.8-2.c -o Example5.5.8-2
[root@localhost chapter5]# ./Example5.5.8-2
Local hour is: 8
UTC hour is: 0
```

习题与练习

1．文件 I/O 编程指的是什么?可以用哪些方法实现？
2．基于 C 语言的库函数文件编程和基于 Linux 系统的文件编程的区别是什么？
3．什么是标准时间？什么是日历时间？
4．编写写入数据程序，将一串字符串 a~f 写入到/tmp/test.txt 中。
5．编写读取文件程序，将/tmp/test.txt 中内容读出。
6．编写时间转换程序，将当前时间转换为格林威治时间。
7．使用 creat 函数创建一个文件，当没有文件名输入时，提示用户输入一个文件名。

第 6 章 进程控制

CHAPTER 6

进程是计算机中的程序关于某数据集合上的一次运行活动，是系统进行资源分配和调度的基本单位，是操作系统结构的基础。在早期面向进程设计的计算机结构中，进程是程序的基本执行实体；在当代面向线程设计的计算机结构中，进程是线程的容器。程序是指令、数据及其组织形式的描述，进程是程序的实体。本章重点阐述进程的基本概念和控制方法。

6.1 进程控制概述

进程管理是操作系统中最为关键的部分，它的设计和实现直接影响到系统的整体性能。对于多任务操作系统 Linux 来说，它允许同时执行多个任务（进程）。由于进程在运行过程中，要使用许多计算机资源，如 CPU、内存、文件等，通过进程管理，合理地分配系统资源，从而提高 CPU 的利用率。为了协调多个进程对这些共享资源的访问，操作系统要跟踪所有的进程的活动及它们对系统资源的使用情况，实施对进程和资源的动态管理。

6.1.1 进程的定义

进程是处于执行期的程序，但进程并不仅仅局限于一段可执行程序代码，通常还包括其他资源，例如打开的文件、挂起的信号、内核内部数据、处理器状态、地址空间以及一个或者多个执行线程、用来存放全局变量的数据段等。

进程是一个程序的一次执行的过程，同时也是资源分配的最小单元。它和程序是有本质区别的，程序是静态的，是一些保存在磁盘上的指令的有序集合，没有任何执行的概念；而进程是一个动态的概念，它是程序执行的过程，包括动态创建、调度和消亡的整个过程。进程是程序执行和资源管理的最小单位。因此，对系统而言，当用户在系统中输入命令执行一个程序时，它将启动一个进程。

程序本身不是进程，进程是处于执行期的程序以及他所包含的资源的总称。实际上完全可能存在两个不同的进程执行的是同一个程序，并且两个或两个以上并存的进程还可以共享许多如打开文件、地址空间之类的资源。

在现代操作系统中，进程提供两种虚拟机制：虚拟处理器和虚拟内存。虽然实际上可能是许多进程分享同一个处理器，但虚拟处理器给进程一种假象，让这些进程觉得自己在独享处理器。

在 Linux 系统中，进程分为用户进程、守护进程、批处理进程 3 类。

（1）用户进程：也称为终端进程，用户通过终端命令启用的进程。

（2）守护进程：也称为精灵进程，即运行的守护程序，在系统引导式时就启动，是后台服务进程，大多数服务进程都是通过守护进程实现的。

（3）批处理进程：即执行的是批处理文件、shell 脚本。

6.1.2　进程控制块

进程是 Linux 系统的调度和资源管理的基本单位，内核把进程存放在任务队列的双向循环链表中。链表中的每一项的类型都是 task_struct 结构，它是在 include/linux/sched.h 中定义的。进程描述符中包含一个具体进程的所有消息。

在操作系统内，对每一个进程进行管理的数据结构称为进程控制模块（PCB），主要描述当前进程状态和进程正在使用的资源。定义如下：

```
typedef struct task_struct{
        int pid;                    //进程 ID,用来标识进程
        unsigned long state;        //进程状态,描述当前进程运行状态
        unsigned long count;        //进程时间片数
        unsigned long timer;        //进程休眠时间
        unsigned long priority;     /*进程默认优先级,进程时间片数和优先级都属于进程调度信息*/
        unsigned long content[20];
          /*进程执行现场保存区,包含当前进程使用的操作寄存器、状态寄存器和栈指针寄存器等*/
}PCB;
```

task_struct 相对较大，在 32 位机器上，它大约有 1.7KB。但如果考虑到该结构内包含了内核管理一个进程时所需的所有信息，那么它的大小也算相当小了。进程描述符中包含的数据能完整地描述一个正在执行的程序，包括打开的文件、进程的地址空间、挂起的信号、进程的状态以及其他更多的信息。进程描述符及任务队列如图 6-1 所示。

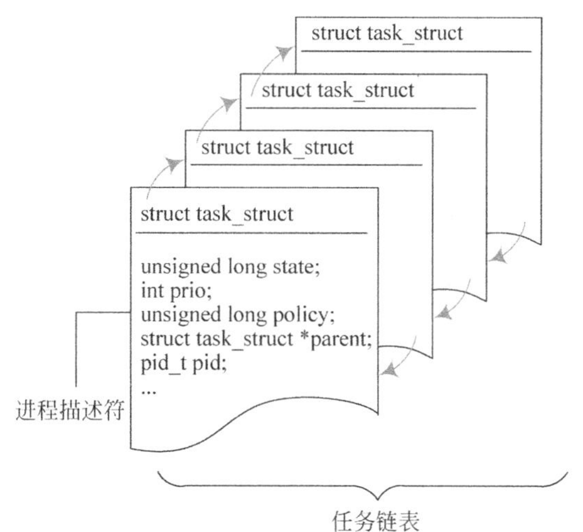

图 6-1　进程描述符及任务队列

6.1.3 分配进程描述符

Linux 通过 slab 分配器分配 task_struct 结构，通过预先分配和重复使用 task_struct，可以避免动态分配和释放所带来的资源消耗，在 Linux 2.6 以前的内核中，各个进程的 task_struct 存放在它们的内核栈的尾端，这样做是为了让那些像 x86 这样的寄存器较少的硬件体系结构只要通过栈指针就能计算出它的位置，从而避免使用额外的寄存器专门记录。由于现在使用了 slab 分配器动态生成 task_struct，所以只需在栈底（对于向下增长的栈来说）或栈顶（对于向上增长的栈来说）创建一个新的结构 struct thread_info，如图 6-2 所示。这个新的结构能使在汇编代码中计算其偏移变得相当容易。

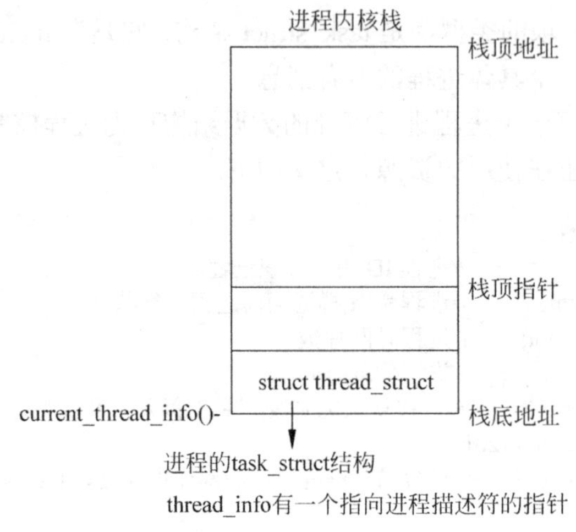

图 6-2 进程描述符和内核栈

在 x86 上，thread_info 结构在文件<asm/thread_info.h>中的定义如下：

```
struct thread_info {
    struct task_struct        *task;
    struct exec_domain        *exec_domain;
    unsigned long             flags;
    unsigned long             status;
    __u32                     cpu;
    __s32                     preempt_count;
    mm_segment_t              addr_limit;
    struct restart_block      restart_block;
    unsigned long             previous_esp;
    __u8                      supervisor_stack[0];
};
```

每个任务的 thread_info 结构在它的内核栈的尾端分配。结构中的 task 域存放的是指向该任务的实际 task_struct 的指针。

6.1.4 进程的创建

内核通过一个唯一的进程标识值 PID 来标识每个进程。PID 是一个数，表示为 pid_t 隐含类型，实际上就是一个 int 类型。为了与老版本的 UNIX 和 Linux 兼容，PID 的最大值默认设置为32768（短整型（short int）的最大值），这个值也可以增加到类型所允许的范围。内核把每个进程的PID存放在它们各自的进程描述符中。

这个最大值很重要，因为它实际上就是系统中允许同时存在的进程的最大数目。尽管32768对于一般的桌面系统已经足够，但是大型服务器可能需要更多进程。这个值越小，转一圈就越快，本来数值大的进程比数值小的进程迟运行，但这样一来就破坏了这一原则。如果确实需要，可以不考虑与老式系统的兼容，由系统管理员通过修改/proc/sys/kernel/pid_max来提高上限。

在内核中，访问任务通常需要获得指向其task_struct的指针。实际上，内核中大部分处理进程的代码都是直接通过task_struct进行的。因此，通过current宏查找到当前正在运行的进程的进程描述符的速度就显得尤为重要。硬件体系结构不同，该宏的实现也不同，它必须针对专门的硬件体系结构做处理。有的硬件体系结构可以拿出一个专门寄存器来存放指向当前进程task_struct的指针，用于加快访问速度。而有些像x86这样的体系结构（其寄存器并不富余），就只能在内核栈的尾端创建thread_info结构，通过计算偏移间接地查找task_struct结构。

一个进程要被执行，首先要被创建，进程需要一定的系统资源，如CPU时间片、内存空间、操作文件、硬件设备等。进程创建包括以下操作：

（1）初始化当前进程PCB，分配有效进程ID，设置进程优先级和CPU时间片。

（2）为进程分配内存空间。

（3）加载任务到内存空间，将进程代码复制到内核空间。

（4）设置进程执行状态为就绪状态，将进程PCB放入到进程队列中。

操作系统内核为方便对所有进程进行管理，进程的PCB被放在队列里，新创建的进程放入队尾，当进程执行完后，从队列中剔除。

运行队列 内核要寻找一个新的进程在CPU上运行时，必须只考虑处于可运行状态的进程，但扫描整个进程链表是相当低效的，所以引入了可运行状态进程的双向循环链表，也叫运行队列。

等待队列 处于睡眠状态的进程被放入等待队列中，等待队列是以双循环链表为基础的数据结构，与进程调度机制紧密结合，能够用于实现核心的异步事件通知机制。

6.1.5 进程状态

进程描述符中的state域描述了进程的当前状态，如图6-3所示。系统中的每个进程都必然处于五种进程状态中的一种。

（1）TASK_RUNNING（运行）：系统中，同一时刻可能有多个进程处于可执行状态，这些进程被放入可执行队列中，进程调度器的任务就是从可执行队列中分别选择一个进程在CPU上运行。有些资料将正在CPU上执行的进程定义为执行（RUNNING）状态，而将可执行但是尚未被调度执行的进程定义为就绪（READY）状态，这两种状态在Linux下统一为TASK_RUNNING状态。

（2）TASK_INTERRUPTIBLE（可中断）：有些进程因为等待某事件的发生而被挂起，这些进程被放入等待队列中，当这些事件发生时（由外部中断触发或由其他进程触发），

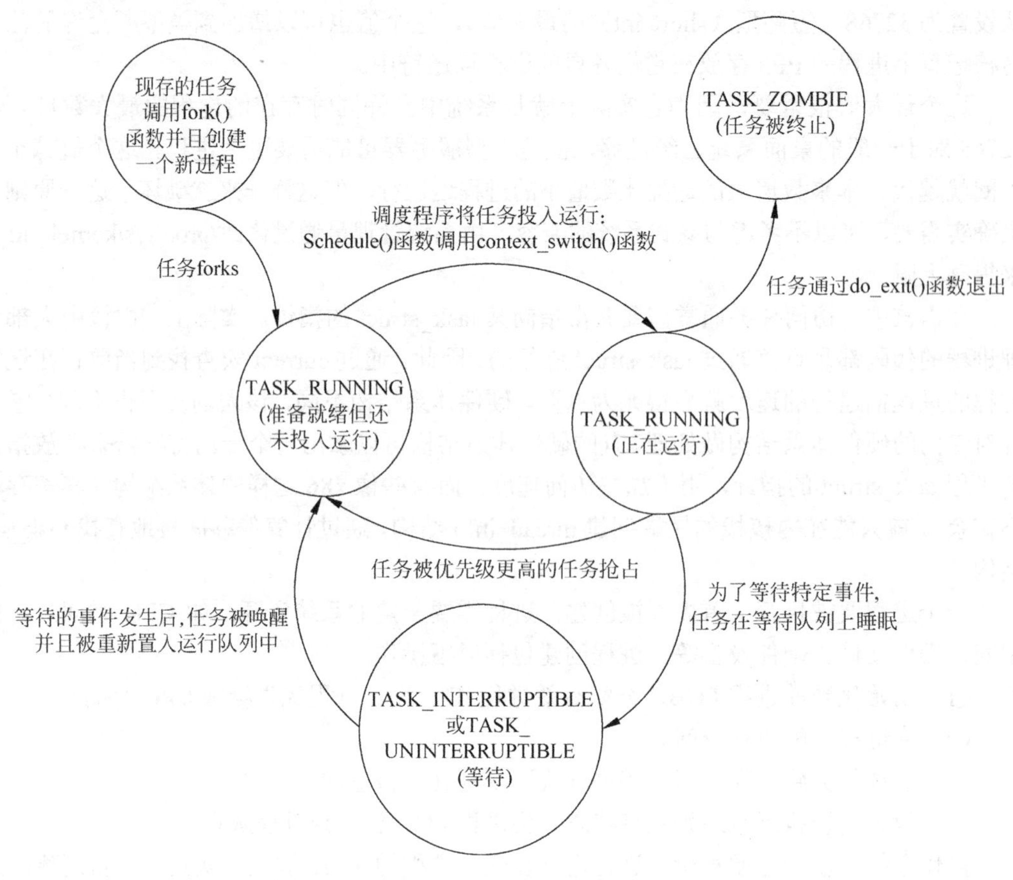

图 6-3　进程状态转换图

对应的等待队列中的一个或多个进程将被唤醒。进程列表中的绝大多数进程都处于可中断睡眠状态。

（3）TASK_UNINTERRUPTIBLE（不可中断）：有些进程处于睡眠状态，但是此刻进程是不可中断的，所以不响应异步信号。在进程对某些硬件进行操作时，需要使用不可中断睡眠状态对进程进行保护，以避免进程与设备交互的过程被打断，造成设备陷入不可控的状态。这种情况下的不可中断睡眠状态总是非常短暂的。

（4）TASK_ZOMBIE（僵死）：进程在退出的过程中，处于 TASK_DEAD 状态，进程占有的所有资源将被回收，进程就只剩下 task_struct 这个空壳，故称为僵尸。之所以保留 task_struct，是因为 task_struct 里面保存了进程的退出码以及一些统计信息。而其父进程很可能会关心这些信息，例如父进程运行时，子进程被关闭，则子进程变成僵尸。此情况下，父进程可以通过 wait 系列的系统调用来等待某个或某些子进程的退出，wait 系列的系统调用会顺便将子进程的尸体（task_struct）也释放掉。如果父进程先退出，会将它的所有子进程都托管给其他进程。

（5）TASK_STOPPED（停止）：该状态下，进程暂停下来，等待其他进程对它进行操作。例如，在 gdb 中对被跟踪的进程设一个断点，进程在断点处停下来时就处于跟踪状态。向进程发送一个 SIGSTOP 信号，它就会进入暂停状态，再向进程发送一个 SIGCONT 信号，可以让其从暂停状态恢复到可执行状态。

（6）TASK_DEAD（销毁状态）：进程在退出的过程中，如果该进程是多线程程序中被 detach 过的进程，或者父进程通过设置 SIGCHLD 信号的句柄为 SIG_IGN。此时，进程将被置于 EXIT_DEAD 退出状态，且退出过程不会产生僵尸，该进程彻底释放。

6.1.6 进程调度

在操作系统中，进程需要按照一定的策略被调度执行，让每一个进程都能够取得 CPU 的执行权，来增加系统的实时性和交互性。在 PCB 中有一个成员——count 时间片数，内核定期检查进程的运行状态，定时器会定期产生中断信号，在定时器中断处理程序中对当前执行进程的时间片 count 进行递减，当时间片用尽时，进程被挂起，进行新进程调度，将 CPU 执行权交给新选进程。

时间片即 CPU 分配给各个程序的时间，每个进程被分配一个时间段，称作它的时间片，即该进程允许运行的时间，使各个程序从表面上看是同时进行的。如果在时间片结束时进程还在运行，则 CPU 将被剥夺并分配给另一个进程。如果进程在时间片结束前阻塞或结束，则 CPU 当即进行切换，而不会造成 CPU 资源浪费。

调度程序是内核的组成部分，它负责选择下一个要运行的进程。调度程序最终的目的就是最大限度地利用处理器，但是当要执行的进程数目比处理器的数目多时，就要按照一定的规则和先后顺序执行。

多任务操作系统是能并发地交互执行多个进程的操作系统，多任务操作系统可以分为抢占式多任务操作系统和非抢占式多任务操作系统，Linux 系统提供了抢占式的多任务模式。在该模式下，由调度程序来决定什么时候停止一个进程的运行以便其他进程能够得到执行机会。

调度进程的主要功能是对进程完成中断操作、改变优先级、查看进程状态等。Linux 中常用的调用进程的系统命令如表 6-1 所示。

表 6-1　Linux 中进程调度常见命令

选　项	参 数 含 义
ps	查看系统中的进程
top	动态显示系统中的进程
nice	按用户指定的优先级运行
renice	改变正在运行进程的优先级
kill	向进程发送信号（包括后台进程）
crontab	用于安装、删除或者列出用于驱动 cron 后台进程的任务
bg	将挂起的进程放到后台执行

进程调度选出新进程后，CPU 就要进行进程上下文切换，将新进程切换成当前执行进程，同时还要保存当前执行进程的执行现场（即寄存器、堆、栈等），为下一次调度执行做准备。

6.1.7 虚拟内存

程序代码和数据必须驻留在内存中才能运行，然而系统内存数量很有限，又很可能打开多个处理程序。系统则将程序分割成小份，只让当前系统运行时所需要的那部分留在物理内存，其他部分都留在硬盘。当系统处理完当前任务片段后，再从外存中调入下一个待运行的任务片段。

虚拟内存是将系统硬盘空间和系统实际内存联合在一起供进程使用，给进程提供了一个比内存大得多的虚拟空间。Linux 的 swap 分区就是硬盘专门为虚拟存储空间预留的空间。每一个字节都有一个内存地址编号，内存的地址为一个 32 位的无符号整型数据，可以表达的内存为 2^{32} 个字节的内存地址，即 4GB 的内存空间。系统为每一个进程都提供了一个 4GB 的虚拟内存，并且将相应的物理内存、硬盘、特殊的寄存器等虚拟成一系列的地址编号，与之形成映射关系。

系统到底是怎样把虚拟地址映射到物理地址上的呢？内存又如何能不断地和硬盘之间换入换出虚拟地址呢？

当程序需要的虚拟地址不在物理内存时，需要将虚拟在硬盘上的数据调入物理内存中，每次调入的数据单位为 4kB，这个存储单位便称为页，管理页换入换出的机制被称为页机制。页机制使用了一个中间地址，称为线性地址，该地址不代表实际物理地址，而代表整个进程的虚拟地址空间，称为段机制。在 Linux 内，段机制用来隔离用户数据和系统数据。

段机制处理逻辑地址向线性地址的映射；页机制则负责把线性地址映射为物理地址。两级映射共同完成了从程序员看到的逻辑地址转换到处理器看到的物理地址这一艰巨任务。

每个用户进程都可以看到 4GB 大小的线性空间，其中 0~3GB 是用户空间，用户态进程可以直接访问；3~4GB 空间为内核空间，存放内核代码和数据，只有内核态进程能够直接访问，用户态进程不能直接访问，只能通过系统调用和中断进入内核空间，而这时就要进行特权切换。

6.1.8 文件锁

每个进程都可以打开文件，为防止多个进程同时操作一个文件，则由文件锁进行控制。文件锁的作用是阻止多个进程同时操作同一个文件。

（1）在进程中，关闭一个描述符时，则该进程通过该描述符引用的文件上的任何一把锁都被释放。

（2）当一个进程终止时，它所建立的锁全部释放。

（3）由 fork 产生的子进程不继承父进程所设置的锁，子进程需要调用 fcnt 才能获得它自己的锁。

（4）当调用 exec 后，新程序可以继续执行原程序的文件锁。

6.2　进程控制编程

下面对进程控制方面的一些函数、方法进行简单分析。

6.2.1　创建进程

1．system 函数调用

用于执行 shell 命令。

```
#include <stdlib.h>
        int system(const char *command);
```

参数　command 为 Linux 指令。

返回值　返回-1 表示错误；

返回 0 表示调用成功但没有出现子进程；

返回值大于 0 表示成功退出的子进程 ID。

调用/bin/sh 时失败则返回 127，若参数 command 为空指针（NULL），则返回非零值。例如：

```
system("ls -l");
system("./mplay");
```

system()会调用 fork()产生子进程，由子进程调用/bin/sh-c command 来执行参数 command 字符串所代表的命令，被调用者成为当前进程的子进程，父进程被关闭时子进程同时被关闭。

2．exec 系列函数调用

exec 家族一共有 6 个函数，如下所示：

```
#include <unistd.h>
int execl(const char *path, const char *arg, …);
int execle(const char *path, const char *arg, … , char * const envp[]);
int execv(const char *path, char *const argv[]);
int execve(const char *filename, char *const argv[], char *const envp[]);
int execvp(const char *file, char * const argv[]);
int execlp(const char *file, const char *arg, …);
```

参数　path 和 file 表示要执行程序的包含路径的文件名；

arg 为参数序列，中间用逗号分隔；

argv 为参数列表；

envp 为环境变量列表。

返回值　exec 函数族的函数执行成功后不会返回，因为调用进程的实体，包括代码段、数据段和堆栈等都已经被新的内容取代，只留下进程 ID 等一些表面上的信息仍保持原样，只有调用失败了，才会返回-1，从原程序的调用点接着往下执行。

其中，只有 execve 函数是真正意义上的系统调用，其他都是在此基础上经过包装的库函数。exec 函数族的作用是根据指定的文件名找到可执行文件，并用它来取代调用进程的内容，即 exec 系列不创建进程，被调用者成为当前进程，同时清除了调用进程。

示例 6.2.1-1 用 execl 函数调用指令。

```
#include <unistd.h>
#include<stdio.h>
#include <errno.h>
    int main(int argc,char **argv){
        if (execl("/bin/ls","ls","-l",NULL) <0){
        /*注意：第一个参数是包含路径的指令名,第二个参数是指令名,最后一个参数必须为NULL,
        代表参数序列结束*/
            printf("err=%s\n",strerror(errno));
        }
        return 0;
    }
```

编译该段程序，运行代码，结果如下：

```
[root@localhost chapter6]# gcc Example6.2.1-1.c -o Example6.2.1-1
[root@localhost chapter6]# ./Example6.2.1-1
总计 16
-rwxr-xr-x 1 root root 5185 03-06 13:52 Example6.2.1
-rw------- 1 root root    380 03-06 13:52 Example6.2.1-1.c
-rw------- 1 root root    363 03-06 13:51 Example6.2.1-1.c~
```

示例 6.2.1-2 用 execvp 函数调用指令。

```
#include <unistd.h>
#include<stdio.h>
#include <errno.h>
    int main(int argc,char **argv){
        char *argls[]={ //同 argv
            "ls",
            "-l",
            NULL
        };
        if (execvp("/bin/ls",argls) <0){
//与前一个的区别是将参数序列加入到了字符串列表内
            printf("err=%s\n",strerror(errno));
        }
        return 0;
    }
```

编译该段程序，运行代码，结果如下：

```
[root@localhost chapter6]# gcc Example6.2.1-2.c -o Example6.2.1-2
[root@localhost chapter6]# ./Example6.2.1-2
总计 28
-rwxr-xr-x 1 root root 5185 03-06 13:52 Example6.2.1
-rw------- 1 root root    380 03-06 13:52 Example6.2.1-1.c
```

```
-rw------- 1 root root  363 03-06 13:51 Example6.2.1-1.c~
-rw------- 1 root root  385 03-06 13:55 Example6.2.1-2.c
-rw------- 1 root root    0 03-06 13:55 Example6.2.1-2.c~
-rwxr-xr-x 1 root root 5186 03-06 13:55 Example6.2.2
```

3．fork 分叉函数调用

```
#include <unistd.h>
```

（1）获取进程 ID 的函数如下：

```
pid_t getpid(void);                //获取当前进程 ID
pid_t getppid(void);               //获取父进程 ID
```

（2）创建子进程的函数如下：

```
pid_t fork(void);
```

返回值 失败时返回-1；

成功时返回进程 ID。

fork 创建了一个新的进程，原进程称为父进程，新的进程为子进程。fork 创建进程后，函数在子进程中返回 0 值，在父进程中返回子进程的 PID。两个进程都有自己的数据段、BBS 段、栈、堆等资源，父子进程间不共享这些存储空间。而代码段为父进程和子进程共享。父进程和子进程各自从 fork 函数后开始执行代码。在创建子进程后，子进程复制了父进程打开的文件描述符，但不复制文件锁。子进程的未处理的闹钟定时被清除，子进程不继承父进程的未决信号集。

示例 6.2.1-3 用 fork 创建子进程。

```
#include <stdio.h>
#include <stdlib.h>
#include <string.h>
#include <unistd.h>
#include <errno.h>
int main(int argc,char **argv){
    char buf[256];
    pid_t pid=fork(); //用 fork 创建子进程后,子进程具有与父进程同样的代码
    //pid 为-1,代表没有创建成功,目前还只有一个进程
    if(pid==-1) return 0;
    //如果创建成功,则父子进程中都会从 fork 执行代码
    //为区分代码是要从子进程中运行还是父进程中运行,用 pid 判断
    else if (pid==0){ //指定子进程要执行的代码
        strcpy(buf,"我是子进程");
        int i,a=5;
        for(i=0;i<5;i++) {
            printf("son ---- %d\n",i);
            sleep(1);
        }
    }
    else { //父进程要执行的代码
        strcpy(buf,"我是父进程");
```

```
        int i,a=10;
        for(i=5;i<a;i++){
            printf("parent---- %d\n",i);
            sleep(3);
        }
    }
    //父子进程都会执行的代码
    printf("---- %s,my pid= %d\n",buf,getpid());
    return 0;
}
```

编译该段程序，运行代码，结果如下：

```
[root@localhost chapter6]# gcc Example6.2.1-3.c -o Example6.2.1-3
[root@localhost chapter6]# ./Example6.2.1-3
son ---- 0
parent---- 5
son ---- 1
son ---- 2
parent---- 6
son ---- 3
son ---- 4
---- 我是子进程,my pid= 8209
parent---- 7
parent---- 8
parent---- 9
---- 我是父进程,my pid= 8208
```

（3）创建子进程的函数如下：

```
#include<unistd.h>
pid_t vfork(void);
```

函数说明 vfork()会产生一个新的子进程，其子进程会复制父进程的数据与堆栈空间，并继承父进程的用户代码、组代码、环境变量、已打开的文件代码、工作目录和资源限制等。Linux 使用 copy-on-write 技术，只有当其中一进程试图修改欲复制的空间时才会做真正的复制动作，由于这些继承的信息是复制而来，并非指相同的内存空间，因此子进程对这些变量的修改和父进程并不会同步。此外，子进程不会继承父进程的文件锁定和未处理的信号。

Linux 不保证子进程会比父进程先执行或晚执行，因此编写程序时要留意死锁或竞争条件的发生。

返回值 如果 vfork()成功，则在父进程会返回新建立的子进程代码（PID），而在新建立的子进程中返回 0，如果 vfork 失败则直接返回-1，失败原因存于 errno 中。

错误代码

EAGAIN：内存不足。

ENOMEM：内存不足，无法配置核心所需的数据结构空间。

vfork()系统调用和 fork()的功能相同，除了不复制父进程的页表项。子进程作为父进程的一个单独的线程在它的地址空间里运行，父进程被阻塞，直到子进程退出或执行 exec()。子进程不能向地址空间写入。vfork()系统调用的实现是通过向 clone()系统调用传递一个特殊标志来进行的。

① 在调用 copy_process()时，task_struct 的 vfork_done 成员被设置位 NULL。

② 在执行 do_fork()时，如果给定特别标志，则 vfork_done 会指向一个特殊地址。

③ 子进程开始执行后，父进程不是马上恢复执行，而是一直等待，直到子进程通过 vfork_done 指针向它发送信号。

④ 在调用 mm_release()时，该函数用于进程退出内存地址空间，并且检查 vfork_done 是否为空，如果不为空，则会向父进程发送信号。

⑤ 回到 do_fork()，父进程醒来并返回。

⑥ 如果一切执行顺利，子进程在新的地址空间里运行而父进程也恢复了在原地址空间的运行。这种实现方式，确实降低了开销，但是它的设计并不是优良的。

---

vfork 与 fork 的主要区别：fork 要复制父进程的数据段，而 vfork 则不需要完全复制父进程的数据段，子进程与父进程共享数据段。fork 不对父子进程的执行次序进行任何限制；而在 vfork 调用中，子进程先运行，父进程挂起。

示例 6.2.1-4　vfork 函数的使用。

```
#include<sys/types.h>
#include<sys/stat.h>
#include<unistd.h>
#include<stdio.h>
#include<stdlib.h>
main()
{
int count=1;
int child;
printf("Before create son, the father's count is:%d\n",count);
if(!(child = vfork()))
{
printf("This is son, his pid is: %d and the count is: %d\n",getpid(),++count);
exit(1);
}else{
printf("After son,This is father, his pid is: %d and the count is: %d, and the child is: %d\n",getpid(),count,child);} }
```

运行调试，结果如下：

```
[root@localhost chapter6]# gcc Example6.2.1-4.c -o Example6.2.1-4
[root@localhost chapter6]# ./Example6.2.1-4
Before create son, the father's count is:1
This is son, his pid is: 8352 and the count is: 2
After son,This is father, his pid is: 8351 and the count is: 2, and the child is: 8352
```

示例 6.2.1-5 判断 count 的结果。

```
#include <unistd.h>
#include <stdio.h>
int main(void)
{
      pid_t pid;
      int count=0;
      count++;
      pid = fork();
      printf( "This is first time, pid = %d\n", pid );
      printf( "This is second time, pid = %d\n", pid );
      count++;
      printf( "count = %d\n", count );
      if ( pid>0 )
      printf( "This is parent process,the child has the pid:%d\n", pid );
      else if ( !pid )
      printf( "This is the child process.\n");
      else
      printf( "fork failed.\n" );
      printf( "This is third time, pid = %d\n", pid );
      printf( "This is fourth time, pid = %d\n", pid );
      return 0;}
```

运行调试，结果如下：

```
[root@localhost chapter6]# gcc Example6.2.1-5.c -o Example6.2.1-5
[root@localhost chapter6]# ./Example6.2.1-5
This is first time, pid = 0
This is second time, pid = 0
count = 2
This is the child process.
This is third time, pid = 0
This is fourth time, pid = 0
This is first time, pid = 8396
This is second time, pid = 8396
count = 2
This is parent process,the child has the pid:8396
This is third time, pid = 8396
```

父进程的数据空间、堆栈空间都会复制给子进程，而不是共享这些内存。在子进程中对 count 进行自加 1 的操作，并没有影响到父进程中的 count 值，父进程中的 count 值仍然为 0。

（4）等待进程结束的函数如下：

```
#include <linux/wait.h>
pid_t wait(int *status);                                    //等待任何一个子进程结束,阻塞
pid_t waitpid(pid_t pid, int *status, int options);         //等待进程结束,可设置是否阻塞
```

参数 status 是进程的返回值，16 位数，前 8 位是子进程返回的值，后 8 位用于系统占用的位；

pid 用来指定要等待哪一个进程结束；①pid>0 时，只等待进程 ID 等于 pid 的子进程结束；②pid=-1 时，等待任何一个子进程退出，此时等同于 wait 的作用；③pid=0 时，等待同一个进程组中的任何子进程，如果子进程已经加入了别的进程组，waitpid 不会对它做任何理睬；④pid<-1 时，等待指定进程组中的任何子进程，这个进程组的 ID 等于 pid 的绝对值。

options 用于指定等待方式：①WNOHANG 表示不阻塞，即使没有子进程退出，它也会立即返回；②WUNTRACED 表示如果子进程进入暂停，则马上返回；③0 表示阻塞，直到子进程结束。

返回值　正常返回时，waitpid 返回子进程 ID；如果设置了选项 WNOHANG，而调用中 waitpid 发现没有已退出的子进程，则返回 0；如果调用中出错，则返回-1。

示例 6.2.1-6　阻塞等待。

```
#include <stdio.h>
#include <stdlib.h>
#include <unistd.h>
int A;
int main(int argc,char **argv){
   int i=0;
      pid_t pid=fork();
      if (pid==-1) return 0;              //失败
      else if (pid==0){                   //子进程
       printf("son pid =%d\n",getpid());
       A=10;
       while(1){
           printf("son ----- %d,%d\n",i,A);
           sleep(1);
           A++;
           i++;
           if (i==5) return 111;//exit(234);
       }
       printf("son -- over\n");
       //
      }
      else if (pid>0){ //父进程
       printf("parent pid =%d\n",getpid());
       int a;
       wait(&a);
       printf("----a=%d\n",a>>8);
      }
}
```

运行调试，结果如下：

```
[root@localhost chapter6]# gcc Example6.2.1-6.c -o Example6.2.1-6
[root@localhost chapter6]# ./Example6.2.1-6
son pid =8438
son ----- 0,10
parent pid =8437
son ----- 1,11
son ----- 2,12
```

```
son ----- 3,13
son ----- 4,14
----a=111
```

示例 6.2.1-7 非阻塞等待。

```
#include <stdio.h>
#include <stdlib.h>
#include <unistd.h>
#include <sys/wait.h>
int A;
int main(int argc,char **argv){
int i=0;
    pid_t pid=fork();
    if (pid==-1) return 0;                //失败
    else if (pid==0){                     //子进程
      printf("son pid =%d\n",getpid());
      A=10;
      while(1){
          printf("son ----- %d,%d\n",i,A);
          sleep(1);
          A++;
          i++;
          if (i==5)exit(234);
      }
      printf("son -- over\n");
      //
    }
    else if (pid>0){ //父进程
      printf("parent pid =%d\n",getpid());
      int a;
      pid_t tmpd;
      tmpd=waitpid(pid,&a,0);
      printf("----a=%d\n",a>>8);
    }
}
```

运行调试，结果如下：

```
[root@localhost chapter6]# gcc Example6.2.1-7.c -o Example6.2.1-7
[root@localhost chapter6]# ./Example6.2.1-7
son pid =8537
son ----- 0,10
parent pid =8536
son ----- 1,11
son ----- 2,12
son ----- 3,13
son ----- 4,14
----a=234
```

6.2.2　进程终止

1. 进程终止的方式

进程终止的方式有 8 种，前 5 种为正常终止，后 3 种为异常终止。

（1）主函数结束，进程终止。

结束主函数的方法是代码运行完毕，或调用 return。

（2）调用 exit 函数，进程终止。

```
void exit(int status)                //退出进程
```

参数　进程结束后要返回给父进程的值。

该函数可以在程序的任何位置结束进程，退出之前先检查是否有文件被打开，如果有文件打开，则把文件缓冲区数据写入文件，然后退出进程。

示例 6.2.2-1　退出进程。

```
#include <stdio.h>
#include <stdlib.h>
#include <unistd.h>
int main(int argc,char **argv){
    int i=0;
    pid_t pid=fork();
    if (pid==-1) return 0;                //失败
    else if (pid==0){                     //子进程
            printf("son pid =%d\n",getpid());
            while(1){
                    printf("son ----- %d\n",i);
                    sleep(1);
                    i++;
                    if (i==5) {
                        printf("我要退出子进程\n");
                        exit(0);
                    }
            }
            printf("son -- over\n");
    }
    else if (pid>0){                      //父进程
            printf("parent pid =%d\n",getpid());
            int a;
            wait(&a);
            printf("----a=%d\n",a>>8);
    }
}
```

运行程序，结果如下：

```
[root@localhost chapter6]# gcc Example6.2.2-1.c -o Example6.2.2-1
[root@localhost chapter6]# ./Example6.2.2-1
son pid =8752
son ----- 0
```

```
parent pid =8751
son ----- 1
son ----- 2
son ----- 3
son ----- 4
我要退出子进程
----a=0
```

（3）调用_exit 函数，终止进程。

```
void _exit(int status)                              //退出进程
```

参数　进程结束后要返回给父进程的值。

直接进入内核，不做任何检查，直接终止进程，可以用_exit 或_Exit。

示例 6.2.2-2　退出进程。

```
#include <stdio.h>
#include <stdlib.h>
#include <unistd.h>
int main(int argc,char **argv){
    int i=0;
    pid_t pid=fork();
    if (pid==-1) return 0;                          //失败
    else if (pid==0){                               //子进程
            printf("son pid =%d\n",getpid());
            while(1){
                    printf("son ----- %d\n",i);
                    sleep(1);
                    i++;
                    if (i==5) {
                        printf("我要退出子进程\n");
                        _exit(0);
                    }
            }
            printf("son -- over\n");
    }
    else if (pid>0){                                //父进程
            printf("parent pid =%d\n",getpid());
            int a;
            wait(&a);
            printf("----a=%d\n",a>>8);
    }
}
```

运行代码，结果如下：

```
[root@localhost chapter6]# gcc Example6.2.2-2.c -o Example6.2.2-2
[root@localhost chapter6]# ./Example6.2.2-2
son pid =8802
son ----- 0
parent pid =8801
```

```
son ----- 1
son ----- 2
son ----- 3
son ----- 4
我要退出子进程
----a=0
```

（4）最后一个线程从启动例程返回。

示例 6.2.2-3　等待线程返回。

```
#include <stdio.h>
#include <stdlib.h>
#include <pthread.h>
pthread_t pthread_id;
void *run(void *buf){
    int i;
    for(i=0;i<10;i++){
        printf("------ %d\n",i);
        sleep(1);
    }
}

void close_handler(){
    pthread_join(pthread_id,NULL);
}

int main(int argc,char **argv){
    atexit(close_handler);
    pthread_create(&pthread_id,NULL,run,NULL);
    pthread_join(pthread_id,NULL);
    return 0;
}
```

运行代码，结果如下：

```
[root@localhost chapter6]# gcc Example6.2.2-3.c -o Example6.2.2-3
[root@localhost chapter6]# ./Example6.2.2-3
------ 0
------ 1
------ 2
------ 3
------ 4
------ 5
------ 6
------ 7
------ 8
------ 9
```

（5）最后一个线程调用 pthread_exit，方法同（4）。

（6）最后一个线程对取消请求做出响应，方法同（4）。

（7）调用 abort 函数，异常终止进程。

```
#include <stdlib.h>
void abort(void);                //异常终止进程
```

abort 通常伴随 core 文件产生， 如果直接 exit，不会产生 core 文件。

示例 6.2.2-4 异常终止进程。

```
#include <stdio.h>
#include <stdlib.h>
#include <unistd.h>
int main(int argc,char **argv){
    int i=0;
    pid_t pid=fork();
    if (pid==-1) return 0;                          //失败
    else if (pid==0){                               //子进程
            printf("son pid =%d\n",getpid());
            while(1){
                    printf("son ----- %d\n",i);
                    sleep(1);
                    i++;
                    if (i==5) {
                        printf("我要异常终止子进程\n");
                        abort();
                    }
            }
            printf("son -- over\n");
    }
    else if (pid>0){                                //父进程
            printf("parent pid =%d\n",getpid());
            int a;
            wait(&a);
            printf("----a=%d\n",a>>8);
    }
}
```

运行代码，结果如下：

```
[root@localhost chapter6]# gcc Example6.2.2-4.c -o Example6.2.2-4
[root@localhost chapter6]# ./Example6.2.2-4
son pid =8899
son ----- 0
parent pid =8898
son ----- 1
son ----- 2
son ----- 3
son ----- 4
我要异常终止子进程
----a=0
```

（8）接到一个信号并终止。

如 Ctrl+c 发送 SIGKILL 信号给进程，则进行会强行关闭。raise 函数则允许进程向自身发送信号。

示例 6.2.2-5　发送 SIGKILL 信号终止进程。

```
#include <stdio.h>
#include <stdlib.h>
#include <unistd.h>
#include <signal.h>
int main(int argc,char **argv){
    int i=0;
    pid_t pid=fork();
    if (pid==-1) return 0;                          //失败
    else if (pid==0){                               //子进程
            printf("son pid =%d\n",getpid());
            while(1){
                    printf("son ----- %d\n",i);
                    sleep(1);
                    i++;
                    if (i==5) {
                        printf("我要发送信号终止子进程\n");
                        raise(SIGKILL);
                    }
            }
            printf("son -- over\n");
    }
    else if (pid>0){                                 //父进程
            printf("parent pid =%d\n",getpid());
            int a;
            wait(&a);
            printf("----a=%d\n",a>>8);
    }
}
```

运行代码，结果如下：

```
[root@localhost chapter6]# gcc Example6.2.2-5.c -o Example6.2.2-5
[root@localhost chapter6]# ./Example6.2.2-5
son pid =8951
son ----- 0
parent pid =8950
son ----- 1
son ----- 2
son ----- 3
son ----- 4
我要发送信号终止子进程
----a=0
```

2．atexit 函数

指定程序正常结束前调用的函数如下：

```
#include <stdlib.h>
int atexit(void (*function)(void));
```

参数 function 程序关闭时是要执行的函数的指针。

一个进程可以登记 32 个函数，这些函数由 exit 自动调用，这些函数被称为终止处理函数，atexit 函数可以登记这些函数。

示例 6.2.2-6 指定程序关闭时调用的函数。

```
#include <stdlib.h>
#include <stdio.h>
void close_handler(){
    printf("我是进程关闭时自动调用的函数,相当于析构\n");
}
int main(int argc,char **argv){
        atexit(close_handler);
        return 0;
}
```

运行代码，结果如下：

```
[root@localhost chapter6]# gcc Example6.2.2-6.c -o Example6.2.2-6
[root@localhost chapter6]# ./Example6.2.2-6
我是进程关闭时自动调用的函数,相当于析构。
```

6.2.3 守护进程

守护进程的编程步骤如下：

（1）创建子进程，父进程退出，所有工作在子进程中进行，形式上脱离了控制终端。

（2）在子进程中创建新会话，用 setsid 函数使子进程完全独立出来，脱离控制。

（3）改变当前目录为根目录，用 chdir 函数，防止占用可卸载的文件系统。

（4）重设文件权限掩码，用 umask 函数防止继承的文件创建屏蔽字拒绝某些权限，增加守护进程的灵活性。

（5）关闭文件描述符，继承的打开文件不会用到，浪费系统资源，无法卸载，用 getdtablesize()函数返回所在进程的文件描述符表的项数，即该进程打开的文件数目。

示例 6.2.3-1 实现守护进程。

```
#include <stdio.h>
#include <stdlib.h>
#include <string.h>
#include <unistd.h>
#include <sys/wait.h>
#include <sys/types.h>
#include <fcntl.h>
int main(int argc,char **argv){
        pid_t pid;
        int i,fd;
        char *buf="这是守护进程";
        pid=fork();
```

```
        if (pid ==-1) exit(1);                    //创建进程失败
        else if (pid >0) exit(1);                 //父进程被关闭
        //----子进程要处理的代码
        printf("进入子进程\n");
        //在子进程创建新的会话
        setsid();
        //设置工作目录为根
        chdir("/");
        //设置权限掩码
        umask(0);
        //返回子进程文件描述符表的项数,并关闭描述符
        for(i=0;i<getdtablesize();i++) close(i);
        //死循环进行守护
        while(1){
                printf("永远写下去\n");
                //以追加方式打开一个日志文件,将适应的信息写入文件
                fd=open("/tmp/daemon.log",O_CREAT |O_WRONLY | O_APPEND,0600);
                if (fd==-1){
                        printf("open file error\n");
                        exit(1);                //结束子进程
                }
                write(fd,buf,strlen(buf)+1);
                close(fd);
                sleep(3);
        }
        return 0;
}
```

运行代码，结果如下：

```
[root@localhost chapter6]# gcc Example6.3.1-1.c -o Example6.3.1-1
[root@localhost chapter6]# ./Example6.3.1-1
进入子进程
```

习题与练习

1．什么是进程？子进程和父进程的区别和联系是什么？

2．什么是进程描述符？

3．进程有哪几种状态？含义分别是什么？

4．什么是僵尸进程？

5．编写一个进程程序，创建一个子进程，调用等待函数等待 10 秒，打印输出进程的 ID 号。

第 7 章 进程间通信

CHAPTER 7

一个大型的应用系统，往往需要众多进程协作，进程间通信的重要性显而易见。本章从进程间通信的基本概念开始介绍，阐述了 Linux 环境下的几种主要进程间通信手段，并针对每个通信手段的关键技术环节给出实例。此外，还对某些通信手段的内部实现机制进行了分析。

7.1 进程间通信概述

Linux 下的进程通信手段基本上是从 UNIX 平台上的进程通信手段继承而来。而对 UNIX 发展做出重大贡献的两大主力 AT&T 的贝尔实验室及 BSD（加州大学伯克利分校的伯克利软件发布中心）在进程间通信方面的侧重点有所不同。前者对 UNIX 早期的进程间通信手段进行了系统的改进和扩充，形成了“System V IPC”，通信进程局限在单个计算机内；后者则跳过了该限制，形成了基于套接口（socket）的进程间通信机制。Linux 则把两者继承了下来，Linux 所继承的进程间通信如图 7-1 所示。

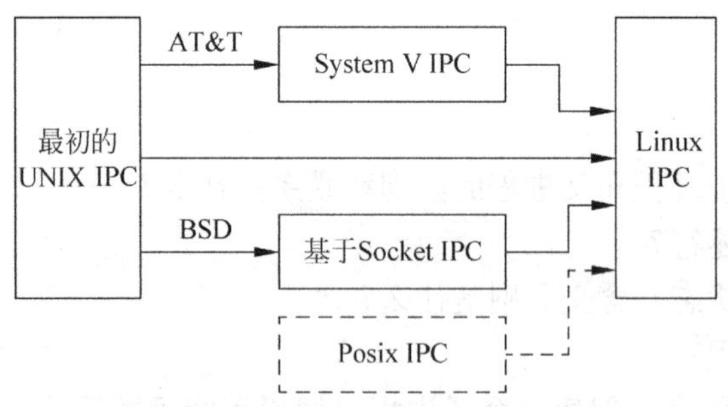

图 7-1 Linux 所继承的进程间通信

其中，最初的 UNIX IPC 包括管道、FIFO、信号；System V IPC 包括 System V 消息队列、System V 信号灯、System V 共享内存区；Posix IPC 包括 Posix 消息队列、Posix 信号灯、Posix 共享内存区。

有两点需要简单说明一下：

（1）由于UNIX版本的多样性，电子电气工程协会（IEEE）开发了一个独立的UNIX标准，这个新的ANSI UNIX标准被称为计算机环境的可移植性操作系统界面（PSOIX）。现有的大部分UNIX和流行版本都是遵循POSIX标准的，而Linux从一开始就遵循POSIX标准。

（2）BSD并不是没有涉足单机内的进程间通信（socket本身就可以用于单机内的进程间通信）。事实上，很多UNIX版本的单机IPC留有BSD的痕迹，如4.4BSD支持的匿名内存映射、4.3+BSD对可靠信号语义的实现等。

为了避免概念上的混淆，在尽可能少提及UNIX的各个版本的情况下，所有问题的讨论最终都会归结到Linux环境下的进程间通信上来。并且，对于Linux所支持的通信手段的不同实现版本（如对于共享内存来说，有Posix共享内存区以及System V共享内存区两个实现版本），将主要介绍Posix API。

Linux下进程间通信的几种主要手段简介如下：

（1）管道（pipe）及命名管道（named pipe）：管道可用于具有亲缘关系的进程间的通信，有名管道克服了管道没有名字的限制，因此，除具有管道所具有的功能外，它还允许无亲缘关系进程间的通信。

（2）信号（signal）：信号是比较复杂的通信方式，用于通知进程有某种事件发生，除了用于进程间通信外，进程还可以发送信号给进程本身；Linux除了支持UNIX早期信号语义函数signal外，还支持语义符合Posix.1标准的信号函数sigaction（实际上，该函数是基于BSD的，BSD为了实现可靠信号机制，又能够统一对外接口，用sigaction函数重新实现了signal函数）。

（3）消息队列（message）：消息队列是消息的链接表，包括Posix消息队列和systemV消息队列。有足够权限的进程可以向队列中添加消息，被赋予读权限的进程则可以读取队列中的消息。消息队列克服了信号承载信息量少、管道只能承载无格式字节流以及缓冲区大小受限等缺点。

（4）共享内存：使多个进程可以访问同一块内存空间，是最快的可用IPC形式，是针对其他通信机制运行效率较低而设计的。往往与其他通信机制，例如信号量结合使用，来达到进程间的同步及互斥。

（5）信号量（semaphore）：主要作为进程间以及同一进程不同线程之间的同步手段。

（6）套接口（socket）：更为一般的进程间通信机制，可用于不同机器之间的进程间通信。起初是由UNIX系统的BSD分支开发出来的，但现在一般可以移植到其他类UNIX系统上，Linux和System V的变种都支持套接字。

下面对上述通信机制作具体阐述。一般来说，Linux下的进程包含以下几个关键要素：

（1）有一段可执行程序。

（2）有专用的系统堆栈空间。

（3）内核中有它的控制块（进程控制块），描述进程所占用的资源，这样，进程才能接受内核的调度。

（4）具有独立的存储空间。

（5）进程和线程有时候并不完全区分，而往往根据上下文理解其含义。

进程间各种通信方式的效率比较如表7-1所示。

表 7-1 进程间各种通信方式的效率比较

类 型	无 连 接	可 靠	流 控 制	消息类型是否为优先级
普通 PIPE	否	是	是	否
流 PIPE	否	是	是	否
命名 PIPE（FIFO）	否	是	是	否
消息队列	否	是	是	是
信号量	否	是	是	是
共享存储	否	是	是	是
UNIX 流 SOCKET	否	是	是	否
UNIX 数据包 SOCKET	是	是	否	否

7.2 管道通信

管道是 Linux 中最早支持的 IPC 机制，是一个连接两个进程的连接器，它实际上是在进程间开辟一个固定大小的缓冲区，需要发布信息的进程运行写操作，需要接收信息的进程运行读操作。管道是半双工的，输入输出原则是先入先出（FIFO），写入数据在管道的尾端，读取数据在管道的头部。如果要实现双向交互，必须创建两个管道。

管道分为 3 种：

（1）无名管道：用于父子进程之间的通信，没有磁盘节点，位于内存中，它仅作为一个内存对象存在，用完后就销毁了。

（2）命名管道：用于任意进程之间的通信，具有文件名和磁盘节点，位于文件系统，读写的内部实现和普通文件不同，而是和无名管道一样采用字节流的方式。

（3）标准流管道：用于获取指令运行结果集。

管道具有以下特点：

（1）管道是半双工的，数据只能向一个方向流动。

（2）需要双向通信时，需要建立起两个管道。

（3）只能用于父子进程或者兄弟进程之间（具有亲缘关系的进程）。

（4）单独构成一种独立的文件系统，管道对于管道两端的进程而言，就是一个文件，但它不是普通的文件，它不属于某种文件系统，而是自立门户，单独构成一种文件系统，并且只存在于内存中。

7.2.1 无名管道

用于父子进程之间的通信，管道以先进先出方式保存一定数量的数据。使用管道时一个进程从管道的一端写，另一个进程从管道的另一端读。在主进程中利用 fork 创建一个子进程，让父子进程同时拥有对同一管道的读写句柄，然后在相应进程中关闭不需要的句柄。

操作流程为 pipe->read（write）->close。

1．创建管道

```
#include<unistd.h>
    int pipe(int fd[2])
```

参数 fd文件描述符数组，由函数填写数据，fd[0]用于管道的read端，fd[1]用于管道的write端。

返回值 返回0表示成功，返回-1表示失败。

2．管道读写

使用read和write函数，管道读写采用字节流的方式，具有流动性，读数据时，每读一段数据，则管道内会清除已读走的数据。

（1）读管道时，若管道为空，则被阻塞，直到管道另一端write将数据写入到管道为止。若写端已关闭，则返回0。

（2）写管道时，若管道已满，则被阻塞，直到管道另一端read将管道内数据取走为止。若读端已关闭，则写端返回21，errno被设为EPIPE，进程还会收到SIGPIPE信号（默认处理是终止进程，该信号可以被捕捉）。

3．管道关闭

用close函数，在创建管道时，写端需要关闭f[0]描述符，读端需要关闭f[1]描述符。当进程关闭前，每个进程需要把没有关闭的描述符都进行关闭。

无名管道需要注意的问题：

（1）管道是半双工方式，数据只能单向传输。如果在两个进程之间相互传送数据，要建立两条管道。

（2）pipe调用必须在调用fork以前进行，否则子进程将无法继承文件描述符。

（3）使用无名管道互相连接的任意进程必须位于一个相关的进程组中。

示例7.2.1-1 父子进程间的通信。

```
#include <stdio.h>
#include <stdlib.h>
#include <string.h>
#include <unistd.h>
#include <sys/wait.h>
int main(int argc,char **argv){
  int fd[2];                                  //描述符,0表示读,1表示写
  int err=pipe(fd);
  if (err==-1){
     printf("pipe err\n");
     exit(0);
  }
  pid_t pid=fork();
  if (pid==-1) exit(0);
  else if (pid==0){                           //子进程
     close(fd[1]);
     char buf[256]={0};
     int size=read(fd[0],buf,256);
     if (size >0) printf("son ---- %s\n",buf);  //如果管道为空,则关闭管道且read返回0
     else printf("son read err\n");
     close(fd[0]);
     exit(0);
  }
  else if (pid >0){                           //父进程
```

```
        close(fd[0]);
        char *str="1234567890";
        int size=write(fd[1],str,strlen(str));
        sleep(5);
        close(fd[1]);
        wait(NULL);
        exit(0);
    }
}
```

运行程序，结果如下：

```
[root@localhost chapter7]# gcc Example7.2.1-1.c -o Example7.2.1-1
[root@localhost chapter7]# ./Example7.2.1-1
son ---- 1234567890
[root@localhost chapter7]#
```

示例 7.2.1-2 父进程用管道将字符串“hello!\n”传给子进程并显示。

```
#include <unistd.h>
#include <stdio.h>
main()
{
int filedes[2];
char buffer[80];
pipe(filedes);
if(fork()>0)
{/*父进程*/
char s[ ] = "hello!\n";
write(filedes[1],s,sizeof(s));
}
else
{/*子进程*/
read(filedes[0],buffer,80);
printf("%s",buffer);
}
}
```

运行结果如下所示：

```
[root@localhost chapter7]# gcc Example7.2.1-2.c -o Example7.2.1-2
[root@localhost chapter7]# ./Example7.2.1-2
[root@localhost chapter7]# hello!
```

7.2.2 有名管道

用于任意进程间的通信。命名管道提供一个路径名与之关联，以 FIFO 的文件形式存在于文件系统中，在文件系统中产生一个物理文件，其他进程只要访问该文件路径，就能彼此通过管道通信。在读数据端以只读方式打开管道文件，在写数据端以只写方式打开管道文件。

FIFO 文件与普通文件的区别：

（1）普通文件无法实现字节流方式管理，而且多进程之间访问共享资源会造成意想不到的问题。

（2）FIFO 文件采用字节流方式管理，遵守先入先出原则，不涉及共享资源访问。

操作流程为 mkfifo->open->read（write）->close->unlink。

1. 创建有名管道

```
int mkfifo(char *pathname,mode_t mode);
```

参数　pathname 为管道建立的临时文件，文件名在创建管道之前不能存在；

mode 为管道的访问权限，如 0666。

返回值　成功时返回 0，失败时返回-1。如果文件已存在则失败。

有名管道只需在写端创建，不需要在读端创建。

2. 打开管道

使用 open 函数，默认设置为阻塞模式，不需要使用创建的方式，不需要在此处再设置访问权限。在读端以只读方式打开，在写端以只写方式打开。

3. 管道读写

使用 read 和 write 函数。

（1）阻塞模式

读取数据时，以只读方式打开，若管道空，则被阻塞，直到写数据端写入数据为止。在读数据端，可能有多个进程读取管道，所有的读进程都被阻塞。当有任意一个进程能读取数据时，其他所有进程都被解阻，只不过返回值为 0，数据只能被其中一个进程读走。

写入数据时，以只写方式打开，若管道已满，则被阻塞，直到读进程将数据读走。管道最大长度为 4096 字节，有些操作系统为 512 字节。如果写入端是多个进程，当管道满时，Linux 保证了写入的原子性，即采用互斥方式实现。

（2）非阻塞模式

读取数据时，立即返回，管道没有数据时，返回 0，且 errno 值为 EAGAIN，有数据时，返回实际读取的字节数。

写入数据时，当要写入的数据量不大于 PIPE_BUF 时，Linux 将保证写入的原子性。如果当前 FIFO 空闲缓冲区能够容纳请求写入的字节数，写完后成功返回；如果当前 FIFO 空闲缓冲区不能够容纳请求写入的字节数，则返回 EAGAIN 错误，提醒以后再写。

4. 管道关闭

用 close 函数。进程关闭前，只需关闭各自的描述符即可。

5. 文件移除

用 unlink 函数，将临时文件及时清除。在写端移除，不需要在读端移除。

示例 7.2.2-1　任意进程间的通信。

服务端代码 Example7.2.2-1server.c 如下：

```
#include <stdio.h>
#include <sys/stat.h>
#include <sys/types.h>
#include <string.h>
#include <fcntl.h>
```

```
#include <unistd.h>
int main(){
    int err=mkfifo("/tmp/myfifo",0666);
    if (err==-1){
      printf(" file name is exist\n");
      return 0;
    }
    int fd=open("/tmp/myfifo",O_WRONLY);
    if (fd==-1){
      printf(" open err\n");
      unlink("/tmp/myfifo");
      return 0;
    }
    char buf[256];
    while(1){
      scanf("%s",buf);
      int size=write(fd,buf,strlen(buf));
      printf("write    size =%d,buf=%s\n",size,buf);
      if (strcmp(buf,"q")==0) break;
    }
    close(fd);
    unlink("/tmp/myfifo");
}
```

客户端代码 Example7.2.2-1client.c 如下:

```
#include <stdio.h>
#include <sys/stat.h>
#include <sys/types.h>
#include <string.h>
#include <fcntl.h>
#include <unistd.h>
int main(){
    int fd=open("/tmp/myfifo",O_RDONLY);
    if (fd==-1){
      printf(" open err\n");
      return 0;
    }
    char buf[256];
    while(1){
      bzero(buf,256);
      int size=read(fd,buf,256);
      printf("read    size =%d,buf=%s\n",size,buf);
      if (strcmp(buf,"q")==0) break;
    }
    close(fd);
}
```

在终端下编译这两段程序，如下所示:

```
[root@localhost chapter7]# gcc Example7.2.2-1client.c -o Example7.2.2-1client
[root@localhost chapter7]# gcc Example7.2.2-1server.c -o Example7.2.1-1server
```

打开两个终端，先运行服务端，结果如下:

```
[root@localhost chapter7]# ./Example7.2.2-1server
hello
write    size =5,buf=hello
how are you!
write    size =3,buf=how
write    size =3,buf=are
write    size =4,buf=you!
```

再运行客户端，结果如下：

```
[root@localhost chapter7]# ./Example7.2.2-1client
read    size =5,buf=hello
read    size =10,buf=howareyou!
```

7.2.3 标准流管道

标准流管道是标准 C 函数，不属于系统调用，用于读取指令执行的结果。

操作流程为 popen->fread->pclose。

1．创建管道

```
#include <stdio.h>
    FILE *popen(const char *command, const char *type);
```

参数 command 为用双引号括起来的指令；

type 可为 w 或 r，通常用 r。

返回值 错误时返回 NULL，成功时返回 FILE 指针。

2．读取数据

用 fread 函数读取。

3．关闭管道

```
int pclose(FILE *stream);
```

示例 7.2.3-1 读取指令结果。

```
#include <stdio.h>
int main(int argc,char **argv){
FILE *fp=popen("date","r");
if (fp==NULL){
printf("popen err\n");
return 0;
    }
        char buf[256]={0};
        fread(buf,256,1,fp);
        pclose(fp);
        printf("---%s\n",buf);
}
```

运行代码，结果如下：

```
[root@localhost chapter7]# gcc Example7.2.3-1.c -o Example7.2.3-1
[root@localhost chapter7]# ./Example7.2.3-1
---2017 年 03 月 06 日星期一 15:47:59 CST
```

7.3 消息队列

早期通信机制之一的信号能够传送的信息量有限，管道则只能传送无格式的字节流，这无疑会给应用程序开发带来不便。消息队列则克服了这些缺点。消息队列就是一个消息的链表。可以把消息看作一个记录，具有特定的格式。进程可以向其中按照一定的规则添加新消息；另一些进程则可以从消息队列中读取消息。

目前主要有两种类型的消息队列：POSIX 消息队列以及系统 V 消息队列。系统 V 消息队列目前被大量使用。系统 V 消息队列是随内核持续的，只有在内核重启或者人工删除时，该消息队列才会被删除。消息队列的内核持续性要求每个消息队列都在系统范围内对应唯一的键值，所以，要获得一个消息队列的描述字，必须提供该消息队列的键值。

消息队列就是消息的一个链表，它允许一个或者多个进程向它写消息，或一个或多个进程向它读消息。在内核中以队列的方式管理，队列先进先出，是线性表。消息信息写在结构体中，送到内核中，由内核管理。

消息的发送不是同步机制，而是先发送到内核，只要消息没有被清除，则另一个程序无论何时打开都可以读取消息。消息可以用在同一程序之间（多个文件之间的信息传递），也可以用在不同进程之间。消息结构体必须自己定义，必须按系统的要求定义。

```
struct msgbuf{              //结构体的名称自己定义
    long mtype;             //必须是 long,变量名必须是 mtype
    char mdata[256];        //必须是 char 类型数组,数组名和数组长度由自己定义
};
```

其中，mtype 是消息标识，大多用宏定义一组消息指令； mdata 是对消息的文件说明。

7.3.1 键值

表头文件

```
#include<sys/types.h>
#include<sys/ipc.h>
```

定义函数

```
key_t ftok(char*pathname, char proj);
```

函数说明 系统建立 IPC 通信（消息队列、信号量和共享内存）时必须指定一个 ID 值。通常情况下，该 ID 值通过 ftok 函数得到。其中 pathname 为文件名且 proj 为项目名（不为 0 即可）。

返回值 返回文件名对应的键值。

7.3.2 打开/创建消息队列

表头文件

```
#include <sys/types.h>
#include <sys/ipc.h>
#include <sys/msg.h>
```

定义函数

```
int msgget(key_t key, int msgflg)
```

函数说明 key 为键值，由 ftok 获得；msgflg 为标志位；IPC_CREAT 为创建的新消息队列；IPC_EXCL 与 IPC_CREAT 一同使用，表示如果要创建的消息队列已经存在，则返回错误；IPC_NOWAIT 表示读写消息队列要求无法得到满足时，不阻塞。

返回值 与键值 key 相对应的消息队列描述字。

在以下两种情况下，将创建一个新的消息队列：

（1）如果没有消息队列与键值 key 相对应，并且 msgflg 中包含了 IPC_CREAT 标志位。

（2）key 参数为 IPC_PRIVATE。

创建消息队列格式如下：

```
int open_queue(key_t keyval)
{
        intqid;
        if((qid=msgget(keyval,IPC_CREAT))==-1)
        {
            return(-1);
        }
            return(qid);
}
```

7.3.3 发送消息

表头文件

```
#include <sys/types.h>
#include <sys/ipc.h>
#include <sys/msg.h>
```

定义函数

```
int msgsnd(int msqid,struct msgbuf*msgp,int msgsz,int msgflg)
```

函数说明 向消息队列发送一条消息。msqid 为已打开的消息队列 ID；msgp 为存放消息的结构；msgsz 为消息数据长度；msgflg 为发送标志，有意义的 msgflg 标志为 IPC_NOWAIT，指明在消息队列没有足够空间容纳要发送的消息时，msgsnd 是否等待。

消息格式如下：

```
struct msgbuf
{
        long mtype;                 //消息类型>0
        data;                       //消息数据
};
```

7.3.4 接收消息

表头文件

```
#include <sys/types.h>
#include <sys/ipc.h>
#include <sys/msg.h>
```

定义函数

```
int msgrcv(int msqid, struct msgbuf *msgp, int msgsz, long msgtyp, int msgflg)
```

函数说明 从 msqid 代表的消息队列中读取一个消息，并把消息存储在 msgp 指向的 msgbuf 结构中。在成功地读取了一条消息后，队列中的这条消息将被删除。

返回值 操作成功时返回 0，失败时返回-1。

7.3.5 消息控制

表头文件

```
#include <sys/types.h>
#include <sys/ipc.h>
#include <sys/msg.h>
```

定义函数

```
int msgctl(int msqid, int cmd, struct msqid_ds *buf)
```

函数说明 该系统调用对由 msqid 标识的消息队列执行 cmd 操作，共有三种 cmd 操作：

（1）IPC_STAT：获取消息队列信息，返回信息存储在 buf 指向的 msqid 结构中。

（2）IPC_SET：设置消息队列的属性，要设置的属性存储在 buf 指向的 msqid 结构中。

（3）IPC_RMID：删除 msqid 标识的消息队列。

返回值 如果成功，IPC_STAT、IPC_SET、IPC_RMID 返回 0，发生错误则返回-1。

示例 7.3.5-1 创建一个消息队列，实现向队列中存放数据和读取数据。

存放数据 Example7.3.5-1msgt.c 代码如下：

```
#include <stdlib.h>
#include <stdio.h>
#include <string.h>
#include <errno.h>
#include <unistd.h>
#include <sys/types.h>
```

```
#include <sys/ipc.h>
#include <sys/msg.h>
#define MAX_TEXT 512
struct my_msg_st
{
    long int my_msg_type;
     char some_text[MAX_TEXT];
};
int main(void)
{
    int running=1;
     struct my_msg_st some_data;
     int msgid;
     char buffer[BUFSIZ];
     /*创建消息队列*/
     msgid=msgget((key_t)1234,0666 | IPC_CREAT);
     if(msgid==-1)
     {
         fprintf(stderr,"msgget failed with error:%d\n",errno);
         exit(EXIT_FAILURE);
     }
     /*循环向消息队列中添加消息*/
     while(running)
     {
     printf("Enter some text:");
     fgets(buffer,BUFSIZ,stdin);
     some_data.my_msg_type=1;
     strcpy(some_data.some_text,buffer);
     /*添加消息*/
     if(msgsnd(msgid,(void *)&some_data,MAX_TEXT,0)== -1)
     {
       fprintf(stderr,"msgsed failed\n");
       exit(EXIT_FAILURE);
     }
     /*用户输入为“end”时结束循环*/
     if(strncmp(buffer,"end",3)==0)
     {
        running=0;
     }
     }
     exit(EXIT_SUCCESS);
}
```

读取数据 Example7.3.5-1msgr.c 代码如下：

```
#include <stdlib.h>
#include <stdio.h>
#include <string.h>
#include <errno.h>
#include <unistd.h>
#include <sys/types.h>
```

```
#include <sys/ipc.h>
#include <sys/msg.h>
struct my_msg_st
{
    long int my_msg_type;
    char some_text[BUFSIZ];
};
int main(void)
{
    int running=1;
     int msgid;
     struct my_msg_st some_data;
     long int msg_to_receive=0;
     /*创建消息队列*/
     msgid=msgget((key_t)1234,0666 | IPC_CREAT);
     if(msgid==-1)
     {
         fprintf(stderr,"msgget failed with error: %d\n",errno);
     exit(EXIT_FAILURE);
     }
     /*循环从消息队列中接收消息*/
     while(running)
     {
     /*读取消息*/
         if(msgrcv(msgid,(void *)&some_data,BUFSIZ,msg_to_receive,0)==-1)
     {
         fprintf(stderr,"msgrcv failed with error: %d\n",errno);
       exit(EXIT_FAILURE);
     }
     printf("You wrote: %s",some_data.some_text);
     /*接收到的消息为"end"时结束循环*/
     if(strncmp(some_data.some_text,"end",3)==0)
     {running=0;
     }
     }
     /*从系统内核中移走消息队列*/
     if(msgctl(msgid,IPC_RMID,0)==-1)
     {
         fprintf(stderr,"msgctl(IPC_RMID) failed\n");
exit(EXIT_FAILURE);
     }
     exit(EXIT_SUCCESS);
}
```

编译两段代码，具体如下：

```
[root@localhost chapter7]# gcc Example7.3.5-1msgt.c -o Example7.3.5-1msgt
[root@localhost chapter7]# gcc Example7.3.5-1msgr.c -o Example7.3.5-1msgr
```

示例 7.3.5-1msgt 存放数据运行结果，如下所示：

```
[root@localhost chapter7]# ./Example7.3.5-1msgt
```

```
Enter some text:hello
Enter some text:how are you!
Enter some text:
```

示例 7.3.5-1msgr 读取数据运行结果，如下所示：

```
[root@localhost chapter7]# ./Example7.3.5-1msgr
You wrote: hello
You wrote: how are you!
```

7.4　信号

信号是进程在运行过程中，由自身产生或由进程外部发过来，用来通知进程发生了异步事件的通信机制，是硬件中断的软件模拟（软中断），是进程间通信机制中唯一的异步通信机制。每个信号用一个整型常量宏表示，以 SIG 开头，比如 SIGCHLD、SIGINT 等，它们在系统头文件<signal.h>中定义。

信号的产生方式：

（1）程序执行错误，如除零、内存越界，内核发送信号给程序；

（2）由另一个进程（信号函数）发送过来的信号；

（3）由用户控制中断产生信号，Ctrl+C 终止程序信号；

（4）子进程结束时向父进程发送 SIGCHLD 信号；

（5）程序中设定的定时器产生 SIGALRM 信号。

7.4.1　信号处理的方式

1．默认处理

接收默认处理的进程通常会导致进程本身消亡。例如，连接到终端的进程，用户按下 Ctrl+C，将导致内核向进程发送一个 SIGINT 信号，进程如果不对该信号做特殊的处理，系统将采用默认的方式处理该信号，即终止进程的执行。

2．忽略信号

进程可以通过代码，显式地忽略某个信号的处理，则进程遇到信号后，不会有任何动作。但有些信号不能被忽略。

3．捕捉信号

进程可以事先注册信号处理函数，当接收到信号时，由信号处理函数自动捕捉并且处理信号。

7.4.2　信号操作指令

1．信号指令

（1）kill [-s <信息名称或编号>][程序]

参数　-s 用于发送指定信号，程序是指进程的 PID 或工作编号。

（2）kill [-l <信息编号>]

参数 -l 用于显示所有信号。

例如发送信号的指令如下：

```
kill 15523                //杀死 PID 是 15523 的进程,默认-s 的情况发送的是 SIGKILL 信号
kill -s SIGHUP 12523      //向 PID 是 12523 的进程发送 SIGHUP 信号
```

2．信号说明

（1）SIGHUP：用户终端连接结束时发出，通常是在终端的控制进程结束时，默认终止进程。

（2）SIGINT：用户输入 INTR 字符（通常是 Ctrl+C）时发出，用于通知前台进程组终止进程。

（3）SIGQUIT：用户输入 QUIT 字符（通常是 Ctrl+\）来控制，类似于一个程序错误信号。

（4）SIGILL：执行了非法指令，通常是因为可执行文件本身出现错误，或者试图执行数据段，堆栈溢出时也有可能产生这个信号。

（5）SIGTRAP：由断点指令或其他 trap 指令产生。

（6）SIGABRT：调用 abort 函数生成的信号。

（7）SIGBUS：非法地址，包括内存地址对齐（alignment）出错。例如，访问一个四个字长的整数，但其地址不是 4 的倍数。

（8）SIGFPE：在发生致命的算术运算错误时发出，不仅包括浮点运算错误，还包括溢出及除数为 0 等其他所有的算术错误。

（9）SIGKILL：用来立即结束程序的运行，本信号不能被阻塞、处理和忽略。强行终止进程。

（10）SIGUSR1：留给用户使用。

（11）SIGSEGV：试图访问未分配给自己的内存，或试图往没有写权限的内存地址写数据。

（12）SIGUSR2：留给用户使用。

（13）SIGPIPE：管道破裂。这个信号通常在进程间通信产生，例如采用 FIFO（管道）通信的两个进程，读管道没打开或者意外终止就往管道写，写进程会收到 SIGPIPE 信号。此外用 socket 通信的两个进程，写进程在写 socket 时，读进程已经终止。

（14）SIGALRM：时钟定时信号，计算的是实际的时间或时钟时间，alarm 函数使用该信号。

（15）SIGTERM：程序结束（terminate）信号，与 SIGKILL 不同的是，该信号可以被阻塞和处理。

（16）SIGCHLD：子进程结束时，父进程会收到这个信号。

（17）SIGCONT：让一个停止（stopped）的进程继续执行，本信号不能被阻塞，可以用一个 handler 来让程序在由 stopped 状态变为继续执行时完成特定的工作。

（18）SIGSTOP：停止（stopped）进程的执行，该进程还未结束，只是暂停执行。本信号不能被阻塞、处理或忽略。

（19）SIGTSTP：停止进程的运行，但该信号可以被处理和忽略，用户输入 SUSP 字符（通常是 Ctrl+Z）时发出这个信号。

（20）SIGTTIN：当后台作业要从用户终端读数据时，该作业中的所有进程会收到 SIGTTIN 信号。

（21）SIGTTOU：在写终端（或修改终端模式）时收到。

（22）SIGURG：有“紧急”数据或 out-of-band 数据到达 socket 时产生。

（23）SIGXCPU：超过 CPU 时间资源限制，这个限制可以由 getrlimit/setrlimit 来读取/改变。

（24）SIGXFSZ：当进程企图扩大文件以至于超过文件大小资源限制。

（25）SIGVTALRM：虚拟时钟信号，类似于 SIGALRM，但是计算的是该进程占用的 CPU 时间。

（26）SIGPROF：类似于 SIGALRM/SIGVTALRM，但包括该进程占用的 CPU 时间以及系统调用的时间。

（27）SIGWINCH：窗口大小改变时发出。

（28）SIGIO：文件描述符准备就绪，可以开始进行输入/输出操作。

（29）SIGPWR：暂停失败。

（30）SIGSYS：非法的系统调用。

在以上列出的信号中，程序不可捕获、阻塞或忽略的信号有 SIGKILL、SIGSTOP；不能恢复至默认动作的信号有 SIGILL、SIGTRAP；默认会导致进程流产的信号有 SIGABRT、SIGBUS、SIGFPE、SIGILL、SIGIOT、SIGQUIT、SIGSEGV、SIGTRAP、SIGXCPU 和 SIGXFSZ；默认会导致进程退出的信号有 SIGALRM、SIGHUP、SIGINT、SIGKILL、SIGPIPE、SIGPOLL、SIGPROF、SIGSYS、SIGTERM、SIGUSR1、SIGUSR2 和 SIGVTALRM；默认会导致进程停止的信号有 SIGSTOP、SIGTSTP、SIGTTIN、SIGTTOU；默认进程忽略的信号有 SIGCHLD、SIGPWR、SIGURG 和 SIGWINCH。

3．处理信号

大多数信号都可以被忽略，但 SIGSILL 和 SIGSTOP 不能被忽略。

（1）signal 函数

```
#include <signal.h>
```

信号捕捉函数如下：

```
typedef void (*sighandler_t)(int);                    //函数指针类型
sighandler_t signal(int signum, sighandler_t handler);
```

参数 signum 是要捕捉的信号；

handler 是用于处理信号的函数，该参数还可以如下选择：

① SIG_DFN：采用默认方式处理信号；

② SIG_IGN：忽略信号。

返回值 函数的指针，原来的信号处理函数指针。

示例 7.4.2-1 用 signal 捕捉信号。

```
#include <stdio.h>
#include <signal.h>
```

```
#include <stdlib.h>
#include <unistd.h>
 void f1(int signum){
    switch(signum){
    case SIGINT:
      printf("is SIGINT\n");
      break;
    case SIGQUIT:
      printf("is SIGQUIT\n");
      exit(0);
    case SIGKILL:
      printf("is SIGKILL\n");
    }
}
int main(int argc,char **argv){
     signal(SIGINT,f1);              //可捕捉信号,Ctrl+C
     signal(SIGQUIT,f1);             //可捕捉信号,Ctrl+\
     signal(SIGKILL,f1);             //无法捕捉的信号,kill pid
     while(1){
         sleep(1);
     }
 }
```

编辑运行代码，当输入 Ctrl+C 和 Ctrl+\时，结果如下：

```
[root@localhost chapter7]# gcc Example7.4.2-1.c -o Example7.4.2-1
[root@localhost chapter7]# ./Example7.4.2-1
is SIGINT
is SIGQUIT
```

（2）其他信号捕捉函数

```
int sigaction(int signum, const struct sigaction *act, struct sigaction     *oldact);
```

其中，signum 是信号；act 是 struct sigaction 指针，包含的成员有①sa_sigaction：指定要处理的函数；②sa_flags：指定处理的信号方式；③sa_mask：阻塞信号集。

信号处理函数执行中，信号被阻塞，直到函数执行完，通过 sigaction 捕捉信号，如果没有设置 sa_mask 阻塞信号集，则执行处理函数时被阻塞；通过 sigprocmask 函数设置 sa_mask 的数据，用来指定某个进程被阻塞。

```
int sigprocmask(int how, const sigset_t *set, sigset_t *oldset);
```

其中，how 为设置阻塞掩码方式，可选择①SIG_BLOCK：阻塞信号；②SIG_UNBLOCK：解除阻塞信号；③SIG_SETMASK：设置阻塞掩码。set 为阻塞信号集；oldset 为原阻塞信号集。

示例 7.4.2-2 用 sigaction 捕捉信号。

```
#include <stdio.h>
#include <stdlib.h>
#include <string.h>
```

```
#include <signal.h>
void sigaction_handle(int signo,siginfo_t *info,void *none){
printf("receive signal %d,addtional data is %d,%s\n",signo,info->si_pid,none);
}
int main(int argc,char **argv){
        struct sigaction act,oact;
        memset(&act,0x00,sizeof(struct sigaction));
        sigemptyset(&act.sa_mask);
        act.sa_sigaction = sigaction_handle;
        act.sa_flags = SA_SIGINFO;
        if(sigaction(SIGINT,&act,&oact) == -1){
                perror("sigaction");
                exit(0);
        }
pause();
return 0;
}
```

编辑运行代码，当输入 Ctrl+C 时，结果如下：

```
[root@localhost chapter7]# gcc Example7.4.2-2.c -o Example7.4.2-2
[root@localhost chapter7]# ./Example7.4.2-2
receive signal 2,addtional data is 0,
```

4．发送信号

（1）kill 和 raise 函数

功能　向指定的进程发送信号。

函数原型　int kill（pid_t pid，int signo）;

参数　pid 为进程 ID 号，为 0 时表示把信号发送给进程组；大于 0 时为指定的进程；小于 0 时把信号发送到进程组 pid 的绝对值进程；signo 为信号值。

功能　把信号发送到当前的进程。

```
int raise(int sig);
```

其中，sig 为信号值。

示例 7.4.2-3

```
#include <stdio.h>
#include <stdlib.h>
#include <string.h>
#include <signal.h>
int main(int argc,char **argv){
        pid_t pid=fork();
        if (pid==-1) return 0;
        else if (pid==0) {                          //子进程
        printf("son ----- pid=%d\n",getpid());
        while(1) sleep(1);
        }
        else {                                      //父进程
        int i;
```

```
        printf("parent ----- pid=%d\n",getpid());
        sleep(10);
        kill(pid,SIGKILL);              //杀死子进程
        wait(NULL);
        printf("kill son over\n");
        sleep(3);
        raise(SIGKILL);                 //自杀
        for(i=0;i<10;i++)
            printf("parent --kill waiting\n");
            sleep(1);
        }
    }
}
```

编辑运行代码，当输入 Ctrl+\时，结果如下：

```
[root@localhost chapter7]# gcc Example7.4.2-3.c -o Example7.4.2-3
[root@localhost chapter7]# ./Example7.4.2-3
son ----- pid=11508
parent ----- pid=11507
退出
```

（2）alarm 和 pause 函数

```
#include <unistd.h>
int pause(void);                                //暂停 CPU 挂起
```

只要进程获得任何一个信号，暂停都会结束。

```
unsigned int alarm(unsigned int seconds);       //时钟计时器,用于计算时间
```

seconds 为时间（秒），通过设置参数倒计时，当时间到达时发出 SIGALRM 信号。
示例 7.4.2-4 时钟计时器。

```
#include <stdio.h>
#include <stdlib.h>
#include <string.h>
#include <signal.h>
int b=0;
    void f1(int a){
      b+=20;
      printf("%d:%d\n",b/60 ,b%60);
      alarm(20);
    }

    int main(int argc,char **argv){
      signal(SIGALRM,f1);                //可捕捉信号
      alarm(20);                         //时钟计时器可以唤醒 sleep

      pause();                           //任何信号都可以激活暂停
      sleep(10);
      while(1) {
```

```
        sleep(1);
        printf("---- \n");
        }
}
```

（3）abort 函数

```
#include <stdlib.h>
void abort(void);                                   //异常终止一个进程
```

abort()是使异常程序终止，同时发送 SIGABRT 信号给调用进程。

示例 7.4.2-5

```
#include <stdio.h>
#include <stdlib.h>
void main( void ){
    FILE *stream;
    if( (stream = fopen( "NOSUCHF.ILE", "r" )) == NULL )
    {
        perror( "Couldn't open file" );
        abort();
    }
    else
        fclose( stream );
}
```

运行代码，编译，结果如下：

```
[root@localhost chapter7]# gcc Example7.4.2-5.c -o Example7.4.2-5
[root@localhost chapter7]# ./Example7.4.2-5
Couldn't open file： No such file or directory
已放弃
```

7.5 信号量

1．基本概念

信号量是 system V 机制，system V 机制包括信号量、消息队列、共享内存。该机制为保证多个进程之间通信，需要提供一个每个进程都必须一致的主键值，来识别另一个进程已创建的 IPC。

2．信号量原理

在多任务的操作系统中，多个进程为了完成一个任务会相互协作，这就是进程间的同步，有时为了争夺有限的系统资源，会进入竞争状态，这就是进程的互斥关系。

信号量是用来解决进程间同步和互斥问题的一种进程之间的通信机制。

POSIX 机制的函数 sem_init 用于线程之间的共享资源保护；system V 机制的 semget 常用于进程之间的共享资源保护。

信号量的实现原理是PV原子操作。P操作使信号量减1，如果信号量为0，则被阻塞，直到信号量大于0；V操作使信号量加1。

信号量（semaphore），有时被称为信号灯，是在多线程环境下使用的一种进程通信形式，可以用来保证两个或多个关键代码段不被并发调用。在进入一个关键代码段之前，线程必须获取一个信号量，一旦该关键代码段完成了，那么该线程必须释放信号量。其他想进入该关键代码段的线程必须等待，直到第一个线程释放信号量。

信号量操作：

（1）初始化（initialize），也叫作建立（create）；

（2）等信号（wait），也可叫作挂起（pend）；

（3）给信号（signal）或发信号（post）。

信号量分类：

（1）整型信号量（integer semaphore）：信号量是整数；

（2）记录型信号量（record semaphore）：每个信号量s除了有一个整数值s.value（计数）外，还有一个进程等待队列s.L，其中，等待队列是阻塞在该信号量的各个进程的标识；

（3）二进制信号量（binary semaphore）：只允许信号量取0或1值。

每个信号量至少要记录两个信息：信号量的值和等待该信号量的进程队列。

7.5.1 信号量创建

表头文件

```
#include <sys/shm.h>
```

定义函数

```
int semget( key_t key, int nsems, int flag);
```

函数说明 使用函数semget可以创建或者获得一个信号量集ID，函数中，参数key用来变换成一个标识符，每一个IPC对象与一个key相对应。

参数 key是主键，用于其他进程中进行识别的唯一标识；nsems为信号量的个数；flag是访问权限和创建标识，可选择①IPC_CREAT：创建；②IPC_EXCL：防止重复创建。

返回值 成功时返回信号量的ID，失败则返回-1。

7.5.2 信号量操作

表头文件

```
#include <sys/sem.h>
```

1．控制信号量

```
int semctl(int semid, int semnum, int cmd,union semun arg);
```

参数 semid为信号量ID，是semget返回值；semnum是信号量的编号；cmd为各种操作指令，有①IPC_STAT：获取信号量信息；②SETVAL：设置信号量的值；③GETVAL：获取信号量的值；④IPC_RMID：删除信号量。arg 是需要设置或获取信号量的结构，这个联合体的结构需要自己定义。

```
union semun{
            int val;
            struct semid_ds *buf;
            unsigned short *array;
    };
```

2．操作信号量

```
int   semop(int   semid,   struct   sembuf   *sops, unsigned nsops);
```

参数　semid 是信号量 ID；sops 是信号量结构指针，定义如下：

```
struct   sembuf{
    short sem_num;              //信号量编号,通常设为 0
    short sem_op;               //信号量操作,-1 则表示 P 操作,1 则表示 V 操作
    short sem_flg;              //信号量操作标志,通常设为 SEM_UNDO
    //在没释放信号量时,系统自动释放
    };
```

其中，nsops 是操作数组 sops 中的操作个数，通常为 1。

使用 system　V 机制的信号量，没有明显的 PV 操作函数，操作起来不如 POSIX 机制方便，所以通常我们用上面的函数来实现方便的 PV 操作函数。

示例 7.5.2-1　semop 函数的使用。

```
#include <sys/types.h>
#include <sys/ipc.h>
#include <sys/sem.h>
#include <stdio.h>
#include <stdlib.h>
int main( void )
{
  int sem_id;
  int nsems = 1;
  int flags = 0666;
  struct sembuf buf;
  sem_id = semget(IPC_PRIVATE, nsems, flags);
  /*创建一个新的信号量集*/
  if ( sem_id < 0 )
  {
    perror("semget");
    exit(1);
  }
  /*输出相应的信号量集标识符*/
  printf ("successfully created a semaphore: %d\n",sem_id);
  buf.sem_num = 0;
  /*定义一个信号量操作*/
  buf.sem_op = 1;
  /*执行释放资源操作*/
```

```
    buf.sem_flg = IPC_NOWAIT;
    /*定义 semop 函数的行为*/
    if ((semop( sem_id, &buf, nsems))<0)
    {
      /*执行操作*/
      perror ("semop");
      exit (1);
    }
    system ( "ipcs -s ");
    /*查看系统 IPC 状态*/
    exit ( 0 );
}
```

编译运行代码，结果如下：

```
[root@localhost chapter7]# gcc Example7.5.2-1.c -o Example7.5.2-1
[root@localhost chapter7]# ./Example7.5.2-1
successfully created a semaphore: 0

------ Semaphore Arrays --------
key         semid       owner       perms       nsems
0x00000000 0            root        666         1
```

在上面的程序中，用 semget 函数创建了一个信号量集，定义信号量集的资源数为 1，接下来使用 semop 函数进行资源释放操作。在程序的最后，使用 shell 命令 ipcs 来查看系统 IPC 的状态。

命令 ipcs 的参数-s 表示查看系统 IPC 的信号量集状态。

示例 7.5.2-2 使用互斥访问磁盘映射内存。

磁盘或文件映射，如果采用共享的模式，则涉及多个进程之间访问共享资源，此时需要使用信号量来实现互斥与同步。

（1）实现 PV 操作函数 system_sem.h 和 system_sem.c。

system_sem.h 代码如下：

```
#ifndef SYSTEM_SEM_H
#define SYSTEM_SEM_H
#include <stdlib.h>
#include <unistd.h>
#include <sys/ipc.h>
union semun{
    int val;
    struct semid_ds *buf;
    unsigned short *array;
};
extern int init_sem(int key,int val,int semflg);        //初始化信号量
extern int del_sem(int sem_id);                          //销毁信号量
extern int wait_sem(int sem_id);                         //P 操作,信号量减 1
extern int post_sem(int sem_id);                         //V 操作,信号量加 1
#endif
```

system_sem.c 代码如下：

```
#include "system_sem.h"
#include <sys/types.h>
#include <sys/stat.h>
#include <sys/sem.h>
#include <sys/shm.h>
#include <fcntl.h>
//初始化信号量
int init_sem(int key,int val,int semflg){
    union semun sem_union;
    sem_union.val=val;
    int sem_id=semget(key,1,semflg);                          //创建信号量
    if (sem_id!=-1){
        if (semctl(sem_id,0,SETVAL,sem_union)==-1) return -1;  //设置信号量初始值
    }
    return sem_id;
}
//销毁信号量
int del_sem(int sem_id){
    union semun sem_union;
    int err=semctl(sem_id,0,IPC_RMID,sem_union);
    if (err==-11) exit(-11);
    return 0;
}
//P 操作,信号量减 1
int wait_sem(int sem_id){
    struct sembuf sem={0,-1,SEM_UNDO};                        //填写结构,指明信号量减 1
    int err=semop(sem_id,&sem,1);              //调用信号操作,如果信号量当前为 0,则阻塞
    if (err==-1) exit(0);
    return 0;
}
//V 操作,信号量加 1
int post_sem(int sem_id){
    struct sembuf sem={0,1,SEM_UNDO};
    int err=semop(sem_id,&sem,1);
    if (err==-1) exit(0);
    return 0;
}
```

（2）使用互斥访问磁盘映射内存。

write.c 代码如下：

```
#include <stdio.h>
#include <stdlib.h>
#include <string.h>
#include <errno.h>
#include <pthread.h>
#include <sys/mman.h>
#include <fcntl.h>
#include <sys/types.h>
```

```
#include "system_sem.h"
#define SHMSIZE 4096
int main(int argc,char **argv){
    char *shmbuf;
    int   fd;
    //生成一个主键,尽量保持主键永久不变
    key_t key=ftok("/bin/ls",42);
    //调用信号量初始化函数
    int sem_id=init_sem(key,1,IPC_CREAT | IPC_EXCL |0666);
    if (sem_id==-1){
        printf("init_sem err=%s\n",strerror(errno));
        goto INITSEM_ERR;
    }
    //设置共享区域
    //fd=shm_open("./test.map",O_CREAT | O_RDWR | O_EXCL,0666);
    fd=open("./test.f",O_CREAT | O_RDWR ,0666);
    if (fd==-1){
        printf("open err =%s\n",strerror(errno));
        goto SHMOPEN_ERR;
}
    //内存映射
    shmbuf=mmap(NULL,SHMSIZE,PROT_READ | PROT_WRITE,MAP_SHARED,fd,0);
    if (shmbuf==NULL){
        printf("mmap err =%s\n",strerror(errno));
        goto MMAP_ERR;
    }
    //设定文件长度
    ftruncate(fd,SHMSIZE);
    //写操作
    char buf[256];
    while(1){
        wait_sem(sem_id);                  //信号量 P 操作
        scanf("%s",shmbuf);
        printf("write ---- %s\n",buf);
        if (strcmp(shmbuf,"q")==0) {
            post_sem(sem_id);              //信号量 V 操作
            break;
        }
        post_sem(sem_id);                   //信号量 V 操作
    }
    //解除映射
    munmap(shmbuf,SHMSIZE);
MMAP_ERR:
    //关闭文件并移除文件
    close(fd);
    //shm_unlink("./test.map");
SHMOPEN_ERR:
    //销毁信号量
    del_sem(sem_id);
INITSEM_ERR:
    return 0;
}
```

read.c 代码如下：

```
#include <stdio.h>
#include <stdlib.h>
#include <string.h>
#include <errno.h>
#include <pthread.h>
#include <sys/mman.h>
#include <fcntl.h>
#include <sys/types.h>
#include "system_sem.h"
#define SHMSIZE 4096
pthread_t pid;
char *shmbuf;
int   fd;
void *run(void *buf){
    //key 键的生成条件必须和写函数相同
    key_t key=ftok("/bin/ls",42);
//读内存部分信号不需创建,只需获取,当标志设为 0 时代表获取,需要设置初始值为 0
    int sem_id=init_sem(key,0,0);
    //读数据
    char readbuf[256];
    while(1){
        wait_sem(sem_id);                    //信号量 P 操作
        strcpy(readbuf,shmbuf);
        post_sem(sem_id);                    //信号量 V 操作
        //----------------------------
        if (strcmp(readbuf,"")!=0){
            printf("read------%s\n",readbuf);
            if (strcmp(readbuf,"q")==0) break;
        }
        usleep(500000);
    }
    //销毁信号量
    del_sem(sem_id);
}
int main(int argc,char **argv){
    //fd=shm_open("./test.map", O_RDWR,0666);
    fd=open("./test.f", O_RDWR,0666);
    if (fd==-1){
        printf("open err =%s\n",strerror(errno));
        return 0;
    }
    shmbuf=mmap(NULL,SHMSIZE,PROT_READ | PROT_WRITE,MAP_SHARED,fd,0);
    if (shmbuf==NULL){
        printf("mmap err =%s\n",strerror(errno));
        return 0;
    }
    ftruncate(fd,SHMSIZE);
    pthread_create(&pid,NULL,run,NULL);
    while(1){
```

```
        scanf("%s",shmbuf);
        printf("write----    %s\n",shmbuf);
        if (strcmp(shmbuf,"q")==0) break;
    }
    pthread_join(pid,NULL);
    munmap(shmbuf,SHMSIZE);
    close(fd);
}
```

编译运行 write.c 和 read.c 代码，先运行 write.c，在运行 read.c，结果如下：

```
[root@localhost chapter7]# gcc    system_sem.c    write.c –o    write
[root@localhost chapter7]# ./ write
hello
write ----
[root@localhost chapter7]# gcc -l pthread system_sem.c read.c –o    read
[root@localhost chapter7]# ./read
read------hello
how are you!
write----    how
```

7.6 内存共享

共享内存指在多处理器的计算机系统中，可以被不同中央处理器访问的大容量内存。由于多个 CPU 需要快速访问存储器，这样就要对存储器进行缓存。任何一个缓存的数据被更新后，由于其他处理器也可能要存取，共享内存就需要立即更新，否则不同的处理器可能用到不同的数据。共享内存是 UNIX 下的多进程之间的通信方法，这种方法通常用于一个程序的多进程间通信，实际上多个程序间也可以通过共享内存来传递信息。

7.6.1 共享内存创建

共享内存是存在于内核级别的一种资源，在 shell 中可以使用 ipcs 命令来查看当前系统 IPC 中的状态，在文件系统/proc 目录下有对其描述的相应文件。函数 shmget 可以创建或打开一块共享内存区。

表头文件

```
#include <sys/shm.h>
```

定义函数

```
int shmget( key_t key, size_t size, int flag );
```

函数说明　函数中，参数 key 用来变换成一个标识符，而且每一个 IPC 对象与一个 key 相对应。当新建一个共享内存段时，size 参数为要请求的内存长度（以字节为单位）。

flag 为标志，可选的标志有①S_IRUSR：属主的读权限；②S_IWUSR：属主的写权限；③S_IROTH：其他用户读权限；④S_IWOTH：其他用户写权限；⑤S_IRGRP：属组的读权限；⑥S_IWGRP：属组的写权限；⑦IPC_CREAT：创建；⑧IPC_EXCL：如果已创建，则再次创建时失败。

返回值　失败时返回-1；成功时返回的是内存 ID。

注意：内核是以页为单位分配内存，当 size 参数的值不是系统内存页长的整数倍时，系统会分配给进程最小的可以满足 size 长的页数，但是最后一页的剩余部分内存是不可用的。当打开一个内存段时，参数 size 的值为 0。参数 flag 中的相应权限为初始化 ipc_perm 结构体中的 mode 域。同时参数 flag 是函数行为参数，它指定一些当函数遇到阻塞或其他情况时应做出的反应。

下面的示例演示了使用 shmget 函数创建一块共享内存。程序在调用 shmget 函数时，指定 key 参数值为 IPC_PRIVATE，这个参数的意义是创建一个新的共享内存区。当创建成功后使用 shell 命令 ipcs 来显示目前系统下共享内存的状态，命令参数-m 为只显示共享内存的状态。

示例 7.6.1-1　shmget 函数的使用。

```
#include <sys/types.h>
#include <sys/ipc.h>
#include <sys/shm.h>
#include <stdlib.h>
#include <stdio.h>
#define BUFSZ 4096
int main ( void )
{
   int shm_id;                          //共享内存标识符
   shm_id=shmget(IPC_PRIVATE,BUFSZ,0666);
   if(shm_id<0){                        //创建共享内存
      perror("shmget");
      exit(1);}
   printf("successfully created segment : %d \n", shm_id ) ;
   system("ipcs -m");                   //调用 ipcs 命令查看 IPC
   exit(0);
}
```

编译代码，运行结果如下：

```
[root@localhost chapter7]# gcc Example7.6.1-1.c -o Example7.6.1-1
[root@localhost chapter7]# ./Example7.6.1-1
successfully created segment : 1015820

------ Shared Memory Segments --------
key          shmid     owner    perms    bytes     nattch    status
0x00000000 65536      root     600      393216    2         dest
0x00000000 98305      root     600      393216    2         dest
0x00000000 131074     root     600      393216    2         dest
0x00000000 163843     root     600      393216    2         dest
0x00000000 196612     root     600      393216    2         dest
```

```
0x00000000 229381    root    600    393216    2    dest
0x00000000 262150    root    600    393216    2    dest
0x00000000 294919    root    600    393216    2    dest
0x00000000 327688    root    600    393216    2    dest
0x00000000 491529    root    600    393216    2    dest
0x00000000 983050    root    600    393216    2    dest
0x00000000 753675    root    600    393216    2    dest
0x00000000 1015820   root    666    4096      0
```

上述程序中使用 shmget 函数来创建一段共享内存，并在结束前调用了系统 shell 命令 ipcs –m 来查看当前系统 IPC 的状态。

7.6.2 共享内存的操作

共享内存这一特殊的资源类型不同于普通的文件，因此，系统需要为其提供专有的操作函数，而这无疑增加了程序员开发的难度（需要记忆额外的专有函数）。

表头文件

```
#include <sys/shm.h>
```

定义函数

```
int shmctl( int shm_id, int cmd, struct shmid_ds *buf );
```

函数说明 函数中参数 shm_id 为所要操作的共享内存段的标识符；struct shmid_ds 型指针参数 buf 的作用与参数 cmd 的值相关，参数 cmd 指明了所要进行的操作，其解释如表 7-2 所示。

表 7-2 cmd 命令及含义

cmd 的值	含 义
IPC_STAT	取 shm_id 所指向内存共享段的 shmid_ds 结构，对参数 buf 指向的结构赋值
IPC_SET	使用 buf 指向的结构对 sh_mid 段的相关结构赋值，只对以下几个域有作用： shm_perm. uid、shm_perm.gid 以及 shm_perm.mode 注意：此命令只有具备以下条件的进程才可以请求： ① 进程的用户 ID 等于 shm_perm.cuid 或者等于 shm_perm.uid； ② 超级用户特权进程
IPC_RMID	删除 shm_id 所指向的共享内存段，只有当 shmid_ds 结构的 shm_nattch 域为零时，才会真正执行删除命令，否则不会删除该段 注意：此命令的请求规则与 IPC_SET 命令相同
SHM_LOCK	锁定共享内存段在内存，此命令只能由超级用户请求
SHM_UNLOCK	对共享内存段解锁，此命令只能由超级用户请求

7.6.3 共享内存段连接到本进程空间

表头文件

```
#include <sys/shm.h>
```

定义函数

```
void *shmat( int shm_id, const void *addr, int flag );
```

函数说明 函数中参数 shm_id 指定要引入的共享内存，参数 addr 与 flag 组合说明要引入的地址值，通常只有 2 种用法：①addr 为 0，表明让内核来决定第 1 个可以引入的位置；②addr 非零，并且 flag 中指定 SHM_RND，则此段引入到 addr 所指向的位置（此操作不推荐使用，因为不会只在一种硬件上运行应用程序，为了程序的通用性推荐使用第 1 种方法），在 flag 参数中可以指定要引入的方式（由读写方式指定）。

返回值 函数成功执行返回值为实际引入的地址，失败则返回-1。shmat 函数成功执行时会将 shm_id 段的 shmid_ds 结构的 shm_nattch 计数器的值加 1。

7.6.4 共享内存解除

表头文件

```
#include <sys/shm.h>
```

定义函数

```
int shmdt( void *addr);
```

函数说明 当对共享内存段操作结束时，应调用 shmdt 函数，作用是将指定的共享内存段从当前进程空间中脱离出去。

返回值 参数 addr 是调用 shmat 函数的返回值，函数执行成功时返回 0，并将该共享内存的 shmid_ds 结构的 shm_nattch 计数器减 1，失败则返回-1。

下面的示例演示了操作共享内存段的流程。程序的开始部分先检测用户是否有输入，如出错，则打印该命令的使用帮助。接下来从命令行读取将要引入的共享内存 ID，使用 shmat 函数引入该共享内存，并在分离该内存之前睡眠 3 秒以方便查看系统 IPC 状态。

示例 7.6.4-1 shmdt 函数的使用。

```
#include <sys/types.h>
#include <sys/ipc.h>
#include <sys/shm.h>
#include <stdlib.h>
#include <stdio.h>
int main ( int argc, char *argv[] )
{
  int shm_id ;
  char * shm_buf;
  if ( argc != 2 ){
    /*命令行参数错误*/
    printf ("USAGE: atshm <identifier>");                    //打印帮助消息
    exit (1);
  }
  shm_id = atoi(argv[1]);                                    //得到要引入的共享内存段
```

```
    /*引入共享内存段,由内核选择要引入的位置*/
    if ((shm_buf = shmat( shm_id, 0, 0))<(char *) 0 ){
        perror ("shmat");
        exit(1);}
    printf("segment attached at %p\n",shm_buf);              //输出导入的位置
    system("ipcs -m");
    sleep(3);                                                //休眠
    if((shmdt(shm_buf)) < 0 ){                               //与导入的共享内存段分离
        perror("shmdt");
        exit(1);}
    printf("segment detached \n");
    system("ipcs -m " );                                     //再次查看系统 IPC 状态
    exit (0);
}
```

编译运行代码，结果如下：

```
[root@localhost chapter7]# gcc Example7.6.4-1.c -o Example7.6.4-1
[root@localhost chapter7]# ./Example7.6.4-1    491529
segment attached at 0xb7f5c000
------ Shared Memory Segments --------
key         shmid       owner     perms     bytes      nattch    status
0x00000000 65536        root      600       393216     2         dest
0x00000000 98305        root      600       393216     2         dest
0x00000000 131074       root      600       393216     2         dest
0x00000000 163843       root      600       393216     2         dest
0x00000000 196612       root      600       393216     2         dest
0x00000000 229381       root      600       393216     2         dest
0x00000000 262150       root      600       393216     2         dest
0x00000000 294919       root      600       393216     2         dest
0x00000000 327688       root      600       393216     2         dest
0x00000000 491529       root      600       393216     3         dest
0x00000000 1048586      root      600       393216     2         dest
0x00000000 753675       root      600       393216     2         dest
0x00000000 1015820      root      666       4096       0

segment detached

------ Shared Memory Segments --------
key         shmid       owner     perms     bytes      nattch    status
0x00000000 65536        root      600       393216     2         dest
0x00000000 98305        root      600       393216     2         dest
0x00000000 131074       root      600       393216     2         dest
0x00000000 163843       root      600       393216     2         dest
0x00000000 196612       root      600       393216     2         dest
0x00000000 229381       root      600       393216     2         dest
0x00000000 262150       root      600       393216     2         dest
0x00000000 294919       root      600       393216     2         dest
0x00000000 327688       root      600       393216     2         dest
0x00000000 491529       root      600       393216     2         dest
0x00000000 1048586      root      600       393216     2         dest
```

```
0x00000000 753675      root      600       393216      2         dest
0x00000000 1015820     root      666       4096        0
```

上述程序从命令行中读取所要引入的共享内存ID，并使用shmat函数引入该内存到当前的进程空间中。注意，在使用shmat函数时，将参数addr的值设为0，所表达的意义是由内核来决定该共享内存在当前进程中的位置。由于在编程的过程中，很少会针对某一个特定的硬件或系统编程，所以由内核决定引入位置也是shmat推荐的使用方式。在导入后使用shell命令ipcs –m来显示当前的系统IPC的状态，可以看出输出信息中nattch字段为该共享内存时的引用值，最后使用shmdt函数分离该共享内存并打印系统IPC的状态。

示例7.6.4-2　这是一个共享内存案例，请读者分析运行结果是什么。

服务端程序如下：

```
#include <stdio.h>
#include <sys/stat.h>
#include <sys/types.h>
#include <string.h>
#include <sys/ipc.h>
#include <sys/shm.h>
#define MSIZE    1024
int main(){
    key_t key=ftok("/bin/ls",9);
    printf("%d\n",key);
    //创建
    int shmid=shmget(key,MSIZE,IPC_CREAT | IPC_EXCL | 0666);
    if (shmid==-1){
      printf(" shmget err\n");
      return 0;
    }
    //映射
    char *p=(char*)shmat(shmid,NULL,0);
    if ((int)p==-1){
      printf("shmat err\n");
      shmctl(shmid,IPC_RMID,0);                    //释放
      return 0;
    }
    strcpy(p,"how are you！ \n");
    sleep(10);
    //解除映射
    shmdt(p);
    //释放
    shmctl(shmid,IPC_RMID,0);
    return 0;
}
```

客户端程序如下：

```
#include <stdio.h>
#include <sys/stat.h>
#include <sys/types.h>
#include <string.h>
```

```
#include <sys/ipc.h>
#include <sys/shm.h>
int main(){
  key_t key=ftok("/bin/ls",9);
  printf("%d\n",key);
  //获取
  int shmid=shmget(key,0,0);
  if (shmid==-1){
    printf(" shmget err\n");
    return 0;
  }
  //映射
  char *p=(char*)shmat(shmid,NULL,0);
  if ((int)p==-1){
    printf("shmat err\n");
    shmctl(shmid,IPC_RMID,0);                    //释放
    return 0;
  }
  struct shmid_ds shmbuf;
   shmctl(shmid,IPC_STAT,&shmbuf);
   int size=shmbuf.shm_segsz;
  printf("%d,%s\n",size,p);
  //解除映射
  shmdt(p);
  return 0;
}
```

习题与练习

1．什么是管道？什么是命名管道？它们之间的区别是什么？

2．消息队列的作用是什么？

3．信号和信号量的区别是什么？

4．编写程序，在父进程中创建一无名管道，并创建子进程来读取该管道，父进程来写该管道。

5．编写程序，启动一个进程，创建一有名管道，并向其写入一些数据，启动另外一个进程，把刚才写入的数据读出。

6．在进程中为 SIGBUS 注册处理函数，并向该进程发送 SIGBUS 信号。

7．编写程序，启动一个进程，创建一共享内存，并向其写入一些数据，启动另外一个进程，把刚才写入的数据从共享内存读出。

第 8 章

CHAPTER 8

多线程技术

线程（thread）技术早在 20 世纪 60 年代就被提出，但真正将多线程应用到操作系统中，是在 20 世纪 80 年代中期，Solaris 是这方面的佼佼者。传统的 UNIX 也支持线程的概念，但是在一个进程中只允许有一个线程，这样多线程就意味着多进程。现在，多线程技术已经被许多操作系统所支持，包括 Windows NT，当然也包括 Linux。

8.1 Linux 多线程概念

1．线程的概念

线程是计算机科学中的一个术语，指运行中的程序的调度单位。一个线程指的是进程中一个单一顺序的控制流，也被称为轻量进程，它是系统独立调度和分派的基本单位。同一进程中的多个线程将共享该进程中的全部系统资源，例如文件描述符和信号处理等。一个进程可以有很多线程，每个线程并行执行不同的任务。

2．线程的优点

使用多线程的理由之一是和进程相比，它是一种非常“节俭”的多任务操作方式。在 Linux 系统下，启动一个新的进程必须给它分配独立的地址空间，建立众多的数据表来维护它的代码段、堆栈段和数据段，这是一种“昂贵”的多任务工作方式。而运行于一个进程中的多个线程，它们彼此之间使用相同的地址空间，共享大部分数据，启动一个线程所花费的空间远远小于启动一个进程所花费的空间，并且，线程间彼此切换所需的时间也远远小于进程间切换所需要的时间。

使用多线程的理由之二是线程间方便的通信机制。对不同的进程来说，它们具有独立的数据空间，要进行数据的传递只能通过通信的方式进行，这种方式不仅费时，而且很不方便。线程则不然，由于同一进程下的线程之间共享数据空间，所以一个线程的数据可以直接为其他线程所用，这不仅快捷，而且方便。

除了以上所说的优点外，多线程程序作为一种多任务、并发的工作方式，还有以下的优点：

（1）提高应用程序响应。这对图形界面的程序尤其有意义，当一个操作耗时很长时，整个系统都会等待这个操作，此时程序不会响应键盘、鼠标、菜单的操作，而使用多线程技术，将耗时长的操作置于一个新的线程，可以避免这种尴尬的情况。

（2）使多 CPU 系统更加有效。操作系统会保证当线程数不大于 CPU 数目时，不同的线程运行于不同的 CPU 上。

（3）改善程序结构。一个既长又复杂的进程可以考虑分为多个线程，成为几个独立或半独立的运行部分，这样的程序会利于理解和修改。

线程的生命周期包括就绪、运行、阻塞、终止。

（1）就绪：线程能够运行，但是在等待可用的处理器，可能刚刚启动，或者刚刚从阻塞中恢复，或者被其他线程抢占。

（2）运行：线程正在运行。在单处理器系统中，只能有一个线程处于运行状态，在多处理器系统中，可能有多个线程处于运行态。

（3）阻塞：线程由于等待“处理器”外的其他条件而无法运行，例如条件变量的改变、加锁互斥量或者等待 I/O 操作结束。

（4）终止：线程从线程函数中返回，或者调用 pthread_exit，或者被取消，或随进程的终止而终止。线程终止后会完成所有的清理工作。

8.2 Linux 线程实现

Linux 系统下的多线程遵循 POSIX 线程接口，称为 pthread。编写 Linux 下的多线程程序，需要使用头文件 pthread.h，连接时需要使用库 libpthread.a。Linux 下 pthread 是通过系统调用 clone()来实现的。clone()是 Linux 所特有的系统调用，它的使用方式类似于 fork。

8.2.1 线程创建

相关函数

```
pthread_create,pthread_join,pthread_fcntl
```

表头文件

```
#include<pthread.h>
```

定义函数

```
int pthread_create(pthread_t *restrict tidp,const pthread_attr_t *restrict attr,void *(*start_rtn)(void),void
*restrict arg);
```

函数说明 tidp 参数是一个指向线程标识符的指针，当线程创建成功时，用来返回创建的线程 ID；attr 参数用于指定线程的属性，NULL 表示使用默认属性；start_rtn 参数为一个函数指针，指向线程创建后要调用的函数，这个被线程调用的函数也称为线程函数；arg 参数指向传递给线程函数的参数。

返回值 线程创建成功则返回 0，发生错误时返回错误码。

因为 pthread 的库不是 Linux 系统的库，所以在进行编译时要加上-lpthread，例如：

```
# gcc filename -lpthread
```

示例 8.2.1-1 创建线程 1。

```
#include <pthread.h>
void *run(void *buf){
        int i=0;
        while(i<10){
            printf("----------pthread id =%d,i=%d\n", pthread_self(),i);
            usleep(1000000);
            i++;
        }
        return (void*)i;
    }
        int main(int argc,char **argv){
        pthread_t tid;
        pthread_create(&tid,NULL,run,NULL);         //创建线程
        void *val;                                  //val 是变量,指针变量本身就是无符号整型变量
        pthread_join(tid,&val);
        printf("%d\n",val);
    }
```

编译该段程序，运行代码，结果如下:

```
[root@localhost chapter8]# gcc -l pthread Example8.2.1-1.c   -o   Example8.2.1-1
[root@localhost chapter8]# ./ Example8.2.1-1
----------pthread id =-1208570992,i=0
----------pthread id =-1208570992,i=1
----------pthread id =-1208570992,i=2
----------pthread id =-1208570992,i=3
----------pthread id =-1208570992,i=4
----------pthread id =-1208570992,i=5
----------pthread id =-1208570992,i=6
----------pthread id =-1208570992,i=7
```

示例 8.2.1-2 创建线程 2。

```
#include <stdio.h>
#include <pthread.h>
void *myThread1(void)
{
    int i;
    for (i=0; i<100; i++)
    {
        printf("This is the 1st pthread,created by zieckey.\n");
        sleep(1);                    //线程休眠 1 秒后继续运行
    }
}
void *myThread2(void)
{
    int i;
    for (i=0; i<100; i++)
    {
```

```
            printf("This is the 2st pthread,created by zieckey.\n");
            sleep(1);
        }
}
int main()
{
    int i=0, ret=0;
    pthread_t id1,id2;
    ret = pthread_create(&id1, NULL, (void*)myThread1, NULL);
    if (ret)
    {
        printf("Create pthread error!\n");
        return 1;
    }
    ret = pthread_create(&id2, NULL, (void*)myThread2, NULL);
    if (ret)
    {
        printf("Create pthread error!\n");
        return 1;
    }
    pthread_join(id1, NULL);
    pthread_join(id2, NULL);
    return 0;
}
```

编译该段程序，运行代码，结果如下：

```
[root@localhost chapter8]# gcc -l pthread Example8.2.1-2.c   -o   Example8.2.1-2
[root@localhost chapter8]# ./ Example8.2.1-2
This is the 1st pthread,created by zieckey.
This is the 2st pthread,created by zieckey.
This is the 1st pthread,created by zieckey.
This is the 2st pthread,created by zieckey.
This is the 1st pthread,created by zieckey.
This is the 2st pthread,created by zieckey.
...
```

8.2.2 线程退出

表头文件

```
#include <pthread.h>
```

定义函数

```
void pthread_exit(void * rval_ptr)
```

函数说明 用于终止调用线程。rval_ptr 是线程结束时的返回值，可由其他函数如pthread_join()来获取。

如果进程中任何一个线程调用 exit 或_exit，那么整个进程都会终止。线程的正常退出方式有线程从启动例程中返回、线程可以被另一个进程终止以及线程自己调用 pthread_exit 函数。

示例 8.2.2-1

```
#include <pthread.h>
void *run(void *buf){
        int i=0;
        while(i<10){
            printf("----------pthread id =%d,i=%d\n", pthread_self(),i);
            usleep(1000000);
            if (i==5) pthread_exit(i);                    //相当于 return i;
            i++;
        }
        return NULL;
    }

    int main(int argc,char **argv){
        pthread_t tid;
        pthread_create(&tid,NULL,run,NULL);        //创建线程
        void *val;
pthread_join(tid,&val);
printf("---val =%d\n",val);
    }
```

编译该段程序，运行代码，结果如下：

```
[root@localhost chapter8]# gcc -l pthread Example8.2.2-1.c   -o   Example8.2.2-1
[root@localhost chapter8]# ./ Example8.2.2-1
----------pthread id =-1208308848,i=0
----------pthread id =-1208308848,i=1
----------pthread id =-1208308848,i=2
----------pthread id =-1208308848,i=3
----------pthread id =-1208308848,i=4
----------pthread id =-1208308848,i=5
---val=5
```

示例 8.2.2-2

```
#include <stdio.h>
#include <pthread.h>
#include <unistd.h>
void *create(void *arg)
{
    printf("new thread is created ... \n");
    pthread_exit ((void *)8);
}
int main(int argc,char *argv[])
{
    pthread_t tid;
    int error;
    void *temp;
```

```
    error = pthread_create(&tid, NULL, create, NULL);
    printf("main thread!\n");
    if( error )
    {
        printf("thread is not created …\n");
        return -1;
    }
    error = pthread_join(tid,&temp);
    if( error )
    {
        printf("thread is not exit … \n");
        return -2;
    }
      printf("thread is exit code %d \n", (int )temp);
    return 0;
}
```

编译该段程序，运行代码，结果如下：

```
[root@localhost chapter8]# gcc -l pthread Example8.2.2-2.c -o Example8.2.2-2
[root@localhost chapter8]# ./Example8.2.2-2
main thread!
new thread is created …
thread is exit code 8
```

8.2.3 线程等待

在调用 pthread_create 后，就会运行相关的线程函数了。pthread_join 是一个线程阻塞函数，调用后，则一直等待指定的线程结束才返回函数，被等待线程的资源就会被收回。

表头文件

```
#include <pthread.h>
```

定义函数

```
int pthread_join(pthread_t tid,void **rval_ptr)
```

函数说明 阻塞调用线程，直到指定的线程终止。tid 是等待退出的线程 id；rval_ptr 是用户定义的指针，用来存储被等待线程结束时的返回值（不为 NULL 时）。

示例 8.2.3-1 随进程的终止而终止。

```
#include <pthread.h>
void *run(void *buf){
        int i=0;
        while(i<10){
    printf("---------pthread id =%d,i=%d\n", pthread_self(),i);
            usleep(1000000);
            i++;
        }
    }
```

```
int main(int argc,char **argv){
    pthread_t tid;
    pthread_create(&tid,NULL,run,NULL);          //创建线程
    sleep(1);
}
```

编译该段程序，运行代码，结果如下：

```
[root@localhost chapter8]# gcc -l pthread Example8.2.3-1.c -o Example8.2.3-1
[root@localhost chapter8]# ./ Example8.2.3-1
----------pthread id =-1208460400,i=0
```

示例 8.2.3-2 从线程函数中返回而终止。

```
#include <pthread.h>
void *run(void *buf){
    int i=0;
    while(i<10){
        printf("----------pthread id =%d,i=%d\n", pthread_self(),i);
        usleep(1000000);
        if (i==5) return NULL;                   //return 的作用是结束函数
        i++;
    }
}

int main(int argc,char **argv){
    pthread_t tid;
    pthread_create(&tid,NULL,run,NULL);          //创建线程
    pthread_join(tid,NULL);
}
```

编译该段程序，运行代码，结果如下：

```
[root@localhost chapter8]# gcc -l pthread Example8.2.3-2.c -o Example8.2.3-2
[root@localhost chapter8]# ./ Example8.2.3-2
----------pthread id =-1208796272,i=0
----------pthread id =-1208796272,i=1
----------pthread id =-1208796272,i=2
----------pthread id =-1208796272,i=3
----------pthread id =-1208796272,i=4
----------pthread id =-1208796272,i=5
```

示例 8.2.3-3 用 pthread_join 实现线程等待。

```
#include <pthread.h>
#include <unistd.h>
#include <stdio.h>
void *thread(void *str)
{
    int i;
    for (i = 0; i<4; ++i)
```

```
    {
        sleep(2);
        printf("This in the thread : %d\n", i);
    }
    return NULL;
}
int main()
{
    pthread_t pth;
    int i;
    int ret = pthread_create(&pth, NULL, thread, (void *)(i));
    pthread_join(pth, NULL);
    printf("123\n");
    for (i = 0; i < 3; ++i)
    {
        sleep(1);
        printf( "This in the main : %d\n" , i );
    }
     return 0;
}
```

从程序可以看出，pthread_join 等到线程结束后，程序才继续执行。运行结果如下：

```
[root@localhost chapter8]# gcc -l pthread Example8.2.3-3.c -o Example8.2.3-3
[root@localhost chapter8]# ./Example8.2.3-3
This in the thread : 0
This in the thread : 1
This in the thread : 2
This in the thread : 3
123
This in the main : 0
This in the main : 1
This in the main : 2
```

8.2.4 线程标识获取

表头文件

```
#include <pthread.h>
```

定义函数

```
pthread_t pthread_self(void)
```

函数说明 获取调用线程的 thread identifier。

示例 8.2.4-1

```
#include <stdio.h>
#include <pthread.h>
#include <unistd.h> /*getpid()*/
void *create(void *arg)
```

```
{
printf("New thread … \n");
printf("This thread's id is %u \n",(unsigned int)pthread_self());
printf("The process pid is %d\n",getpid());
    return (void *)0;
}
int main(int argc,char *argv[])
{
    pthread_t tid;
    int error;
    printf("Main thread is starting … \n");
    error = pthread_create(&tid, NULL, create, NULL);
    if(error)
    {
        printf("thread is not created … \n");
        return -1;
    }
    printf("The main process's pid is %d   \n",getpid());
    sleep(1);
    return 0;
}
```

获取线程，运行结果如下：

```
[root@localhost chapter8]# gcc -l pthread Example8.2.4-1.c -o Example8.2.4-1
[root@localhost chapter8]# ./Example8.2.4-1
Main thread is starting …
The main process's pid is 6875
New thread …
This thread's id is 3085937552
The process pid is 6875
```

8.2.5 线程清除

线程终止有两种情况：正常终止和非正常终止。线程主动调用 pthread_exit 或者从线程函数中 return 都将使线程正常退出，这是可预见的退出方式；非正常终止是线程在其他线程的干预下，或者由于自身运行出错（比如访问非法地址）而退出，这种退出方式是不可预见的。

不论是可预见的线程终止还是异常终止，都会存在资源释放的问题，如何保证线程终止时能顺利地释放掉自己所占用的资源，是一个必须考虑和解决的问题。

从pthread_cleanup_push的调用点到pthread_cleanup_pop之间的程序段中的终止动作(包括调用 pthread_exit()和异常终止，不包括 return）都将执行 pthread_cleanup_push()所指定的清理函数。

1．pthread_cleanup_push

表头文件

```
#include <pthread.h>
```

定义函数

```
void pthread_cleanup_push(void (*rtn)(void *),void *arg)
```

函数说明 将清除函数压入清除栈。rtn 是清除函数；arg 是清除函数的参数。

2．pthread_cleanup_pop

表头文件

```
#include <pthread.h>
```

定义函数

```
void pthread_cleanup_pop(int execute)
```

函数说明 将清除函数弹出清除栈。执行到 pthread_cleanup_pop()时，参数 execute 决定是否在弹出清理函数的同时执行该函数，execute 非 0 时，执行；execute 为 0 时不执行。

3．pthread_cancel

表头文件

```
#include <pthread.h>
```

定义函数

```
int pthread_cancel(pthread_t thread);
```

参数 thread 指定要退出的线程 ID。

函数说明 取消线程，该函数在其他线程中调用，用来强行杀死指定的线程。

示例 8.2.5-1 线程清除。

```
#include <stdio.h>
#include <pthread.h>
#include <unistd.h>
void *clean(void *arg)
{
    printf("cleanup :%s  \n",(char *)arg);
    return (void *)0;
}
void *thr_fn1(void *arg)
{
    printf("thread 1 start  \n");
    pthread_cleanup_push( (void*)clean,"thread 1 first handler");
    pthread_cleanup_push( (void*)clean,"thread 1 second hadler");
    printf("thread 1 push complete  \n");
    if(arg)
    {
        return((void *)1);
    }
    pthread_cleanup_pop(0);
    pthread_cleanup_pop(0);
    return (void *)1;
```

```
}
void *thr_fn2(void *arg)
{
    printf("thread 2 start   \n");
    pthread_cleanup_push( (void*)clean,"thread 2 first handler");
    pthread_cleanup_push( (void*)clean,"thread 2 second handler");
    printf("thread 2 push complete   \n");
    if(arg)
    {
        pthread_exit((void *)2);
    }
    pthread_cleanup_pop(0);
    pthread_cleanup_pop(0);
    pthread_exit((void *)2);
}
int main(void)
{
    int err;
    pthread_t tid1,tid2;
    void *tret;
    err=pthread_create(&tid1,NULL,thr_fn1,(void *)1);
    if(err!=0)
    {
        printf("error … \n");
        return -1;
    }
    err=pthread_create(&tid2,NULL,thr_fn2,(void *)1);
    if(err!=0)
    {
        printf("error … \n");
        return -1;
    }
    err=pthread_join(tid1,&tret);
    if(err!=0)
    {
        printf("error … \n");
        return -1;
    }
    printf("thread 1 exit code %d   \n",(int)tret);
    err=pthread_join(tid2,&tret);
    if(err!=0)
    {
        printf("error … ");
        return -1;
    }
    printf("thread 2 exit code %d   \n",(int)tret);
    return 1;
}
```

编译该段程序，运行代码，结果如下：

```
[root@localhost chapter8]# gcc -l pthread Example8.2.5-1.c -o Example8.2.5-1
[root@localhost chapter8]# ./Example8.2.5-1
thread 1 start
thread 1 push complete
thread 1 exit code 1
thread 2 start
thread 2 push complete
cleanup :thread 2 second handler
cleanup :thread 2 first handler
thread 2 exit code 2
```

示例 8.2.5-2 线程清除。

```
#include <stdio.h>
#include <pthread.h>
#include <unistd.h>
void *run(void *buf){
        int i=0;
while(1){
            printf("----------pthread id =%d,i=%d\n", pthread_self(),i);
            usleep(1000000);
            i++;
        }
        return NULL;
    }
    int main(int argc,char **argv){
    pthread_t tid;
    pthread_create(&tid,NULL,run,NULL);            //创建线程
    sleep(5);
    pthread_cancel(tid);
    pthread_join(tid,NULL);
    }
```

编译该段程序，运行代码，结果如下：

```
[root@localhost chapter8]# gcc -l pthread Example8.2.5-2.c -o Example8.2.5-2
[root@localhost chapter8]# ./Example8.2.5-2
----------pthread id =-1209091184,i=0
----------pthread id =-1209091184,i=1
----------pthread id =-1209091184,i=2
----------pthread id =-1209091184,i=3
----------pthread id =-1209091184,i=4
```

8.3 线程函数传递及修改线程的属性

8.3.1 线程函数传递

在函数 pthread_create 中，arg 参数会被传递到 run 函数中。其中，run 的形参为 void*类型，该类型为任意类型的指针。所以任意一种类型都可以通过地址将数据传送到线程函数中。

示例 **8.3.1-1**　传递字符串指针。

```
#include <stdio.h>
#include <pthread.h>
#include <unistd.h>
void *run(void *buf){
    char *str=(char*)buf;
    printf("---------pthread id=%d,%s\n", pthread_self(),str);
    int i=0;
    while(1){
    printf("----------pthread id =%d,i=%d\n", pthread_self(),i);
    usleep(1000000);
    i++;
    }
}
    int main(int argc,char **argv){
        pthread_t tid;
        char buf[256]="abcdefg";
        pthread_create(&tid,NULL,run,buf);
        void *val;                    //val 是变量,指针变量就是整型变量
        pthread_join(tid,&val);
        printf("%d\n",val);
         }
```

编译该段程序，运行代码，结果如下：

```
[root@localhost chapter8]# gcc -l pthread Example8.3.1-1.c -o Example8.3.1-1
[root@localhost chapter8]# ./Example8.3.1-1
---------pthread id=-1208345712,abcdefg
----------pthread id =-1208345712,i=0
----------pthread id =-1208345712,i=1
----------pthread id =-1208345712,i=2
----------pthread id =-1208345712,i=3
----------pthread id =-1208345712,i=4
...
```

数组做实参时，传入的是数组的首地址，即传入多个相同类型数据的首地址，结构体做实参时，传入的是结构体的地址，即传入多个不同类型数据的结构地址。

示例 **8.3.1-2**　多线程中结构体作参数。

```
#include <stdio.h>
#include <pthread.h>
#include <unistd.h>
struct STU{
    int runn;
    int num;
    char name[32];
};
void * run(void *buf){
    struct STU *p=buf;
```

```
        printf("id=%u,num=%d,name=%s\n",pthread_self(),p->num,p->name);
        int i=0;
        while(i<p->runn){
        printf("------id=%u,i=%d\n",pthread_self(),i++);
        usleep(1000000);
        }
}
int main(int argc,char **argv){
        struct STU st[]={
                {10,12,"aaaa"},
                {20,23,"bbbb"}
        };
        pthread_t pid[2];
        int i;
        for(i=0;i<2;i++){
                pthread_create(&pid[i],NULL,run,&st[i]);
        }
        printf("%u,%u\n",pid[0],pid[1]);
        pthread_join(pid[0],NULL);
        pthread_join(pid[1],NULL);
        return 0;
}
```

编译该段程序，运行代码，结果如下：

```
[root@localhost chapter8]# gcc -l pthread Example8.3.1-2.c -o Example8.3.1-2
[root@localhost chapter8]# ./Example8.3.1-2
3086334864,3075845008
id=3086334864,num=12,name=aaaa
------id=3086334864,i=0
id=3075845008,num=23,name=bbbb
------id=3075845008,i=0
------id=3086334864,i=1
------id=3075845008,i=1
------id=3086334864,i=2
------id=3075845008,i=2
------id=3086334864,i=3
------id=3075845008,i=3
------id=3086334864,i=4
------id=3075845008,i=4
------id=3086334864,i=5
------id=3075845008,i=5
------id=3086334864,i=6
------id=3075845008,i=6
------id=3086334864,i=7
------id=3075845008,i=7
------id=3086334864,i=8
------id=3075845008,i=8
------id=3086334864,i=9
------id=3075845008,i=9
------id=3075845008,i=10
```

```
------id=3075845008,i=11
------id=3075845008,i=12
------id=3075845008,i=13
------id=3075845008,i=14
------id=3075845008,i=15
------id=3075845008,i=16
------id=3075845008,i=17
------id=3075845008,i=18
------id=3075845008,i=19
```

线程函数虽然是同一段代码，但不代表里面的变量是同一块内存，函数每调用一次，局部变量都会分配一次内存，各自互不干扰。

在 8.2 节的示例中，用 pthread_create 函数创建了一个线程，在这个线程中，使用了默认参数，即将该函数的第二个参数设为 NULL。对大多数程序来说，使用默认属性就够了，但还是有必要来了解一下线程的有关属性。

属性结构为 pthread_attr_t，它同样在头文件/usr/include/pthread.h 中定义。属性值不能直接设置，须使用相关函数进行操作，初始化函数为 pthread_attr_init，这个函数必须在 pthread_create 函数之前调用。属性对象主要包括是否绑定、是否分离、堆栈地址、堆栈大小、优先级。默认的属性为非绑定、非分离、默认 1M 的堆栈、与父进程同样级别的优先级。

8.3.2 绑定属性

关于线程的绑定，涉及另外一个概念：轻进程（Light Weight Process，LWP）。轻进程可以理解为内核线程，它位于用户层和系统层之间。系统对线程资源的分配和对线程的控制是通过轻进程来实现的，一个轻进程可以控制一个或多个线程。默认状况下，启动多少轻进程、哪些轻进程来控制哪些线程是由系统来控制的，这种状况即称为非绑定的。绑定状况下，则顾名思义，即某个线程固定地“绑”在一个轻进程之上。被绑定的线程具有较高的响应速度，这是因为 CPU 时间片的调度是面向轻进程的，绑定的线程可以保证在需要的时候它总有一个轻进程可用。通过设置被绑定的轻进程的优先级和调度级可以使得绑定的线程满足诸如实时反应之类的要求。

设置线程绑定状态的函数为 pthread_attr_setscope。

函数原型为

```
int pthread_attr_setscope(pthread_attr_t *tattr,int scope);
```

它有两个参数，第一个是指向属性结构的指针，第二个是绑定类型，常用结构为

```
#include <pthread.h>
pthread_attr_t tattr;
int ret;
/*绑定线程*/
ret = pthread_attr_setscope(&tattr, PTHREAD_SCOPE_SYSTEM);
/*非绑定线程*/
ret = pthread_attr_setscope(&tattr, PTHREAD_SCOPE_PROCESS);
```

绑定类型有 2 个取值：

（1）绑定：PTHREAD_SCOPE_SYSTEM；

（2）非绑定：PTHREAD_SCOPE_PROCESS。

pthread_attr_setscope()成功完成后将返回零；其他任何返回值都表示出现了错误。

前面的程序段使用了三个函数调用：用于初始化属性的调用、用于根据默认属性设置所有变体的调用，以及用于创建 pthreads 的调用。

```
#include <pthread.h>
pthread_attr_t attr;
pthread_t tid;
void start_routine;
void arg;
int ret;
/* 默认属性初始化 */
ret = pthread_attr_init (&tattr);
/* 边界设置 */
ret = pthread_attr_setscope(&tattr, PTHREAD_SCOPE_SYSTEM);
ret = pthread_create (&tid,&tattr, start_routine, arg);
```

8.3.3 分离属性

线程的分离状态决定一个线程以什么样的方式来终止自己。线程的默认属性为非分离状态，这种情况下，原有的线程等待创建的线程结束。只有当 pthread_join()函数返回时，创建的线程才算终止，才能释放自己占用的系统资源。而分离线程没有被其他线程所等待，自己运行结束了，线程也就终止了，马上释放系统资源。程序员应该根据自己的需要，选择适当的分离状态。

设置线程分离状态的函数为 pthread_attr_setdetachstate。

函数原型为

```
int pthread_attr_setdetachstate(pthread_attr_t *tattr,int detachstate);
```

它有两个参数，第一个是指向属性结构的指针，第二个是分离类型，常用结构为

```
#include <pthread.h>
pthread_attr_t tattr;
int ret;
/* 设置线程分离状态 */
ret=pthread_attr_setdetachstate(&tattr,PTHREAD_CREATE_DETACHED);
```

分离参数可选为：

（1）分离线程：PTHREAD_CREATE_DETACHED；

（2）非分离线程：PTHREAD_CREATE_JOINABLE。

函数成功完成后将返回零，其他任何返回值都表示出现了错误。

如果使用 PTHREAD_CREATE_JOINABLE 创建非分离线程，则假设应用程序将等待线程完成。也就是说，程序将对线程执行 pthread_join()。无论是创建分离线程还是非分离线程，

在所有线程都退出之前，进程不会退出。

如果未执行显式同步来防止新创建的分离线程失败，则在线程创建者从 pthread_create() 返回之前，可以将其线程 ID 重新分配给另一个新线程。

非分离线程在终止后，必须要有一个线程用 join 来等待它，否则不会释放该线程的资源以供新线程使用，而这通常会导致内存泄漏。因此如果不希望线程被等待，请将该线程作为分离线程来创建。创建分离线程常用程序代码如下：

```
#include <pthread.h>
pthread_attr_t tattr;
pthread_t tid;
void *start_routine;
void arg
int ret;
/* 默认属性初始化 */
ret = pthread_attr_init (&tattr);
ret = pthread_attr_setdetachstate (&tattr,PTHREAD_CREATE_DETACHED);
ret = pthread_create (&tid,&tattr,start_routine,arg);
```

8.3.4 优先级属性

另外一个可能常用的属性是线程的优先级，它存放在结构 sched_param 中。用函数 pthread_attr_getschedparam 和函数 pthread_attr_setschedparam 进行存放，pthread_attr_getschedparam 将返回由 pthread_attr_setschedparam()定义的调度参数。

pthread_attr_getschedparam 函数原型为

```
int pthread_attr_setschedparam(pthread_attr_t *tattr,const struct sched_param *param);
```

常用结构为

```
#include <pthread.h>
pthread_attr_t tattr;
int newprio;
sched_param param;
newprio = 30;
/*设置优先级,其他不变*/
param.sched_priority =newprio;
/* 设置新的调度参数 */
ret =pthread_attr_setschedparam (&tattr,&param);
```

调度参数是在 param 结构中定义的，仅支持优先级参数。新创建的线程使用此优先级运行。

pthread_attr_getschedparam 函数原型为

```
int pthread_attr_getschedparam(pthread_attr_t *tattr,const struct sched_param *param);
```

常用结构为

```
#include <pthread.h>
pthread_attr_t attr;
struct sched_param param;
int ret;
/* 获取现有的调度参数*/
ret = pthread_attr_getschedparam (&tattr,&param);
```

可使用指定的优先级创建线程。创建线程之前，可以设置优先级属性。将使用在sched_param 结构中指定的新优先级创建子线程。此结构还包含其他调度信息。创建子线程时建议执行以下操作：获取现有参数、更改优先级、创建子线程、恢复原始优先级。

根据这几步，创建具有优先级的线程代码如下：

示例 8.3.4-1 创建优先级为 50 的线程。

```
#include <stdio.h>
#include <stdlib.h>
#include <string.h>
#include <pthread.h>
void * run(void *buf){
    int i=0;
    while(1){
        printf("------id=%u,i=%d\n",pthread_self(),i++);
        usleep(1000000);
    }
}
int main(int argc,char **argv){
    pthread_t pid;
    pthread_attr_t attr;
    struct sched_param param;
    //----设置线程属性----
    pthread_attr_init(&attr);                        //初始化线程属性
    param.sched_priority=50;
    pthread_attr_setschedparam(&attr,&param);        //设置优先级
    //----创建线程----
    pthread_create(&pid,&attr,run,NULL);
    //----销毁线程属性----
    //----等待线程结束----
    pthread_join(pid,NULL);
    return 0;
}
```

编译该段程序，运行代码，结果如下：

```
[root@localhost chapter8]# gcc -l pthread Example8.3.4-1.c -o Example8.3.4-1
[root@localhost chapter8]# ./Example8.3.4-1
------id=3086887824,i=0
------id=3086887824,i=1
------id=3086887824,i=2
------id=3086887824,i=3
------id=3086887824,i=4
```

```
------id=3086887824,i=5
...
```

8.3.5 线程的互斥

线程间的互斥是为了避免对共享资源或临界资源的同时使用，从而避免因此而产生的不可预料的后果。临界资源一次只能被一个线程使用。线程互斥关系是由于对共享资源的竞争而产生的间接制约。

1．互斥锁

假设各个线程向同一个文件顺序写入数据，最后得到的结果一定是灾难性的。互斥锁用来保证一段时间内只有一个线程在执行一段代码，实现了对一个共享资源的访问进行排队等候。互斥锁是通过互斥锁变量来对访问共享资源排队访问。

2．互斥量

互斥量是 pthread_mutex_t 类型的变量。互斥量有两种状态：lock（上锁）和 unlock（解锁）。当对一个互斥量加锁后，其他任何试图访问互斥量的线程都会被阻塞，直到当前线程释放互斥量上的锁。如果释放互斥量上的锁后，有多个阻塞线程，这些线程只能按一定的顺序得到互斥量的访问权限，完成对共享资源的访问后，要对互斥量进行解锁，否则其他线程将一直处于阻塞状态。

3．操作函数

pthread_mutex_t 是锁类型，用来定义互斥锁。

（1）互斥锁的初始化

```
int pthread_mutex_init(pthread_mutex_t *restrict mutex, const pthread_mutexattr_t *restrict attr);
```

参数　mutex 为互斥量，由 pthread_mutex_init 调用后填写默认值；attr 属性通常默认 NULL。

（2）上锁

```
int pthread_mutex_lock(pthread_mutex_t *mutex);
```

参数　mutex 为互斥量。

（3）解锁

```
int pthread_mutex_unlock(pthread_mutex_t *mutex);
```

参数　mutex 为互斥量。

原则上，已上锁则不能再上锁，上了锁必须解锁，否则称为死锁。

（4）判断是否上锁

```
int pthread_mutex_trylock(pthread_mutex_t *mutex);
```

返回值　0 代表已上锁，非零表示未上锁。

（5）销毁互斥锁

```
int pthread_mutex_destroy(pthread_mutex_t *mutex);
```

示例 8.3.5-1 在两个线程函数中使用互斥锁。

```
#include <stdio.h>
#include <pthread.h>
char str[1024];
pthread_mutex_t mutex;
void *run1(void *buf){
    while(1){
        pthread_mutex_lock(&mutex);
        sprintf(str,"run-----------1");
        printf("%s\n",str);
        sleep(5);
        pthread_mutex_unlock(&mutex);
        usleep(1);
    }
}
void *run2(void *buf){
    while(1){
        pthread_mutex_lock(&mutex);
        sprintf(str,"run-----------2");
        printf("%s\n",str);
        sleep(2);
        pthread_mutex_unlock(&mutex);
        usleep(1);
    }
}
int main(int argc,char **argv){
    pthread_mutex_init(&mutex,NULL);
    pthread_t tid1,tid2;
    pthread_create(&tid1,NULL,run1,NULL);
    pthread_create(&tid2,NULL,run2,NULL);
    pthread_join(tid1,NULL);
    pthread_join(tid2,NULL);
    pthread_mutex_destroy(&mutex);
}
```

编译该段程序，运行代码，结果如下：

```
[root@localhost chapter8]# gcc -l pthread Example8.3.5-1.c -o Example8.3.5-1
[root@localhost chapter8]# ./Example8.3.5-1
run-----------1
run-----------2
run-----------1
run-----------2
run-----------1
run-----------2
run-----------1
run-----------2
run-----------1
…
```

8.3.6　线程的同步

1．条件变量

条件变量就是一个变量，用于线程等待某件事情的发生，当等待事件发生时，被等待的线程和事件一起继续执行。等待的线程处于休眠状态，直到另一个线程将它唤醒，才开始活动，条件变量用于唤醒线程。

互斥锁一个明显的缺点是它只有两种状态：锁定和非锁定。而条件变量通过允许线程阻塞和等待另一个线程发送信号的方法弥补了互斥锁的不足，它常和互斥锁一起使用。

2．操作函数

pthread_cond_t 是条件变量类型，用于定义条件变量。

（1）条件变量初始化函数

```
int pthread_cond_init(pthread_cond_t *restrict cond,const pthread_condattr_t *restrict attr);
```

参数　cond 是条件变量指针，通过该函数实现条件变量赋初值；attr 属性，通常默认为 NULL。

（2）线程同步等待函数（睡眠函数）

```
int pthread_cond_wait(pthread_cond_t *restrict cond, pthread_mutex_t *restrict mutex);
```

参数　cond 为条件变量；mutex 为互斥锁。

说明：哪一个线程执行 pthread_cond_wait，哪一个线程就开始睡眠，在睡眠时同时先解开互斥锁，以便让其他线程可以继续执行。

（3）发送条件信号（唤醒函数）

```
int pthread_cond_signal(pthread_cond_t *cond);
```

参数　cond 为条件变量。

说明：在另一个线程中使用，当某线程符合某种条件时，用于唤醒其他线程，让其他线程同步运行。其他线程被唤醒后，马上开始加锁，如果此时锁处于锁定状态，则等待被解锁后向下执行代码。

（4）条件变量销毁

```
int pthread_cond_destroy(pthread_cond_t *cond);
```

示例 8.3.6-1　实现线程同步。

```
#include <stdio.h>
#include <pthread.h>
char str[1024];
pthread_mutex_t mutex;
pthread_cond_t    cond;
int count=0;
void *run1(void *buf){
      while(1){
         pthread_cond_wait(&cond,&mutex);
         count-=2;
```

```
            sprintf(str,"run-----------1");
            printf("%s,count=%d\n",str,count);
            sleep(5);
            usleep(1);
        }
    }
    void *run2(void *buf){
        while(1){
            sprintf(str,"run-----------2");
            printf("%s, count=%d\n",str,count);
            sleep(2);
            if(count%10==0) pthread_cond_signal(&cond);
            count++;
            usleep(1);
        }
    }
    int main(int argc,char **argv){
        pthread_mutex_init(&mutex,NULL);
        pthread_cond_init(&cond,NULL);
        pthread_t tid1,tid2;
        pthread_create(&tid1,NULL,run1,NULL);
        pthread_create(&tid2,NULL,run2,NULL);
        pthread_join(tid1,NULL);
        pthread_join(tid2,NULL);
        pthread_cond_destroy(&cond);
        pthread_mutex_destroy(&mutex);
    }
```

编译该段程序，运行代码，结果如下：

```
[root@localhost chapter8]# gcc -l pthread Example8.3.6-1.c -o Example8.3.6-1
[root@localhost chapter8]# ./Example8.3.6-1
run-----------2, count=0
run-----------1,count=-1
run-----------2, count=-1
run-----------2, count=0
run-----------2, count=1
run-----------2, count=2
run-----------2, count=3
run-----------2, count=4
run-----------2, count=5
run-----------2, count=6
run-----------2, count=7
run-----------2, count=8
run-----------2, count=9
run-----------2, count=10
run-----------1, count=9
run-----------2, count=9
run-----------2, count=10
run-----------2, count=11
run-----------2, count=12
```

```
run----------2, count=13
run----------2, count=14
run----------2, count=15
run----------2, count=16
run----------2, count=17
run----------2, count=18
run----------2, count=19
run----------2, count=20
run----------1, count=19
run----------2, count=19
...
```

8.3.7 信号量

信号量本质上是一个非负的整数计数器，它被用来控制对公共资源的访问，也被称为PV原子操作。

PV原子操作，广泛用于进程或线程之间的通信的同步和互斥。其中，P是通过的意思，V是释放的意思，不可中断的过程，则由操作系统来保证P操作和V操作。PV操作是针对信号量的操作，就是对信号量的加减过程。

P操作，即信号量sem减1的过程，如果sem小于等于0，P操作被阻塞，直到sem变为大于0为止。P操作即加锁过程。

V操作，信号量sem加1的过程。V操作即解锁过程。

操作函数如下：

（1）信号量初始化

```
int sem_init(sem_t *sem, int pshared, unsigned int value);
```

参数　sem 是信号量指针；pshared为共享方式，0表示信号量只在当前进程中使用（线程）；1表示信号量在多进程中使用。value是信号量的初始值，通常被置为1。

（2）P操作,减少信号量

```
int sem_wait(sem_t *sem);
```

（3）V操作,增加信号量

```
int sem_post(sem_t *sem);
```

（4）销毁信号量

```
int sem_destroy(sem_t *sem);
```

（5）获取信号量的值

```
int sem_getvalue(sem_t *sem, int *sval);
```

示例8.3.7-1　用信号量实现互斥。

```
#include <stdlib.h>
#include <stdio.h>
```

```
#include <string.h>
#include <pthread.h>
#include <semaphore.h>
sem_t sem;                              //定义信号量
void * run1(void *buf){
    int i=0;
    while(1){
        sem_wait(&sem);             //P 操作,信号量减 1;如果信号量为 0,则阻塞
        printf("run1 -----id=%u,i=%d\n",pthread_self(),i++);
        sem_post(&sem);             //V 操作,信号量加 1
        usleep(1);
    }
}
void * run2(void *buf){
    int i=0;
    while(1){
        sem_wait(&sem);             //P 操作,信号量减 1;如果信号量为 0,则阻塞
        printf("run2 -----id=%u,i=%d\n",pthread_self(),i++);
        sleep(2);
        sem_post(&sem);              //V 操作,信号量加 1
        usleep(1);
    }
}
int main(int argc,char **argv){
    pthread_t pid1,pid2;
    //----创建线程----
    sem_init(&sem,0,1);
    pthread_create(&pid1,NULL,run1,NULL);
    pthread_create(&pid2,NULL,run2,NULL);
    //----等待线程结束
    pthread_join(pid1,NULL);
    pthread_join(pid2,NULL);
    sem_destroy(&sem);
    return 0;
}
```

编译该段程序，运行代码，结果如下：

```
[root@localhost chapter8]# gcc -l pthread Example8.3.7-1.c -o Example8.3.7-1
[root@localhost chapter8]# ./Example8.3.7-1
run1 -----id=3086834576,i=0
run2 -----id=3076344720,i=0
run1 -----id=3086834576,i=1
run2 -----id=3076344720,i=1
run1 -----id=3086834576,i=2
run2 -----id=3076344720,i=2
run1 -----id=3086834576,i=3
run2 -----id=3076344720,i=3
run1 -----id=3086834576,i=4
run2 -----id=3076344720,i=4
…
```

习题与练习

1．进程和线程之间的区别是什么？

2．线程的属性有哪些？如何操作线程的属性？

3．线程有哪些类别？

4．如何在多线程程序中实现线程之间的同步？

5．出错处理相关函数有哪些？各自的用法是什么？

6．如何创建线程的私有数据？

7．编写一个多线程的程序，每个线程在执行时都修改它们的共享变量，观察共享变量的值，看看有什么变化。

第 9 章 网络编程

CHAPTER 9

Linux 系统的一个主要特点是它的网络功能非常强大。随着网络的日益普及，基于网络的应用也将越来越多。Linux 系统支持多种网络协议，例如 TCP/IP、AppleTalk、DECnet、Econet、ISDN 和 ATM 等。从某种意义上讲，Linux 本身就是网络的代名词，Linux 的产生和发展都是通过程序员在网络上尤其是互联网和新闻组上交流信息、程序代码完成的。而 Linux 本身也具有作为网络操作系统，尤其是服务器端或者底层嵌入式端操作系统的优势。在 Linux 的不断升级中，对网络支持的多样性、稳定性和高效性是业界一直都在重点关注的问题。

9.1 基本概念

网络程序和普通程序一个最大的区别是，网络程序是由两个部分组成的，即客户端和服务器端。网络程序是先由服务器程序启动，等待客户端的程序运行并建立连接。一般来说，服务端的程序在一个端口上监听，直到有一个客户端的程序发来请求。

9.1.1 OSI 模型

OSI 模型是国际互联网标准化组织所定义的，目的是为了使网络的各个层次有标准。虽然迄今为止，没有哪种网络结构是完全按照这种模型来实现的，但它是一个得到公认的网络体系结构模型。OSI 模型共有 7 个层次：

（1）物理层

在物理线路上传输 bit 信息，处理与物理介质有关的机械的、电气的、功能的和规程的特性。它是硬件连接的接口。

（2）数据链路层

负责实现通信信道的无差错传输，提供数据帧、差错控制、流量控制和链路控制等功能。

（3）网络层

负责将数据正确迅速地从源主机传送到目的主机，其功能主要有寻址以及相关的流量控制和拥塞控制等。

物理层、数据链路层和网络层构成了通信子网层。通信子网层与硬件的关系密切，它为网络的上层（资源子网）提供通讯服务。

（4）传输层

为上层处理过程掩盖下层结构的细节，保证把会话层的信息有效地传到另一方的会话层。

（5）会话层

提供服务请求者和提供者之间的通信，用以实现两端主机之间的会话管理、传输同步和活动管理等。

（6）表示层

表示层主要功能是实现信息转换，包括信息压缩、加密、代码转换及上述操作的逆操作等。

（7）应用层

应用层为用户提供常用的应用，如电子邮件、文件传输、Web 浏览等。

需要注意的是，OSI 模型并不是一个网络结构，因为它并没有定义每个层所拥有的具体的服务和协议，它只是告诉用户每一层应该做什么工作。但是，ISO 为所有的层次提供了标准，每个标准都有其内部标准定义。

9.1.2　常用命令

1．netstat

命令 netstat 用于显示网络的连接、路由表和接口统计等网络的信息。netstat 有许多选项，用户常用的选项是-an，用于显示详细的网络状态。至于其他选项，用户可以使用帮助手册获得详细的情况。

2．telnet

telnet 是用来远程控制的程序，可以用该程序来调试用户的服务端程序。例如，服务器程序在监听 8888 端口，可以用 telnet localhost 8888 来查看服务端的状况。

9.1.3　网络地址

网络地址是终端在整个网络中的唯一标识，具体分类如下：

1．A 类 IP 地址

一个 A 类 IP 地址由 1 字节的网络地址和 3 字节的主机地址组成，网络地址的最高位必须是“0”，地址范围为 1.0.0.1~126.255.255.254。可用的 A 类网络有 126 个，每个网络能容纳 16777214 个主机。

2．B 类 IP 地址

一个 B 类 IP 地址由 2 个字节的网络地址和 2 个字节的主机地址组成，网络地址的最高位必须是“10”，地址范围为 128.0.0.1~191.255.255.254。B 类地址中， 172.16.0.0~172.31.255.255 是私有地址，169.254.0.0~169.254.255.255 是保留地址。如果终端的 IP 地址是自动获取的，而在网络上又没有找到可用的 DHCP 服务器，这时将会从 169.254.0.0~169.254.255.255 中获得一个 IP 地址。

3．C 类 IP 地址

一个 C 类 IP 地址由 3 字节的网络地址和 1 字节的主机地址组成，网络地址的最高位必须是“110”，地址范围为 192.0.0.1~223.255.255.254。其中，192.168.0.0~192.168.255.255 为私有 IP 地址。C 类网络可达 2097150 个，每个网络能容纳 254 个主机。

4. D 类 IP 地址

用于多点广播。D 类 IP 地址第一个字节以“1110”开始，它是一个专门保留的地址。它并不指向特定的网络，目前这一类地址被用在多点广播（Multicast）中。多点广播地址用来一次寻址一组计算机，它标识共享同一协议的一组计算机。地址范围为 224.0.0.1~239.255.255.254。

5. E 类 IP 地址

以“1111”开始，为将来使用保留。E 类地址目前保留，仅作实验和开发用。全零（0.0.0.0）地址指任意网络。全“1”的 IP 地址（255.255.255.255）是当前子网的广播地址。

9.1.4 IP 设置项

1. IP 地址

长度为 32 位，在同一个局域网内，IP 地址不能相同，是机器的唯一识别的网络地址，例如 192.168.1.8。

2. 网络广播地址

广播地址只有一个标识 Bcast：192.168.1.255。如果目的地址是广播地址，会向整个同一个网段的主机发送数据。

3. 子网掩码

用于屏蔽 IP 地址的一部分，用于区分网络标识和主机标识，用于识别子网。

4. 网关

用于访问外网，在局域网内有一台机器，可以直接访问外网。其他机器把网关设为能上网机器的 IP。网关通常为*.*.*.1，例如 192.168.1.1。

服务器通常设为 192.168.1.254。

5. MAC 地址

网卡的物理地址，例如 HWaddr 00：0C：29：8F：96：C0。

9.1.5 端口

网络地址用来识别哪一台机器，端口用于识别一台机器的哪一个程序。

1. 端口分类

（1）公认端口：端口号为 0~1023，它们紧密绑定于一些服务。通常这些端口的通信明确表明了某种服务的协议，例如，80 端口实际上总是 HTTP 通信。

（2）注册端口：端口号为 1024~49151，它们松散地绑定于一些服务。也就是说，有许多服务绑定于这些端口，这些端口同样用于许多其他目的。例如，许多系统处理动态端口从 1024 左右开始。

（3）动态端口：端口号为 49152~65535。理论上，不应为服务分配这些端口。实际上，机器通常从 1024 起分配动态端口。但也有例外，SUN 的 RPC 端口从 32768 开始。

2. 常见端口

（1）8080 端口：同 80 端口，被用于 WWW 代理服务，可以实现网页浏览，常在访问某个网站或使用代理服务器时使用。

（2）21 端口：FTP 服务器所开放的端口，用于上传、下载。

（3）22 端口：用于 SSH 服务。

（4）23 端口：用于 Telnet 服务。

（5）25 端口：SMTP 服务器所开放的端口，用于发送邮件。

（6）80 端口：HTTP，用于网页浏览。

（7）端口 137、138、139：其中，137、138 是 UDP 端口，当通过网上邻居传输文件时用这些端口。而通过 139 端口进入的连接试图获得 NetBIOS/SMB 服务，该协议被用于 Windows 文件、打印机共享和 SAMBA。

9.2 TCP/IP 协议

TCP/IP 传输控制协议/因特网互连协议，又叫网络通信协议，该协议是 Internet 最基本的协议，是 Internet 国际互连网络的基础，由网络层的 IP 协议和传输层的 TCP 协议组成。

9.2.1 整体构架概述

TCP/IP 是一个协议族，因为 TCP/IP 协议包括 TCP、IP、UDP、ICMP、RIP、Telnet、FTP、SMTP、ARP、TFTP 等许多协议，这些协议统称为 TCP/IP 协议。TCP/IP 协议结构图如图 9-1 所示。

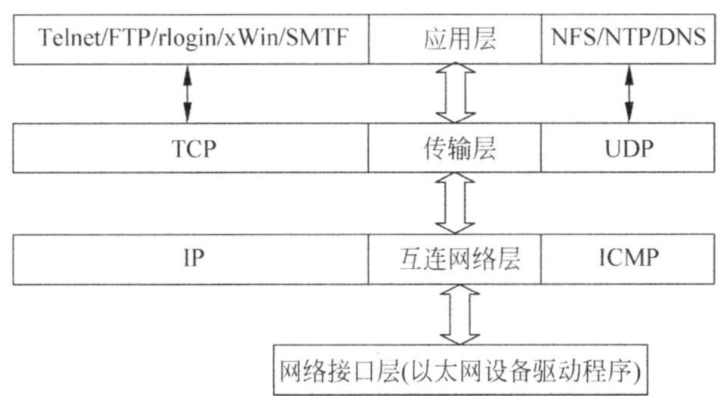

图 9-1　TCP/IP 协议结构图

从协议分层模型方面来讲，TCP/IP 由四个层次组成：网络接口层、互连网络层、传输层、应用层。

TCP/IP 协议并不完全符合 OSI 的七层参考模型。传统的开放式系统互连参考模型是一种通信协议的 7 层抽象的参考模型，其中每一层执行某一特定任务。该模型的目的是使各种硬件在相同的层次上相互通信。这 7 层是物理层、数据链路层、网络层、传输层、会话层、表示层和应用层。而 TCP/IP 通信协议采用 4 层的层级结构，每一层都呼叫它的下一层所提供的网络来完成自己的需求。这 4 层分别为：

（1）应用层：应用程序间沟通的层，例如简单电子邮件传输（SMTP）、文件传输协议（FTP）、网络远程访问协议（Telnet）等。

（2）传输层：该层提供了节点间的数据传送以及应用程序之间的通信服务，主要功能是数据格式化、数据确认和丢失重传等。例如传输控制协议（TCP）、用户数据报协议（UDP）等，TCP 和 UDP 给数据包加入传输数据并把它传输到下一层中，这一层负责传送数据，并且确定数据已被送达并接收。

（3）互连网络层：负责提供基本的数据封包传送功能，让每一块数据包都能够到达目的主机（但不检查是否被正确接收），如网际协议（IP）。

（4）网络接口层（主机-网络层）：接收 IP 数据包并进行传输，从网络上接收物理帧，抽取 IP 数据报转交给下一层，对实际的网络媒体进行管理，定义如何使用实际网络（如 Ethernet、Serial Line 等）来传送数据。

前面已经介绍了关于 OSI 参考模型的相关概念，下面介绍相对于七层协议参考模型，TCP/IP 协议是如何实现网络模型的，如表 9-1 所示。

表 9-1　TCP/IP 协议对应的网络模型

OSI 中的层	功　能	TCP/IP 协议族
应用层	文件传输，电子邮件，文件服务，虚拟终端	TFTP，HTTP，SNMP，FTP，SMTP，DNS，RIP，Telnet
表示层	数据格式化，代码转换，数据加密	没有协议
会话层	解除或建立与其他节点的联系	没有协议
传输层	提供端对端的接口	TCP，UDP
网络层	为数据包选择路由	IP，ICMP，OSPF，BGP，IGMP ，ARP，RARP
数据链路层	传输有地址的帧以及错误检测功能	SLIP，CSLIP，PPP，MTU
物理层	以二进制数据形式在物理媒体上传输数据	ISO2110，IEEE 802，IEEE 802.2

数据链路层包括硬件接口和协议 ARP、RARP，这两个协议主要是用来建立送到物理层上的信息和接收从物理层上传来的信息；网络层中的协议主要有 IP、ICMP、IGMP 等，由于它包含了 IP 协议模块，所以它是所有基于 TCP/IP 协议网络的核心。在网络层中，IP 模块完成大部分功能。ICMP 和 IGMP 以及其他支持 IP 的协议帮助 IP 完成特定的任务，例如传输差错控制信息以及主机/路由器之间的控制电文等。网络层掌管着网络中主机间的信息传输。

传输层的主要协议是 TCP 和 UDP。正如网络层控制着主机之间的数据传递，传输层控制着那些将要进入网络层的数据。两个协议就是它管理这些数据的两种方式：TCP 是基于连接的协议；UDP 则是面向无连接服务的管理方式的协议。

应用层位于协议栈的顶端，它的主要任务就是应用。

9.2.2 IP 协议

网际协议 IP 是 TCP/IP 的心脏，也是网络层中最重要的协议。IP 层接收由更低层发来的数据包，并把该数据包发送到更高层——TCP 或 UDP 层；相反，IP 层也把从 TCP 或 UDP 层接收来的数据包传送到更低层。IP 数据包是不可靠的，因为 IP 并没有做任何事情来确认数据包是按顺序发送的或者没有被破坏。IP 数据包中含有发送它的主机地址（源地址）和接收它的主机地址。

高层的 TCP 和 UDP 服务在接收数据包时，通常假设包中的源地址是有效的。也可以这样说，IP 地址形成了许多服务的认证基础，这些服务相信数据包是从一个有效的主机发送来的。对于一些 TCP 和 UDP 的服务来说，使用了该选项的 IP 包好像是从路径的最后一个系统传递过来的，而不是来自于它的真实地点。许多依靠 IP 源地址做确认的服务将产生问题并且会被非法入侵。IP4 的数据包格式如图 9-2 所示。

0　　4	8	16	31
版本 | 首部长度	服务类型	数据包总长	
标识		标志	碎片偏移
生存时间	协议	首部校验和	
源IP地址			
目的IP地址			
选项			
数据			

图 9-2　IP4 的数据包格式

9.2.3 ICMP 协议

ICMP 与 IP 位于同一层，它被用来传送 IP 的控制信息。它主要是用来提供有关通向目的地址的路径信息。ICMP 的 Redirect 信息通知主机通向其他系统的更准确的路径，而 Unreachable 信息则指出路径有问题。另外，如果路径不可用了，ICMP 可以使 TCP 连接终止。PING 是最常用的基于 ICMP 的服务。

ICMP 是消息控制协议，也处于网络层，在网络上传递 IP 数据包时，如果发生了错误，那么就会用 ICMP 协议来报告错误。ICMP 的数据包格式如图 9-3 所示。

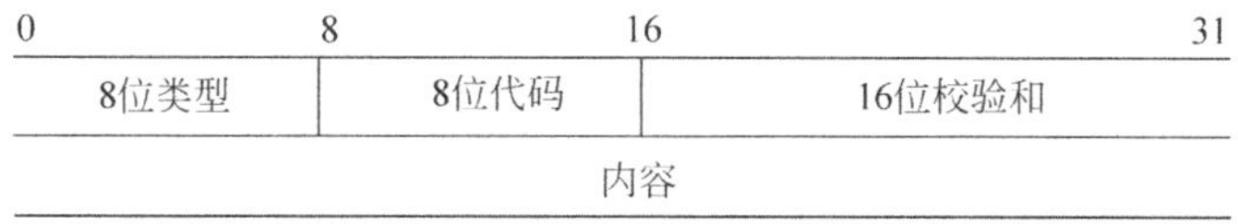

图 9-3　ICMP 的数据包格式

9.2.4 UDP 协议

UDP 与 TCP 位于同一层，但它不管数据包的顺序、错误或重发。因此，UDP 不被应用于那些使用虚电路的面向连接的服务，UDP 主要用于那些面向查询-应答的服务，例如 NFS。相对于 FTP 或 Telnet，这些服务需要交换的信息量较小。使用 UDP 的服务包括 NTP（网络时间协议）和 DNS（DNS 也使用 TCP）。

欺骗UDP包比欺骗TCP包更容易，因为UDP没有建立初始化连接(也可以称为握手)，在两个系统间没有虚电路，也就是说，与UDP相关的服务面临着更大的危险。

UDP协议建立在IP协议基础之上，是用在传输层的协议。UDP和IP协议一样是不可靠的数据报服务。UDP的数据包格式如图9-4所示。

<table>
<tr><td>0　　4　　8</td><td>16　　　　　　31</td></tr>
<tr><td>源端口</td><td>目的端口</td></tr>
<tr><td>用户数据包长度</td><td>检查</td></tr>
<tr><td colspan="2">数据</td></tr>
</table>

图9-4　UDP的数据包格式

9.2.5　TCP协议

如果IP数据包中有已经封好的TCP数据包，那么IP将把它们向上传送到TCP层。TCP将包排序并进行错误检查，同时实现虚电路间的连接。TCP数据包中包括序号和确认，所以未按照顺序收到的包可以被排序，而损坏的包可以被重传。TCP的数据包格式如图9-5所示。

<table>
<tr><td colspan="8">0　　4　　8</td><td colspan="2">16　　　　　　31</td></tr>
<tr><td colspan="8">源端口</td><td colspan="2">目的端口</td></tr>
<tr><td colspan="10">序列号</td></tr>
<tr><td colspan="10">确认号</td></tr>
<tr><td rowspan="3">数据偏移</td><td rowspan="3">保留</td><td>U</td><td>A</td><td>P</td><td>R</td><td>S</td><td>F</td><td rowspan="3" colspan="2">窗口</td></tr>
<tr><td>R</td><td>C</td><td>S</td><td>S</td><td>Y</td><td>I</td></tr>
<tr><td>G</td><td>K</td><td>H</td><td>T</td><td>N</td><td>N</td></tr>
<tr><td colspan="8">校验和</td><td colspan="2">紧急指针</td></tr>
<tr><td colspan="9">选项</td><td>填充字节</td></tr>
<tr><td colspan="10">数据</td></tr>
</table>

图9-5　TCP的数据包格式

TCP将它的信息送到更高层的应用程序，例如Telnet的服务程序和客户程序。应用程序轮流将信息送回TCP层，TCP层便将它们向下传送到IP层、设备驱动程序和物理介质，最后到接收方。

面向连接的服务（例如Telnet、FTP、rlogin、X Windows和SMTP）需要高度的可靠性，所以它们使用TCP。DNS在某些情况下使用TCP（发送和接收域名数据库），但使用UDP传送有关单个主机的信息。

TCP协议也是建立在IP协议之上的，不过TCP协议是可靠的、按照顺序发送的。TCP的数据结构比前面的结构都要复杂。

9.2.6 TCP 连接的建立

TCP 协议是一种可靠的连接，为了保证连接的可靠性，TCP 的连接分为几个步骤，用户把这个连接过程称为“三次握手”。下面从一个实例来分析用户建立连接的过程。

第一步，客户机向服务器发送一个 TCP 数据包，表示请求建立连接。为此，客户端将数据包的 SYN 位设置为 1，并且设置序列号 seq=1000（用户假设为 1000）。

第二步，服务器收到了数据包，并从 SYN 位为 1 知道这是一个建立请求的连接。于是服务器也向客户端发送一个 TCP 数据包。因为是响应客户端的请求，于是服务器设置 ACK 为 1，sak_seq=1001（1000+1），同时设置自己的序列号 seq=2000（用户假设为 2000）。

第三步，客户端收到了服务器的 TCP，并从 ACK 为 1 和 ack_seq=1001 知道是从服务器发来的确认信息。于是客户端也向服务器发送确认信息。客户端设置 ACK=1，ack_seq=2001，seq=1001，并发送给服务器。至此，客户端完成连接。

最后一步，服务器收到确认信息，也完成连接。通过上面几个步骤，一个 TCP 连接就建立了。

9.3 基本网络函数介绍

Linux 系统是通过提供套接字（socket）来进行网络编程的。网络程序通过 socket 和其他几个函数的调用，会返回一个通信的文件描述符，用户可以将这个描述符看成普通的文件的描述符来操作，这就是 Linux 的设备无关性的好处。用户可以通过向描述符的读写操作实现网络之间的数据交流。

9.3.1 建立一个 socket 通信

相关函数

```
accept,bind,connect,listen
```

表头文件

```
#include<sys/types.h>
#include<sys/socket.h>
```

定义函数

```
int socket(int domain,int type,int protocol);
```

函数说明 socket()用来建立一个新的 socket，也就是向系统注册，通知系统建立一通信端口。参数 domain 指定使用何种地址类型，完整的定义在/usr/include/bits/socket.h 内。

参数 type 主要有下列几种数值：①SOCK_STREAM 提供双向连续且可信赖的数据流，即 TCP。支持 OOB 机制，在所有数据传送前必须使用 connect()来建立连线状态。②SOCK_DGRAM 使用不连续不可信赖的数据包连接。③SOCK_SEQPACKET 提供连续可信赖的数据包连接。④SOCK_PACKET 提供和网络驱动程序直接通信。⑤protocol 用来指定 socket 所使用的传输协议编号，通常默认设为 0 即可。

返回值 成功则返回 socket 处理代码，失败返回-1。

9.3.2 对 socket 定位

相关函数

```
socket,accept,connect,listen
```

表头文件

```
#include<sys/types.h>
#include<sys/socket.h>
```

定义函数

```
int bind(int sockfd,struct sockaddr * my_addr,int addrlen);
```

函数说明 bind()用来给参数 sockfd 的 socket 设置一个名称。此名称由参数 my_addr 指向一 sockaddr 结构，对于不同的 socket domain，定义一个通用的数据结构：

```
struct sockaddr
{
unsigned short int sa_family;
char sa_data[14];
};
```

其中，sa_family 为调用 socket()时的 domain 参数，即 AF_xxxx 值。sa_data 最多使用 14 个字符长度。

sockaddr 结构会因使用不同的 socket domain 而有不同的结构定义，例如使用 AF_INET domain，其 socketaddr 结构定义便为

```
struct socketaddr_in
{
unsigned short int sin_family;
uint16_t sin_port;
struct in_addr sin_addr;
unsigned char sin_zero[8];
};
struct in_addr
{
uint32_t s_addr;
};
```

其中，sin_family 即 sa_family；sin_port 为使用的 port 编号；sin_addr.s_addr 为 IP 地址；sin_zero 为未使用；参数 addrlen 为 sockaddr 的结构长度。

返回值 成功则返回 0，失败返回-1。

9.3.3 等待连接

1．listen

相关函数

```
socket,bind,accept,connect
```

表头文件

```
#include<sys/socket.h>
```

定义函数

```
int listen(int s,int backlog);
```

函数说明 listen()用来等待参数 s 的 socket 连线。参数 backlog 指定同时能处理的最大连接要求，如果连接数目达此上限，则 client 端将收到 ECONNREFUSED 的错误提示。listen()并未开始接收连线，只是设置 socket 为 listen 模式，真正接收 client 端连线的是 accept()。通常 listen()会在 socket()、bind()之后调用，接着才调用 accept()。

返回值 成功则返回 0，失败返回-1。

注意：listen()只适用 SOCK_STREAM 或 SOCK_SEQPACKET 的 socket 类型。如果 socket 为 AF_INET，则参数 backlog 最大值可为 128。

2．accept

相关函数

```
socket,bind,listen,connect
```

表头文件

```
#include<sys/types.h>
#include<sys/socket.h>
```

定义函数

```
int accept(int s,struct sockaddr * addr,int * addrlen);
```

函数说明 接收 socket 连线，accept()用来接收参数 s 的 socket 连线。参数 s 的 socket 必须先经 bind()、listen()函数处理过，当有连线进来时，accept()会返回一个新的 socket 处理代码，往后的数据传送与读取就是经由新的 socket 处理，而原来参数 s 的 socket 能继续使用 accept()来接收新的连线要求。连线成功时，参数 addr 所指的结构会被系统填入远程主机的地址数据，参数 addrlen 为 sockaddr 的结构长度。关于结构 sockaddr 的定义请参考 bind()。

返回值 成功则返回新的 socket 处理代码，失败返回-1。

9.3.4 建立 socket 连线

相关函数

```
socket,bind,listen
```

表头文件

```
#include<sys/types.h>
#include<sys/socket.h>
```

定义函数

```
int connect (int sockfd,struct sockaddr * serv_addr,int addrlen);
```

函数说明　connect()用来将参数 sockfd 的 socket 连至参数 serv_addr 指定的网络地址。结构 sockaddr 请参考 bind()。参数 addrlen 为 sockaddr 的结构长度。

返回值　成功则返回 0，失败返回-1，错误原因存于 errno 中。

9.4　服务器和客户端的信息函数

9.4.1　字节转换函数

在网络上面有着许多类型的机器，这些机器表示数据的字节顺序是不同的，例如 i386 芯片是低字节在内存地址的低端，高字节在高端，而 alpha 芯片却相反。为了统一，在 Linux 下有专门的字节转换函数。

```
unsigned long int htonl(unsigned long int hostlong)
unsigned short int htons(unsigned short int hostshort)
unsigned long int ntohl(unsigned long int netlong)
unsigned short int ntohs(unsigned short int netshort)
```

在这四个转换函数中，h 代表 host，n 代表 network，s 代表 short，l 代表 long。

1．htonl

相关函数

```
htons,ntohl,ntohs
```

表头文件

```
#include<netinet/in.h>
```

定义函数

```
unsigned long int htonl(unsigned long int hostlong);
```

函数说明　将 32 位主机字符顺序转换成网络字符顺序，htonl()用来将参数指定的 32 位 hostlong 转换成网络字符顺序。

返回值　返回对应的网络字符顺序。

2．htons

相关函数

```
htonl,ntohl,ntohs
```

表头文件

```
#include<netinet/in.h>
```

定义函数

```
unsigned short int htons(unsigned short int hostshort);
```

函数说明　将 16 位主机字符顺序转换成网络字符顺序，htons()用来将参数指定的 16 位 hostshort 转换成网络字符顺序。

返回值　返回对应的网络字符顺序。

3．ntohl

相关函数

```
htonl,htons,ntohs
```

表头文件

```
#include<netinet/in.h>
```

定义函数

```
unsigned long int ntohl(unsigned long int netlong);
```

函数说明　将 32 位网络字符顺序转换成主机字符顺序，ntohl()用来将参数指定的 32 位 netlong 转换成主机字符顺序。

返回值　返回对应的主机字符顺序。

4．ntohs

相关函数

```
htonl,htons,ntohl
```

表头文件

```
#include<netinet/in.h>
```

定义函数

```
unsigned short int ntohs(unsigned short int netshort);
```

函数说明　将 16 位网络字符顺序转换成主机字符顺序，ntohs()用来将参数指定的 16 位 netshort 转换成主机字符顺序。

返回值　返回对应的主机顺序。

9.4.2　IP 和域名的转换

在网络上，标志一台计算机可以用名字形式的网址，例如 www.usth.edu.cn，也可使用地址的 IP 形式，例如 218.7.13.212，它是一个 32 位的整数，每个网络节点有一个 IP 地址，它唯一地确定一台主机，但一台主机可以有多个 IP 地址。IP 通常由以“.”隔开的 4 个十进制数表示，随着 Internet 的壮大，使用 IPv4 的 IP 地址将会不够分配，使用 IPv6 已经成为必然。IPv6 使用的是 128 位的 IP 地址，要输入和记住这样的网址显然不现实，本节将介绍如何实现名字和数字地址之间的转换。

在网络中，通常组织运行多个名字服务器来提供名字与 IP 地址之间的转换，各种应用程序通过调用解析器库中的函数来与域名服务系统通信。常用的解析函数有 gethostbyname（名字地址转换为数字地址）和 gethostbyaddr（数字地址转换为名字地址）。

函数原型如下：

```
struct hostent *gethostbyname(const char *hostname)
struct hostent *gethostbyaddr(const char *addr,int len,int type)
```

其中，struct hostent 的定义为

```
struct hostent{
char *h_name;                //主机的正式名称
char *h_aliases;             //主机的别名
int h_addrtype;              //主机的地址类型  AF_INET
int h_length;                //主机的地址长度,对于 IPv4 是 4 字节 32 位
char **h_addr_list;          //主机的 IP 地址列表
}
#define h_addr h_addr_list[0]    //主机的第一个 IP 地址
```

gethostbyname 可以将机器名转换为一个结构指针，这个结构存储了域名的信息 gethostbyaddr 可以将一个 32 位的 IP 地址转换为结构指针。这两个函数失败时返回 NULL 且设置 h_errno 错误变量，调用 h_strerror()可以得到详细的错误信息。

示例 9.4.2-1 IP 域名转换。

```
#include <sys/types.h>
#include <sys/socket.h>
#include <unistd.h>
#include <netinet/in.h>
#include <arpa/inet.h>
#include <stdio.h>
#include <stdlib.h>
#include <errno.h>
#include <netdb.h>
#include <stdarg.h>
#include <string.h>
static void err_doit(int, int, const char *, va_list);
void err_sys(const char *fmt, …)
{
    va_list   ap;
    va_start(ap, fmt);
    err_doit(1, errno, fmt, ap);
    va_end(ap);
    exit(1);
}
static void err_doit(int errnoflag,interror,const char *fmt,va_list ap)
{
```

```
    char     buf[1024];
    vsnprintf(buf, 1024, fmt, ap);
    if (errnoflag)
        snprintf(buf+strlen(buf), 1024-strlen(buf), ": %s",
                strerror(error));
    strcat(buf, "\n");
    fflush(stdout);                  /* in case stdout and stderr are the same */
    fputs(buf, stderr);
    fflush(NULL);                    /* flushes all stdio output streams */
}
int main(int argc,char **argv)
{
    char *ptr,**pptr;
    char str[INET6_ADDRSTRLEN];
    struct hostent *hptr;
    while(--argc>0)
    {
        ptr=*(++argv);
        if((hptr=gethostbyname(ptr))==NULL)
        {
  printf("gethostbyname call error:%s,%s\n",ptr,hstrerror(h_errno));
            continue;
        }
        printf("canonical name:%s\n",hptr->h_name);
        for(pptr=hptr->h_aliases;*pptr!=NULL;pptr++)
            printf("the aliases name is:%s\n",*pptr);
        switch(hptr->h_addrtype)
        {
          case AF_INET:
          case AF_INET6:
              pptr=hptr->h_addr_list;
              for(;*pptr!=NULL;pptr++)
              printf("address:%s\n",inet_ntop(hptr->h_addrtype,*pptr,str,sizeof(str)));
                break;
            default:
                err_sys("unknown addrtype");
                break;
        }
    }
    exit(0);
}
```

IP 域名转换程序运行结果如下：

```
[root@localhost chapter9]# gcc Example9.4.2-1.c -o Example9.4.2-1
[root@localhost chapter9]# ./Example9.4.2-1 www.usth.edu.cn
canonical   name:www.usth.edu.cn
address:218.7.13.212
```

9.4.3 字符串的 IP 和 32 位的 IP 转换

网络上用的 IP 都是数字加点（例如 218.7.13.212）构成的，而在 struct in_addr 结构中用的是 32 位的 IP，把 218.7.13.212 转换为 32 位 IP，可以使用下面两个函数：

```
int inet_aton(const char *cp,struct in_addr *inp)
char *inet_ntoa(struct in_addr in)
```

函数里 a 代表 ascii，n 代表 network。第一个函数表示将 a.b.c.d 的 IP 转换为 32 位的 IP，存储在 inp 指针里；第二个函数是将 32 位 IP 转换为 a.b.c.d 的格式。

9.4.4 服务信息函数

在网络程序里，用户有时需要知道端口 IP 和服务信息，这个时候可以使用以下几个函数来实现：

```
int getsockname(int sockfd,struct sockaddr *localaddr,int *addrlen)
int getpeername(int sockfd,struct sockaddr *peeraddr, int *addrlen)
struct servent *getservbyname(const char *servname,const char *protoname)
struct servent *getservbyport(int port,const char *protoname)
struct servent
{
        char *s_name;              //正式服务名
        char **s_aliases;          //别名列表
        int s_port;                //端口号
        char *s_proto;             //使用的协议
}
```

一般很少使用这几个函数，原因是对于客户端，当要得到连接的端口号时，在 connect 调用成功后使用可得到系统分配的端口号；对于服务端，用 INADDR_ANY 填充后，为了得到连接的 IP，可以在 accept 调用成功后使用而得到 IP 地址。在网络上有许多默认端口和服务，例如端口 21 对应 FTP，端口 80 对应 WWW。为了得到指定的端口号的服务，我们可以调用第四个函数，相反，为了得到端口号，可以调用第三个函数。

9.5 完整的读写函数

一旦用户建立了连接，下一步就是进行通信了。在 Linux 下，把用户前面建立的通道看作文件描述符，这样服务器端和客户端进行通信时，只要往文件描述符里面读写东西就可以了，就像用户往文件读写一样。

9.5.1 write

相关函数

```
open,read,fcntl,close,lseek,sync,fsync,fwrite
```

表头文件

```
#include<unistd.h>
```

定义函数

```
ssize_t write (int fd,const void * buf,size_t count);
```

函数说明 将数据写入已打开的文件内，write()会把参数 buf 所指的内存写入 count 个字节到参数 fd 所指的文件内。当然，文件读写位置也会随之移动。

返回值 如果顺利，write()会返回实际写入的字节数。当有错误发生时，则返回-1。

9.5.2 read

相关函数

```
readdir,write,fcntl,close,lseek,readlink,fread
```

表头文件

```
#include<unistd.h>
```

定义函数

```
ssize_t read(int fd,void * buf ,size_t count);
```

函数说明 从已打开的文件读取数据，read()会把参数 fd 所指的文件传送 count 个字节到 buf 指针所指的内存中。若参数 count 为 0，则 read()不会作用并返回 0。返回值为实际读取到的字节数，如果返回 0，表示已到达文件末尾或是无可读取的数据。此外，文件读写位置会随读取到的字节移动。

注意：如果顺利，read()会返回实际读到的字节数，最好能将返回值与参数 count 作比较，若返回的字节数比要求读取的字节数少，则有可能读到了文件尾、从管道（pipe）或终端机读取，或者是 read()被信号中断了读取动作。当有错误发生时则返回-1，而文件读写位置则无法预期。

9.5.3 数据的传递

学会了读写函数的使用，用户就可以向客户端或者是服务器端传递数据了。例如，用户要传递一个结构，可以使用如下方式：

```
/* 客户端向服务器端写 */
struct my_struct my_struct_client;
write(fd,(void *)&my_struct_client,sizeof(struct my_struct);
/* 服务器端的读*/
char buffer[sizeof(struct my_struct)];
struct *my_struct_server;
read(fd,(void *)buffer,sizeof(struct my_struct));
my_struct_server=(struct my_struct *)buffer;
```

在网络上传递数据时，用户一般都是把数据转化为 char 类型的数据来传递。接收时也是一样的。需要注意的是，用户没有必要在网络上传递指针（因为传递指针是没有任何意义的，用户必须传递指针所指向的内容）。

9.6 用户数据报发送

前面已经介绍了网络程序的大部分内容，根据这部分的知识，用户实际上可以写出大部分的基于 TCP 协议的网络程序了。Linux 下的大部分程序都是基于前面所学的知识来写的。这一节简单地学习一下基于 UDP 协议的网络程序。

9.6.1 recvfrom

相关函数

```
recv,recvmsg,send,sendto,socket
```

表头文件

```
#include<sys/types.h>
#include<sys/socket.h>
```

定义函数

```
int recvfrom(int s,void *buf,int len,unsigned int flags ,struct sockaddr *from ,int *fromlen);
```

函数说明 经 socket 接收数据，recv()用来接收远程主机经指定的 socket 传来的数据，并把数据存到由参数 buf 指向的内存空间，参数 len 为可接收数据的最大长度。参数 flags 一般设为 0，其他数值定义请参考 recv()。参数 from 用来指定欲传送的网络地址，结构 sockaddr 请参考 bind()。参数 fromlen 为 sockaddr 的结构长度。

返回值 成功则返回接收到的字符数，失败则返回-1。

9.6.2 sendto

相关函数

```
send , sendmsg,recv , recvfrom , socket
```

表头文件

```
#include < sys/types.h >
#include < sys/socket.h >
```

定义函数

```
int sendto ( int s , const void * msg, int len, unsigned int flags, const struct sockaddr * to , int tolen ) ;
```

函数说明 经 socket 传送数据，sendto() 用来将数据由指定的 socket 传给对方主机。参数 s 为已建好连线的 socket，如果利用 UDP 协议则不需经过连线操作。参数 msg 指向欲连线的数据内容，参数 flags 一般设为 0，参数 to 用来指定欲传送的网络地址，结构 sockaddr 请参考 bind()。参数 tolen 为 sockaddr 的结构长度。

返回值 成功则返回实际传送出去的字符数，失败返回-1。

9.7 高级套接字函数

在前面的几个部分中，读者已经学会了怎样从网络上读写信息了。前面介绍的一些函数（read、write 等）是网络程序里最基本的函数，也是最原始的通信函数。下面学习网络通信的高级函数。

9.7.1 recv

相关函数

```
recvfrom,recvmsg,send,sendto,socket
```

表头文件

```
#include<sys/types.h>
#include<sys/socket.h>
```

定义函数

```
int recv(int s,void *buf,int len,unsigned int flags);
```

函数说明 经 socket 接收数据，recv()用来接收远端主机经指定的 socket 传来的数据，并把数据存到由参数 buf 指向的内存空间，参数 len 为可接收数据的最大长度。参数 flags 一般设为 0。其数值定义如下：①MSG_OOB：接收以 out-of-band 送出的数据；②MSG_PEEK：返回来的数据并不会在系统内删除，如果再调用 recv()会返回相同的数据内容；③MSG_WAITALL：强迫接收到 len 大小的数据后才能返回，除非有错误或信号产生；④MSG_NOSIGNAL：此操作不愿被 SIGPIPE 信号中断。

返回值 成功则返回接收到的字符数，失败则返回-1，错误原因存于 errno 中。

9.7.2 send

相关函数

```
sendto,sendmsg,recv,recvfrom,socket
```

表头文件

```
#include<sys/types.h>
#include<sys/socket.h>
```

定义函数

```
int send(int s,const void * msg,int len,unsigned int flags);
```

函数说明 经 socket 传送数据，send()用来将数据由指定的 socket 传给对方主机。参数 s 为已建立好连接的 socket。参数 msg 指向欲连线的数据内容，参数 len 则为数据长度。参数 flags 一般设为 0，其他数值定义如下：①MSG_OOB：传送的数据以 out-of-band 送出；②MSG_DONTROUTE：取消路由表查询；③MSG_DONTWAIT：设置为不可阻断运作；④MSG_NOSIGNAL：此动作不愿被 SIGPIPE 信号中断。

返回值 成功则返回实际传送出去的字符数，失败返回-1。

9.7.3 recvmsg

相关函数

```
recv,recvfrom,send,sendto,sendmsg,socket
```

表头文件

```
#include<sys/types.h>
#include<sys/socktet.h>
```

定义函数

```
int recvmsg(int s,struct msghdr *msg,unsigned int flags);
```

函数说明 经socket接收数据，recvmsg()用来接收远程主机经指定的socket传来的数据。参数 s 为已建立好连线的 socket，如果利用 UDP 协议，则不需经过连线操作。参数 msg 指向欲连线的数据结构内容，参数 flags 一般设为 0，详细描述请参考 send()。关于结构 msghdr 的定义请参考 sendmsg()。

返回值 成功则返回接收到的字符数，失败则返回-1。

9.7.4 sendmsg

相关函数

```
send,sendto,recv,recvfrom,recvmsg,socket
```

表头文件

```
#include<sys/types.h>
#include<sys/socket.h>
```

定义函数

```
int sendmsg(int s,const struct msghdr *msg,unsigned int flags);
```

函数说明 经 socket 传送数据，sendmsg()用来将数据由指定的 socket 传给对方主机。参数 s 为已建立好连线的 socket，如果利用 UDP 协议则不需经过连线操作。参数 msg 指向欲连线的数据结构内容，参数 flags 一般默认为 0，详细描述请参考 send()。

结构 msghdr 的定义如下：

```
struct msghdr
{
void *msg_name;                //发送接收地址
socklen_t msg_namelen;         //地址长度
struct iovec * msg_iov;        //发送/接收数据量
size_t msg_iovlen;             //元素个数
void * msg_control;            //补充数据
```

```
size_t msg_controllen;          //补充数据缓冲长度
int msg_flags;                  //接收消息标识
};
```

返回值 成功则返回实际传送出去的字符数，失败则返回-1。

9.7.5 套接字的关闭

关闭套接字有两个函数 close 和 shutdown，用 close 时和用户关闭文件类似。

相关函数

```
socket,connect
```

表头文件

```
#include<sys/socket.h>
```

定义函数

```
int shutdown(int s,int how);
```

函数说明 终止 socket 通信，shutdown()用来终止参数 s 所指定的 socket 连线。参数 s 是连线中的 socket 处理代码，参数 how 有下列几种情况：①how=0，终止读取操作；②how=1，终止传送操作；③how=2，终止读取及传送操作。

返回值 成功则返回 0，失败则返回-1。

9.8 套接字选项

有时用户要控制套接字的行为（如修改缓冲区的大小），这个时候用户就要控制套接字的选项了。

9.8.1 getsockopt

相关函数

```
setsockopt
```

表头文件

```
#include<sys/types.h>
#include<sys/socket.h>
```

定义函数

```
int getsockopt(int s,int level,int optname,void* optval,socklen_t* optlen);
```

函数说明 取得 socket 状态，getsockopt()会将参数 s 所指定的 socket 状态返回。参数 optname 代表欲取得何种选项状态，而参数 optval 则指向欲保存结果的内存地址，参数 optlen 为该空间的大小。参数 level、optname 请参考 setsockopt()。

返回值 成功则返回 0，若有错误则返回-1。

示例 9.8.1-1 套接字选项控制。

```
#include<sys/types.h>
#include<sys/socket.h>
#include <stdio.h>
main()
{
int s,optval,optlen = sizeof(int);
if((s = socket(AF_INET,SOCK_STREAM,0))<0) perror("socket");
getsockopt(s,SOL_SOCKET,SO_TYPE,&optval,&optlen);
printf("optval = %d\n",optval);
close(s);
}
```

运行结果如下，注意 SOCK_STREAM 的定义正是此值。

```
[root@localhost chapter9]# gcc Example9.8.1.c -o Example9.8.1
[root@localhost chapter9]# ./Example9.8.1
optval = 1
```

9.8.2 setsockopt

相关函数

```
getsockopt
```

表头文件

```
#include<sys/types.h>
#include<sys/socket.h>
```

定义函数

```
int setsockopt(int s,int level,int optname,const void * optval,,socklen_toptlen);
```

函数说明 设置 socket 状态，setsockopt()用来设置参数 s 所指定的 socket 状态。参数 level 代表欲设置的网络层，一般设为 SOL_SOCKET 以存取 socket 层。参数 optname 代表欲设置的选项，有下列几种数值：①SO_DEBUG：打开或关闭排错模式；②SO_REUSEADDR：允许在 bind()过程中本地地址可重复使用；③SO_TYPE：返回 socket 形态；④SO_ERROR：返回 socket 已发生的错误原因；⑤SO_DONTROUTE：送出的数据包不要利用路由设备来传输；⑥SO_BROADCAST：使用广播方式传送；⑦SO_SNDBUF：设置送出的暂存区大小；⑧SO_RCVBUF：设置接收的暂存区大小；⑨SO_KEEPALIVE：定期确定连线是否已终止；⑩SO_OOBINLINE：当接收到 OOB 数据时会马上送至标准输入设备；⑪SO_LINGER：确保数据安全且可靠的传送出去。参数 optval 代表欲设置的值，参数 optlen 为 optval 的长度。

返回值 成功则返回 0，若有错误则返回-1。

注意：①EBADF：参数 s 并非合法的 socket 处理代码；②ENOTSOCK：参数 s 为一文件描述词，非 socket；③ENOPROTOOPT：参数 optname 指定的选项不正确；④EFAULT：

参数 optval 指针指向无法存取的内存空间。

9.8.3 ioctl

相关函数

```
write read mmap open close
```

表头文件

```
#include<unistd.h>
#include<sys/ioctl.h>
```

定义函数

```
int ioctl(int handle, int cmd,[int *argdx, int argcx]);
```

函数说明 ioctl 是设备驱动程序中对设备的 I/O 通道进行管理的函数。所谓对 I/O 通道进行管理，就是对设备的一些特性进行控制，例如串口的传输波特率、马达的转速等。它的调用格式如下：

```
int ioctl(int fd, int cmd, …);
```

其中，fd 就是用户程序打开设备时使用 open 函数返回的文件标识符，cmd 就是用户程序对设备的控制命令，后面的省略号是一些补充参数，一般最多一个，有或没有是和 cmd 的意义相关的。ioctl 函数是文件结构中的一个属性分量，也就是说，如果驱动程序提供了对 ioctl 的支持，用户就能在用户程序中使用 ioctl 函数控制设备的 I/O 通道。

返回值 成功则返回 0，若有错误则返回-1。

9.9 服务器模型

在用户写程序之前，用户都应该从软件工程的角度规划好用户的软件，这样开发软件的效率才会高。在网络程序里，一般来说，都是多个客户端对应一个服务器。为了处理客户端的请求，对服务器端的程序就提出了特殊的要求。下面学习一下目前最常用的服务器模型：

（1）循环服务器：循环服务器在同一个时刻只可以响应一个客户端的请求；

（2）并发服务器：并发服务器在同一个时刻可以响应多个客户端的请求。

9.9.1 循环服务器：UDP 服务器

UDP 循环服务器的实现非常简单。UDP 服务器每次从套接字上读取一个客户端的请求并处理，然后将结果返回给客户端。可以用下面的算法来实现：

```
socket(…);
bind(…);
while(1)
{
recvfrom(…);
```

```
process(…);
sendto(…);
}
```

因为 UDP 是面向非连接的，没有一个客户端可以总是占住服务端，只要处理过程不是死循环，服务器对于每一个客户端的请求总是能够满足。

9.9.2 循环服务器：TCP 服务器

TCP 服务器接收一个客户端的连接，然后处理，完成了该客户端的所有请求后，断开连接。算法如下：

```
socket(…);
bind(…);
listen(…);
while(1)
{accept(…);
while(1)
{read(…);
process(…);
write(…);}
close(…);}
```

TCP 循环服务器一次只能处理一个客户端的请求。只有在该客户端的所有请求都满足后，服务器才可以继续响应后面的请求。如果有一个客户端占住服务器不释放时，其他的客户端都不能工作了。因此 TCP 服务器一般很少采用循环服务器模型。

示例 9.9.2-1 循环 TCP 服务器。

tcp_client.c 代码如下：

```
#include <stdlib.h>
#include <stdio.h>
#include <errno.h>
#include <string.h>
#include <netdb.h>
#include <sys/types.h>
#include <netinet/in.h>
#include <sys/socket.h>
#define portnumber 3333
int main(int argc, char *argv[])
{
    int sockfd;
    char buffer[1024];
    struct sockaddr_in server_addr;
    struct hostent *host;
    int nbytes;
```

（1）使用 hostname 查询 host 名字。

```
if(argc!=2)
{
```

```
fprintf(stderr,"Usage:%s hostname \a\n",argv[0]);
exit(1);
}

if((host=gethostbyname(argv[1]))==NULL)
{
fprintf(stderr,"Gethostname error\n");
exit(1);
}
```

（2）客户程序开始建立 sockfd 描述符。

```
if((sockfd=socket(AF_INET,SOCK_STREAM,0))==-1)
//AF_INET:Internet;SOCK_STREAM:TCP
{
fprintf(stderr,"Socket Error:%s\a\n",strerror(errno));
exit(1);
}
```

（3）客户程序填充服务器端的资料。

```
bzero(&server_addr,sizeof(server_addr));            //初始化,设置为0
server_addr.sin_family=AF_INET;                     //IPv4
server_addr.sin_port=htons(portnumber);
//(将本机器上的 short 数据转化为网络上的 short 数据)端口号
server_addr.sin_addr=*((struct in_addr *)host->h_addr);
//IP 地址
```

（4）客户程序发起连接请求。

```
if(connect(sockfd,(struct sockaddr *)(&server_addr),sizeof(struct sockaddr))==-1)
{
fprintf(stderr,"Connect Error:%s\a\n",strerror(errno));
exit(1);
}
```

（5）连接成功。

```
if((nbytes=read(sockfd,buffer,1024))==-1)
{
fprintf(stderr,"Read Error:%s\n",strerror(errno));
exit(1);
}
buffer[nbytes]='\0';
printf("I have received:%s\n",buffer);
```

（6）结束通信。

```
close(sockfd);
exit(0);
}
```

tcp_server.c 代码如下：

```
#include <stdlib.h>
#include <stdio.h>
#include <errno.h>
#include <string.h>
#include <netdb.h>
#include <sys/types.h>
#include <netinet/in.h>
#include <sys/socket.h>
#define portnumber 3333
int main(int argc, char *argv[])
{
    int sockfd,new_fd;
    struct sockaddr_in server_addr;
    struct sockaddr_in client_addr;
    int sin_size;
    char hello[]="Hello! Are You Fine?\n";
```

（1）服务器端开始建立 sockfd 描述符。

```
if((sockfd=socket(AF_INET,SOCK_STREAM,0))==-1)
//AF_INET:IPV4;SOCK_STREAM:TCP
{
fprintf(stderr,"Socket error:%s\n\a",strerror(errno));
exit(1);
}
```

（2）服务器端填充 sockaddr 结构。

```
bzero(&server_addr,sizeof(struct sockaddr_in));                    //初始化,设置为 0
server_addr.sin_family=AF_INET;                                    //Internet
```

将本机器上的long数据转化为网络上的long数据和任何主机通信INADDR_ANY 表示可以接收任意 IP 地址的数据，即绑定到所有的 IP；server_addr.sin_addr.s_addr=inet_addr（"192.168.1.1"）用于绑定到一个固定 IP，inet_addr 用于把数字加格式的 IP 转化为整型 IP。

```
server_addr.sin_addr.s_addr=htonl(INADDR_ANY);
//(将本机器上的 short 数据转化为网络上的 short 数据)端口号
server_addr.sin_port=htons(portnumber);
```

（3）捆绑 sockfd 描述符到 IP 地址。

```
if(bind(sockfd,(struct sockaddr *)(&server_addr),sizeof(struct sockaddr))==-1)
{
fprintf(stderr,"Bind error:%s\n\a",strerror(errno));
exit(1);
}
```

（4）设置允许连接的最大客户端数。

```
if(listen(sockfd,5)==-1)
{
fprintf(stderr,"Listen error:%s\n\a",strerror(errno));
```

```
    exit(1);
}
while(1)
{
```

（5）服务器阻塞，直到客户程序建立连接。

```
sin_size=sizeof(struct sockaddr_in);
if((new_fd=accept(sockfd,(struct sockaddr *)(&client_addr),&sin_size))==-1)
{
    fprintf(stderr,"Accept error:%s\n\a",strerror(errno));
    exit(1);
}
fprintf(stderr,"Server get connection from %s\n",inet_ntoa(client_addr.sin_addr));
                                                          //将网络地址转换成字符串
    if(write(new_fd,hello,strlen(hello))==-1)
{
    fprintf(stderr,"Write Error:%s\n",strerror(errno));
    exit(1);
}
```

（6）该通信已经结束。

```
close(new_fd);
/* 循环下一个 */
}
/* 结束通信 */
close(sockfd);
exit(0);
}
```

编译代码，打开两个终端运行代码，终端 1 的运行结果如下：

```
[root@bogon Example9.9.2]# gcc tcp_client.c -o tcp_client
[root@bogon Example9.9.2]# gcc tcp_server.c -o tcp_server
[root@bogon Example9.9.2]# ls
tcp_client   tcp_client.c   tcp_server   tcp_server.c
[root@bogon Example9.9.2]# ./tcp_server
Server get connection from 192.168.168.102
```

终端 2 的运行结果如下：

```
[root@bogon Example9.9.2]# ./tcp_client 192.168.168.102
I have received:Hello! Are You Fine?
```

9.9.3 并发服务器：TCP 服务器

为了弥补循环 TCP 服务器的缺陷，人们又想出了并发服务器的模型。并发服务器的思想是，每一个客户端的请求并不由服务器直接处理，而是由服务器创建一个子进程来处理。算法如下：

```
socket(…);
bind(…);
listen(…);
while(1)
{
accept(…);
if(fork(…)==0)
{
while(1)
{
read(…);
process(…);
write(…);
}
close(…);
exit(…);
}
close(…);
}
```

TCP 并发服务器可以解决 TCP 循环服务器中客户端独占服务器的情况。不过也同时带来了一个较大的问题，为了响应客户端的请求，服务器要创建子进程来处理，而创建子进程是一种非常消耗资源的操作。

9.9.4 并发服务器：多路复用 I/O

为了解决创建子进程带来的系统资源消耗，人们又想出了多路复用 I/O 模型。最常用的函数为 select。

表头文件

```
#include<sys/time.h>
#include<sys/types.h>
#include<unistd.h>
```

定义函数

```
int select(int n,fd_set* readfds,fd_set* writefds,fd_set* exceptfds, struct timeval* timeout);
```

函数说明 I/O 多工机制，select()用来等待文件描述词状态的改变。参数 n 代表最大的文件描述词加 1，参数 readfds、writefds 和 exceptfds 称为描述词组，是用来回传该描述词的读、写或例外的状况。下列宏提供了处理这三种描述词组的方式：①FD_CLR(int fd，fd_set* set)：用来清除描述词组 set 中相关 fd 的位；②FD_ISSET（int fd，fd_set *set)：用来测试描述词组 set 中相关 fd 的位是否为真；③FD_SET（int fd，fd_set*set)：用来设置描述词组 set 中相关 fd 的位；④FD_ZERO（fd_set *set)：用来清除描述词组 set 的全部位。参数 timeout 为结构 timeval，用来设置 select()的等待时间，其结构定义如下：

```
struct timeval
{
time_t tv_sec;
```

```
time_t tv_usec;
};
```

返回值　如果参数 timeout 设为 NULL 则表示 select()没有 timeout。

常见的程序片段为 fs_set readset。

```
FD_ZERO(&readset);
FD_SET(fd,&readset);
select(fd+1,&readset,NULL,NULL,NULL);
if(FD_ISSET(fd,readset){…}
```

使用 select 后用户的服务器程序就变为

```
初始化(socket,bind,listen);
while(1)
{
设置监听读写文件描述符(FD_*);
调用 select;
如果倾听套接字就绪,说明一个新的连接请求建立
{
建立连接(accept);
加入到监听文件描述符中去;
}
否则说明是一个已经连接过的描述符
{
进行操作(read 或者 write);
}
}
```

多路复用 I/O 可以解决资源限制的问题。该模型实际上是将 UDP 循环模型用在了 TCP 上面。这也就带来了一些问题。例如，由于服务器依次处理客户端的请求，所以可能会导致有的客户端会等待很久。

9.9.5　并发服务器：UDP 服务器

人们把并发的概念用于 UDP 就得到了并发 UDP 服务器模型。并发 UDP 服务器模型其实很简单。和并发的 TCP 服务器模型类似，都是创建一个子进程来处理。

除非服务器处理客户端的请求所用的时间比较长，人们实际上很少用这种模型。

示例 9.9.5-1　编写 UDP 协议程序实现数据通信。

```
/*服务器端代码*/
#include <stdlib.h>
#include <stdio.h>
#include <errno.h>
#include <string.h>
#include <unistd.h>
#include <netdb.h>
#include <sys/socket.h>
#include <netinet/in.h>
#include <sys/types.h>
```

```
#include <arpa/inet.h>
#define SERVER_PORT 8888
#define MAX_MSG_SIZE 1024
void udps_respon(int sockfd)
{
        struct sockaddr_in addr;
        int addrlen,n;
        char msg[MAX_MSG_SIZE];
        while(1)
        {     /* 从网络上读,并写到网络上 */
        bzero(msg,sizeof(msg));                                          //初始化,清零
        addrlen = sizeof(struct sockaddr);
        n=recvfrom(sockfd,msg,MAX_MSG_SIZE,0,(struct sockaddr*)&addr,&addrlen); //从客户端接收消息
        msg[n]=0;                                                        //将收到的字符串尾端添加上字符串结束标志
        /* 显示服务器端已经收到了信息 */
        fprintf(stdout,"Server have received %s",msg);          //显示消息
        }
}
int main(void)
{
        int sockfd;
        struct sockaddr_in addr;
        /* 服务器端开始建立 socket 描述符 */
        sockfd=socket(AF_INET,SOCK_DGRAM,0);
        if(sockfd<0)
        {
        fprintf(stderr,"Socket Error:%s\n",strerror(errno));
        exit(1);
        }
        /* 服务器端填充 sockaddr 结构 */
        bzero(&addr,sizeof(struct sockaddr_in));
        addr.sin_family=AF_INET;
        addr.sin_addr.s_addr=htonl(INADDR_ANY);
        addr.sin_port=htons(SERVER_PORT);
        /* 捆绑 sockfd 描述符 */
if(bind(sockfd,(struct sockaddr*)&addr,sizeof(struct sockaddr_in))<0)
        {
        fprintf(stderr,"Bind Error:%s\n",strerror(errno));
        exit(1);
        }
        udps_respon(sockfd);                                             //进行读写操作
        close(sockfd);
}
/*客户端代码*/
#include <stdlib.h>
#include <stdio.h>
#include <errno.h>
#include <string.h>
#include <unistd.h>
#include <netdb.h>
#include <sys/socket.h>
```

```
#include <netinet/in.h>
#include <sys/types.h>
#include <arpa/inet.h>
#define SERVER_PORT 8888
#define MAX_BUF_SIZE 1024
void udpc_requ(int sockfd,const struct sockaddr_in *addr,int len)
{
        char buffer[MAX_BUF_SIZE];
        int n;
        while(1)
        { /* 从键盘读入,写到服务器端 */
        printf("Please input char:\n");
        fgets(buffer,MAX_BUF_SIZE,stdin);
        sendto(sockfd,buffer,strlen(buffer),0,(struct sockaddr *)addr,len);
        bzero(buffer,MAX_BUF_SIZE);
        } }
int main(int argc,char **argv)
{
        int sockfd;
        struct sockaddr_in addr;
        if(argc!=2)
        {
        fprintf(stderr,"Usage:%s server_ip\n",argv[0]);
        exit(1);
        }
        /* 建立 sockfd 描述符 */
        sockfd=socket(AF_INET,SOCK_DGRAM,0);
        if(sockfd<0)
        {
        fprintf(stderr,"Socket Error:%s\n",strerror(errno));
        exit(1);      }
        /* 填充服务端器的资料 */
        bzero(&addr,sizeof(struct sockaddr_in));
        addr.sin_family=AF_INET;
        addr.sin_port=htons(SERVER_PORT);
        if(inet_aton(argv[1],&addr.sin_addr)<0)
                                    /*inet_aton 函数用于把字符串型的 IP 地址转化成网络二进制数字*/
        {
        fprintf(stderr,"Ip error:%s\n",strerror(errno));
        exit(1);      }
        udpc_requ(sockfd,&addr,sizeof(struct sockaddr_in));              //进行读写操作
        close(sockfd);
}
```

程序编译后运行，先运行服务器端程序 server，然后在另一个终端中运行客户端程序 client。

先编译两段代码，然后在终端 1 运行服务器端程序 server，运行结果如下：

```
[root@localhost Example9.9.5-1]# gcc server.c -o server
[root@localhost Example9.9.5-1]# gcc client.c -o client
[root@localhost Example9.9.5-1]# ./server
```

```
Server have received hello
Server have received world!
```

另一个终端中运行客户端程序 client，运行结果如下：

```
[root@localhost Example9.9.5-1]# ./client 192.168.0.198
Please input char:
hello
Please input char:
world!
```

从运行结果中可以看到，客户端程序还没有连接时，服务器处于阻塞状态，阻塞在 recvfrom 函数上。客户端和服务器建立连接后，客户端每发送一条消息，服务器收到并打印出来。由于收发都在死循环中进行，没有结束条件，所以只有按 Ctrl+C 来结束程序的运行。

习题与练习

1．什么是 TCP 协议？什么是 UDP 协议？二者的区别是什么？

2．IP 和域名如何实现转换？

3．网络传输分为哪些层次？各个层次的含义是什么？

4．编写使用 TCP 协议的服务器程序和客户端程序，客户端向服务器发送字符串，服务器打印收到的字符串。

5．编写使用 UDP 协议的服务器程序和客户端程序，客户端向服务器发送字符串，服务器打印收到的字符串。

第 10 章 内核开发基础

CHAPTER 10

内核开发首先要了解内核的构成、启动方式、工作流程以及内核开发所使用的工具等。本章介绍内核开发的基础，包括嵌入式开发环境的搭建、内核的编译与配置、内核模块的配置与编译以及文件系统制作等。

10.1 嵌入式开发环境搭建

进行嵌入式开发环境必须搭建一套完整的开发环境。在开发内核时，目标平台所需要的 BootLoader 以及操作系统核心还没有建立，另外，目标机设备的硬件一般有很大的局限性，不具备一定的处理能力和存储空间，即单独在目标板上无法完成程序开发，需要在宿主机上对即将在目标机上运行的应用程序进行编译，生成可以在目标机上运行的代码格式，然后移植到目标板上。交叉开发环境模型如图 10-1 所示。

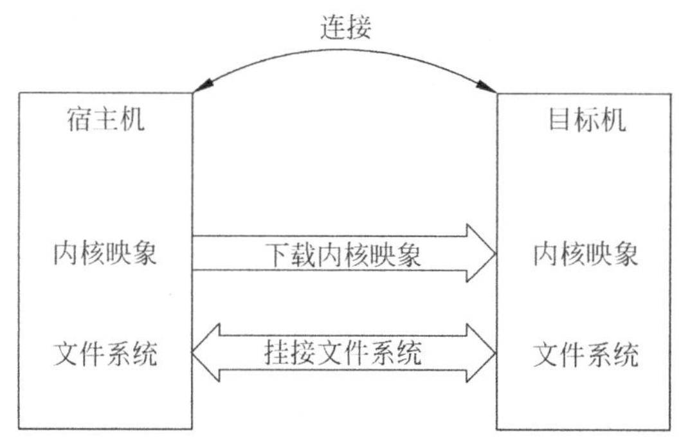

图 10-1 交叉开发模型

在宿主机上安装开发工具，配置、编译目标机的 Linux 引导程序、内核和文件系统，然后通过下载到目标平台上运行的开发模式称为交叉开发。

交叉开发主要由三部分组成：宿主机、目标机以及宿主机和目标机之间的互连。宿主机通常是 x86 体系架构的，宿主机通过编译生成可运行的软件，该软件可能会被移植到不同于宿主机的另一个平台上运行，这个平台可能是 power PC 或者 ARM 等，这个运行软件的平台称为目标机。通常宿主机和目标机之间可以使用串口、以太网接口、USB 接口以及 JTAG

等连接方式。

（1）串口传输方式：宿主机通过 Windows 超级终端、kermit 或 minicon 等工具向目标机发送文件。

（2）网络传送方式：可以通过 TFTP 等网络协议向目标机发送文件。

（3）USB 接口传输方式：通过 USB 移动设备向目标机发送文件。

（4）JTAG：通过仿真器 JTAG 向目标机发送文件，需要进行仿真器硬件连接。

另外，可以创建网络文件系统（NFS），通过使用 NFS，用户可以像访问本地文件一样来访问远端系统上的文件，而不需要逐个通过连接方式把文件逐个传递到目标机上。

进行交叉开发需要有交叉开发环境，交叉开发环境是一个与宿主机不同的一套库函数和编译器。使用这样的库函数和编译器编译出来的应用程序就可以在目标机上运行了。

搭建交叉编译环境，即配置安装交叉编译工具链，在该环境下编译出嵌入式 Linux 系统所需的操作系统、应用程序等，然后再上传到目标机。

10.1.1 交叉编译工具链

1. 交叉工具链介绍

交叉编译工具链是为了编译、链接、处理和调试跨平台体系结构的程序代码，是针对目标架构准备的单独安装、单独使用的 binutils+gcc+glibc+kernel-header 组合的环境，其中，kernel-header 通常为 Linux。对于交叉开发的工具链来说，在文件名字上加一个前缀，用来区别本地的工具链，例如 arm-linux-表示是针对 arm 的交叉编译工具链，arm-linux-gcc 表示是使用 gcc 的编译器。除了体系结构相关的编译选项外，它的使用方法与 Linux 主机上的 gcc 相同，所以 Linux 编程技术对于嵌入式 Linux 同样适用。但是并不是任何一个版本都能拿来使用，各种软件包存在版本匹配问题，例如编译内核时需要使用 arm-linux-gcc-4.3.3 版本的交叉工具链，而使用 arm-linux-gcc-3.4.1 的交叉工具链则会导致编译失败。

制作一个交叉编译工具链，一般有 3 种途径：

（1）手工制作：这种方式的难度比较大，步骤烦琐，需要一步步进行编译。制作交叉编译工具链所需要的源码包存在版本的问题，如果编译过程中出现了问题，去修正这些问题比较困难。

（2）通过脚本编译：用 crosstool 生成的脚本来制作，比手工制作的难度小一些，但是修改脚本需要熟悉 shell 脚本知识。

（3）直接获取：网络上有已经制作好的交叉编译工具链，直接下载，安装配置后就可以使用了，介绍几个常用的下载网址：①http://arm.linux.org.uk；②http://www.handhelds.org；③http://linux.omap.com；④http://www.mvista.com。

2. 交叉编译工具链安装

1）下载安装

从网络下载交叉编译工具链的软件包，使用解压缩命令即可进行解压安装。对于 rpm 格式的软件包，可以通过 rpm 命令把软件包安装到宿主机上；对于 tar 格式的软件包，可以使用 tar 命令把软件包安装到目标机上。

2）配置系统环境变量

安装完之后需要配置系统的环境变量，把交叉工具链的路径添加到环境变量 PATH 中去，这样可以在任何目录下使用这些工具，修改下面任意一个脚本文件的环境变量即可。

（1）/etc/profile：系统启动过程执行的一个脚本，对所有用户都有效。

（2）~/.bash_profile：用户的脚本，在用户登录时生效。

（3）~/.bashrc：用户的脚本，在~/.bash_profile 中调用生效。

3）查看版本

环境变量配置好后，在终端输入 arm-linux-gcc -v 命令来查看当前交叉编译工具链的版本信息。

3．交叉编译工具链的使用

交叉编译工具链是将源代码编译成可以运行在开发板上的可执行文件。

格式：交叉编译工具链　参数　源文件　目标文件

参数：-o 编译而且连接；

　　　-c 只编译不连接。

示例 10.1.1-1　安装交叉编译工具链 arm-linux-gcc-4.3.3。

（1）从互联网上下载交叉编译工具链的源代码，并复制至/home/chapter10 目录下，解压，操作如下：

```
[root@bogon chapter10]# ls
arm-linux-gcc-4.5.1-v6-vfp-20101103.tgz
[root@bogon chapter10]# tar xvzf arm-linux-gcc-4.5.1-v6-vfp-20101103.tgz -C/
```

在/opt/FriendlyARM/toolschain 目录下生成 4.5.1 目录。

```
[root@bogon toolschain]# ls
4.5.1
```

进入目录 4.5.1 中，进入/bin 目录，所有的交叉编译工具链都存放在该目录中，如下所示：

```
[root@bogon 4.5.1]# cd bin
[root@bogon bin]# ls
arm-linux-addr2line    arm-none-linux-gnueabi-addr2line
arm-linux-ar           arm-none-linux-gnueabi-ar
arm-linux-as           arm-none-linux-gnueabi-as
arm-linux-c++          arm-none-linux-gnueabi-c++
arm-linux-cc           arm-none-linux-gnueabi-cc
arm-linux-c++filt      arm-none-linux-gnueabi-c++filt
arm-linux-cpp          arm-none-linux-gnueabi-cpp
arm-linux-g++          arm-none-linux-gnueabi-g++
arm-linux-gcc          arm-none-linux-gnueabi-gcc
arm-linux-gcc-4.5.1    arm-none-linux-gnueabi-gcc-4.5.1
arm-linux-gccbug       arm-none-linux-gnueabi-gccbug
arm-linux-gcov         arm-none-linux-gnueabi-gcov
arm-linux-gprof        arm-none-linux-gnueabi-gprof
arm-linux-ld           arm-none-linux-gnueabi-ld
arm-linux-ldd          arm-none-linux-gnueabi-ldd
arm-linux-nm           arm-none-linux-gnueabi-nm
arm-linux-objcopy      arm-none-linux-gnueabi-objcopy
arm-linux-objdump      arm-none-linux-gnueabi-objdump
arm-linux-populate     arm-none-linux-gnueabi-populate
```

```
arm-linux-ranlib        arm-none-linux-gnueabi-ranlib
arm-linux-readelf       arm-none-linux-gnueabi-readelf
arm-linux-size          arm-none-linux-gnueabi-size
arm-linux-strings       arm-none-linux-gnueabi-strings
arm-linux-strip         arm-none-linux-gnueabi-strip
```

（2）修改/etc/profile：添加 Pathmunge /usr/local/arm/4.3.3/bin，使得可以在任何目录下使用该交叉工具链，操作如下：

```
# Path manipulation
if [ "$EUID" = "0" ]; then
        pathmunge /sbin
        pathmunge /usr/sbin
        pathmunge /usr/local/sbin
        pathmunge /opt/FriendlyARM/toolschain/4.5.1/bin
fi
```

使用命令 source /etc/profile，使以上设置生效，输入命令 arm-linux-gcc-v 查看交叉编译环境搭建是否成功，操作如下：

```
[root@bogon bin]# source /etc/profile
[root@bogon bin]# arm-linux-gcc -v
Using built-in specs.
COLLECT_GCC=arm-linux-gcc
COLLECT_LTO_WRAPPER=/opt/FriendlyARM/toolschain/4.5.1/libexec/gcc/arm-none-linux-gnueabi/4.5.1
/lto-wrapper
Target: arm-none-linux-gnueabi
Configured with: /work/toolchain/build/src/gcc-4.5.1/configure    --build=i686-build_pc-linux-gnu
    --host=i686-build_pc-linux-gnu  --target=arm-none-linux-gnueabi  --prefix=/opt/FriendlyARM/toolschain/4.5.1
    --with-sysroot=/opt/FriendlyARM/toolschain/4.5.1/arm-none-linux-gnueabi/sys-root  --enable-languages=c,c++
    --disable-multilib --with-cpu=arm1176jzf-s  --with-tune=arm1176jzf-s  --with-fpu=vfp  --with-float=softfp
    --with-pkgversion=ctng-1.8.1-FA  --with-bugurl=)://www.arm9.net/  --disable-sjlj-exceptions  --enable-__cxa_atexit
    --disable-libmudflap  --with-host-libstdcxx='-static-libgcc -Wl,-Bstatic,-lstdc++,-Bdynamic -lm'
    --with-gmp=/work/toolchain/build/arm-none-linux-gnueabi/build/static
    --with-mpfr=/work/toolchain/build/arm-none-linux-gnueabi/build/static
    --with-ppl=/work/toolchain/build/arm-none-linux-gnueabi/build/static
    --with-cloog=/work/toolchain/build/arm-none-linux-gnueabi/build/static
    --with-mpc=/work/toolchain/build/arm-none-linux-gnueabi/build/static
    --with-libelf=/work/toolchain/build/arm-none-linux-gnueabi/build/static  --enable-threads=posix
    --with-local-prefix=/opt/FriendlyARM/toolschain/4.5.1/arm-none-linux-gnueabi/sys-root  --disable-nls
    --enable-symvers=gnu  --enable-c99  --enable-long-long
Thread model: posix
gcc version 4.5.1 (ctng-1.8.1-FA)
[root@bogon bin]#
```

示例 10.1.1-2 使用交叉编译器 arm-linux-gcc-4.5.1 编译 hello 可执行文件。

（1）编辑 hello 源代码如下：

```
#include <stdio.h>
int main(void){
printf("hello world!\n");
}
```

（2）使用交叉编译器对 hello.c 进行编译，操作如下：

```
[root@localhost chapter10]# arm-linux-gcc hello.c -o hello
```

编译结束后生成名为 hello 的可执行文件。

10.1.2　终端软件

超级终端是一个通用的串行交互软件，很多嵌入式应用的系统通过超级终端与嵌入式系统交互，使超级终端成为嵌入式系统的“显示器”。超级终端的作用是将目标机的启动信息、过程信息主动发送到运行超级终端的宿主机上，并将接收的字符返回到宿主机，同时发送需要显示的字符到宿主机。

Windows 自带的超级终端是最常用的超级终端，在此以 Windows XP 为例着重介绍 Windows 自带的超级终端程序，其他 Windows 版本的程序界面可能有所不同。

示例 10.1.2-1　设置 Windows XP 的超级终端。

（1）启动超级终端，如图 10-2 所示，提示读者是否要将 Hyper Terminal 作为默认的 telnet 程序，单击否(N)按钮。

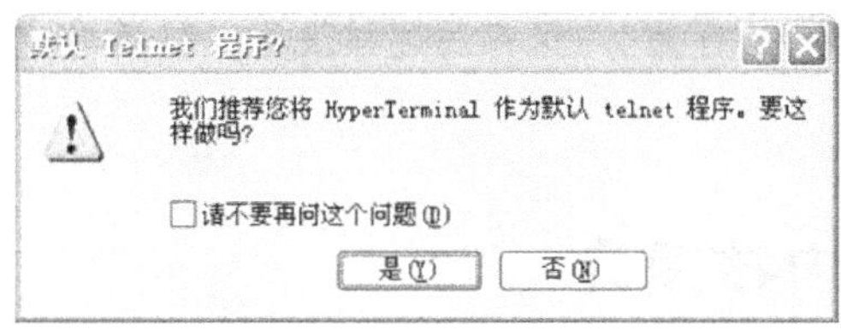

图 10-2　提示窗口

（2）弹出新的对话框，如图 10-3 所示，Windows 系统禁止取类似“COM1”这样的名字，因为这个名字已被系统占用，本例取名 mihu，单击确定按钮。在弹出的对话框中选择连接开发板的串口，根据计算机的硬件连接，这里选择串口 3（根据个人计算机的实际串口号），如图 10-4 所示。

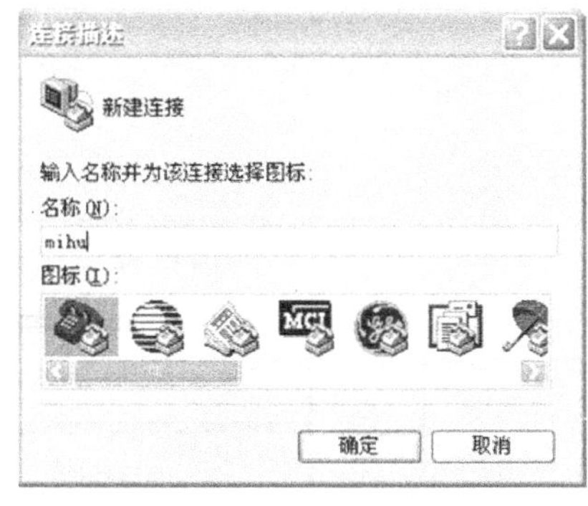

图 10-3　连接描述

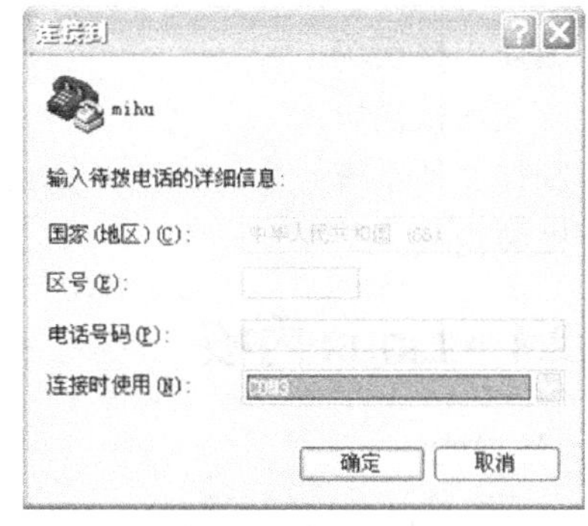

图 10-4　选择串口

（3）设置串口，注意必须选择无流控制，否则，可能出现只能看到输出而看不到输入的情况，其他参数设置如图 10-5 所示，单击确定按钮。

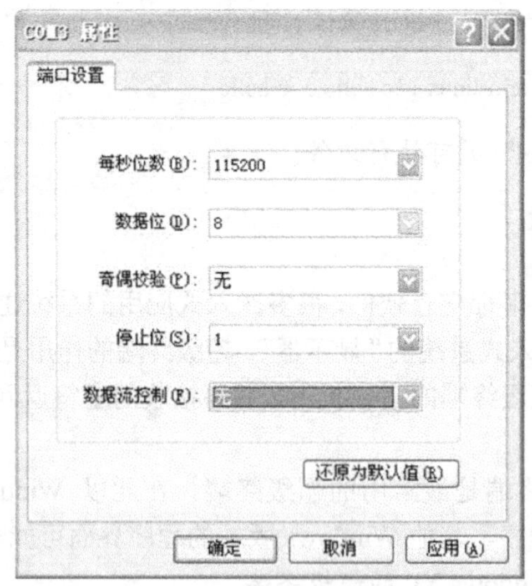

图 10-5 设置串口

当所有的连接参数都设置好以后，打开电源开关，系统会出现 BIOS 启动界面。选择超级终端“文件”菜单下的“另存为”，保存该连接设置，以后再连接时就不必重新执行以上设置了。

10.2 Linux 内核简介

内核开发是在已有的内核源代码的基础之上进行的，Linux 内核的开发过程主要包括以下几个步骤：

（1）清理内核中间文件、配置文件；

（2）选择参考配置文件；

（3）配置内核；

（4）编译内核；

（5）编译内核模块；

（6）安装内核模块；

（7）制作文件系统；

（8）安装内核。

10.2.1 Linux 内核

1．内核架构

Linux 系统对自身进行了划分，如图 10-6 所示，应用程序是在“用户空间”中运行的，主要包括应用程序和 C 库、GNU、C Library（glibc）构成，还包括一些用户的文件以及一些配置文件等。运行在用户空间的应用

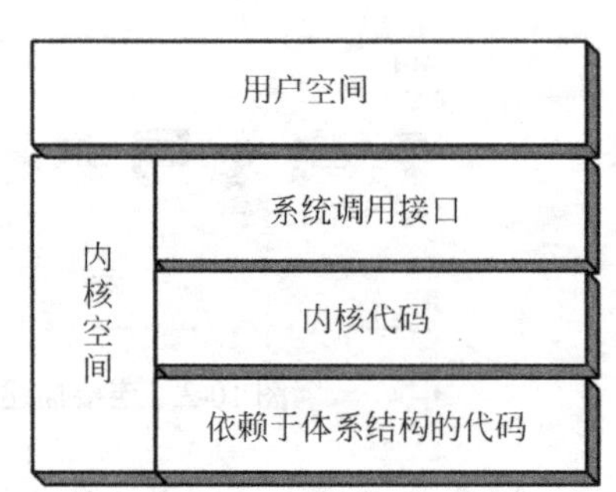

图 10-6 Linux 系统架构

程序只能看到允许它们使用的部分系统资源，并且不能使用某些特定的系统功能，也不能直接访问内核空间和硬件设备，以及其他一些具体使用限制。

核心软件独立于普通应用程序，运行在较高的特权级别上。它提供了连接内核的系统调用接口，还提供了在用户空间应用程序和内核之间进行转换的机制，拥有单独的地址空间以及访问硬件的所有权限，这部分被称为内核空间。

Linux 内核空间可以进一步划分成 3 层。最上层是系统调用接口，它实现了一些基本的功能，例如 read 和 write。系统调用接口之下是内核代码，可以更精确地定义为独立于体系结构的内核代码。这些代码是 Linux 所支持的所有处理器体系结构所通用的。在这些代码之下是依赖于体系结构的代码，构成了通常称为板级支持包的部分。

内核空间和用户空间是程序执行的两种不同状态，通过系统调用和硬件中断能够完成从用户空间到内核空间的转移。Linux 的内核是一个整体的内核结构，是一个单独的、非常大的程序。从实现机制来说，它可分为七个子系统，各个子系统都提供了内部接口（函数和变量），子系统之间的通信是通过直接调用其他子系统中的函数实现的，而不是通过消息传递实现的。

2．Linux 内核的主要子系统

1）系统调用接口（SCI）

SCI 层提供了某些机制执行从用户空间到内核的函数调用。正如前面讨论的一样，这个接口依赖于体系结构，甚至在相同的处理器家族内也是如此。SCI 实际上是一个非常有用的函数调用、多路复用和多路分解服务。在./linux/kernel 中可以找到 SCI 的实现，并在/linux/arch 中找到依赖于体系结构的部分。

2）进程管理（PM）

进程管理的重点是进程的执行。在内核中，这些进程称为线程，代表了单独的处理器虚拟化（线程代码、数据、堆栈和 CPU 寄存器）。在用户空间，通常使用进程这个术语，不过 Linux 实现并没有区分这两个概念（进程和线程）。内核通过 SCI 提供了一个应用程序编程接口（API）来创建一个新进程和停止进程，并在它们之间进行通信和同步。

进程管理还包括处理活动进程之间共享 CPU 的需求。内核实现了一种新型的调度算法，不管有多少个线程在竞争 CPU，这种算法都可以在固定时间内进行操作。这种算法就称为 O(1)调度程序，这个名字就表示它调度多个线程所使用的时间和调度一个线程所使用的时间是相同的。O(1)调度程序也可以支持多处理器。可以在./linux/kernel 中找到进程管理的源代码，在./linux/arch 中可以找到依赖于体系结构的源代码。

3）内存管理（MM）

内核所管理的另外一个重要资源是内存。为了提高效率，如果由硬件管理虚拟内存，内存是按照所谓的内存页方式进行管理的（对于大部分体系结构来说都是 4KB）。Linux 包括管理可用内存的方式，以及物理和虚拟映射所使用的硬件机制。不过内存管理要管理的可不止 4KB 缓冲区。Linux 提供了对 4KB 缓冲区的抽象，例如 slab 分配器。这种内存管理模式以 4KB 缓冲区为基数，然后从中分配结构，并跟踪内存页的使用情况，比如哪些内存页是满的、哪些页面没有完全使用、哪些页面为空，这样就允许该模式根据系统需要来动态调整内存使用。

为了支持多个用户使用内存，有时会出现可用内存被消耗尽的情况。由于这个原因，页面可以移出内存并放入磁盘中。这个过程称为交换，因为页面会从内存交换到硬盘上。内存管理的源代码可以在./linux/mm 中找到。

4）虚拟文件系统（VFS）

虚拟文件系统是 Linux 内核中非常有用的，因为它为文件系统提供了一个通用的接口抽象。VFS 在 SCI 和内核所支持的文件系统之间提供了一个交换层。在 VFS 上面，是对例如 open、close、read 和 write 之类的函数的一个通用 API 抽象。在 VFS 下面是文件系统抽象，它定义了上层函数的实现方式，它们是给定文件系统的插件。文件系统的源代码可以在./linux/fs 中找到。

文件系统层之下是缓冲区缓存，它为文件系统层提供了一个通用函数集，与具体文件系统无关。这个缓存层通过将数据保留一段时间或者随即预先读取数据以便在需要时就可用，优化了对物理设备的访问。缓冲区缓存之下是设备驱动程序，它实现了特定的物理设备接口。

5）网络堆栈（NS）

网络堆栈在设计上遵循模拟协议本身的分层体系结构。IP 是传输协议下面的核心网络层协议。TCP 上面是 socket 层，它是通过 SCI 进行调用的。

socket 层是网络子系统的标准 API，它为各种网络协议提供了一个用户接口。从原始帧访问到 IP 协议数据单元（PDU），再到 TCP 和 UDP，socket 层提供了一种标准化的方法来管理连接，并在各个终点之间移动数据。内核中网络源代码可以在./linux/net 中找到。

6）设备驱动程序（DD）

Linux 内核中有大量代码都在设备驱动程序中，它们能够运转特定的硬件设备。Linux 源码树提供了一个驱动程序子目录，这个目录又进一步划分为各种支持设备，例如 Bluetooth、I^2C、serial 等。设备驱动程序的代码可以在./linux/drivers 中找到。

7）依赖体系结构的代码（Arch）

尽管 Linux 很大程度上独立于所运行的体系结构，但是有些元素则必须考虑体系结构才能正常操作并实现更高效率。./linux/arch 子目录定义了内核源代码中依赖于体系结构的部分，其中包含了各种特定于体系结构的子目录（共同组成了 BSP）。一个典型的桌面系统使用的是 i386 目录。每个体系结构子目录都包含很多其他子目录，每个子目录都关注内核中的一个特定方面，例如引导、内核、内存管理等。这些依赖体系结构的代码可以在./linux/arch 中找到。

3．内核版本

内核的版本号的形式为 Version.Patchlevel.Sublevel。其中，Version 是内核的主版本号，目前主版本号为 2；Patchlevel 是内核的版本修正号，Sublevel 是次修正号。Linux 有两种版本，即发布版本和测试版本。从 1.0.x 开始到目前的版本，都是以版本修正号为偶数，表示一个发布版本（如 2.0.30），它是稳定的内核；而版本修正号为奇数（如 2.1.30），表示是一个测试版本。测试版本总是具有新的特点，支持最新的设备，尽管它们还不稳定，但它们是发展最新的而又稳定的内核的基础。

10.2.2　Linux 内核源代码

Linux 源代码文件名称一般标记为 Linux-x.y.z.tar.gz，其中 x.y.z 是版本号。按照惯例，Linux 内核源代码通常都会安装到/usr/src/linux 下。如果在安装 Linux 时已经安装了内核源代码，则旧版的源代码已经存在于该目录下。如果没有目录/usr/src/linux，则需要在目录/usr/src 下解开源代码包，解开源代码包使用命令：

```
[root@bogon chapter10]# tar vxzf linux-2.6.38-20150708.tar.gz   -C/。
```

解包完成后，默认在根目录，如下所示：

```
[root@bogon /]# ls
bin    etc    linux-2.6.38   misc   opt    sbin      sys      usr
boot   home   lost+found     mnt    proc   selinux   tftpboot var
dev    lib    media          net    root   srv       tmp
```

内核源代码采用树形结构进行组织，把功能相关的文件都放在同一个子目录下，使得程序更具有可读性，内核源代码的目录说明如表 10-1 所示。

表 10-1　内核源代码目录结构说明

源　代　码	说　　明
Arch/	包含了与此内核源代码所支持的硬件体系结构相关的核心代码
block	部分块设备的驱动程序
crypto	加密、压缩、CRC 校验算法
documentation	内核的文档
drivers	设备驱动程序
firmware	固件库
fs	存放各种文件系统的实现代码
include	内核所需要的头文件
init	内核初始化代码
ipc	进程间通信的实现代码
kernel	Linux 大多数关键的核心功能实现代码
lib_XXX	库文件代码
mm	内存管理的实现代码
net	网络协议的实现代码
samples	一些内核编程的范例
scripts	配置内核的脚本
security	SElinux 的模块

10.3　Linux 内核配置与编译

Linux 在安装之后，其内核包含许多内容，例如对网络和文件系统的支持等。对于具体的用户而言，这些功能可能是有用的，可能是没用的。而在默认的情况下，一些特定的功能可能又没有包含进内核。所以，有经验的用户都希望根据自己的实际需要，编译出符合自己需求的内核。

10.3.1 Linux 内核配置

1．清除临时文件，中间文件和配置文件

在 Linux 安装和运行期间，系统在/usr/src/linux 目录下可能生成一些文件，这些文件可能影响内核的编译工作，另外，得到的源代码内可能包含一些别人添加的内容，因此需要将它们清除，清除命令有 3 条：

（1）make clean：清除大部分产生的文件，保留配置文件；

（2）make mrproper：清除所有的产生文件和配置文件；

（3）make distclean：清除所有的产生文件和配置文件以及编译器备份文件和路径文件。

这 3 条清除命令中，最完整的清除命令是 make distclean，其次是 make prproper，最后是 make clean。

2．配置内核

配置内核之前需要了解目标机的软硬件配置情况，例如 CPU 的类型、网卡的型号以及所支持的网络协议等。

在配置内核时，大部分选项可以使用其默认值，只有小部分需要根据用户的不同需要选择。选择的原则是将与内核其他部分关系较远且不经常使用的部分功能代码编译成为可加载模块，有利于减小内核的长度以及内核消耗的内存，简化该功能相应的环境改变时对内核的影响；不需要的功能就不要选；与内核关系紧密而且经常使用的部分功能代码直接编译到内核中。配置内核的命令有 4 种，下面详细介绍这 4 种配置命令。

（1）make config：基于文本模式的交互式配置。以问答形式进行配置，对所有的配置选项依次询问是否对该项功能进行配置，如果需要配置选择“y”，如果不需要配置选择“n”，如果不确定则输入“?”，需要对所有配置项逐个问答，效率低。如下所示：

```
[root@bogon linux-2.6.38]# make config
HOSTCC    scripts/basic/fixdep
HOSTCC    scripts/basic/docproc
HOSTCC    scripts/kconfig/conf.o
HOSTCC    scripts/kconfig/kxgettext.o
SHIPPED scripts/kconfig/zconf.tab.c
SHIPPED scripts/kconfig/lex.zconf.c
SHIPPED scripts/kconfig/zconf.hash.c
HOSTCC    scripts/kconfig/zconf.tab.o
HOSTLD    scripts/kconfig/conf
scripts/kconfig/conf --oldaskconfig Kconfig
#
# using defaults found in /boot/config-2.6.18-8.el5
#
/boot/config-2.6.18-8.el5:649:warning: symbol value 'm' invalid for IP_DCCP_CCID3
/boot/config-2.6.18-8.el5:650:warning: symbol value 'm' invalid for IP_DCCP_TFRC_LIB
/boot/config-2.6.18-8.el5:1280:warning: symbol value 'm' invalid for FIXED_PHY
/boot/config-2.6.18-8.el5:1532:warning: symbol value 'm' invalid for ISDN
/boot/config-2.6.18-8.el5:2612:warning: symbol value 'm' invalid for RTC_INTF_SYSFS
```

```
/boot/config-2.6.18-8.el5:2613:warning: symbol value 'm' invalid for RTC_INTF_PROC
/boot/config-2.6.18-8.el5:2614:warning: symbol value 'm' invalid for RTC_INTF_DEV
/boot/config-2.6.18-8.el5:2670:warning: symbol value 'm' invalid for GFS2_FS_LOCKING_DLM
*
* Linux/arm 2.6.38 Kernel Configuration
*
*
* General setup
*
Prompt for development and/or incomplete code/drivers (EXPERIMENTAL)[Y/n/?]
```

（2）make oldconfig：使用已有的配置文件（.config）进行配置，与 make config 相同，以交互的方式对配置项进行询问配置，不同的是，只对新增的配置（NEW）选项进行询问。

（3）make menuconfig：基于文本模式的菜单型配置。以菜单形式进行配置，如图 10-7 所示。

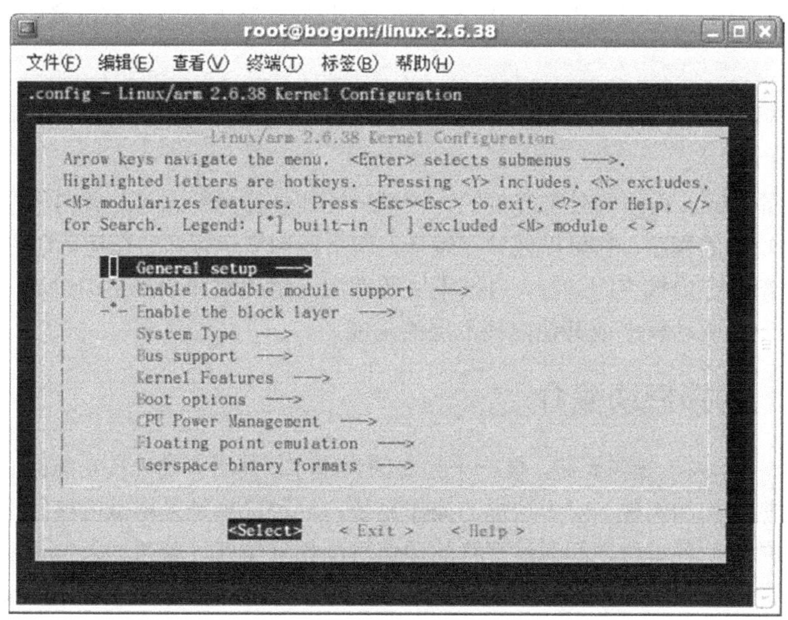

图 10-7　make menuconfig 命令配置内核

可以根据需要来选择要进行配置的选项，比较直观。make menuconfig 命令是最为常用的内核配置方式，使用时通过方向键在各选项间移动，使用“Enter”进入下一层菜单，配置完毕时将光标移动到“Exit”返回到上一层目录。

在各级子菜单项中，每一个选项前都有个括号，有的是中括号，有的是尖括号，还有的是圆括号，选择相应的配置时，有 3 种选择，它们代表的含义为：①[*]：将该功能编译进内核，对应键盘的 Y 键；②[]：不将该功能编译进内核，对应键盘的 N 键；③[M]：将该功能编译成可以在需要时动态插入到内核中的模块，对应键盘 M 键。

另外也可以直接通过按空格键来改变，配置完毕后选择“YES”退出。

（4）make xconfig：图像化的配置，它需要安装图形化系统。

无论使用哪种命令对内核进行配置，配置的结果都保存在内核根目录下的.config 文件中。

10.3.2 编译内核

根据要求不同，可以有如下几种编译方法：

（1）make zImage：以普通的方式编译内核。该命令在内核源代码包目录下的 arch/arm/boot 下生成一个名为 bImage 的文件，这个文件就是新内核的映象文件，但是该命令只适合编译小于 512KB 大小的内核。

（2）make bzImage：如果使用 make zImage 命令产生的内核映象文件太大，将导致编译的失败。这时可以使用 make bzImage。

（3）make uImage：是使用工具 mkimage 对普通的压缩内核映象文件（zImage）加工而得。它是 uboot 专用的映象文件，是在 zImage 之前加上一个长度为 64 字节的“头”，说明这个内核的版本、加载位置、生成时间、大小等信息；其 0x40 之后与 zImage 没区别。

（4）make zdisk：类似于 make zImage，但将内核映象存放在软盘（/dev/fd0）上。这对测试新内核比较方便，如果新内核工作不正常，只要将软盘去掉改用老内核即可。

10.4 Linux 内核模块

内核模块是 Linux 内核向外部提供的一个插口，其全称为动态可加载内核模块。内核模块是具有独立功能的程序，它可以被独立编译，但不能独立运行，它在运行时被链接到内核作为内核的一部分在内核空间运行，内核模块通常由一组函数和数据结构组成，用来实现一种文件系统、一个驱动程序或其他内核上层的功能。

10.4.1 内核模块简介

Linux 是一个单内核操作系统，像一个独立的大程序，其所有的内核功能构件均可以访问任一个内部数据结构和例程。对于这样的操作系统，一种选择是采用微内核结构，内核被分为若干独立的单位，各单位之间通过严格的通信机制相互访问，若想加入一个未建立到内核中的某个设备的驱动程序，就必须利用设置进程，重建一个新的内核，而在 Linux 中可针对用户需要，动态地载入和卸载操作系统构件。Linux 模块是一些代码的集成，可以在启动系统后动态链接到内核的任一部分，当不再需要这些模块时，又可随时断开链接并将其删除。

Linux 内核模块通常是一些设备驱动程序、伪设备驱动程序或文件系统，它们是内核的一部分。但是模块并没有被编译到内核中，而是被编译并链接成一组目标文件，这些文件能被插入到正在运行的内核，或者从正在运行的内核移走，由于模块具有这样的特点，故也称为可载入模块。模块装入内核的操作可使用命令 inmode，卸出内核操作可使用命令 rmmod，或者在必要时，内核本身也能请求内核守护进程 kerneld 装入或卸载模块。除了设备驱动程序外，模块还可以是文件系统和二进制文件等。

按需动态装入模块有利于减小内核的尺寸，并使得内核非常灵活。例如，若是偶尔使用 VFAT 文件系统，就没有必要将 VFAT 文件编译到内核，可以将其作为一个内核可载入模块。当装载一个 VFAT 文件系统时，内核自动装入 VFAT 文件系统模块；当 VFAT 文件系统卸载时，内核认为 VFAT 文件系统不会被继续使用，于是自动将其从内核中卸载。模块也可用于测试新的内核代码。例如，某部分新的代码需要调试或测试，可以将这些新代码作为一个模块，每次修改代码后，只须重新编译并装入模块而进行测试，而不用每次重新编译和重新启动整个核心。

一旦一个Linux内核模块被装入，它就像任何标准的内核代码一样成为内核的组成部分，并与其他内核代码具有相同的权限。当然，使用模块需要一定的系统开销。一方面，安装和卸载模块需要一定的处理器时间；另一方面，模块需要一定的管理代码和数据结构，这些都要占据一定的系统内存。此外，像所有的内核代码和驱动程序一样，质量差的内核模块也会导致系统崩溃。

一个 Linux 内核模块主要由以下几个部分组成：

（1）模块加载函数“module_init”。

（2）模块卸载函数“module_exit”。

（3）模块许可证明“MODILE_LICENSE”。

（4）模块参数。

（5）模块导出符号“symbol”。

（6）模块作者信息。

10.4.2 内核模块编译与相关命令

1. 内核模块编译

（1）内核模块的编译：make modules 编译模块文件，在内核配置时选择的所有模块在这时编译，形成模块目标文件，并把这些目标文件存放在 modules 目录中。

（2）内核模块的安装：make modules_install 把编译好的模块目标文件置入目录/lib/modules/$kernel _version/中，同时会在这个目录中产生一些隐含文件，例如.config 文件、.oldconfig 文件、.depend 文件、.hdepend 文件以及.version 文件等。

2. 内核模块命令

（1）ismod：列出已经加载的内核，列出目前系统中已加载的模块的名称及大小等。

（2）modinfo：查看模块的信息，判定模块的用途。

（3）modprobe：挂载新模块以及新模块相关的模块，挂载模块，在挂载某个内核模块的同时，这个模块所依赖的模块也被同时挂载。

（4）rmmod：移除已挂载模块。

（5）depmod：创建模块依赖关系的列表。

（6）insmod：挂载模块，与 modpromo 功能类似，但是只能挂载带有模块文件后缀名的模块。

10.5 文件系统

Linux 文件系统是 Linux 系统的核心模块。通过使用文件系统，用户可以很好地管理各项文件及目录资源。对于绝大多数用户来说，文件系统是操作系统中最为可见的、最为直观的部分。它提供在线存储、访问操作系统和所有用户的程序与数据的机制。而用户则可以通过文件直接和操作系统交互，另外操作系统为计算机提供的各种数据也是通过文件系统直观地存储在介质上，对其进行管理。

10.5.1 文件系统简介

一个文件系统是包括了所有的硬盘分区、目录、存储设备和文件的集合体，它包括 Linux 操作系统本身和它的各种组成部件。一般被当作外设的软盘、CD-ROM 光盘、磁带和其他存储介质等都必须添加到文件系统才能使用，当对它们的操作完成之后，再从文件系统上把它们撤下来。显示器和打印机等硬件设备在某种程度上也被视为是文件系统的一部分。设备驱动程序将决定操作系统如何与其中的每一种打交道。

1．Linux 文件系统的特点

1）支持多种不同的文件系统

Linux 的最重要特征之一就是支持多种文件系统。这样它更加灵活并可以和其他许多种操作系统共存。随着 Linux 的不断发展，所能支持的文件格式系统也在迅速扩展。特别是 Linux 2.6 内核正式推出后，出现了大量新的文件系统。目前支持的有 etx、ext2、minix、umsdos、ncp、iso9660、hpfs、ntfs、msdos、xia、vfat、proc、romfs、nfs、smbfs、sysv、affs、efs、coda、hfs、asfs、qnx4、bfs、udf 以及 ufs 等，以后还会支持更多类型的文件系统。其中每一种文件系统都代表整个系统结构的一部分，这种结构很灵活，使得不同的文件系统能够很好地共存。分析/proc/filesystems 文件的内容，即可找出当前 Linux 内核提供了对哪些文件系统的支持。Linux 不像 DOS 和 Windows 操作系统那样通过设备标识符来访问某个文件系统，而是将这些文件系统“捆绑”在一个树形结构中。

2）系统内核注册文件系统

一个已经安装的 Linux 操作系统究竟支持几种文件系统类型，需由文件系统类型注册表来描述。注册表的每一个 file-system_type 节点描述已注册的文件系统类型。向系统内核注册文件系统的类型有两种途径：一是在编译内核系统时确定，并在系统初始化时通过内嵌的函数调用想注册表登记；二是利用 Linux 的模块的特点，把文件系统当作一个模块，通过 kerneld 和 insmod 命令向注册表登记它的类型。要在内核中增加对任一此类文件系统的支持是相当简单的，只须在构造新的内核时选中相应的配置选项即可。例如，对于 make xconfig，只须在它的 filesystems 下面选中想要的文件类型。如果为了从其他环境将磁盘移入 Linux 系统才需要增加文件系统类型，并且该磁盘原先的系统环境使用与 Linux 不同的分区表格式，则应当记住，还必须启用相应的分区类型支持（通过 Partition Type 设置）。

3）提供虚拟文件系统

在 EXT2 文件系统的开发过程中，引入了一个非常重要的概念，即虚拟文件系统（VFS）。Linux 能支持各种文件系统是通过 VFS 来实现的。VFS 作为真正的文件系统和操作系统之间的接口，可以将实际文件系统从操作系统和系统服务中分离出来。VFS 允许 Linux 支持许多不同的文件系统。每一种文件系统都要给 VFS 提供一个相同的接口。这样，所有的文件系统对系统内核和系统中的程序来说都是相同的。Linux 的虚拟文件系统层允许同时透明地安装许多不同的文件系统。

对 VFS 来说，它一方面要高速和高效地存取系统文件，另一方面还要保证文件和数据能够正确保存。这两个方面是相互矛盾的，Linux 通过高速缓存协调这两个需求。在高速缓存中，Linux 不仅缓存数据，而且还管理着操作系统与块设备之间的接口。

4）目录结构

Linux 文件系统除上述三个特点外，其文件系统的存放是这样的：磁盘在经过分区后，单个的物理磁盘就被划分成多个逻辑分区；每个分区上可以存放一种文件系统；文件系统把存放在物理设备上的文件组织成一个树状目录结构，不同的硬件控制器控制的不同设备中的不同文件系统，Linux 都可以用同样的方法来使用。

Linux 操作系统中，文件系统的目录组织是一个树形结构，从根节点到叶子是文件的路径名，文件可以由其路径名唯一确定。

2. 文件系统的类型

Linux 系统支持多种文件系统类型，例如 jfs、ReiserFS、ext、ext2、ext3、iso9660、xfs、minx、msdos、Vfat、NTFS、Hpfs、Nfs、smb、sysv、proc 等。这里对常用的文件系统进行简单的介绍。

（1）ext2 是在 ext 基础之上设计的可扩展的高性能的文件系统，又称为二级扩展文件系统，是 Linux 文件系统类型中使用最多的格式，在速度和 CPU 利用率上较突出，其特点是存取文件的性能极好，对于中小型的文件优势更为突出。ext2 可以支持 256 字节的长文件名，单一文件大小上限为 2048GB，文件系统的容量上限为 6348GB。

（2）jfs 是一种基于日志的字节级文件系统，该文件系统是面向高性能系统开发的，它提供了快速文件系统重启。

（3）reiserFS 通过完全平衡树结构来容纳数据，大大提高了文件与数据的安全性，并且具有高效利用磁盘空间以及高效的搜索文件方式等优点。

10.5.2　根文件系统

根文件系统是 Linux 启动时使用的第一个文件系统。没有根文件系统，Linux 将无法启动。

1. 根文件系统目录

Linux 的根文件系统具有非常独特的特点，就其基本组成来说，Linux 的根文件系统应该包括支持 Linux 系统正常运行的基本内容，包含系统使用的软件和库，以及所有用来为用户提供支持架构和用户使用的应用软件。因此，至少应包括以下几项内容：

（1）基本的文件系统结构，包含一些必需的目录，例如/dev、/proc、/bin、/etc、/lib、/usr、/tmp 等。

（2）基本程序运行所需的库函数，例如 Glibc/uC-libc。

（3）基本的系统配置文件，例如 rc、inittab 等脚本文件。

（4）必要的设备文件支持，例如/dev/hd*、/dev/tty*、/dev/fd0。

（5）基本的应用程序，例如 sh、ls、cp、mv 等。

它的文件系统是一个整体，所有的文件系统结合成一个完整的统一体，组织到一个树形目录结构之中，目录是树的枝干，这些目录可能会包含其他目录，或是其他目录的父目录，目录树的顶端是一个单独的根目录，用“/”表示。在 Linux 下可以看到系统的根目录组成的内容，目录存放文件类型如表 10-2 所示。

```
[root@bogon /]# ls
bin     etc     linux-2.6.38   misc   opt    sbin      sys         usr
boot    home    lost+found     mnt    proc   selinux   tftpboot    var
dev     lib     media          net    root   srv       tmp
[root@bogon /]#
```

表 10-2　根文件系统目录说明

文件系统	说　明
/dev	设备文件，用于访问系统资源或设备
/root	存放引导系统的必备文件、文件系统的挂装信息、设备特殊文件以及系统修复工具和备份工具等
/usr	存放不需要修改的命令程序文件、程序库、手册和其他文档等，Linux 内核的源代码就放在/usr/src/linux 里
/var	存放经常变化的文件
/home	系统默认的普通用户的主目录的根目录
/proc	虚拟的目录，即系统内存的映射，其中包含一些和系统相关的信息
/bin	存放二进制（binary）文件的可执行程序
/sbin	与 bin 目录类似，存放系统编译后的可执行文件、命令
/etc	存放系统中各种关于用户账号、网络等的配置文件和启动脚本
/boot	存放系统启动时所需的各种文件
/lib	存放标准程序设计库文件，作用类似于 Windows 里的.dll 文件
/mnt	该目录用来为其他文件系统提供安装点
/tmp	公用的临时文件存储点
/initrd	用来在计算机启动时挂载 initrd.img 映象文件以及载入所需设备模块的目录

2．文件存放规则

为了实现各种 Linux 版本系统的标准化，各种不同的 Linux 版本都会根据文件系统分级结构标准来进行系统管理，这也使得 Linux 系统的兼容性大大提高。FHS 规定了两级目录，第一级是根目录下的主要目录，根据目录名称可以得知其中应该放置什么样的文件，例如/etc 应该放置各种配置文件，/bin 和/sbin 目录下应该放置相应的可执行文件等；第二级目录则主要针对/usr 和/var 做出了更深层目录的定义。

UNIX/Linux 系统很长时间以来，一直是在“什么文件放在哪里”的基础之上建立文件存放规则的，并且按照这些规则把文件放进相应的分级结构里。FHS 试图以一种合乎逻辑的方式定义这些规则，并且在 Linux 上得到了广泛应用。按照 FHS 标准，在 Linux 下存放文件主要有以下的一些规则：

（1）把全局配置文件放入/etc 目录下。

（2）将设备文件信息放入/dev 目录下，设备名可以作为符号链接定位在/dev 中或/dev 子目录中的其他设备。

（3）操作系统核心定位在/或/boot，若操作系统核心不是作为文件系统的一个文件存在，不应使用它。

（4）库存放的目录是/lib。

（5）存放系统编译后的可执行文件、命令的目录是/bin、/sbin、/usr。

10.5.3 Busybox

Busybox 工程于 1996 年发起，其目的在于帮助 Debian 发行套件来建立磁盘安装。从 1999 年开始，此项目由 uClibc 的维护者 Erik Andersen 接手维护，起初是 Lineo 开源成果的一部分。Busybox 集成了一百多个最常用 Linux 命令（例如 init、getty、ls、cp、rm 等）和工具软件，甚至还集成了一个 http 服务器和一个 telnet 服务器，并且支持 Glibc 和 uClibc，用户可以非常方便地在 Busybox 中定制所需的应用程序。使用 Busybox 可以有效地减小 bin 程序的体积，动态链接的 Busybox 工具一般在几百 KB 左右，而相对独立的 bin 程序加在一起的体积在几兆左右甚至更大，这使得 Busybox 在嵌入式开发过程中具有不言而喻的优势。同时，使用 Busybox 可以大大简化制作嵌入式系统根文件系统的过程，所以 Busybox 工具在嵌入式开发中得到了广泛应用。

Busybox 的使用包含以下几步：

（1）下载：Busybox 可以直接从网络上下载软件包进行解压。

（2）配置：在使用之前必须对 Busybox 进行配置。Busybox 的配置命令、配置程序与 Linux 内核配置的菜单模式配置基本上一样。采用 make menuconfig 进行菜单式配置。

（3）编译与安装：配置之后就可以对 Busybox 进行编译并安装了，采用命令 make 对 Busybox 进行编译，采用命令 make install 对已经编译好的 Busybox 进行安装。

下面对基本的选项配置进行举例说明，其余部分可以根据开发的实际需要来定制。

示例 10.5.3-1 安装并配置 busybox-1.17.2。

Busybox 可以在其官方网站 www.busybox.net/download 下载，此处以下载的 busybox-1.17.2 为例来说明。

（1）复制 busybox-1.17.2 到/home/chapter10 目录中，并解压，操作如下：

```
[root@bogon chapter10]# ls
arm-linux-gcc-4.5.1-v6-vfp-20101103.tgz    busybox-1.17.2-20101120.tgz
busybox-1.17.2                                  linux-2.6.38-20150708.tgz
```

（2）进入 busybox-1.17.2 目录中，对 Busybox 进行配置。

```
[root@bogon chapter10]# cd busybox-1.17.2
[root@bogon busybox-1.17.2]# make menuconfig
```

配置界面如图 10-8 所示。

（3）Build Options 选项配置。

选择 Busybox Settings→Build Options→[ ] Build BusyBox as a static binary（no shared libs）（NEW），选择静态编译可以把 Busybox 编译成静态链接的可执行文件，运行时独立于其他函数库。此外，采用静态编译也可以大大减少磁盘使用空间。该过程的配置界面如图 10-9 所示。

选择 Cross Compile Prefix，进入配置页面，添加所需要使用的工具链，本书采用 ARM 开发板，所以这里添加的交叉工具链为 arm-linux-，如图 10-10 所示，添加完毕单击 OK 保存退出到上一界面。

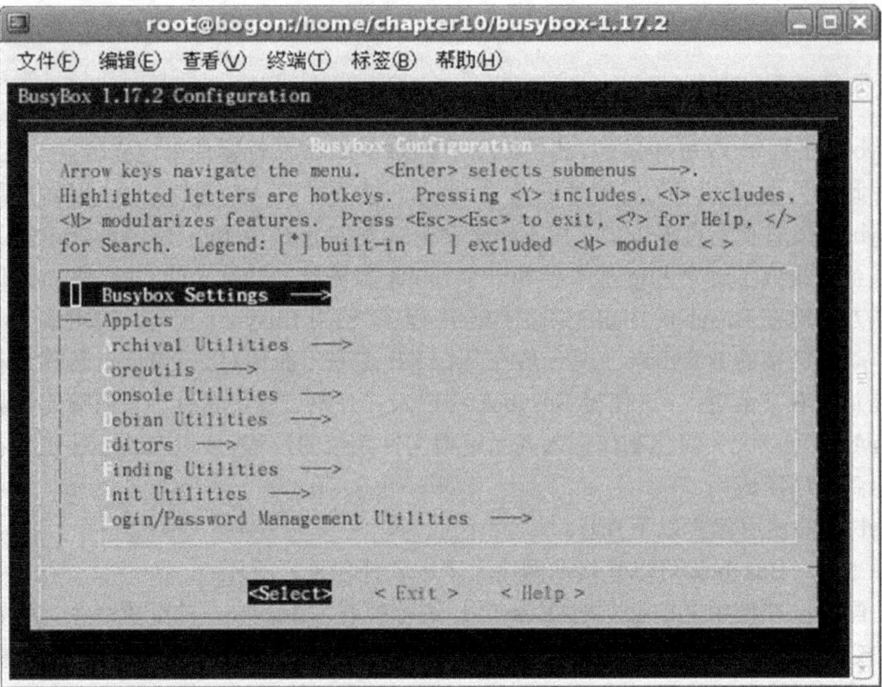

图 10-8　Busybox 配置界面

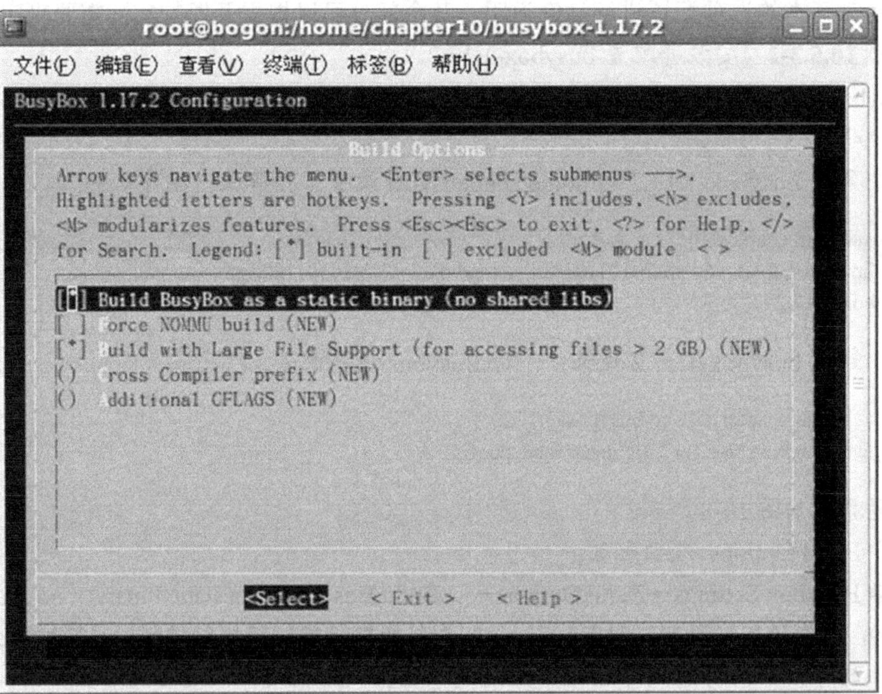

图 10-9　Busybox 的 Build Options 配置界面

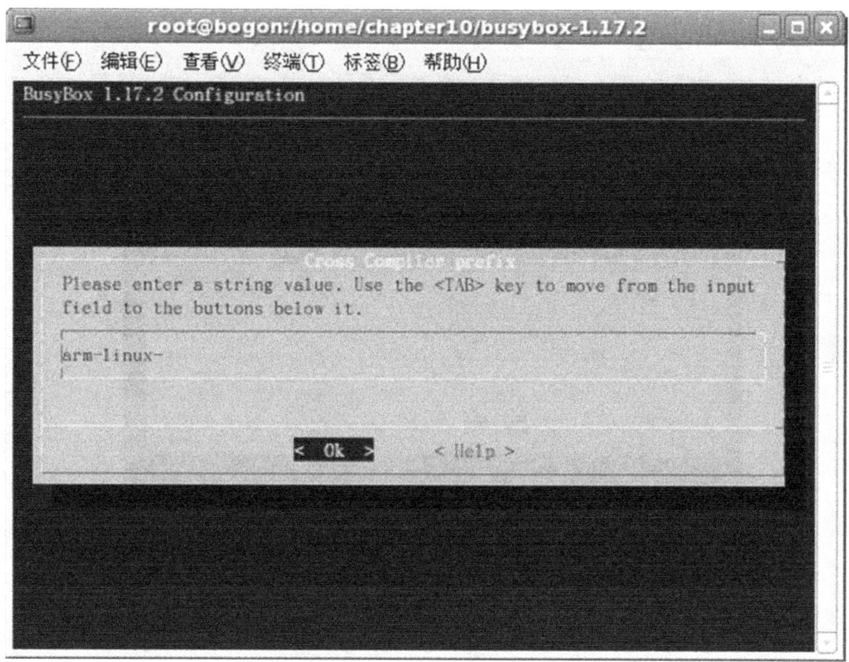

图 10-10　交叉工具链配置选项

（4）Installation Options 选项配置。

选中 Don' t use /usr，如图 10-11 所示，选中该项可以避免 Busybox 被安装到宿主系统的 /usr 目录下而破坏宿主系统。

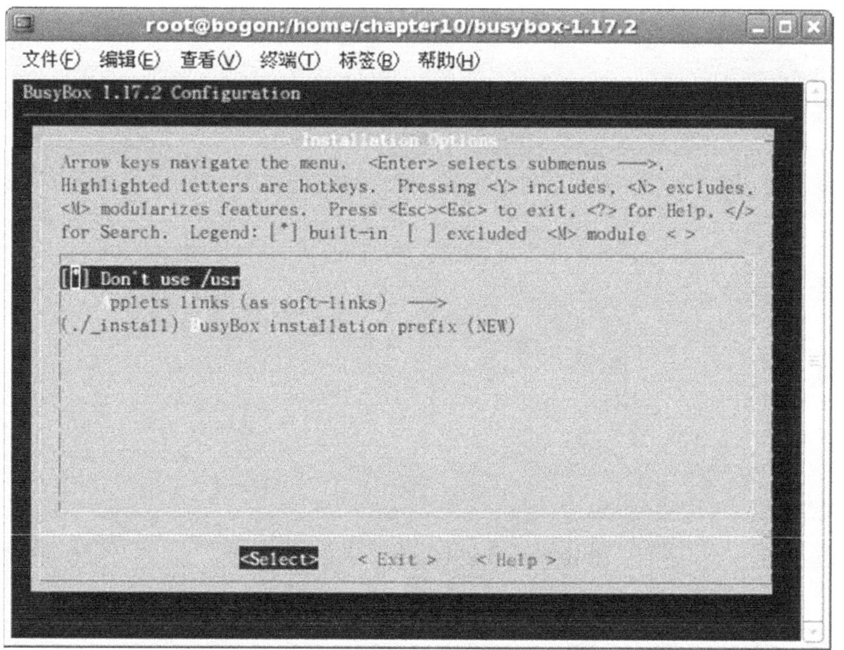

图 10-11　Installation Options 配置界面

进入 Busybox installation prefix 界面中，输入编译出的内核模块的安装路径，如图 10-12 所示。

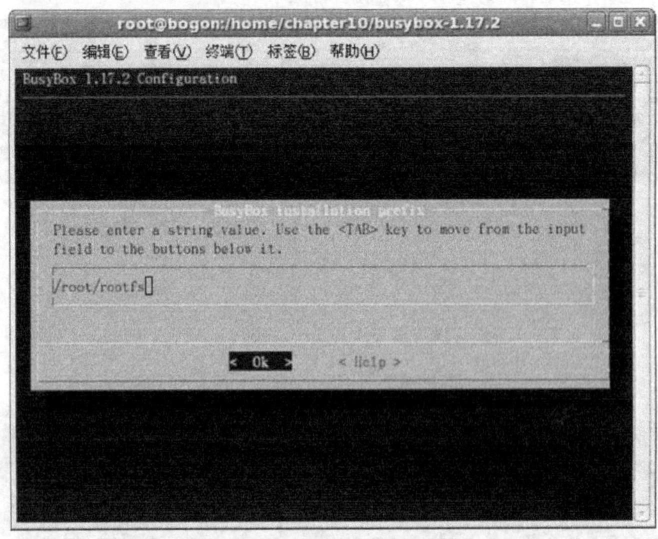

图 10-12　输入内核模块安装路径

进行完基本的配置，保存并退出后配置信息保存在.config 的配置文件中，就可以继续下一步的根文件系统的编译和安装工作了。

示例 10.5.3-2　制作根文件系统。

（1）创建根文件系统的目录如图 10-13 所示。

```
root@bogon:~/rootfs/bin
文件(F) 编辑(E) 查看(V) 终端(T) 标签(B) 帮助(H)
[root@bogon rootfs]# cd bin/
[root@bogon bin]# ls
[          cryptpw         fgconsole  iprule     mknod        realpath      sort      unexpand
[[         cttyhack        fgrep      iptunnel   mkpasswd     reformime     split     uniq
addgroup   cut             find       kbd_mode   mktemp       renice        stat      unix2dos
adduser    date            flock      kill       more         reset         strings   unlzma
arping     dc              fold       killall    mount        resize        stty      unlzop
ash        dd              free       killall5   mountpoint   rev           su        unxz
awk        deallocvt       fsync      last       mt           rm            sum       unzip
basename   delgroup        ftpget     length     mv           rmdir         sv        uptime
beep       deluser         ftpput     less       nc           rpm           sync      usleep
bunzip2    df              fuser      linux32    netstat      rpm2cpio      tac       uudecode
busybox    diff            getopt     linux64    nice         rtcwake       tail      uuencode
bzcat      dirname         grep       ln         nmeter       run-parts     tar       vi
bzip2      dmesg           gunzip     logger     nohup        runsv         tcpsvd    vlock
cal        dnsdomainname   gzip       login      nslookup     runsvdir      tee       volname
cat        dos2unix        hd         logname    od           rx            telnet    wall
catv       du              head       lpq        openvt       script        test      watch
chat       dumpkmap        hexdump    lpr        passwd       scriptreplay  tftp      wc
chattr     dumpleases      hostid     ls         patch        sed           tftpd     wget
chgrp      echo            hostname   lsattr     pgrep        seq           time      which
chmod      ed              hush       lspci      pidof        setarch       timeout   who
chown      egrep           id         lsusb      ping         setkeycodes   top       whoami
chpst      eject           ifplugd    lzcat      ping6        setsid        touch     xargs
```

图 10-13　安装 Busybox 后的 bin 目录

```
[root@bogon chapter10]# mkdir rootfs
[root@bogon chapter10]# cd rootfs/
[root@bogon rootfs]# ls
[root@bogon rootfs]# mkdir dev root usr var home proc bin sbin etc boot lib mnt tmp initrd
[root@bogon rootfs]# mkdir    usr/bin usr/lib usr/sbin lib/modules
```

```
[root@bogon rootfs]# ls
bin  boot  dev  etc  home  initrd  lib  mnt  proc  root  sbin  tmp  usr  var
```

（2）创建设备文件，Linux 系统的绝大多数设备都体现为文件，安装两个必需的设备文件，如下所示：

```
[root@bogon rootfs]# cd dev
[root@bogon dev]# ls
[root@bogon dev]# mknod -m 666 console c 5 1
[root@bogon dev]# mknod -m 666 null c 1 3
[root@bogon dev]# ls
console  null
```

（3）安装/etc，下载 etc.tar.gz 文件到/etc 目录下，并解压缩，如下所示：

```
[root@bogon rootfs]# cd etc/
[root@bogon etc]# ls
etc.tar.gz
[root@bogon etc]# tar vxzf etc.tar.gz
etc/
etc/inittab
etc/profile
etc/fstab
etc/init.d/
etc/init.d/rcS
[root@bogon etc]#
```

（4）Busybox 编译及安装，参照 11.3.2 节对 Busybox 进行配置，并确认安装文件路径，配置完成后对 Busybox 进行编译，操作如下：

```
[root@bogon busybox-1.17.2]# make ARCH=arm CROSS_COMPILE=arm-linux-
```

编译结束后产生一个 Busybox 的可执行文件，然后进行安装，如下所示：

```
[root@bogon busybox-1.17.2]# ls
applets                  docs         loginutils       runit
arch                     e2fsprogs    mailutils        scripts
archival                 editors      Makefile         selinux
AUTHORS                  examples     Makefile.custom  shell
busybox                  fa.config    Makefile.flags   sysklogd
busybox_unstripped       findutils    Makefile.help    TEST_config_nommu
busybox_unstripped.map   include      miscutils        TEST_config_noprintf
busybox_unstripped.out   init         modutils         TEST_config_rh9
Config.in                INSTALL      networking       testsuite
console-tools            libbb        printutils       TODO
coreutils                libpwdgrp    procps           TODO_unicode
debianutils              LICENSE      README           util-linux
```

Busybox 编译后要将其安装到根文件系统目录的 bin 和 sbin 目录下，执行安装命令操作如下：

```
[root@bogon busybox-1.17.2]# make install
```

安装之前，在 rootfs 目录下的 bin 和 sbin 目录都是空的目录和子目录，安装完后，bin 和 sbin 目录都已经有相关的安装文件，如图 10-13 和图 10-14 所示。

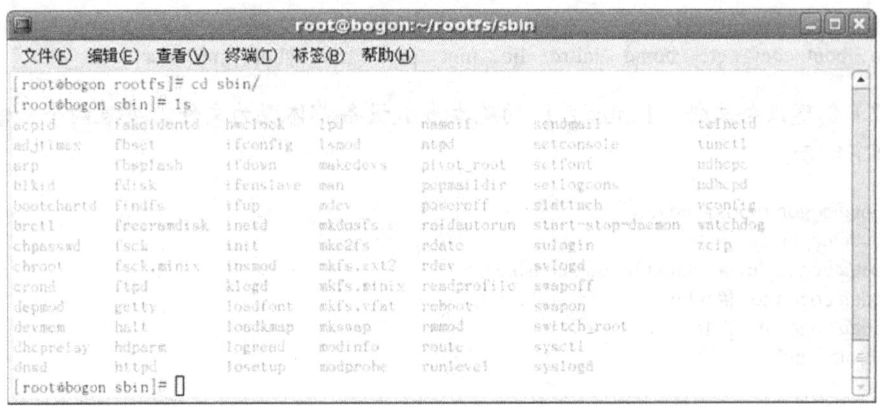

图 10-14 安装 Busybox 后的 sbin 目录

（5）编译内核之前，需要先对内核的中间文件、配置文件进行清理，并对内核进行配置，这里参考 RHEL5 的参考文件。另外，为了能够进一步地制作 RAMDISK 根文件系统，还需要在配置项 General setup 中作如图 10-15 所示的配置。

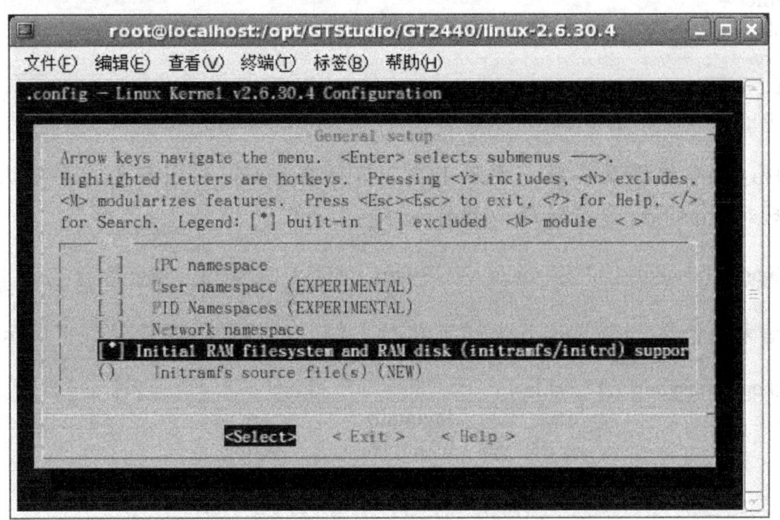

图 10-15 内核配置

开始编译内核，编译的内核存放在 arch/arm/boot 文件中，具体操作为

```
[root@bogon linux-2.6.38]# make uImage ARCH=arm CROSS_COMPILE=arm-linux-
```

（6）进入 Linux 内核目录，进行模块的编译，具体操作为

```
[root@bogon linux-2.6.38]# make modules ARCH=arm CROSS_COMPILE=arm-linux-
```

（7）安装模块实际是将编译好的模块从内核代码中复制到指定的路径，具体操作为

```
[root@bogon linux-2.6.38]# make modules_install ARCH=arm INSTALL_MOD_PATH/root/rootfs
```

它会自己寻找 lib/modules 目录，并自动添加到该目录中去。

10.5.4 Ramdisk 文件系统

Ramdisk 是将一部分固定大小的内存当作分区来使用，它并非一个实际的文件系统，而是一种将实际的文件系统（如 ext2）装入内存的机制。将一些经常被访问而又无须更改的文件通过 Ramdisk 放在内存中，可以明显地提高系统的性能。

制备 Ramdisk 文件必须具备生产 Ramdisk 文件的工具。生产 Ramdisk 文件的工具为 genext2fs，可以从网上直接下载。

示例 10.5.4-1 在示例 10.5.3-2 的基础上制作 Ramdisk 文件系统。

（1）查看目标文件的大小并制作 Ramdisk 文件，使用 genext2fs 制备 Ramdisk 文件系统前需要先查看需要制备的根文件系统的大小，制作 Ramdisk 的大小一定要大于 rootfs 文件，操作如下：

```
[root@bogon ~]# du -sk rootfs
53956      rootfs
[root@bogon ~]# ./genext2fs -b 65536 -d /root/rootfs ramdisk
```

制作完成后会生产一个 Ramdisk 文件。

```
[root@bogon ~]# ls
anaconda-ks.cfg   genext2fs Desktop   install.log   install.log.syslog   music.list   mymp3   rootfs
```

（2）文件压缩，产生的压缩文件可以下载到开发板用作根文件系统。

```
[root@bogon ~]# gzip -9 -f ramdisk
[root@bogon ~]# ls
    anaconda-ks.cfg   genext2fs Desktop   install.log   install.log.syslog   music.list   mymp3   rootfs ramdisk.gz
```

习题与练习

1. 什么是交叉开发环境？
2. 什么是交叉工具链？
3. 什么是内核模块？
4. 什么是文件系统？Linux 的文件系统有多少种？
5. 利用交叉工具链 arm-linux-2.6.38 编译“hello，world！”的可执行文件。
6. 采用 linux-2.6.38 源代码包配置、编译 Linux 内核。
7. 制作 Ramdisk 文件系统。

第 11 章 BootLoader

CHAPTER 11

BootLoader 是系统加电启动运行的第一段软件代码。在嵌入式系统中，整个系统的加载启动任务完全由 BootLoader 来完成。通过运行 BootLoader，可以初始化硬件设备，建立内存空间的映射图，从而将系统的软硬件环境带到一个合适的状态，以便为最终调用操作系统内核或用户应用程序准备好正确的环境。

11.1 BootLoader 介绍

一个嵌入式系统可从软件角度分为四个层次：

（1）引导加载程序：包括固化在固件（firmware）中的 boot 程序（可选）和 BootLoader 两大部分，相当于 PC 中的 BIOS 和 GRUB 或 LILO。引导程序的主要任务是将内核从硬盘上读到内存中，然后跳转到内核的入口点去运行，即启动操作系统；

（2）Linux 内核：特定于嵌入式平台的定制内核；

（3）文件系统：包括系统命令和应用程序；

（4）用户应用程序：特定于用户的应用程序。

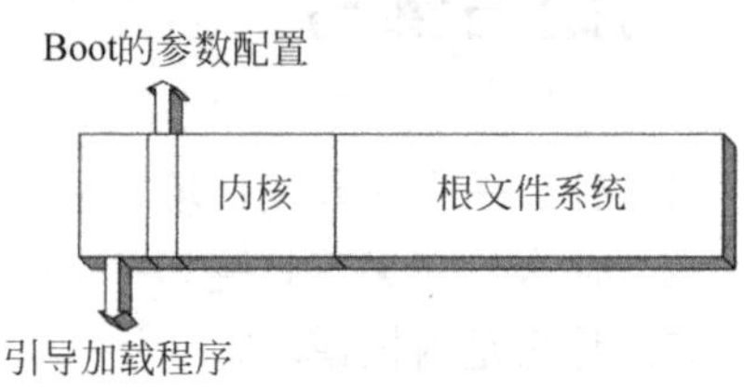

图 11-1 固态存储设备的空间分配结构图

如图 11-1 所示，BootLoader 位于整个 FLASH 中最前端的部分，接着是 Boot 的参数配置，然后是内核部分，最后是根文件系统。

对于一个嵌入式系统来说，可能有的包括操作系统，有的小型系统可能只包括应用程序，但是在这之前都需要 BootLoader 为它准备一个正确的环境。通常 BootLoader 是依赖于硬件而实现的，特别是在嵌入式领域，为嵌入式系统建立一个通用的 BootLoader 是很困难的。

11.1.1 BootLoader 的安装和启动

嵌入式系统加电或复位后，所有的 CPU 通常都从某个由 CPU 制造商预先安排的地址上取指令，例如基于 ARM9 内核的 CPU 在加电或复位时，通常都从地址 0x00000000 取它的第一条指令，所以这个地址通常就是 BootLoader 的安装地址。而基于这种 CPU 构建的嵌入式系统，通常都有某种类型的固态存储设备（例如 ROM、EEPROM 或 FLASH 等）被映射到这个预先安排的地址上，从而可以使系统在加电后，CPU 首先执行 BootLoader 程序。

BootLoader 的启动过程可以分为单阶段（Single-Stage）和多阶段（Multi-Stage）两种，通常多阶段的 BootLoader 具有更复杂的功能、更好的可移植性。从固态存储设备上启动的 BootLoader 大多采用两阶段，即启动过程可以分为 stage1 和 stage2。stage1 完成初始化硬件，为 stage2 准备内存空间，并将 stage2 复制到内存中，设置堆栈，然后跳转到 stage2。stage2 通常完成初始化本阶段要使用到的硬件设备，并将内核映象和根文件系统映象到 Flash 上读到内存中去，最后调用内核。

11.1.2 BootLoader 的操作模式

大多数 BootLoader 都包含两种不同的操作模式：启动加载模式和下载模式。这种区别仅对开发人员有意义，从最终用户的角度来看，BootLoader 的作用就是用来加载操作系统，而并不存在所谓的启动加载模式和下载模式的区别。

（1）启动加载模式：这种模式也称为自主模式。也即 BootLoader 从目标机上的某个固态存储设备上将操作系统加载到 RAM 中运行，整个过程并没有用户的介入，这种模式是 BootLoader 的正常工作模式，因此在嵌入式产品发布时，BootLoader 显然必须工作在这种模式下。

（2）下载模式：在这种模式下，目标机上的 BootLoader 将通过串口连接或网络连接等手段从主机上下载文件，例如下载内核映象和根文件系统映象等。从主机下载的文件通常首先被 BootLoader 保存到目标机的 RAM 中，然后再被 BootLoader 写到目标机上的 Flash 类固态存储设备中。BootLoader 的这种模式通常在第一次安装内核与根文件系统时被使用；此外，以后的系统更新也会使用 BootLoader 这种工作模式。工作在这种模式下的 BootLoader 通常都会向它的终端用户提供一个简单的命令行接口。

例如 Blob 或 U-boot 等这样功能强大的 BootLoader 通常同时支持这两种工作模式，而且允许用户在这两种工作模式之间进行切换。例如，U-boot 在启动时处于正常的启动加载模式，但是它会延时 3 秒等待终端用户按下任意键而将 U-boot 切换到下载模式；如果在 3 秒内没有按键，则 U-boot 继续启动 Linux 内核。

11.1.3 BootLoader 与主机之间的通信方式

主机和目标机之间一般通过串口建立连接，BootLoader 软件在执行时通常会通过串口来进行 I/O，例如输出打印信息到串口、从串口读取用户控制字符等。

最常见的情况是，目标机上的 BootLoader 通过串口与主机之间进行文件传输，传输协议通常是 xmodem、ymodem、zmodem 协议中的一种。但是串口传输的速度是有限的，因此通过以太网连接并协助 TFTP 协议来下载文件是个更好的选择。当然，如果想通过以太网连接和 TFTP 协议来下载文件，主机方必须有一个软件来提供 TFTP 服务。

11.1.4 常用 BootLoader 介绍

在 S3C2440/2410 系统中，常见的 BootLoader 一般有 vivi、YL-BIOS、U-boot。

（1）vivi：由三星提供，韩国 mizi 公司原创，开放源代码，必须使用 arm-linux-gcc 进行编译，目前已经基本停止发展，主要适用于三星 S3C24xx 系列 ARM 芯片，用以启动 Linux 系统，支持串口下载和网络文件系统启动等常用简易功能。

（2）YL-BIOS：深圳优龙公司基于三星的监控程序 24xxmon 改进而来，提供源代码，可以使用 ADS 进行编译，整合了 USB 下载功能，仅支持 CRAMFS 文件系统，并增加了手工设置启动 Linux 和 WinCE、下载到内存执行测试程序等多种实用功能。因其开源性，故该 BootLoader 被诸多其他嵌入式开发板厂商采用，需要注意的是，大部分是未经优龙公司授权的。

（3）U-boot：一个开源的专门针对嵌入式 Linux 系统设计的最流行 BootLoader，必须使用 arm-linux-gcc 进行编译，具有强大的网络功能，支持网络下载内核并通过网络启动系统，U-boot 处于更加活跃的更新发展之中，但对于 2440/2410 系统来说，它尚未支持 Nand Flash 启动，国内已经有人为此自行加入了这些功能，本章节中的 U-boot 即是如此。

11.2 U-boot 介绍

U-boot，全称 Universal Boot Loader，是遵循 GPL 条款的开放源码项目。从 FADSROM、8xxROM、PPCBOOT 逐步发展演化而来，其源码目录、编译形式与 Linux 内核很相似。事实上，不少 U-boot 源码就是相应的 Linux 内核源程序的简化，尤其是一些设备的驱动程序，U-boot 源码的注释能体现这一点。

U-boot 不仅支持嵌入式 Linux 系统的引导，它还支持 NetBSD、VxWorks、QNX、RTEMS、ARTOS、LynxOS 嵌入式操作系统。其目前要支持的目标操作系统是 OpenBSD、NetBSD、FreeBSD、4.4BSD、Linux、SVR4、Esix、Solaris、Irix、SCO、Dell、NCR、VxWorks、LynxOS、pSOS、QNX、RTEMS、ARTOS。这是 U-boot 中 Universal 的一层含义，另外一层含义则是 U-boot 除了支持 PowerPC 系列的处理器外，还能支持 MIPS、x86、ARM、NIOS、XScale 等诸多常用系列的处理器。

这两个特点正是 U-boot 项目的开发目标，即支持尽可能多的嵌入式处理器和嵌入式操作系统。就目前来看，U-boot 对 PowerPC 系列处理器支持最为丰富，对 Linux 的支持最完善。其他系列的处理器和操作系统基本上是在 2002 年 11 月 PPCBOOT 改名为 U-boot 后逐步扩充的。

从 PPCBOOT 向 U-boot 的顺利过渡，很大程度上归功于 U-boot 的维护人——德国 DENX 软件工程中心的 Wolfgang Denk 的精湛专业水平和坚持不懈的努力。当前，U-boot 项目正在他的领军之下，众多有志于开放源码 BootLoader 移植工作的嵌入式开发人员正如火如荼地将各个不同系列嵌入式处理器的移植工作不断展开和深入，以支持更多的嵌入式操作系统的装载与引导。选择 U-boot 的理由如下：

（1）开放源码。

（2）支持多种嵌入式操作系统内核，例如 Linux、NetBSD、VxWorks、QNX、RTEMS、ARTOS、LynxOS。

（3）支持多个处理器系列，例如 PowerPC、ARM、x86、MIPS、Xscale。

（4）较高的可靠性和稳定性。

（5）高度灵活的功能设置，适合 U-boot 调试、操作系统不同引导要求、产品发布等。

（6）丰富的设备驱动源码，例如串口、以太网、SDRAM、FLASH、LCD、NVRAM、EEPROM、RTC、键盘等。

（7）较为丰富的开发调试文档与强大的网络技术支持。

11.2.1 目录结构

U-boot 目录下有 18 个子目录，如表 11-1 所示，分别存放、管理不同的源程序。这些目录中所要存放的文件有其规则，可以分为 3 类：

（1）与处理器体系结构或者开发板硬件直接相关。

（2）一些通用的函数或者驱动程序。

（3）U-boot 的应用程序、工具或者文档。

表 11-1 U-boot 顶层目录说明

目　录	说　　明
board	目标板相关文件，主要包含 SDRAM、FLASH 驱动
common	独立于处理器体系结构的通用代码，例如内存大小探测与故障检测等
cpu	与处理器相关的文件，例如 mpc8xx 子目录下含串口、网口、LCD 驱动及中断初始化等文件
driver	通用设备驱动，例如 CFI FLASH 驱动（目前对 INTEL FLASH 支持较好）
doc	U-boot 的说明文档
examples	可在 U-boot 下运行的示例程序，例如 hello_world.c、timer.c
fs	文件系统的支持
include	U-boot 头文件，尤其是 configs 子目录下与目标板相关的配置头文件是移植过程中经常要修改的文件
lib	_xxx 处理器体系相关的文件，例如 lib_ppc、lib_arm 目录分别包含与 PowerPC、ARM 体系结构相关的文件
net	与网络功能相关的文件目录，例如 bootp、nfs、tftp
post	上电自检文件目录，尚有待于进一步完善
rtc	RTC 驱动程序
tools	用于创建 U-boot S-RECORD 和 BIN 镜像文件的工具

11.2.2 U-boot 的主要功能

作为一个较复杂的 BootLoader，U-boot 的功能已经相当于一个小的微内核。如果配上一些后续的进程（或线程）管理，加上一些具体设备的驱动，就能基本实现嵌入式的一个小操作系统，主要功能如表 11-2 所示。

表 11-2 U-boot 可支持的主要功能说明

功　　能	说　　明
系统引导	支持 NFS 挂载、RAMDISK（压缩或非压缩）形式的根文件系统；支持 NFS 挂载、从 FLASH 中引导压缩或非压缩系统内核
基本辅助功能	强大的操作系统接口功能；可灵活设置、传递多个关键参数给操作系统，适合系统在不同开发阶段的调试要求与产品发布，尤以 Linux 支持最为强劲；支持目标板环境参数多种存储方式，如 FLASH、NVRAM、EEPROM
CRC32 校验	可校验 FLASH 中内核、RAMDISK 镜像文件是否完好
设备驱动	串口、SDRAM、FLASH、以太网、LCD、NVRAM、EEPROM、键盘、USB、PCMCIA、PCI、RTC 等驱动支持
上电自检功能	SDRAM、FLASH 大小自动检测；SDRAM 故障检测；CPU 型号
特殊功能	XIP 内核引导

11.2.3 U-boot 的工具

U-boot 本身带有工具，可以用于内核编译等方面的工作，U-boot 工具存放在 tools 目录中，这些目录经常被用到，以下简单介绍几种常用工具及其用途：

（1）bmp_logo：制作标记的位图结构体。

（2）envcrc：转换校验 U-boot 内部嵌入的环境变量。

（3）gen_eth_addr：生成以太网接口的 MAC 地址。

（4）img2srec：转换 SREC 格式映象。

（5）mkimage：转换 U-boot 格式映象。

（6）updater：U-boot 自动更新升级工具。

11.3 U-boot 工作流程

大多数的 BootLoader 都分为 stage1 和 stage2 两个阶段，U-boot 也不例外，如图 11-2 所示。依赖于 CPU 体系结构的代码（如设备初始化代码等）通常都放在 stage1 且可以用汇编语言来实现；而 stage2 通常用 C 语言来实现，这样可以实现复杂的功能，并且具有更好的可读性和移植性。

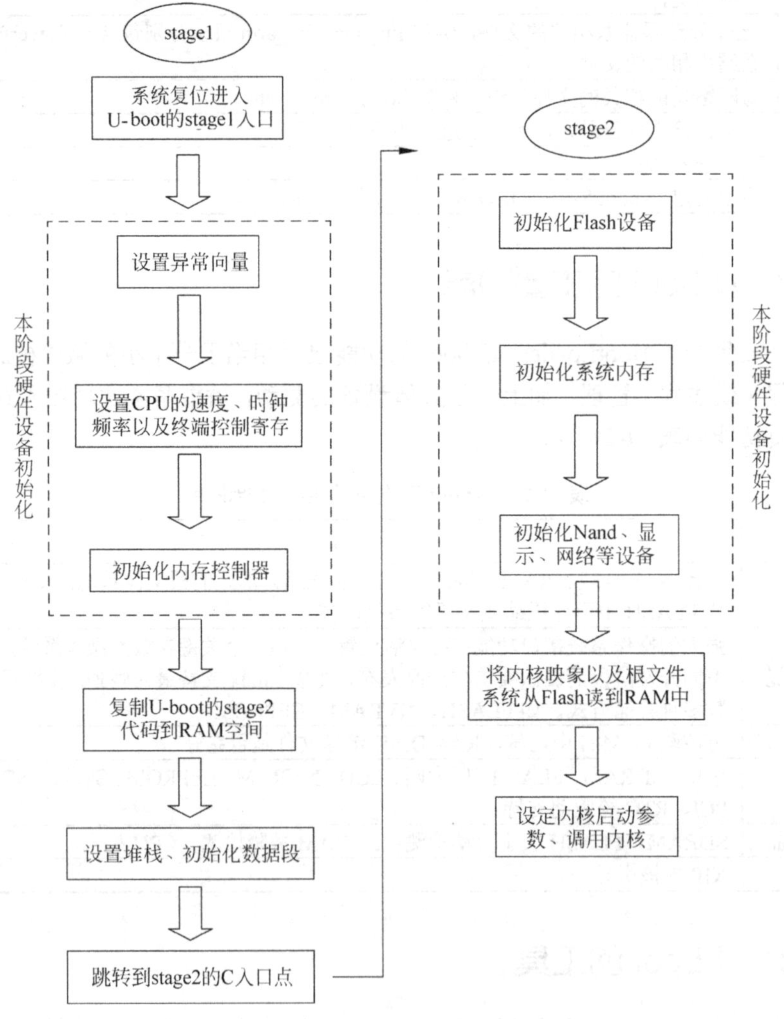

图 11-2　U-boot 工作流程

11.3.1 stage1

stage1 使用汇编语言编写，通常与 CPU 体系紧密相关，例如处理器初始化和设备初始化代码等都在 start.s 文件中实现。stage1 的代码都是与平台相关的，使用汇编语言编写，占用空间小而且执行速度快。以 ARM920 为例，stage1 阶段主要设置各模式程序异常向量表，初始化处理相关的关键寄存器及系统内存。stage1 负责建立 stage1 阶段使用的堆栈和代码段，然后复制 stage2 阶段的代码到内存，下面是 stage1 代码的主要部分：

（1）定义入口。

（2）设置异常向量。

（3）设置 CPU 的模式为 SVC 模式。

（4）关闭看门狗。

（5）禁止所有中断。

（6）设置 CPU 的频率。

（7）设置堆栈指针。

（8）配置内存区控制寄存器。

（9）安装 U-boot 使用的栈空间。

（10）BBS 段清零。

（11）移植 Nand Flash 代码。

（12）进入 C 代码部分。

cpu/arm920t/start.S 文件下包含如下程序：

（1）这个汇编程序是 U-boot 的入口程序，开头就是复位向量的代码。

```
_start: b       reset           //复位向量
        ldr     pc, _undefined_instruction
        ldr     pc, _software_interrupt
        ldr     pc, _prefetch_abort
        ldr     pc, _data_abort
        ldr     pc, _not_used
        ldr     pc, _irq        //中断向量
        ldr     pc, _fiq        //中断向量
```

（2）复位启动子程序。

```
reset:
        /* 设置 CPU 为 SVC32 模式 */
        mrs     r0,cpsr
        bic     r0,r0,#0x1f
        orr     r0,r0,#0xd3
        msr     cpsr,r0
```

（3）关闭看门狗。

```
relocate:                               /*把 U-boot 重新定位到 RAM */
adr     r0, _start                      /* r0 是代码的当前位置*/
ldr     r1, _TEXT_BASE                  /*_TEXT_BASE 是 RAM 中的地址*/
cmp        r0, r1                       /*比较 r0 和 r1,判断当前是从 Flash 启动,还是从 RAM 启动*/
```

```
beq       stack_setup              /*如果 r0 等于 r1,跳过重定位代码*/
```

（4）准备重新定位代码。

```
ldr    r2, _armboot_start
ldr    r3, _bss_start
sub     r2, r3, r2                          /* r2 得到 armboot 的大小*/
add     r2, r0, r2                          /* r2 得到要复制代码的末尾地址*/
copy_loop:                                  /*重新定位代码 */
ldmia r0!, {r3-r10}                         /*从源地址[r0]复制 */
stmia r1!, {r3-r10}                         /*复制到目的地址[r1] */
cmp     r0, r2                              /*复制数据块直到源数据末尾地址[r2] */
ble     copy_loop
```

（5）初始化堆栈等。

```
stack_setup:
ldr     r0, _TEXT_BASE                      /*上面是 128KB 重定位的 U-boot*/
sub     r0, r0, #CFG_MALLOC_LEN             /*向下是内存分配空间*/
sub     r0, r0, #CFG_GBL_DATA_SIZE          /*然后是 bdinfo 结构体地址空间 */
#ifdef CONFIG_USE_IRQ
sub r0, r0, #(CONFIG_STACKSIZE_IRQ+CONFIG_STACKSIZE_FIQ)
#endif
sub     sp, r0, #12                         /*为 abort-stack 预留 3 个字*/
clear_bss:
ldr     r0, _bss_start                      /*找到 bss 段起始地址*/
ldr     r1, _bss_end                        /* bss 段末尾地址*/
mov     r2, #0x00000000                     /*清零*/
clbss_l:str r2, [r0]
```

（6）bss 段地址空间清零循环。

```
        add     r0, r0, #4
        cmp     r0, r1
bne     clbss_l
```

（7）跳转到 start_armboot 函数入口，_start_armboot 字保存函数入口指针。

```
ldr     pc, _start_armboot
//start_armboot 函数在 lib_arm/board.c 中实现
_start_armboot:.word start_armboot
```

11.3.2 stage2

stage2 阶段一般包括初始化 Flash 器件、检测系统内存映射、初始化网络设备、进入命令循环、接收用户从串口发送的命令然后进行相应的处理。stage2 使用 C 语言编写，用于加载操作系统内核，该阶段主要由 board.c 中的 start_armboot()函数实现，通常包含以下几个主要的部分：

（1）调用一系列的初始化函数，包括指定初始函数表、配置可用的 Flash 区、初始化内存分布函数以及 Nand Flash 初始化等各个硬件设备的初始化。

（2）初始化相关网络设备，填写 IP、MAC 地址等。

（3）进入主 U-boot 命令行。

1．lib_arm/board.c

start_armboot 是 U-boot 执行的第一个 C 语言函数，完成系统初始化工作，进入主循环，处理用户输入的命令。

2．init_sequence[]

（1）init_sequence[]数组保存着基本的初始化函数指针。

```
init_fnc_t *init_sequence[] = {
cpu_init,                /*基本的处理器相关配置 -- cpu/arm920t/cpu.c*/
board_init,              /*基本的板级相关配置 -- board/smdk2410/smdk2410.c*/
interrupt_init,          /*初始化中断处理-- cpu/arm920t/s3c24x0/interrupt.c*/
env_init,                /*初始化环境变量 -- common/cmd_flash.c*/
init_baudrate,           /*初始化波特率设置 -- lib_arm/board.c*/
serial_init,             /*串口通信设置 -- cpu/arm920t/s3c24x0/serial.c*/
console_init_f,          /*控制台初始化阶段 1 -- common/console.c*/
display_banner,          /*打印 U-boot 信息 -- lib_arm/board.c*/
dram_init,               /*配置可用的 RAM -- board/smdk2410/smdk2410.c*/
display_dram_config,     /*显示 RAM 的配置大小 -- lib_arm/board.c*/
NULL,
};
void start_armboot (void)
{
```

（2）顺序执行 init_sequence 数组中的初始化函数。

```
for(init_fnc_ptr = init_sequence; *init_fnc_ptr; ++init_fnc_ptr) {
                if ((*init_fnc_ptr)() != 0) {
                        hang ();
                }
        }
```

（3）配置可用的 Flash。

```
size = flash_init ();
display_flash_config (size);
/*_armboot_start 在 u-boot.lds 链接脚本中定义*/
mem_malloc_init (_armboot_start - CFG_MALLOC_LEN);
```

（4）配置环境变量。

```
env_relocate ();
/*从环境变量中获取 IP 地址*/
gd->bd->bi_ip_addr = getenv_IPaddr ("ipaddr");
/*以太网接口 MAC 地址*/
        …
        devices_init ();            /*获取列表中的设备*/
        jumptable_init ();
        console_init_r ();          /*完整地初始化控制台设备*/
        enable_interrupts ();       /*使能中断处理*/
```

（5）通过环境变量初始化。

```
if ((s = getenv ("loadaddr")) != NULL) {
        load_addr = simple_strtoul (s, NULL, 16);
}
```

（6）main_loop()循环不断执行。

```
for (;;)
{
    main_loop (); /*主循环函数处理执行用户命令 -- common/main.c*/
}
```

11.4 U-boot 编译

U-boot 的编译过程比内核的编译过程简单一些，具体包括以下几个步骤：

（1）下载并安装 U-boot 源代码。

（2）清理中间文件、配置文件。下载的 U-boot 已被编译过，所以最开始要清理中间文件，清理命令与内核编译中的清理命令相同。

（3）选择板级配置。U-boot 是通用的 BootLoader，支持多种开发板，所以编译之前先选择使用哪种开发板。

（4）指定交叉编译环境。编译 U-boot 需要使用带有浮点处理功能的编译器。

（5）编译。编译正确，则会在 U-boot 目录下生成 u-boot、u-boot.bin、u-boot.srec 三个映象文件，其中 u-boot 是 ELF 格式二进制的 image 文件，u-boot.bin 是原始的二进制 image 文件，u-boot.srec 是 Motorola S-Record 格式的 image 文件。

示例 11.4-1 编译 mini6440 的 U-boot。

本例中使用的 U-boot 源代码包为 u-boot-1.1.6 版本，交叉编译工具链为 arm-linux-gcc-4.3.3 版本。步骤如下：

（1）执行 tar 命令把 U-boot 源代码解压到/home/chapter11/，操作如下：

```
[root@bogon chapter11]# ls
u-boot-mini6410   u-boot.tar.gz
```

（2）选择板级配置，目的是编译 mini6410 开发板使用的 U-boot，所以这里目标为 mini6410_nand_config-ram128，表示选择的 board 是 mini6410，ram 容量为 128。

```
[root@bogon u-boot-mini6410]# make mini6410_nand_config-ram128
Configuring for mini6410 board which boot from NAND ram128...
```

（3）指定交叉编译环境，确认交叉编译环境为 arm-linux-gcc-4.3.3，具体操作如下：

```
[root@bogon chapter11]# arm-linux-gcc -v
Using built-in specs.
Target: arm-none-linux-gnueabi
Configured with: /scratch/maxim/arm-lite/src-4.3-arm-none-linux-
```

```
...
Thread model: posix
gcc version 4.3.3 (Sourcery G++ Lite 2009q1-176)
```

（4）编译，编译完毕生成 u-boot、u-boot.bin、u-boot.srec 三个文件。

```
[root@bogon u-boot-mini6410]# make
arm_config.mk                        fs                     mips_config.mk
avr32_config.mk                      i386_config.mk         mkconfig
blackfin_config.mk                   include                nand_spl
boardl                               ib_arm                 net
build 1                              ib_avr32               nios2_config.mk
CHANGELOG                            lib_blackfin           nios_config.mk
CHANGELOG-before-U-Boot-1.1.5        lib_generic            post
Changelog_Samsung                    lib_i386               ppc_config.mk
clean                                lib_m68k               README
common                               lib_microblaze         rtc
config.mk                            lib_mips               rules.mk
COPYING                              lib_nios               System.map
cpu                                  lib_nios2              tools
CREDITS                              lib_ppc                u-boot
disk                                 m68k_config.mk         u-boot.bin
doc                                  MAINTAINERS            u-boot.dis
drivers                              MAKEALL                u-boot.map
dtt                                  Makefile               u-boot.srec
examples                             microblaze_config.mk
```

习题与练习

1．什么是 BootLoader？
2．什么是 U-boot？
3．U-boot 的主要功能是什么？
4．使用 U-boot 的 setenv 命令添加环境变量 user，变量值为 mihu。
5．利用 U-boot 软件包编译 U-boot。

第 12 章 Linux驱动开发基础与调试

CHAPTER 12

近年来，随着嵌入式系统应用的持续升温，Linux 广泛应用于嵌入式领域，逐步成为通信、工业控制、消费电子等领域的主流操作系统，Linux 在嵌入式系统中的占有率与日俱增。这些采用 Linux 作为操作系统的设备中，无一例外都包含多个 Linux 设备驱动。这些驱动程序在 Linux 内核里犹如一系列的“黑盒子”，使硬件响应定义好的内部编程接口，从而完全隐藏了设备工作的细节。Linux 系统中的设备驱动设计是嵌入式 Linux 开发中十分重要的部分，它要求开发者不仅要熟悉 Linux 的内核机制、驱动程序与用户级应用程序的接口关系、系统中对设备的并发操作等，而且还要非常熟悉所开发硬件的工作原理。

12.1 设备驱动简介

设备驱动，英文名为 Device Driver，全称为设备驱动程序，是一种在应用程序和硬件设备之间通信的特殊程序，相当于硬件的接口，应用程序通过它识别硬件，通过向该接口发送、传达命令，对硬件进行具体的操作。通俗地讲，设备驱动就是“驱使硬件设备行动”。每一种硬件都有其自身独特的语言，应用程序本身并不能识别，这就需要一个双方都能理解的“桥梁”，而这个“桥梁”，就是驱动程序。驱动与底层硬件直接打交道，按照硬件设备的具体工作方式操作，例如读写设备寄存器，完成设备轮询、中断处理、DMA 通信、进行物理内存向虚拟内存的映射等，从而使得通信设备能收发数据，显示设备能显示文字和画面，存储设备能记录文件和数据。

硬件如果缺少了驱动程序的“驱动”，那么它就无法理解应用层软件传达的命令而不能正常工作，本来性能非常强大的硬件设备即使空有一身本领也无从发挥，毫无用武之地。因此，设备驱动享有“硬件的灵魂”“硬件的主宰”和“硬件与应用软件之间的桥梁”等美誉。

驱动的这种桥梁的角色允许驱动工程师严密地选择设备应该如何表现，不同的驱动可以提供不同的能力，甚至同一个设备也可以提供不同的能力。实际的设备驱动设计应当是在许多不同考虑中的平衡。一个主要的考虑是，在给用户尽可能多的选项和编写驱动的时间之间做出平衡，还需要保持事情简单以避免错误潜入。

12.1.1 设备类型分类

计算机系统的硬件主要由 CPU、存储器和外设组成。随着 IC 制造工艺的发展，目前，芯片集成度越来越高，往往在 CPU 内部就集成了存储器和外设适配器。驱动针对的对象是存储器和外设（包括 CPU 内部集成的存储器和外设），而不是 CPU 核。Linux 系统中将存储器和外设分为 3 个基础大类：字符设备（Character Device）、块设备（Block Device）和网络设备（Network Interface）。

1. 字符设备

字符设备指那些必须以串行顺序依次进行访问的设备，例如触摸屏、磁带驱动器、鼠标等。字符设备是一种可以当作一个字节流来存取的设备，字符驱动负责实现这种行为。这样的驱动常常至少实现 open()、close()、read()和 write()等系统调用函数。字符驱动很好地展现了流的抽象，它通过文件系统节点来存取，也就是说，字符设备被当作普通文件来访问。字符设备和普通文件之间唯一的不同是，普通文件允许在其上来回读写，但是大部分字符设备仅仅是数据通道，只能顺序存取。

2. 块设备

块设备可以以任意顺序访问，以块为单位进行操作，例如硬磁盘、光盘等。一般来说，块设备和字符设备并没有明显的界限。与字符设备类似，块设备也是通过文件系统节点进行存取。一个块设备是可以驻有一个文件系统。Linux 系统允许应用程序像一个字符设备一样读写一个块设备，它允许一次传送任意数目的字节，当然也包括一个字节。块和字符设备的区别仅仅在于内核在内部管理数据的方式上，例如字符设备不经过系统的快速缓冲，而块设备经过系统的快速缓冲，并且在内核/驱动的软件接口上不同。虽然它们之间的区别对用户是透明的，它们都使用文件系统的操作接口 open()、close()、read()、write()等函数进行访问，但是它们的驱动设计存在很大的差异。

3. 网络设备

网络设备是面向数据包的接收和发送而设计的，它与字符设备、块设备不同，并不对应于文件系统中的节点。内核与网络设备的通信和内核与字符设备、块设备的通信方式完全不同。任何网络事务都通过一个接口来进行，也就是说，一个能够与其他主机交换数据的设备。通常，一个接口是一个硬件设备，但是它也可能是一个纯粹的软件设备，例如环回接口，因此网络设备也可以称为网络接口。在内核网络子系统的驱动下，网络设备负责发送和接收数据报文。网络驱动对单个连接一无所知，它只处理报文。

既然网络设备不是一个面向流的设备，一个网络接口就不能像字符设备、块设备那么容易映射到文件系统的一个节点上。Linux 提供的对网络设备的存取方式仍然是通过给它们分配一个名字来实现，但是这个名字在文件系统中没有对应的入口，其并不用 read()和 write()等函数，而是内核调用和报文传递相关的函数来实现。

除了上面对设备的分类的方式外，还有许多比较特殊的设备，例如 IIC、USB、RTC 和 PCI 等，只不过实际中，大部分设备驱动的开发都属于这三种类型，所以通常说的 Linux 设备驱动程序开发一般指这三类设备驱动的开发。

12.1.2 内核空间和用户空间

当谈到软件时，通常称执行态为内核空间和用户空间，在 Linux 系统中，内核在最高级执行，也称为管理员态，在这一级任何操作都可以执行。而应用程序则执行在最低级，即所谓的用户态，在这一级处理器禁止对硬件的直接访问和对内存的未授权访问。模块是在所谓的“内核空间”中运行的，而应用程序则是在用户空间中运行的。它们分别引用不同的内存映射，也就是程序代码使用不同的地址空间。

Linux 通过系统调用和硬件中断完成从用户空间到内核空间的控制转移。执行系统调用的内核代码在进程的上下文中执行，它执行调用进程的操作而且可以访问进程地址空间的数据。但处理中断与此不同，处理中断的代码相对进程而言是异步的，并且与任何一个进程都无关。模块的作用就是扩展内核的功能，是运行在内核空间的模块化的代码。模块的某些函数作为系统调用执行，而某些函数则负责处理中断。

各个模块被分别编译并链接成一组目标文件，这些文件能被载入正在运行的内核，或从正在运行的内核中卸载。必要时内核能请求内核守护进程 Kerneld 对模块进行加载或卸载。根据需要动态载入模块可以保证内核达到最小，并且具有很大的灵活性。内核模块一部分保存在 Kernel 中，另一部分在 Modules 包中。在项目开始时，很多地方对设备安装、使用和改动都是通过编译进内核来实现的，对驱动程序稍微做点改动，就要重新烧写一遍内核，并且烧写内核经常容易出错，还占用资源。模块采用的则是另一种途径，内核提供一个插槽，它就像一个插件，在需要时，插入内核中使用，不需要时从内核中拔出。这一切都由一个称为 Kerneld 的守护进程自动处理。

12.1.3 驱动程序层次结构

Linux 下的设备驱动程序是内核的一部分，运行在内核模式，也就是说，设备驱动程序为内核提供了一个 I/O 接口，用户使用这个接口实现对设备的操作。

图 12-1 显示了典型的 Linux 输入/输出系统中各层次结构和功能。

Linux 设备驱动程序包含中断处理程序和设备服务子程序两部分。

设备服务子程序包含所有与设备操作相关的处理代码。它从面向用户进程的设备文件系统中接收用户命令，并对设备控制器执行操作。这样，设备驱动程序屏蔽了设备的特殊性，使用户可以像对待文件一样操作设备。

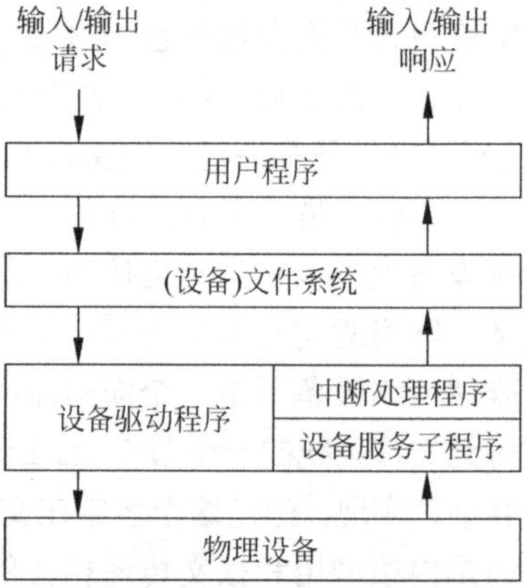

图 12-1 Linux 输入/输出系统层次结构和功能

设备控制器需要获得系统服务时有两种方式：查询和中断。因为 Linux 下的设备驱动程序是内核的一部分，在设备查询期间系统不能运行其他代码，查询方式的工作效率比较低，所以只有少数设备，如软盘驱动程序，采取这种方式，大多数设备以中断方式向设备驱动程序发出输入/输出请求。

12.1.4　驱动程序与外界接口

每种类型的驱动程序，不管是字符设备还是块设备都为内核提供相同的调用接口，因此内核能以相同的方式处理不同的设备。Linux 为每种不同类型的设备驱动程序维护相应的数据结构，以便定义统一的接口并实现驱动程序的可装载性和动态性。Linux 设备驱动程序与外界的接口可以分为如下 3 个部分。

（1）驱动程序与操作系统内核的接口：这是通过数据结构 file_operations 来完成的。

（2）驱动程序与系统引导的接口：这部分接口利用驱动程序对设备进行初始化。

（3）驱动程序与设备的接口：这部分接口描述了驱动程序如何与设备进行交互，与具体设备密切相关。

它们之间的相互关系如下图 12-2 所示。

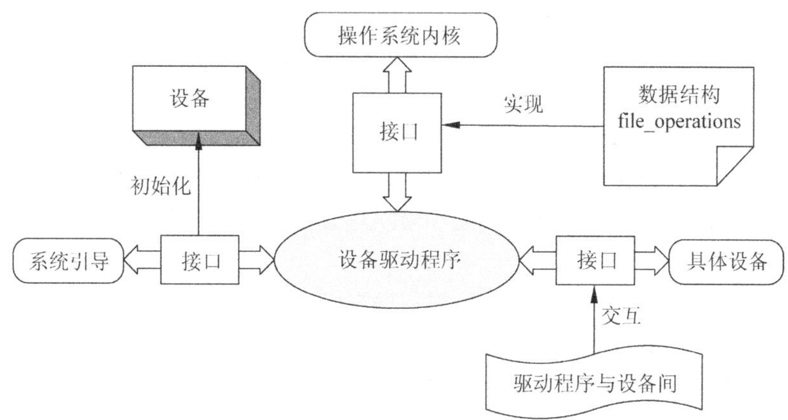

图 12-2　设备驱动程序与外界的接口

综上所述，Linux 中的设备驱动程序有如下特点。

（1）内核代码：设备驱动程序是内核的一部分，如果驱动程序出错，则可能导致系统崩溃。

（2）内核接口：设备驱动程序必须为内核或者其子系统提供一个标准接口。例如，一个终端驱动程序必须为内核提供一个文件 I/O 接口；一个 SCSI 设备驱动程序应该为 SCSI 子系统提供一个 SCSI 设备接口，同时 SCSI 子系统也必须为内核提供文件的 I/O 接口及缓冲区。

（3）内核机制和服务：设备驱动程序使用一些标准的内核服务，例如内存分配等。

（4）可装载：大多数的 Linux 操作系统设备驱动程序都可以在需要时装载进内核，在不需要时从内核中卸载。

（5）可设置：Linux 操作系统设备驱动程序可以集成为内核的一部分，并可以根据需要把其中的某一部分集成到内核中，这只需要在系统编译时进行相应的设置即可。

（6）动态性：在系统启动且各个设备驱动程序初始化后，驱动程序将维护其控制的设备。

如果该设备驱动程序控制的设备不存在也不影响系统的运行，那么此时设备驱动程序只是多占用了一点系统内存而已。

示例 12.1.4-1：Hello World 内核程序示例。

源代码如下：

```
#include <linux/init.h>
#include <linux/module.h>
MODULE_LICENSE("Dual BSD/GPL");
static int hello_init(void)
{
printk(KERN_ALERT "Hello, world\n");
return 0;
}
static void hello_exit(void)
{
printk(KERN_ALERT "Goodbye, cruel world\n");
}
module_init(hello_init);
module_exit(hello_exit);
```

这个模块定义了两个函数，一个在模块加载到内核时被调用（hello_init），另一个在模块被去除时调用（hello_exit）。module_init 和 module_exit 这几行代码使用了特别的内核宏来指出这两个函数的角色。另一个特别的宏（MODULE_LICENSE）是用来告知内核，该模块带有一个自由的许可证。

printk 函数在 Linux 内核中定义并且对模块可用；它与标准 C 库函数 printf 的行为相似。内核需要它自己的打印函数，因为它靠自己运行，没有 C 库的帮助。模块能够调用 printk 是因为，在 insmod 加载了它之后，模块被链接到内核并且可存取内核的公用符号 （函数和变量，下一节详述）。字串 KERN_ALERT 是消息的优先级。

此模块指定了一个高优先级，因为使用默认优先级的消息可能不会在任何有用的地方显示，这依赖于读者运行的内核版本、klogd 守护进程的版本以及配置。现在可以忽略这个因素。

可以用 insmod 和 rmmod 工具来测试这个模块。注意，只有超级用户可以加载和卸载模块。

```
% make
make[1]: Entering directory `/usr/src/linux-2.6.10'
CC [M] /home/ldd3/src/misc-modules/hello.o
Building modules,stage 2.
MODPOST
CC /home/ldd3/src/misc-modules/hello.mod.o
LD [M] /home/ldd3/src/misc-modules/hello.ko
make[1]: Leaving directory `/usr/src/linux-2.6.10'
% su
root# insmod ./hello.ko
Hello, world
root# rmmod hello
Goodbye cruel world
root#
```

请再一次注意，为使上面的操作命令顺序工作，读者必须在某个地方有正确配置和建立的内核树（makefile）。

依据系统用来递交消息行的机制，输出可能不同。特别地，前面的屏幕输出来自一个字符控制台；如果从一个终端模拟器或者在窗口系统中运行 insmod 和 rmmod，读者不会在屏幕上看到任何东西。消息进入了其中一个系统日志文件中，例如/var/log/messages（实际文件名子随 Linux 发布版本而变化）。

12.2 打印调试

1．使用 printk 函数

驱动程序的调试最简单的方法，是使用 printk 函数，printk 允许根据消息的严重程度对其分类，通过附加不同的记录级别或者优先级在消息上，常常用一个宏定义来指示记录级别。记录宏定义扩展成一个字符串，在编译时与消息文本连接在一起，这就使优先级和格式串之间没有逗号。这里有 2 个 printk 命令的例子，一个调试消息，一个紧急消息。

```
printk(KERN_DEBUG "Here I am: %s:%i\n",__FILE__,__LINE__);
printk(KERN_CRIT "I'm trashed; giving up on %p\n", ptr);
```

在头文件<linux/kernel.h>里定义有 8 种可用的记录字串，按照严重性递减的顺序排列如下：

（1）KERN_EMERG：用于紧急消息，常常是那些崩溃前的消息。

（2）KERN_ALERT：需要立刻动作的情形。

（3）KERN_CRIT：严重情况，常常与严重的硬件或者软件失效有关。

（4）KERN_ERR：用来报告错误情况；设备驱动常常使用 KERN_ERR 来报告硬件故障。

（5）KERN_WARNING：有问题的情况的警告，这些情况本身不会引起系统的严重问题。

（6）KERN_NOTICE：正常情况，但是仍然值得注意。在这个级别，会报告一些安全相关的情况。

（7）KERN_INFO：信息型消息。在这个级别，很多驱动在启动时打印它们发现的硬件的信息。

（8）KERN_DEBUG：用作调试消息。

2．使用/proc 文件系统

/proc 文件系统是一个特殊的软件创建的文件系统，内核用来输出消息到外界。/proc 下的每个文件都绑到一个内核函数上，当文件被读时即时产生文件内容。/proc 在 Linux 系统中有非常多的应用，很多现代 Linux 发布中的工具，例如 ps、top 以及 uptime，就是通过读取/proc 中的文件来获取信息的。使用/proc 的模块应当包含<linux/proc_fs.h>文件。

当一个进程读/proc 文件时，内核分配了一页内存，驱动可以写入数据来返回给用户空间。read_proc()函数用于输出实际放入页面缓存区的信息，其定义如下：

```
int (*read_proc)(char *page, char **start, off_t offset, int count, int *eof, void *data);
```

（1）page：写入数据的缓存区指针。

（2）start：数据将要写入的页面位置。

（3）offset：页面偏移量。

（4）count：写入的字节数。

（5）eof：指向一个整数，必须由驱动设置来指示它不再有数据返回。

（6）data：驱动特定的数据指针。

定义好 read_proc()函数后，就可以使用 creat_proc_read_entry()函数建立 read_proc()函数与/proc 目录下文件之间的联系，其定义如下：

```
struct proc_dir_entry *create_proc_read_entry(const char *name,mode_t mode,struct proc_dir_entry
*base,read_proc_t *read_proc,void *data);
```

（1）name：要创建的文件名称。

（2）mod：文件的保护权限。

（3）base：要创建的文件的目录，为 null 时文件在/proc 下创建。

（4）read_proc：实现文件的 read_proc 函数。

（5）data：被内核忽略，但是传递给 read_proc。

3．使用 ioctl 方法

ioctl 是一个系统调用，作用于一个文件描述符，它接收一个确定要进行的命令的数字和（可选的）另一个参数，常常是一个指针。使用 ioctl 来获取信息需要另一个程序来发出 ioctl 并且显示结果。

习题与练习

1．设备有哪些类别？

2．内核空间和用户空间的区别是怎样的？

3．常用的驱动程序与外界接口函数包括哪些？作用是什么？

4．编程 hello world 程序，写一段 makefile 代码，用 printk 的不用级别调试该代码。

第 13 章 字符设备驱动

CHAPTER 13

字符设备指那些必须以串行顺序依次访问的设备，并且不需要缓冲，通常用于不需要大量数据请求传送的设备类型。

13.1 字符设备驱动程序基础

13.1.1 关键数据结构

1．file_operations 数据结构

内核中通过 file 结构识别设备，通过 file_operations 数据结构提供文件系统的入口点函数，也就是访问设备驱动的函数。file_operations 定义在 linux/fs.h 中，其数据结构说明如下所示：

```
struct file_operations {
struct module *owner;
loff_t(*llseek)(struct file*,loff_t,int);
ssize_t(*read)(struct file*,char *,size_t,loff_t *);
ssize_t(*write)(struct file*,const char *,size_t,loff_t*);
int(*readdir)(struct file*,void *,filldir_t);
unsigned int(*poll)(struct file*,struct poll_table_struct*);
int(*ioctl)(struct inode*,struct file*,unsigned int,unsigned long);
int(*mmap)(struct file*,struct vm_area_struct*);
int(*open)(struct inode*,struct file*);
int(*flush)(struct file*);
int(*release)(struct inode *, struct file*);
int(*fsync)(struct file *, struct dentry *,int datasync);
int(*fasync)(int, struct file *,int);
int(*lock)(struct file *,int,struct file_lock*);
ssize_t(*readv)(struct file*,const struct iovec*,unsigned long,loff_t*);
ssize_t(*writev)(struct file*,const struct iovec*,unsignedlong,loff_t *);
ssize_t(*sendpage)(struct file*,struct page*,int,size_t,loff_t*,int);
unsigned long (*get_unmapped_area)(struct file*,unsigned long,unsigned long, unsigned long, unsigned long);
};
```

file_operations 结构是整个 Linux 内核最重要的数据结构，它也是 file{}和 inode{}结构的重要成员，表 13-1 说明了结构中主要的成员。

表 13-1 file_operations 结构

函　数	功　能
owner	module 的拥有者
llseek	移动文件指针的位置，只能用于可以随机存取的设备
read	从设备中读取数据
write	向字符设备中写入数据
readdir	只用于文件系统，与设备无关
ioctl	用于控制设备，是除读写操作外的其他控制命令
mmap	用于把设备的内容映射到地址空间，一般只有块设备驱动程序使用
open	打开设备进行 I/O 操作。返回 0 表示成功，返回负数表示失败
flush	清除内容，一般只用于网络文件系统中
release	关闭设备并释放资源
fsync	实现内存与设备同步
fasync	实现内存与设备之间的异步通信
lock	文件锁定，用于文件共享时的互斥访问
readv	进行读操作前验证设备是否可读
writev	进行写操作前验证设备是否可写

一般编写驱动程序并不需要实现以上函数。

2．inode 数据结构

文件系统处理的文件所需的信息在 inode 数据结构中。inode 数据结构提供了关于特别设备文件/dev/DriverName 的信息。inode 结构包含大量关于文件的信息。作为一个通用的规则，这个结构只有 2 个成员对于编写驱动代码有用：

（1）dev_t i_rdev：对于代表设备文件的节点，这个成员包含实际的设备编号。

（2）struct cdev *i_cdev：struct cdev 是内核的内部结构，代表字符设备；这个成员包含一个指针，指向这个结构。

3．file 数据结构

file 数据结构主要用于与文件系统相关的设备驱动程序，可提供关于被打开的文件的信息，定义如下：

```
struct file {
struct list_head f_list;
struct dentry *f_dentry;
struct vfsmount *f_vfsmnt;
struct file_operations *f_op;
atomic_t f_count;
unsigned int f_flags;
mode_t f_mode;
loff_t  f_pos;
unsigned long f_reada,f_ramax,f_raend,f_ralen,f_rawin;
```

```
struct fown_struct      f_owner;
unsigned int f_uid, f_gid;
int f_error;
unsigned long f_version;
void *private_data;
struct kiobuf *f_iobuf;
long f_iobuf_lock;
};
```

表 13-2 列出了 file 数据结构中与驱动相关的成员定义。

表 13-2　file 数据结构中与驱动相关的成员

函　　数	说　　明
f_mode	文件读写权限标识
f_pos	当前读写位置，类型为 loff_t，只读不能写
f_flag	文件标识，主要用于精心阻塞/非阻塞类型操作时检查
f_op	文件操作的结构指针，内核在 open 操作时对此指针赋值
private_date	open 操作调用，在调用驱动程序 open 前，此指针为 null，驱动程序可以将这个字段用于任何目的，一般用它指向已经分配的数据，在销毁 file 结构前要在 release 中释放内存
f_dentry	文件对应的目录项结构，一般在驱动中用 filp->f_dentry->d_inode 访问索引节点时用到

13.1.2　设备驱动开发的基本函数

1．设备注册和初始化

设备的驱动程序在加载时首先需要调用入口函数 init_module()，该函数最重要的一个工作就是向内核注册该设备，对于字符设备调用 register_chrdev()完成注册。register_chrdev 的定义为

```
int register_chrdev(unsigned int major,const char *name,struct file_operations *fops);
```

其中，major 是为设备驱动程序向系统申请的主设备号，如果为 0，则系统为此驱动程序动态分配一个主设备号。name 是设备名，fops 是对各个调用的入口点说明。此函数返回 0 时表示成功；返回-EINVAL，表示申请的主设备号非法，主要原因是主设备号大于系统所允许的最大设备号；返回-EBUSY，表示所申请的主设备号正在被其他设备程序使用。如果动态分配主设备号成功，此函数将返回所分配的主设备号。如果 register_chrdev()操作成功，设备名就会出现在/proc/devices 文件中。

Linux 在/dev 目录中为每个设备建立一个文件，用 ls -l 命令列出函数返回值，若小于 0，则表示注册失败；返回 0 或者大于 0 的值表示注册成功。注册以后，Linux 将设备名与主、次设备号联系起来。当有对此设备名的访问时，Linux 通过请求访问的设备名得到主、次设备号，然后把此访问分发到对应的设备驱动，设备驱动再根据次设备号调用不同的函数。

当设备驱动模块从 Linux 内核中卸载，对应的主设备号必须被释放。字符设备在 cleanup_module()函数中调用 unregister_chrdev()来完成设备的注销。unregister_chrdev()的定义为

```
int unregister_chrdev(unsigned int major,const char *name);
```

此函数的参数为主设备号 major 和设备名 name。Linux 内核把 name 和 major 在内核注册的名称对比，如果不相等，卸载失败，并返回-EINVAL；如果 major 大于最大的设备号，也返回-EINVAL。

2．open 函数

open 函数为驱动提供初始化后续操作的准备工作。在大部分驱动中， open 应当进行下面的工作：

（1）检查设备特定的错误，例如设备是否准备好，或者类似的硬件错误。

（2）如果它第一次打开，初始化设备。

（3）如果需要，更新 f_op 指针。

（4）分配并填充要放进 filp->private_data 的任何数据结构。

但是，事情的第一步常常是确定打开哪个设备，open 函数的原型如下：

```
int (*open)(struct inode *inode, struct file *filp);
```

在目标驱动程序中可如下实现：

```
static int mydevice_open(struct inode *inode,struct file *filp)
{
printk(“device open success!\n”);                    //打开设备操作
return 0;
}
```

3．release 函数

release 函数的角色与 open 相反，release 实现设备的关闭（Device Close），而不是设备的释放（Device Release），该函数应当进行下面的任务：

（1）释放 open 分配在 filp->private_data 中的任何东西。

（2）在最后的 close 关闭设备。

```
static int mydevice_release(struct inode *inode,struct file *filp)
{
printk("device release success!\n ");                    //关闭设备操作
return 0;
}
```

4．内存操作

作为系统核心的一部分，设备驱动程序在申请和释放内存时不是调用 malloc 和 free，而是调用 kmalloc 和 kfree，它们在 linux/kernel.h 中被定义为

```
void * kmalloc(unsigned int len, int priority);
void kfree(void *obj);
```

参数 len 为希望申请的字节数，obj 为要释放的内存指针。priority 为分配内存操作的优先级，即在没有足够空闲内存时如何操作，一般由取值 GFP_KERNEL 解决。

5．read 函数和 write 函数

read 函数完成将数据从内核复制到应用程序空间，而 write 函数与其相反，其函数原型

如下：

```
ssize_t read(struct file *filp,char__user *buff,size_t count,loff_t *ppos);
ssize_t write(struct file *filp, const char __user *buff,size_t count,loff_t *ppos);
```

对于 2 个方法，filp 是文件指针；count 是请求的传输数据大小；buff 参数指向持有被写入数据的缓存，或者放入新数据的空缓存；ppos 是一个指针，指向一个 long offset type 对象，它指出用户正在存取的文件位置；返回值是一个 signed size type。

read 的返回值由调用的应用程序解释：

（1）如果这个值等于传递给 read 系统调用的 count 参数，请求的字节数已经被传送。这是最好的情况。

（2）如果是正数，但是小于 count，说明只有部分数据被传送。这可能由于几个原因，具体原因依赖于设备。应用程序常常重新试着读取。例如，如果使用 fread 函数来读取，库函数重新发出系统调用直到请求的数据传送完成。

（3）如果值为 0，说明到达了文件末尾（没有读取数据）。

（4）一个负值表示有一个错误。这个值指出了什么错误，根据 linux/errno.h 可知。出错的典型返回值包括-EINTR（被打断的系统调用）或者-EFAULT（坏地址）。

根据返回值的下列规则，write 可以传送少于要求的数据：

（1）如果值等于 count，要求的字节数已被传送。

（2）如果为正值，但是小于 count，说明只有部分数据被传送。程序最可能重试写入剩下的数据。

（3）如果值为 0，什么没有写。这个结果不是一个错误，不会返回一个错误码。

（4）一个负值表示发生一个错误；与读操作类似，有效的错误值定义于 linux/errno.h 中。

在目标驱动程序中可如下实现：

```
static ssize_t mydevice_read(struct file *filp,char *buffer,size_t count,loff_t *ppos)
{
    copy_to_user(buffer, drv_buf, count);                //设备读操作
    return count;
}
static ssize_t mydevice_write(struct file *filp,char *buffer,size_t count,loff_t *ppos)
{
    copy_from_user(buffer, drv_buf, count);              //设备写操作
    return count;
}
```

6. ioctl 函数

大部分驱动除了需要具备读写设备的功能外，还需要具备对硬件控制的功能。例如，要求设备报告错误信息、改变波特率，这些操作无法通过 read、write 来完成，而常常通过 ioctl 函数来实现。

在用户空间，使用 ioctl 系统调用来控制设备，其原型如下：

```
int ioctl(int fd,unsigned long cmd,…)
```

其中，“…”代表一个可变数目的参数，实际是一个可选参数，其存在与否依赖于控制

命令（第 2 个参数）是否涉及与设备的数据交互。

ioctl 驱动方法有和用户空间版本不同的原型：

```
int (*ioctl)(struct inode *inode,struct file *filp,unsigned int cmd,unsigned long arg);
```

inode 和 filp 指针是对应应用程序传递的文件描述符 fd 的值，和传递给 open 方法的参数相同。cmd 参数从用户那里不改变地传下来，并且可选参数 arg 以 unsigned long 的形式传递，不管它是否由用户给定为一个整数或一个指针。如果调用程序不传递第 3 个参数，被驱动操作收到的 arg 值是无定义的。

在编写 ioctl 代码之前，首先需要定义命令。为了防止对错误的设备使用正确的命令，命令号应该在系统范围内是唯一的。ioctl 命令编码被划分为几个位段，include/asm/ioctl.h 中定义了这些位字段，包括类型、序号、传递方向和参数大小。documentation/ioctl-number.txt 文件中罗列了在内核中已经使用了的类型。ioctl 命令编号方法根据如下规则定义，编号分为 4 个位段，这些定义可以在 linux/ioctl.h 中找到。

（1）type：类型，也称为幻数，表明是哪个设备的命令，8 位宽。

（2）number：表明是设备命令中的第几个，8 位宽。

（3）direction：数据传送方向，可能的值是_IOC_NONE（没有数据传输）、_IOC_READ 和_IOC_WRITE。数据传送是从应用程序的观点来看的，_IOC_READ 含义是从设备读取。

（4）size：用户数据的大小，这个成员的宽度依赖处理器而定。

头文件 asm/ioctl.h 包含在 linux/ioctl.h 中，定义宏来帮助建立命令，如下：

（1）_IO（type，nr）：给没有参数的命令。

（2）_IOR（type，nre，datatype）：给从驱动中读数据的。

（3）_IOW（type，nr，datatype）：给写数据。

（4）_IOWR（type，nr，datatype）：给双向传送。

type 和 number 成员作为参数被传递，并且 size 成员通过应用 sizeof 到 datatype 参数而得到。

定义好了命令，就可以实现 ioctl 函数了，ioctl 函数的实现主要包括返回值、参数使用和命令操作 3 个技术环节。

ioctl 的实现常常是一个基于命令号的 switch 语句。但是当命令号没有匹配任何一个有效的操作时，内核函数通常返回 -ENIVAL（Invalid argument）。如果返回值是一个整数，可以直接使用；如果是指针，就必须保证该用户地址是有效的，因此在使用前需要对返回值进行正确性检查。参数校验由函数 access_ok 实现，它定义在 asm/uaccess.h 中，如下所示：

```
int access_ok(int type, const void *addr, unsigned long size);
```

其中，type 为 VERIFY_READ 或者 VERIFY_WRITE，依据该值判断要进行的动作是读用户空间内存区还是写用户内存区；addr 是要操作用户的空间地址；size 是操作的长度，是一个字节量，例如，如果 ioctl 需要从用户空间读一个整数，size 是 sizeof（int）；access_ok 返回一个布尔值，1 是成功（存取没问题），0 是失败（存取有问题），如果它返回假，驱动应当返回-EFAULT。

7. 阻塞型 I/O

程序进行读写操作时，有时会出现目标设备无法立刻满足用户的读写请求，例如，调用 read 时没有数据可以读但以后可能会有，或者一个进程试图向设备写数据，但设备暂时没有准备好接收数据。应用程序只是调用 read 或 write 并得到返回值，故应用程序不处理此类问题。此时驱动程序就应当阻塞进程，使它进入睡眠并等待条件满足，这就是阻塞型 I/O。

在 Linux 驱动程序设计中，可以使用等待队列来实现进程的阻塞，等待队列可以看作保存进程的容器，在阻塞进程时，将进程放入等待队列，当唤醒进程时，可以从等待队列中取出。

在 Linux 中，一个等待队列由一个等待队列头来管理，它是一个 wait_queue_head_t 类型的结构，定义在 linux/wait.h 中。一个等待队列头可被定义和初始化使用：

```
DECLARE_WAIT_QUEUE_HEAD(my_queue);
```

或者动态地使用，如下所示：

```
wait_queue_head_t my_queue;
init_waitqueue_head(&my_queue);
```

任何睡眠的进程再次醒来时必须检查并确保它在等待的条件值为真。Linux 内核中睡眠的最简单方式是宏定义，称为 wait_event（有几个变体），它结合了处理睡眠的细节和进程在等待的条件的检查。wait_event 的形式如下：

```
wait_event(queue, condition)
wait_event_interruptible(queue,condition)
wait_event_timeout(queue,condition,timeout)
wait_event_interruptible_timeout(queue,condition,timeout)
```

在上面的所有形式中，queue 是要用的等待队列头。条件是一个被该宏在睡眠前后所求值的任意的布尔表达式，直到条件求值为真值，进程继续睡眠。

基本的唤醒睡眠进程的函数为 wake_up，它有如下 2 个主要形式：

```
void wake_up(wait_queue_head_t *queue);
void wake_up_interruptible(wait_queue_head_t *queue);
```

wake_up 唤醒所有的在给定队列上等待的进程，wake_up_interruptible 仅用于处理一个可中断的睡眠。

8. 中断处理

设备驱动程序通过调用 request_irq 函数来申请中断，通过 free_irq 来释放中断。它们在 linux/sched.h 中的定义如下：

```
int request_irq(
unsigned int irq,
void (*handler)(int irq,void dev_id,struct pt_regs *regs),
unsigned long flags,
const char *device,
void *dev_id
);
void free_irq(unsigned int irq, void *dev_id);
```

通常从 request_irq 函数返回的值为 0 时，表示申请成功；负值表示出现错误。

（1）irq 表示所要申请的硬件中断号。

（2）handler 为向系统登记的中断处理子程序，中断产生时由系统来调用，调用时所带参数 irq 为中断号，dev_id 为申请时告诉系统的设备标识，regs 为中断发生时寄存器的内容。

（3）device 为设备名，将会出现在/proc/interrupts 文件里。

（4）flag 是申请时的选项，它决定中断处理程序的一些特性，其中最重要的是决定中断处理程序是快速处理程序（flag 里设置了 SA_INTERRUPT）还是慢速处理程序（不设置 SA_INTERRUPT）。

13.1.3 设备文件和设备号

Linux 是一种类 Unix 系统，UNIX 的一个基本特点是“一切皆为文件”，它抽象了设备的处理，将所有的硬件设备都像普通文件一样看待，也就是说硬件可以跟普通文件一样打开（open）、关闭（close）、读写（write）、删除（rm）、移动（mv）和复制（cp）。系统中的设备都用一个特殊文件代表，叫作设备文件。在 Linux 中，字符设备和块设备都可以通过文件节点来存取，而与字符设备和块设备不同，网络设备的访问是通过 socket 而不是设备节点，在系统里根本就不存在网络设备文件，所以对设备文件的操作主要是对块设备和字符设备文件的操作。

在文件系统中可以使用 mknod 命令创建一个设备文件或者通过系统调用 mknod 创建。该命令形式如下：

```
mknod Name { b | c } Major Minor
```

Name 是设备名称， b 或 c 用来指定设备的类型是块设备还是字符设备。Major 指定设备的主设备号，Minor 是次设备号。

其中，创建设备文件时，主设备号和次设备号是不可或缺的。传统方式的设备管理中，除了设备类型外，内核还需要一对主次设备号的参数，才能唯一标识一个设备。主设备号相同的设备使用相同的驱动程序，次设备号用于区分具体设备的实例。例如，PC 中的 IDE 设备，一般主设备号使用 3，Windows 下进行的分区，一般将主分区的次设备号设为 1，扩展分区的次设备号设为 2、3、4，逻辑分区使用 5、6……

关于 Linux 的设备号，很多设备在 Linux 下已经有默认的主次设备号，如帧缓冲设备是 Linux 的标准字符设备，主设备号是 29，如果 Linux 下有多个帧缓冲设备，那么这些帧缓冲设备的次设备号就从 0~31（Linux 最多支持 32 个帧缓冲设备）进行编号，例如 fb0 对应的次设备号是 0，fb1 为 1，以此类推。故用户创建设备文件时，需要注意用户使用的设备号不能与一些标准的系统设备号重叠。

下面是创建一些基本的设备文件示例，必须是超级用户权限，命令如下：

```
mknod /dev/fb10 c 29 10
```

其中，设备名称为/dev/fb10，c 代表字符设备，参数 29（帧缓冲设备）代表该设备的主设备号，10 代表该设备的次设备号。

```
mknod doc b 62 0
```

其中，doc 为定义的名字，b 指块设备，0 指的是整个 DOC。如果把 0 换为 1，则 1 指的是 DOC 的第一个分区，2 是第 2 个，依次类推。

创建完成后，可以通过如下命令查看：

```
[root@localhost root]# ls -l doc /dev/fb31
crw-r--r--    1 root    root    29,  31  1月   1 16:34 /dev/fb31
crw-r--r--    1 root    root     1,   1  1月   1 15:42 doc
```

13.1.4 加载和卸载驱动程序

1．入口函数

在编写模块程序时，必须提供两个函数，一个是 int init_module()，在加载此模块时自动调用，负责进行设备驱动程序的初始化工作。init_module()返回 0，表示初始化成功，返回负数表示失败，它在内核中注册一定的功能函数。在注册之后，如果有程序访问内核模块的某个功能，内核将查表获得该功能的位置，然后调用功能函数。init_module()的任务就是为以后调用模块的函数做准备。

另一个函数是 void cleanup_module()，该函数在模块被卸载时调用，负责进行设备驱动程序的清除工作。这个函数的功能是取消 init_module()所做的事情，把 init_module()函数在内核中注册的功能函数完全卸载，如果没有完全卸载，在此模块下次调用时，将会因为有重名的函数而导致调入失败。

2.4 版本以上的 Linux 内核提供了一种新的方法来命名这两个函数。例如，可以定义 init_my()代替 init_module()函数，定义 exit_my()代替 cleanup_module()函数，然后在源代码文件末尾使用下面的语句：

```
module_init(init_my);
module_exit(exit_my);
```

这样做的好处是，每个模块都可以有自己的初始化和卸载函数的函数名，多个模块在调试时不会有重名的问题。

2．模块加载与卸载

虽然模块作为内核的一部分，但并未被编译到内核中，它们被分别编译和链接成目标文件。Linux 中模块可以用 C 语言编写，用 gcc 命令编译成模块*.o，在命令行里加上-c 的参数和-D__KERNEL__-DMODULE 参数。然后用命令 depmod -a 使此模块成为可加载模块。模块用 insmod 命令加载，用 rmmod 命令卸载，这两个命令分别调用 init_module()和 cleanup_module()函数，还可以用 lsmod 命令来查看所有已加载的模块的状态。

insmod 命令可将编译好的模块调入内存。内核模块与系统中其他程序一样是已链接的目标文件，但不同的是，它们被链接成可重定位映象。insmod 将执行一个特权级系统调用 get_kernel_sysms()函数以找到内核的输出内容，insmod 修改模块对内核符号的引用后，将再次使用特权级系统调用 create_module()函数来申请足够的物理内存空间，以保存新的模块。

内核将为其分配一个新的 module 结构，以及足够的内核内存，并将新模块添加在内核模块链表的尾部，然后将新模块标记为 uninitialized。

利用 rmmod 命令可以卸载模块。如果内核还在使用此模块，这个模块就不能被卸载。如果设备文件正被一个进程打开，卸载还在使用的内核模块，会导致对内核模块的读/写函数所在内存区域的调用。如果幸运，没有其他代码被加载到那个内存区域，将得到一个错误提示；否则，另一个内核模块被加载到同一区域，这就意味着程序跳到内核中另一个函数的中间，结果是不可预见的。

13.2 LED 设备驱动程序

该驱动程序实现 LED 设备在 Linux 系统中基于 GT2440 开发板的工作情况，通过该实例可以了解 ARM 平台 Linux 系统下字符驱动程序的实现过程。

13.2.1 LED 接口电路

S3C2440A 提供了多达 117 个可编程的通用 I/O 端口，可以方便地输入输出各种信号。GT2440 目标板选用 S3C2440A 微处理器，带有 4 个用户可编程 I/O 方式的 LED，硬件原理图如图 13-1 所示，表 13-3 为 LED 对应的 I/O 口。LED 控制采用低电平有效方式，当端口电平为低时点亮 LED 指示灯，输出高电平时 LED 熄灭。与 LED 相连的通用 I/O 端口由表 13-4 所示的控制寄存器配置。

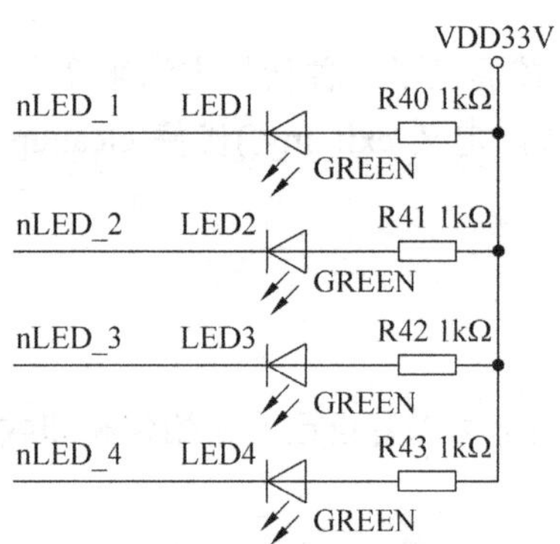

图 13-1 LED 接口电路

表 13-3 LED 占用处理器资源

名称	微处理器端口复用资源
LED1	nXBACK/GPB5
LED2	nXBREQ/GPB6
LED3	nXDACK1/GPB7
LED4	nXDREQ1/GPB8

表 13-4 控制寄存器配置

GPBCON 寄存器	位	描 述
GPB8	[17：16]	00 = 输入；01 = 输出；10 = nXDREQ1；11 = 保留
GPB7	[15：14]	00 = 输入；01 = 输出；10 = nXDACK1；11 = 保留
GPB6	[13：12]	00 = 输入；01 = 输出；10 = nXBREQ；11 = 保留
GPB5	[11：10]	00 = 输入；01 = 输出；10 = nXBACK；11 = 保留

LED 对应的 CPU 管脚 GPB5~GPB8 也是占两位。要想让 LED 工作，就要让 LED 工作在输出模式下，即对应管脚设置为 01。

13.2.2 LED 驱动程序

1．系统资源和宏定义

定义设备名称如下：

```
#define DEVICE_NAME "led"
```

定义设备主设备号如下：

```
#define LED_MAJOR 232
```

此处的主设备号不能和系统已使用的一样，用 cat/proc/devices 查看该设备号是否已使用。

定义静态的全局的长整型数组，用于储存与这 4 个 LED 相连接的 GPIO 号。

```
static unsigned long led_table [] = {
    GPB5,
    GPB6,
    GPB7,
    GPB8,
};
```

定义静态的全局的整型数组，用于储存这 4 个 GPIO 的配置，这里为输出模式。

```
static unsigned int led_cfg_table [] = {
    GPB5_OUTP,
    GPB6_OUTP,
    GPB7_OUTP,
    GPB8_OUTP,
};
```

2．初始化函数

设备初始化函数，加上__init，模块加载时，dev_init()函数将被调用。

```
static int __init dev_init(void)
{
    int ret;
```

```
4     int i;
5       ret = register_chrdev(LED_MAJOR, DEVICE_NAME,&leds_fops);
6     for (i = 0; i < 4; i++) {
7           gpio_cfgpin(led_table[i], led_cfg_table[i]);
8           gpio_setpin(led_table[i], 0);
9     }
10    printk (DEVICE_NAME"\tinitialized\n");
11    return ret;
12 }
```

第 5 行中，register_chrdev()函数用于注册字符设备；第 3 行中，gpio_cfgpin()函数用于配置 GPIO 的功能； gpio_setpin()函数用于设置 GPIO 的 PIN 的电平，PIN 输出低电平，LED 将被点亮。

3．ioctl

当应用层的 ioctl（fd，cmd，arg）被调用时，系统将处理它能识别的命令。如果系统不能识别该命令，那么驱动层的 ioctl 将会被调用；如果驱动层的 ioctl 也不能识别该命令，应该返回-EINVAL。

```
1 static int leds_ioctl( struct inode *inode, struct file *file, unsigned int cmd, unsigned long arg)
2 {
3     switch(cmd) {
4     case 0:
5     case 1:
6           if (arg > 4) {
7                 return -EINVAL;
8           }
9           gpio_setpin(led_table[arg], !cmd);
10          return 0;
11    default:
12          return -EINVAL;
13    }
14 }
```

第 3 行通过 switch（分支选择）对 cmd（命令）进行识别，cmd 为 0 则熄灭 LED，为 1 时点亮 LED。第 6 行中的 arg（参数）是 LED 号，因为开发板上只有 4 个 LED，故 arg 只能取 0、1、2、3，否则返回-EINVAL。第 8 行中的 gpio_setpin()函数用于设置 GPIO 的 PIN 的电平。

4．文件系统接口定义

struct file_operations 是文件操作结构体，用于存放设备能进行的各种操作的函数指针。

```
1 static struct file_operations dev_fops = {
2     .owner = THIS_MODULE,
3     .ioctl = leds_ioctl,
4 };
```

第 2 行中，为了防止设备在使用的过程中模块被卸载掉，可将 THIS_MODULE 设置给 owner。第 3 行的 ioctl 函数指针指向 leds_ioctl()函数。

5．卸载

设备移除函数，模块卸载时，dev_exit()函数将被调用。

```
1 static void __exit dev_exit(void)
2 {
3     devfs_unregister(devfs_hadle);
4     unregister_chrdev(LED_MAJOR, DEVICE_NAME);
5 }
```

第 3 行中，devfs_unregister 函数清除字符设备文件；第 4 行中，unregister_chrdev 函数删除字符设备的注册信息。

6．模块化

```
1 module_init(dev_init);
2 module_exit(dev_exit);
3 MODULE_LICENSE("GPL");
```

第 1 行中，模块加载时，dev_init()函数将被调用；第 2 行中，模块卸载时，dev_exit()函数将被调用；第 3 行将模块的许可权限设为 GPL 协议。

13.2.3 加载运行 LED 驱动程序

1．应用程序设计

```
#include <stdio.h>
#include <stdlib.h>
#include <unistd.h>
#include <sys/ioctl.h>
int main(int argc, char **argv)
{
    int on;
    int led_no;
    int fd;
    if (argc != 3 || sscanf(argv[1], "%d",&led_no) != 1 || sscanf(argv[2],"%d",&on) != 1 ||
    on < 0 || on > 1 || led_no < 0 || led_no > 3) {
    fprintf(stderr, "Usage: ledtest led_no 0|1\n");
    exit(1);
    }
    if (fd < 0) {
    perror("open device leds");
    exit(1);
    }
    ioctl(fd,on,led_no);
    close(fd);
    return 0;
}
```

该程序首先读取命令行的参数输入，其中参数 argv[1]赋值给 led_no，表示发光二极管的序号；argv[2]赋值给 on。led_no 的取值范围是 1~3，on 取值为 0 或 1，0 表示熄灭 LED，1 表示点亮 LED。

参数输入后通过 fd=open（"/dev/leds"，0）打开设备文件，在保证参数输入正确和设备文件正确打开后，通过语句 ioctl（fd，on，led_no）实现系统调用 ioctl，并通过输入的参数控制 LED。在程序的最后关闭设备句柄。

2．加载驱动

首先编写 Makefile 文件，如下所示：

```
INCLUDE = /usr/linux/include
EXTRA_CFLAGS = -D_ KERNEL_ -DMODULE -I $ (INCLUDE ) -02 -Wall -O
all: leds.o ledtest
leds.o: leds.c
        arm-linux-gcc $(CFLAGS )$( EXTRA_CFLAGS) -c leds.c -o leds.o
ledtest: ledtest.c
        arm-linux-gcc -g led.c -o ledtest
clean:
        rm -rf leds.o
        rm -rf ledtest
```

对 Makefile 文件执行 make 命令后，可以生成驱动模块 leds 和测试程序 ledtest。如果不想编写 Makefile 文件，也可以使用手动输入命令的方式编译驱动模块如下所示：

```
$arm-linux-gcc -D_ KERNEL_ -DMODULE -I $ (INCLUDE ) -02 -Wall -O    -c leds.c -o leds.o
```

以上命令将生成 leds.o 文件，将该文件复制到目标板的/lib 目录下，使用以下命令安装 leds 模块：

```
$insmod /lib/leds.o
```

删除该模块的命令为

```
$rmmod leds.o
```

应用程序编译正确后，若输入$ledtest，则提示 Usage：ledtest led_no 0|1；若输入$ledtest 2 1，则点亮 LED3。

13.3 按键设备驱动程序

该驱动程序实现 4 个按键设备在 Linux 系统中基于 GT2440 开发板的工作情况，通过该实例可以了解 ARM 平台 Linux 系统下的 GPIO 程序控制，以及硬件中断程序的工作机制。

13.3.1 按键模块硬件电路

S3C2440A 按键模块有四个按键，分别是 K1、K2、K3 和 K4，这四个按键分别对应的外部中断为 EINT0、EINT2、EINT11 和 EINT19。工作原理很简单，当系统正常工作时，按这四个任意键会产生相应的中断信号，从而系统会知道哪个按键被触发，在该驱动实现中，当有按键被触发时会有相应的打印信息产生。按键模块电路图如图 13-2 所示。

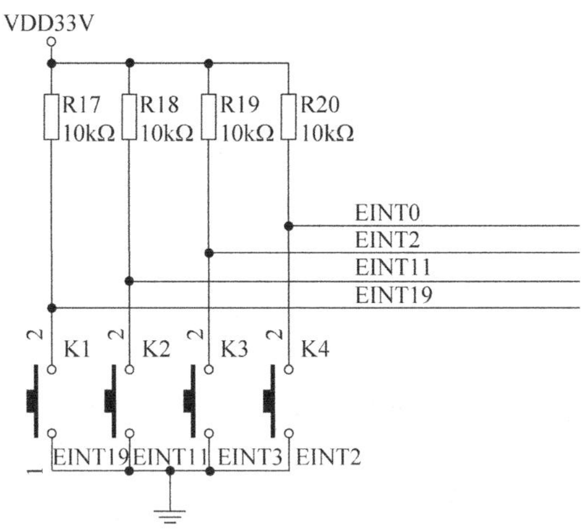

图 13-2　按键模块的电路图

按键占用的处理器资源如表 13-5 所示，控制寄存器配置如表 13-6 所示。

表 13-5　按键占用处理器资源

名　　称	微处理器端口复用资源
EINT0	EINT0/GPF0
EINT2	EINT2/GPF2
EINT11	nSS1/EINT11/GPG3
EINT19	TCLK1/EINT19/GPG11

表 13-6　控制寄存器配置

GPBCON 寄存器	位	描　　述
GPF0	[1：0]	00 = 输入；01 = 输出；10 = EINT0；11 = 保留
GPF2	[5：4]	00 = 输入；01 = 输出；10 = EINT2；11 = 保留
GPG3	[7：6]	00 = 输入；01 = 输出；10 = EINT11；11 = nSS1
GPG11	[23：22]	00 = 输入；01 = 输出；10 = EINT19；11 = TCLK1

按键对应的 CPU 管脚 GPF0、GPF2、GPG3 和 GPG11 都是占两位（例如 GPF0[1：0]）。按键是一种中断，要想让按键工作在中断模式下，就要设置 GPF0、GPF2、GPG3 和 GPG11 管脚都在中断模式下，即 10。

13.3.2　按键驱动程序

1．系统资源和宏定义

定义设备名称如下：

```
#define DEVICE_NAME "buttons"
```

定义设备主设备号如下：

```
#define BUTTON_MAJOR 232
```

定义中断描述结构如下：

```
struct button_irq_desc {
    int irq;
    int pin;
    int pin_setting;
    int number;
    char *name;
};
```

定义静态的全局 button_irq_desc 数组，指定按键所用的外部中断引脚触发方式：

```
static struct button_irq_desc button_irqs[4] = {
    { IRQ_EINT19, GPG11, 3C2410_GPG11_EINT19, 0, "KEY1"},
    { IRQ_EINT11, GPG3, GPG3_EINT11,1,"KEY2"},
    { IRQ_EINT2, GPF2, GPF2_EINT2,3,"KEY3"},
    { IRQ_EINT1, GPF1, GPF1_EINT1,4,"KEY4"},
};
```

定义中断次数存储数组：

```
static volatile char key_values [] = {'0', '0', '0', '0'};
```

定义等待队列，如果进程调用 read 函数无数据可以读时，使进程睡眠：

```
static DECLARE_WAIT_QUEUE_HEAD(button_waitq);
```

定义中断事件标志：

```
static volatile int ev_press = 0;
```

定义 miscdevice 类型结构，其中 miscdevice 结构由 device 派生出：

```
static struct miscdevice misc = {
    .minor = MISC_DYNAMIC_MINOR,
    .name = DEVICE_NAME,
    .fops = &dev_fops,
};
```

向系统添加此设备，注册设备的使用方法如下：

```
misc_register(&misc);
```

2．初始化函数

```
static int __init dev_init(void)
{
    int ret;
    ret = misc_register(&misc);
    printk (DEVICE_NAME" initialized\n");
    return ret;
}
```

分析上述代码，dev _init 是该按键模块的驱动入口函数，也是该内核模块的加载函数，主要用于注册资源、申请资源和初始化设备等工作。

3．文件系统接口定义

```
static struct file_operations dev_fops = {
    .owner = THIS_MODULE,
    .open  = irq_open,
    .release = irq_release,
    .read  = irq_read,
    .poll  = irq_poll,
};
```

该结构是字符设备的核心程序，当应用程序操作设备文件时，所调用的 open、read 和 write 等函数最终会调用该结构中对应的函数，例如应用程序读操作时，可以调用驱动程序中的 irq_read 函数。

4．open 函数

```
1 static int irq_open(struct inode *inode, struct file *file)
2{
3     int i;
4     int err = 0;
5     for (i = 0; i < sizeof(button_irqs)/sizeof(button_irqs[0]); i++)
6     {
7     if (button_irqs[i].irq < 0)
8         continue;
9     err = request_irq(button_irqs[i].irq, irq_interrupt, IRQ_TYPE_EDGE_BOTH,
                              button_irqs[i].name, (void *)&button_irqs[i]);
10    if (err)
11            break;
12    }
13    if (err)
14    {
15    i--;
16    for (; i >= 0; i--)
17    {
18            if (button_irqs[i].irq < 0)
19                    continue;
20            disable_irq(button_irqs[i].irq);
21    free_irq(button_irqs[i].irq,(void *)&button_irqs[i]);
22    }
23    return -EBUSY;
24    }
25    ev_press = 1;
26    return 0;
27}
```

init 函数主要实现了设备的初始化——在系统中注册，而按键驱动程序需要调用中断机制，此项功能在 open 函数中实现。第 9 行调用 request_irq()函数为 4 个按键注册中断处理函数，其将按键和中断处理函数 irq_interrupt()函数相关联。第 16 行到第 20 行循环调用 disable_irq()和 free_irq()函数释放已经注册的中断。

5. read 函数

由于该设备功能单一，所以这里只实现了 read 操作，关于 read 操作的定义如下：

```
1  static int irq_read(struct file *filp, char __user *buff, size_t count, loff_t *offp)
2  {
3      unsigned long err;
4      if (!ev_press)
5      {
6      if (filp->f_flags & O_NONBLOCK)
7              return -EAGAIN;
8      else
9      wait_event_interruptible(button_waitq, ev_press);
10   }
11   ev_press = 0;
12   err=copy_to_user(buff,(const void*)key_values,min(sizeof (key_values),count));
13   return err ? -EFAULT : min(sizeof(key_values), count);
14 }
```

第 9 行中的 wait_event_interruptible()函数唤醒睡眠中的进程。

6. 中断实现函数

```
static irqreturn_t irq_interrupt(int irq, void *dev_id)
{
        struct button_irq_desc *button_irqs = (struct button_irq_desc *)dev_id;
        int down;
        down = !s3c2410_gpio_getpin(button_irqs->pin);
        if (down != (key_values[button_irqs->number] & 1))
        {
        key_values[button_irqs->number] = '0' + down;
        ev_press = 1;
        wake_up_interruptible(&button_waitq);
        }
}
```

上述代码实现的功能是：首先根据中断号判断是否是已经注册的中断，如果不是所注册的中断号范围，那么就返回无中断标识并退出；当发现产生的中断号就是之前注册的中断，那么读取相应的硬件 I/O 端口进行判断，获取最终对应的按键值。

7. 关闭

release()函数通常进行与 open()函数相反的工作，本例中，中断的注册在 open()函数中完成，因此可以将中断的释放工作放入 release()函数中实现。

```
static int irq_release(struct inode *inode, struct file *file)
{
        int i;
        for (i=0; i<sizeof(button_irqs)/sizeof(button_irqs[0]);i++)
        {
        if (button_irqs[i].irq < 0)
```

```
            continue;
        free_irq(button_irqs[i].irq, (void *)&button_irqs[i]);
        }
        return 0;
}
```

8．卸载

```
static void __exit dev_exit(void)
{
        misc_deregister(&misc);
}
```

13.3.3　加载运行按键驱动程序

1．应用程序设计

```
#include <stdio.h>
#include <stdlib.h>
#include <unistd.h>
#include <sys/ioctl.h>
#include <sys/types.h>
#include <sys/stat.h>
#include <fcntl.h>
#include <sys/select.h>
#include <sys/time.h>
#include <errno.h>
int main(void)
{
        int buttons_fd;
        char buttons[4] = {'0', '0', '0', '0'};
        buttons_fd = open("/dev/buttons", 0);
        if (buttons_fd < 0) {
        perror("open device buttons");
        exit(1);
        }
        for (;;) {
        char current_buttons[4];
        int count_of_changed_key;
        int i;
        if (read(buttons_fd, current_buttons, sizeof current_buttons) != sizeof current_buttons)
        {
            perror("read buttons:");
            exit(1);
        }
        for (i = 0, count_of_changed_key = 0; i < sizeof buttons / sizeof buttons[0]; i++) {
            if (buttons[i] != current_buttons[i]) {
                buttons[i] = current_buttons[i];
                printf("%skey %d is %s", count_of_changed_key? ", ": "", i+1, buttons[i] == '0' ? "up" : "down");
```

```
            printf("\n");
                count_of_changed_key++;
            }
        }
        if (count_of_changed_key) {
            printf("\n");
        }
        }
        close(buttons_fd);
        return 0;
}
```

2．加载驱动

加载按键驱动程序与 LED 驱动程序相同，首先编译按键驱动模块，然后通过 insmod 命令加载驱动到系统中，最后编译上述应用程序，执行该应用程序，在开发板上进行按键操作，开发板的执行中断会打印出是哪个按键被按下或抬起。

13.4 DS18B20 驱动程序设计分析

13.4.1 DS18B20 基础知识

DS18B20 的控制主要涉及 3 个时序：检测时序、读取时序、写入时序。

1．检测时序

DS18B20 通过单总线和主控芯片连接，时序比较复杂。检测 DS18B20 是否存在的时序如图 13-3 所示。

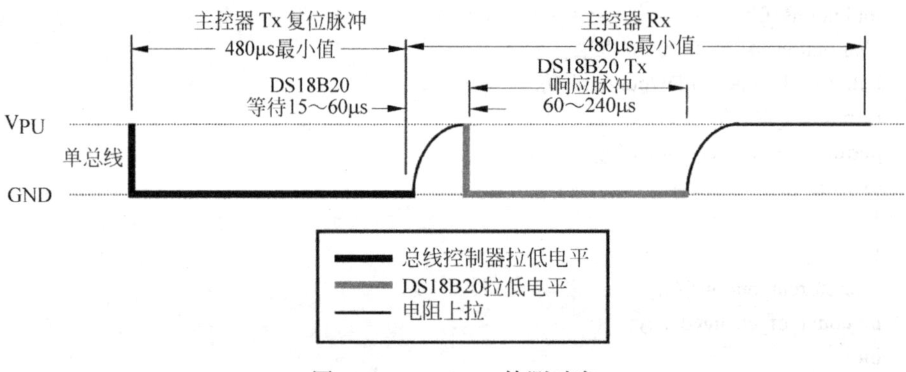

图 13-3　DS18B20 检测时序

2．写入时序

如果要写 0，则主控芯片拉低总线 60~120μs，在开始拉低总线 15μs 后，DS18B20 会开始检测总线状态，此时会检测到低电平。如果要写 1，则至少拉低总线 1μs 后释放总线，之后 DS18B20 会检测总线状态。DS18B20 写时序如图 13-4 所示。

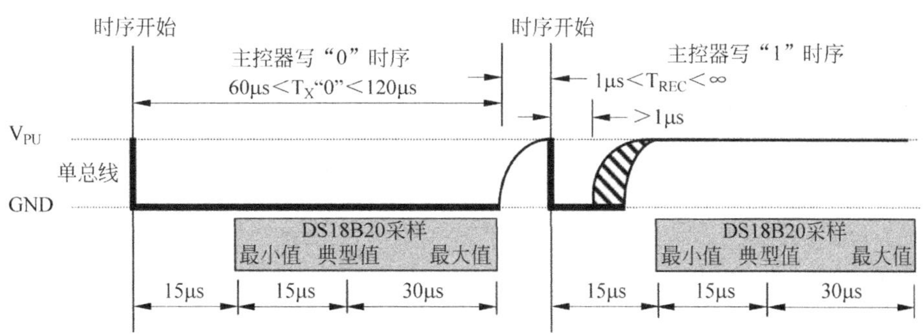

图 13-4 DS18B20 写时序

3. 读取时序

首先，主控芯片先拉低总线至少 1μs，然后释放总线并检测总线状态，如果是低电平则读到的是 0，高电平则读到的是 1，读两个值之间间隔至少 1μs。该时序如图 13-5 所示。

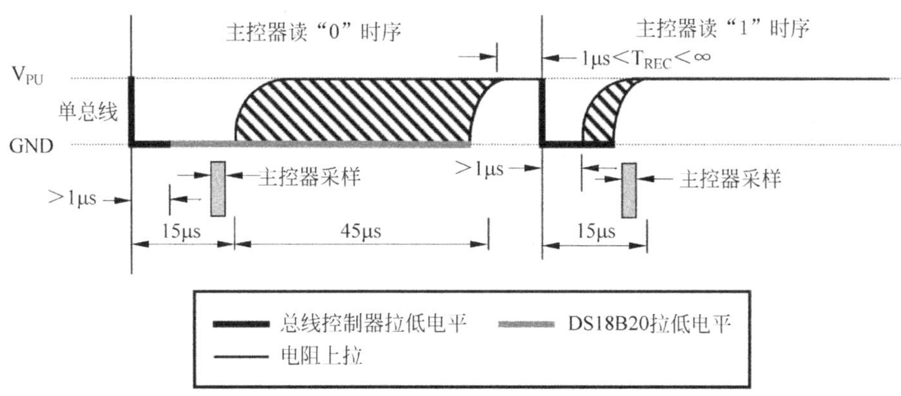

图 13-5 DS18B20 读时序

总结以上几个时序，如下：

（1）总线复位：置总线为低电平并保持至少 480μs，然后拉高电平，等待 DS18B20 重新拉低电平作为响应，则总线复位成功。

（2）写数据位 0：置总线为低电平并保持至少 15μs，然后保持低电平 15~45μs，等待从端对电平采样，最后拉高电平完成写操作。

（3）写数据位 1：置总线为低电平并保持至少 1~15μs，然后拉高电平并保持 15~45μs，等待从端对电平采样，完成写操作。

（4）读数据位 0 或 1：置总线为低电平并保持至少 1μs，然后拉高电平并保持至少 1μs，在 15μs 内采样总线电平获得数据，延时 45μs 完成读操作。

13.4.2 DS18B20 代码设计

DS18B20.h 代码如下：

```
#ifndef __6410_ds18b20_H__
#define __6410_ds18b20_H__
```

```
#include <linux/kernel.h>
#include <linux/init.h>
#include <linux/module.h>
#include <linux/interrupt.h>
#include <linux/ioport.h>
#include <linux/gpio.h>
#include <linux/io.h>
#include <mach/hardware.h>
#include <mach/map.h>
#include <mach/regs-gpio.h>
#include <mach/gpio-bank-n.h>
#include <mach/regs-clock.h>
#include <asm/irq.h>
#include <plat/gpio-core.h>
#include <plat/gpio-cfg.h>
void s3c6410_gpio_cfgpin(unsigned int pin, unsigned int function)
{
    //s3c_gpio_cfgpin(pin,function);
        unsigned int tmp;
        tmp = readl(S3C64XX_GPNCON);
        tmp = (tmp & ~(3<<pin*2))|(function<<pin*2);
        writel(tmp, S3C64XX_GPNCON);
}
void s3c6410_gpio_pullup(unsigned int pin, unsigned int to)
{
        //s3c_gpio_setpull(pin,to);
        unsigned int tmp;
        tmp = readl(S3C64XX_GPNPUD);
        tmp = (tmp & ~(3<<pin*2))|(to<<pin*2);
        writel(tmp, S3C64XX_GPNPUD);
}
unsigned int s3c6410_gpio_getpin(unsigned int pin)
{
        unsigned int tmp;
    tmp = readl(S3C64XX_GPNDAT);
    tmp = tmp & (1 << (pin));
    return tmp;
}
void s3c6410_gpio_setpin(unsigned int pin, unsigned int dat)
{
        unsigned int tmp;
    tmp = readl(S3C64XX_GPNDAT);
    tmp &= ~(1 << (pin));
    tmp |= ( (dat) << (pin) );
    writel(tmp, S3C64XX_GPNDAT); ;
}
#endif
```

DS18B20.c 代码如下：

```
#include <linux/init.h>
#include <linux/module.h>
#include <linux/delay.h>
#include <linux/kernel.h>
#include <linux/moduleparam.h>
#include <linux/init.h>
#include <linux/types.h>
#include <linux/fs.h>
#include <mach/regs-gpio.h>
#include <linux/device.h>
#include <mach/hardware.h>
#include <linux/cdev.h>
#include <asm/uaccess.h>
#include <linux/errno.h>
#include "6410_ds18b20.h"
//#define DEBUG
#define DEVICE_NAME "ds18b20"
#define DQ          8
#define CFG_IN      0
#define CFG_OUT     1
// DS18B20 主次设备号(动态分配)
int ds18b20_major = 0;
int ds18b20_minor = 0;
int ds18b20_nr_devs = 1;
// 定义设备类型
static struct ds18b20_device {
    struct cdev cdev;
};
struct ds18b20_device ds18b20_dev;
static struct class *ds18b20_class;
/* 函数声明 */
static int ds18b20_open(struct inode *inode, struct file *filp);
static int ds18b20_init(void);
static void write_byte(unsigned char data);
static unsigned char read_byte(void);
static ssize_t ds18b20_read(struct file *filp, char __user *buf, size_t count, loff_t *f_pos);
void ds18b20_setup_cdev(struct ds18b20_device *dev, int index);
/************************************************************
** 函数名称: DS18B20_open()
** 函数功能: 打开设备,初始化 DS18B20
** 入口参数: inode 为设备文件信息; filp 为被打开的文件的信息
** 出口参数: 成功时返回 0,失败返回-1
************************************************************/
static int ds18b20_open(struct inode *inode, struct file *filp)
{
    int flag = 0;
    flag = ds18b20_init();
    if(flag & 0x01)
    {
#ifdef DEBUG
        printk(KERN_WARNING "open ds18b20 failed\n");
```

```
#endif
        return -1;
        }
#ifdef DEBUG
        printk(KERN_NOTICE "open ds18b20 successful\n");
#endif
        return 0;
}
/****************************************************************
** 函数名称: DS18B20_init()
** 函数功能: 复位 DS18B20
** 入口参数: 无
** 出口参数: retval 成功返回 0,失败返回 1
****************************************************************/
static int ds18b20_init(void)
{
        int retval = 0;
        s3c6410_gpio_cfgpin(DQ, CFG_OUT);
        s3c6410_gpio_pullup(DQ, 0);

        s3c6410_gpio_setpin(DQ, 1);
        udelay(2);
    s3c6410_gpio_setpin(DQ, 0);                //拉低 DS18B20 总线,复位 DS18B20
        udelay(500);                           //保持复位电平 500μs
        s3c6410_gpio_setpin(DQ, 1);            //释放 DS18B20 总线
        udelay(60);
        //若复位成功,DS18B20 发出存在脉冲(低电平,持续 60~240μs)
        s3c6410_gpio_cfgpin(DQ, CFG_IN);
        retval = s3c6410_gpio_getpin(DQ);
        udelay(500);
        s3c6410_gpio_cfgpin(DQ, CFG_OUT);
        s3c6410_gpio_pullup(DQ, 0);
        s3c6410_gpio_setpin(DQ, 1);            //释放总线
        return retval;
}
/****************************************************************
函数名称: write_byte()
** 函数功能: 向 DS18B20 写入一个字节数据
** 入口参数: data
** 出口参数: 无
****************************************************************/
static void write_byte(unsigned char data)
{
        int i = 0;
        s3c6410_gpio_cfgpin(DQ, CFG_OUT);
        s3c6410_gpio_pullup(DQ, 1);
        for (i = 0; i < 8; i ++)
        {
                //总线从高拉至低电平时,就产生写时隙
                s3c6410_gpio_setpin(DQ, 1);
                udelay(2);
```

```
        s3c6410_gpio_setpin(DQ, 0);
        s3c6410_gpio_setpin(DQ, data & 0x01);
        udelay(60);
    data >>= 1;
    }
    s3c6410_gpio_setpin(DQ, 1);             //重新释放 DS18B20 总线
}
/*********************************************************
** 函数名称: read_byte()
** 函数功能: 从 DS18B20 读出一个字节数据
** 入口参数: 无
** 出口参数: 读出的数据
*********************************************************/
static unsigned char read_byte(void)
{
    int i;
    unsigned char data = 0;
    for (i = 0; i < 8; i++)
    {
        //总线从高拉至低,只需维持低电平 17μs,再把总线拉高,就产生读时隙
        s3c6410_gpio_cfgpin(DQ, CFG_OUT);
        s3c6410_gpio_pullup(DQ, 0);
        s3c6410_gpio_setpin(DQ, 1);
        udelay(2);
        s3c6410_gpio_setpin(DQ, 0);
        udelay(2);
    s3c6410_gpio_setpin(DQ, 1);
        udelay(8);
        data >>= 1;
    s3c6410_gpio_cfgpin(DQ, CFG_IN);
    if (s3c6410_gpio_getpin(DQ))
        data |= 0x80;
    udelay(50);
    }
    s3c6410_gpio_cfgpin(DQ, CFG_OUT);
    s3c6410_gpio_pullup(DQ, 0);
    s3c6410_gpio_setpin(DQ, 1);             //释放 DS18B20 总线
    return data;
}
/*********************************************************
** 函数名称: DS18B20_read()
** 函数功能: 读出 DS18B20 的温度
** 入口参数: filp 为要读的文件,buf 是读入的缓冲区,count 是要读的字节数,f_pos 为位置偏移
** 出口参数: 实际读到的数据字节数
*********************************************************/
static ssize_t ds18b20_read(struct file *filp, char __user *buf, size_t count, loff_t *f_pos)
{
    int flag;
    unsigned long err;
    unsigned char result[2] = {0x00, 0x00};
    flag = ds18b20_init();
```

```
    if (flag)
    {
#ifdef DEBUG
        printk(KERN_WARNING "ds18b20 init failed\n");
#endif
        return -1;
    }
    write_byte(0xcc);
    write_byte(0x44);
    flag = ds18b20_init();
    if (flag)
        return -1;
    write_byte(0xcc);
    write_byte(0xbe);
    result[0] = read_byte();            //温度低八位
    result[1] = read_byte();            //温度高八位
    err = copy_to_user(buf, &result, sizeof(result));
    return err ? -EFAULT : min(sizeof(result),count);
}
/*************************************************************
 * 字符驱动程序的核心,应用程序所调用的 open、read 等函数最终会调用这个结构中的对应函数
*************************************************************/
static struct file_operations ds18b20_dev_fops = {
    .owner = THIS_MODULE,
    .open = ds18b20_open,
    .read = ds18b20_read,
};
/*************************************************************
** 函数名称: DS18B20_setup_cdev()
** 函数功能: 初始化 cdev
** 入口参数: dev 为设备结构体;
** 出口参数: 无
*************************************************************/
void ds18b20_setup_cdev(struct ds18b20_device *dev, int index)
{
    int err, devno = MKDEV(ds18b20_major, ds18b20_minor + index);
    cdev_init(&dev->cdev, &ds18b20_dev_fops);
    dev->cdev.owner = THIS_MODULE;
    err = cdev_add(&(dev->cdev), devno, 1);
    if (err)
    {
#ifdef DEBUG
        printk(KERN_NOTICE "ERROR %d add ds18b20\n", err);
#endif
    }
}
/*************************************************************
** 函数名称: DS18B20_dev_init()
** 函数功能: 为温度传感器分配注册设备号,初始化 cdev
** 入口参数: 无
** 出口参数: 若成功执行,返回 0
*************************************************************/
```

```
static int __init ds18b20_dev_init(void)
{
	ds18b20_major = register_chrdev(ds18b20_major, DEVICE_NAME, &ds18b20_dev_fops);
	if (ds18b20_major<0)
	{
	printk(DEVICE_NAME " Can't register major number!\n");
	return -EIO;
	}
	ds18b20_class = class_create(THIS_MODULE, DEVICE_NAME);
	device_create(ds18b20_class, NULL, MKDEV(ds18b20_major, ds18b20_minor), NULL, EVICE_NAME);
#ifdef DEBUG
	printk(KERN_WARNING "register ds18b20 driver successful!\n");
#endif
	return 0;
}
/************************************************************
** 函数名称: DS18B20_dev_exit()
** 函数功能: 注销设备
** 入口参数: 无
** 出口参数: 无
**************************************************/
static void __exit ds18b20_dev_exit(void)
{
	device_destroy(ds18b20_class, MKDEV(ds18b20_major,ds18b20_minor));
	class_unregister(ds18b20_class);
	class_destroy(ds18b20_class);
	unregister_chrdev(ds18b20_major, DEVICE_NAME);
#ifdef DEBUG
	printk(KERN_WARNING "Exit ds18b20 driver!\n");
#endif
}
module_init(ds18b20_dev_init);
module_exit(ds18b20_dev_exit);
MODULE_LICENSE("GPL");
```

测试代码：

```
#include <stdio.h>
#include <string.h>
#include <stdlib.h>
#include <fcntl.h>
int main(int argc,char **argv){
	int fd;
	unsigned char buf[2];
	float result;
	if(fd=open("/dev/ds18b20",O_RDWR)< 0){
	printf("Open Device DS18B20 failed.\r\n");
	exit(1);
	}
	else{
	printf("Open Device DS18B20 successed.\r\n");
```

```
        while(1){
            printf("----\n");
            read(fd,buf,1);
            result = (float)buf[0];
            result/=16;
            result += ((float)buf[1] * 16);
            printf("%f\n", result);
            sleep(1);
        }
        close(fd);
        }
}
```

习题与练习

1．字符设备关键的数据结构主要有哪些？
2．常用的字符设备驱动开发函数主要有哪些？
3．主设备号和次设备号的重要作用是什么？
4．结合本章 LED 和按键设备实例，编写一个由按键控制 LED 亮起的驱动程序。

第 14 章 块设备驱动

CHAPTER 14

块设备是与字符设备并列的概念，这两类设备在 Linux 中驱动的结构有较大差异，总体而言，块设备驱动比字符设备驱动要复杂得多，在 I/O 操作上表现出极大的不同，缓冲、I/O 调度、请求队列等都是与块设备驱动相关的概念。本章介绍 Linux 块设备驱动的编程方法。

14.1 块设备驱动程序开发基础

14.1.1 块设备的 I/O 操作特点

字符设备与块设备 I/O 操作的不同在于：

（1）块设备只能以块为单位接收输入和返回输出，而字符设备则以字节为单位。大多数设备是字符设备，因为它们不需要缓冲并且不以固定块大小进行操作。

（2）块设备对于 I/O 请求有对应的缓冲区，因此它们可以选择以什么顺序进行响应，字符设备无须缓冲且被直接读写。对于存储设备而言，调整读写的顺序作用巨大，因为读写连续的扇区比分离的扇区更快。

（3）字符设备只能被顺序读写，而块设备可以随机访问。虽然块设备可随机访问，但是对于磁盘这类机械设备而言，顺序地组织块设备的访问可以提高性能。

14.1.2 块设备主要数据结构

1．block_device_operations 结构体

在块设备驱动中，有一个类似于字符设备驱动中 file_operations 结构体的 block_device_operations 结构体，它是对块设备操作的集合，定义如下：

```
struct block_device_operations
{
    int(*open)(struct inode *, struct file*);                              //打开
    int(*release)(struct inode *, struct file*);                           //释放
    int(*ioctl)(struct inode*,struct file *,unsigned,unsigned long);       //ioctl
    long(*unlocked_ioctl)(struct file *, unsigned, unsigned long);
    long(*compat_ioctl)(struct file *, unsigned, unsigned long);
    int(*direct_access)(struct block_device *, sector_t, unsigned long*);
```

```
    int(*media_changed)(struct gendisk*);                              //介质被改变
    int(*revalidate_disk)(struct gendisk*);                            //使介质有效
    int(*getgeo)(struct block_device *, struct hd_geometry*);          //填充驱动器信息
    struct module *owner;                                              //模块拥有者
};
```

表 14-1 对其主要的成员进行了分析。

表 14-1 block_device_operations 主要的成员

成　员	功　能
int （*open）（struct inode *inode， struct file *filp）	设备打开操作
int （*release）（struct inode *inode， struct file *filp）	设备关闭操作
int （*ioctl）（struct inode *inode， struct file *filp， unsigned int cmd，unsigned long arg）	ioctl()系统调用的实现，块设备包含大量的标准请求，这些标准请求由 Linux 块设备层处理
int （*media_changed）（struct gendisk *gd）	被内核调用来检查驱动器中的介质是否已经改变，如果是，则返回一个非零值，否则返回 0。这个函数仅适用于支持可移动介质的驱动器（非可移动设备的驱动不需要实现这个方法），通常需要在驱动中增加一个表示介质状态是否改变的标志变量
int （*revalidate_disk）（struct gendisk *gd）	响应一个介质改变，它给驱动一个机会来进行必要的工作以使新介质准备好
int （*getgeo）（struct block_device *， struct hd_geometry *）	该函数根据驱动器的几何信息填充一个 hd_geometry 结构体，hd_geometry 结构体包含磁头、扇区、柱面等信息
struct module *owner	一个指向拥有这个结构体的模块的指针，它通常被初始化为 THIS_MODULE

2．gendisk 结构体

在 Linux 内核中，使用 gendisk（通用磁盘）结构体来表示一个独立的磁盘设备（或分区），这个结构体的定义如下：

```
struct gendisk
{
    int major;
    int first_minor;
    int minors;
    char disk_name[32];
    struct hd_struct **part;
    struct block_device_operations *fops;
    struct request_queue *queue;
   void *private_data;
   sector_t capacity;
   int flags;
   char devfs_name[64];
   int number;
   struct device *driverfs_dev;
   struct kobject kobj;
   struct timer_rand_state *random;
   int policy;
```

```
    atomic_t sync_io; /* RAID */
    unsigned long stamp;
    int in_flight;
    #ifdef CONFIG_SMP
      struct disk_stats *dkstats;
    #else
      struct disk_stats dkstats;
    #endif
};
```

表 14-2 对其主要的成员进行了分析。

表 14-2　gendisk 主要的成员

成　　员	功　　能
major	磁盘的主设备号
first_minor	第一个次设备号
minors	最大的次设备数，如果不能分区，则为 1
fops	block_device_operations 块设备操作集合
queue	内核用来管理这个设备的 I/O 请求队列的指针
capacity	设备的容量，以 512 个字节为单位
private_data	可用于指向磁盘的任何私有数据

Linux 内核提供了一组函数来操作 gendisk，主要包括：

（1）分配 gendisk

gendisk 结构体是一个动态分配的结构体，它需要特别的内核操作来初始化，驱动不能自己分配这个结构体，而应该使用下列函数来分配 gendisk：

```
struct gendisk *alloc_disk(int minors);
```

minors 参数是这个磁盘使用的次设备号的数量，一般也是磁盘分区的数量，此后 minors 不能被修改。

（2）增加 gendisk

gendisk 结构体被分配后，系统还不能使用这个磁盘，需要调用如下函数来注册这个磁盘设备：

```
void add_disk(struct gendisk *gd);
```

特别要注意的是，对 add_disk()的调用必须发生在驱动程序的初始化工作完成并能响应磁盘的请求之后。

（3）释放 gendisk

当不再需要一个磁盘时，应当使用如下函数释放 gendisk：

```
void del_gendisk(struct gendisk *gd);
```

（4）gendisk 引用计数

gendisk 中包含一个 kobject 成员，因此，它是一个可被引用计数的结构体。通过 get_disk()和

put_disk()函数可操作引用计数，这个工作一般不需要驱动亲自做。通常对 del_gendisk()的调用会去掉 gendisk 的最终引用计数，但是这一点并不是一定的。因此，在 del_gendisk()被调用后，这个结构体可能继续存在。

（5）设置 gendisk 容量

```
void set_capacity(struct gendisk *disk, sector_t size);
```

块设备中最小的可寻址单元是扇区，扇区大小一般是 2 的整数倍，最常见的大小是 512 字节。扇区的大小是设备的物理属性，扇区是所有块设备的基本单元，块设备无法对比它还小的单元进行寻址和操作，不过许多块设备能够一次就传输多个扇区。虽然大多数块设备的扇区大小都是 512 字节，不过其他大小的扇区也很常见，例如，很多 CD-ROM 盘的扇区都是 2KB 大小。

不管物理设备的真实扇区大小是多少，内核与块设备驱动交互的扇区都以 512 字节为单位。因此，set_capacity()函数也以 512 字节为单位。

3．request 结构体

在 Linux 块设备驱动中，使用 request 结构体来表征等待进行的 I/O 请求，这个结构体的定义如下：

```
struct request
{
     struct list_head queuelist;
    unsigned long flags;
     sector_t sector;
     unsigned long nr_sectors;
     unsigned int current_nr_sectors;
    sector_t hard_sector;                //要完成的下一个扇区
    unsigned long hard_nr_sectors;       //要被完成的扇区数目
    unsigned int hard_cur_sectors;
    struct bio *bio;                     //请求的 bio 结构体的链表
    struct bio *biotail;                 //请求的 bio 结构体的链表尾
    void *elevator_private;
    unsigned short ioprio;
    int rq_status;
    struct gendisk *rq_disk;
    int errors;
    unsigned long start_time;
    unsigned short nr_phys_segments;
    unsigned short nr_hw_segments;
    int tag;
    char *buffer;                        //传送的缓冲,内核虚拟地址
    int ref_count;                       //引用计数
    ...
};
```

request 结构体的主要成员如表 14-3 所示。

表 14-3　gendisk 的主要成员

成　　员	功　　能
sector_t sector	要传送的下一个扇区
unsigned long nr_sectors	要传送的扇区数目
unsigned int current_nr_sectors	当前要传输的扇区
struct bio *bio	请求中包含的 bio 结构体的链表
char *buffer	指向缓冲区的指针，数据应当被传送到或者来自这个缓冲区，该指针是一个内核虚拟地址
unsigned short nr_phys_segments	请求在物理内存中占据的段的数目
struct list_head queuelist	用于链接该请求到请求队列的链表结构

驱动中会经常与前 3 个成员打交道，这 3 个成员在内核和驱动交互中发挥着重大作用。它们以 512 字节大小为 1 个扇区，如果硬件的扇区大小不是 512 字节，则需要进行相应的调整。例如，如果硬件的扇区大小是 2048 字节，则在进行硬件操作之前，需要用 4 来除起始扇区号。

4．请求队列

一个块请求队列是一个块 I/O 请求的队列，其定义如代码如下：

```
struct request_queue
{
    ...
    /* 保护队列结构体的自旋锁 */
    spinlock_t __queue_lock;
    spinlock_t *queue_lock;
    struct kobject kobj;
   unsigned long nr_requests;              //最大请求数量
   unsigned int nr_congestion_on;
   unsigned int nr_congestion_off;
   unsigned int nr_batching;
   unsigned short max_sectors;             //最大的扇区数
   unsigned short max_hw_sectors;
   unsigned short max_phys_segments; //最大的段数
   unsigned short max_hw_segments;
   unsigned short hardsect_size;           //硬件扇区尺寸
   unsigned int max_segment_size;          //最大的段尺寸
   unsigned long seg_boundary_mask; //段边界掩码
   unsigned int dma_alignment;             //DMA 传送的内存对齐限制
   struct blk_queue_tag *queue_tags;
   atomic_t refcnt;                        //引用计数
   unsigned int in_flight;
   unsigned int sg_timeout;
   unsigned int sg_reserved_size;
   int node;
   struct list_head drain_list;
   struct request *flush_rq;
   unsigned char ordered;
};
```

请求队列跟踪等候的块 I/O 请求，它存储用于描述该设备能够支持的请求的信息，如果请求队列被配置正确了，它不会交给该设备一个不能处理的请求。

请求队列还实现一个插入接口，该接口允许使用多个 I/O 调度器，I/O 调度器（也称电梯）的工作是以最优性能的方式向驱动提交 I/O 请求。大部分 I/O 调度器累积批量的 I/O 请求，并将它们排列为递增（或递减）的块索引顺序后提交给驱动。进行这些工作的原因在于，对于磁头而言，当给定顺序排列的请求时，可以使得磁盘顺序地从一头到另一头工作，非常像一个满载的电梯，在一个方向移动直到它的所有“请求”已被满足。

（1）初始化请求队列

```
request_queue_t *blk_init_queue(request_fn_proc *rfn, spinlock_t *lock);
```

该函数的第 1 个参数是请求处理函数的指针，第 2 个参数是控制访问队列权限的自旋锁，这个函数会发生内存分配的行为，故它可能会失败，因此一定要检查它的返回值。这个函数一般在块设备驱动的模块加载函数中调用。

（2）清除请求队列

```
void blk_cleanup_queue(request_queue_t * q);
```

这个函数完成将请求队列返回给系统的任务，一般在块设备驱动模块卸载函数中调用。

（3）分配“请求队列”

```
request_queue_t *blk_alloc_queue(int gfp_mask);
```

对于 FLASH、RAM 盘等完全随机访问的非机械设备，并不需要进行复杂的 I/O 调度，这个时候，应该使用上述函数分配 1 个“请求队列”，并使用如下函数来绑定“请求队列”和“制造请求”函数。

```
void blk_queue_make_request(request_queue_t * q, make_request_fn * mfn);
```

（4）提取请求

```
struct request *elv_next_request(request_queue_t *queue);
```

上述函数用于返回下一个要处理的请求（由 I/O 调度器决定），如果没有请求则返回 NULL。elv_next_request()不会清除请求，它仍然将这个请求保留在队列上，但是标识它为活动的，这个标识将阻止 I/O 调度器合并其他请求到已开始执行的请求。因为 elv_next_request() 不从队列里清除请求，因此连续调用它两次时会返回同一个请求结构体。

（5）去除请求

```
void blkdev_dequeue_request(struct request *req);
```

上述函数从队列中去除 1 个请求。如果驱动中同时从同一个队列操作了多个请求，它必须以这样的方式将它们从队列中去除。

如果需要将 1 个已经出列的请求归还到队列中，可以调用如下函数：

```
void elv_requeue_request(request_queue_t *queue, struct request *req);
```

（6）启停请求队列

```
void blk_stop_queue(request_queue_t *queue);
void blk_start_queue(request_queue_t *queue);
```

如果块设备到达不能处理等候的命令的状态，应调用 blk_stop_queue()来告知块设备层。之后，请求函数将不被调用，除非再次调用 blk_start_queue()将设备恢复到可处理请求的状态。

（7）参数设置

```
void blk_queue_max_sectors(request_queue_t *queue, unsigned short max);
void blk_queue_max_phys_segments(request_queue_t *queue, unsigned short max);
void blk_queue_max_hw_segments(request_queue_t *queue, unsigned short max);
void blk_queue_max_segment_size(request_queue_t *queue, unsigned int max);
```

这些函数用于设置描述块设备可处理的请求的参数。blk_queue_max_sectors()描述任一请求可包含的最大扇区数，默认值为 255；blk_queue_max_phys_segments()和 blk_queue_max_hw_segments()都控制 1 个请求中可包含的最大物理段（系统内存中不相邻的区），blk_queue_max_hw_segments()考虑了系统 I/O 内存管理单元的重映射，这两个参数默认都是 128。blk_queue_max_segment_size 告知内核请求段的最大字节数，默认值为 65536。

（8）通告内核

```
void blk_queue_bounce_limit(request_queue_t *queue, u64 dma_addr);
```

该函数用于告知内核块设备执行 DMA 时可使用的最高物理地址 dma_addr，如果一个请求包含超出该限制的内存引用，一个“反弹”缓冲区将被用来给这个操作。这种方式代价昂贵，因此应尽量避免使用。

可以给 dma_addr 参数提供任何可能的值或使用预先定义的宏，例如 BLK_BOUNCE_HIGH（对高端内存页使用反弹缓冲区）、BLK_BOUNCE_ISA（驱动只可在 16M 的 ISA 区执行 DMA）或者 BLK_BOUCE_ANY（驱动可在任何地址执行 DMA），默认值是 BLK_BOUNCE_HIGH。

```
blk_queue_segment_boundary(request_queue_t *queue, unsigned long mask);
```

如果正在驱动中编写的设备无法处理跨越一个特殊大小内存边界的请求，应该使用该函数来告知内核这个边界。例如，如果设备处理跨 4MB 边界的请求有困难，应该传递一个 0x3fffff 掩码。默认的掩码是 0xffffffff（对应 4GB 边界）。

```
void blk_queue_dma_alignment(request_queue_t *queue, int mask);
```

该函数用于告知内核块设备施加于 DMA 传送的内存对齐限制，所有请求都匹配这个对齐限制，默认的屏蔽是 0x1ff，它导致所有的请求被对齐到 512 字节边界。

```
void blk_queue_hardsect_size(request_queue_t *queue, unsigned short max);
```

该函数用于告知内核块设备硬件扇区的大小，所有由内核产生的请求都是这个大小的倍数并且被正确对界。但是，内核块设备层和驱动之间的通信还是以 512 字节扇区为单位进行。

5．bio 结构体

通常，一个 bio 对应一个 I/O 请求，I/O 调度算法可将连续的 bio 合并成一个请求。所以，一个请求可以包含多个 bio。下面给出了 bio 结构体的定义。

```
struct bio
{
    sector_t bi_sector;
    struct bio *bi_next;
    struct block_device *bi_bdev;
    unsigned long bi_flags;
    unsigned long bi_rw;
    unsigned short bi_vcnt;
    unsigned short bi_idx;
    unsigned short bi_phys_segments;
    unsigned short bi_hw_segments;
    unsigned int bi_size;
    unsigned int bi_hw_front_size;
    unsigned int bi_hw_back_size;
    unsigned int bi_max_vecs;
    struct bio_vec *bi_io_vec;
    bio_end_io_t *bi_end_io;
    atomic_t bi_cnt;
    void *bi_private;
    bio_destructor_t *bi_destructor;
};
```

表 14-4 给出了 bio 结构的核心成员。

表 14-4　bio 主要的成员

成　员	功　能
sector_t bi_sector	表示这个 bio 要传送的第一个（512 字节）扇区
unsigned int bi_size	被传送的数据大小，以字节为单位
unsigned long bi_flags	一组描述 bio 的标志，如果这是一个写请求，最低有效位被置位，可以使用 bio_data_dir（bio）宏来获得读写方向
unsigned short bio_phys_segments	包含在这个 bio 中要处理的不连续的物理内存段的数目
unsigned short bio_hw_segments	考虑 DMA 重映象后的不连续的内存段的数目

bio 的核心是一个称为 bi_io_vec 的数组，它由 bio_vec 结构体组成，bio_vec 结构体的定义如下：

```
struct bio_vec
{
    struct page *bv_page;          /*页指针*/
    unsigned int bv_len;           /*传输的字节数*/
    unsigned int bv_offset;        /*偏移位置*/
};
```

bio 的 bio_vec 成员不能被直接访问，而应该使用宏 bio_for_each_segment()来进行这项工作，可以用该宏循环遍历整个bio中的每个段，这个宏的定义如下：

```
#define __bio_for_each_segment(bvl, bio, i, start_idx)
for(bvl=bio_iovec_idx((bio),(start_idx)),i=(start_idx);i<(bio)->bi_vcnt;bvl++,i++)
#define bio_for_each_segment(bvl, bio, i)__bio_for_each_segment(bvl, bio, i, (bio)->bi_idx
```

内核还提供了一组函数（宏）用于操作bio，如表14-5所示。

表14-5　bio主要的操作函数

函　　数	功　　能
int bio_data_dir（struct bio *bio）	用于获得数据传输的方向是read还是write
struct page *bio_page（struct bio *bio）	用于获得目前的页指针
int bio_offset（struct bio *bio）	返回操作对应的当前页内的偏移，通常块I/O操作本身就是页对齐的
int bio_cur_sectors（struct bio *bio）	返回当前bio_vec要传输的扇区数
char *bio_data（struct bio *bio）	返回数据缓冲区的内核虚拟地址
char *bvec_kmap_irq（struct bio_vec *bvec，unsigned long *flags）	返回一个内核虚拟地址，这个地址可用于存取被给定的bio_vec入口指向的数据缓冲区
void bvec_kunmap_irq（char *buffer，unsigned long *flags）	撤销bvec_kmap_irq()创建的映射
char *bio_kmap_irq（struct bio *bio，unsigned long *flags）	返回给定的bio的当前bio_vec入口的映射
char *__bio_kmap_atomic(struct bio *bio，int i，enum km_type type）	获得返回给定bio的第i个缓冲区的虚拟地址
void __bio_kunmap_atomic（char *addr，enum km_type type）	返还由__bio_kmap_atomic()获得的内核虚拟地址
void bio_get（struct bio *bio）	获得bio结构对象
void bio_put（struct bio *bio）	释放对bio的引用

14.1.3　块设备的操作

1．块设备驱动注册与注销

块设备驱动中的第一项工作通常是注册它们自己的内核，完成这个任务的函数是register_blkdev()，其原型为

```
int register_blkdev(unsigned int major, const char *name);
```

major参数是块设备要使用的主设备号，name为设备名，它会在/proc/devices中被显示。如果major为0，内核会自动分配一个新的主设备号，register_blkdev()函数的返回值就是这个主设备号。如果register_blkdev()返回一个负值，表明发生了一个错误。

与register_blkdev()对应的注销函数是unregister_blkdev()，其原型为

```
int unregister_blkdev(unsigned int major, const char *name);
```

这里，传递给register_blkdev()的参数必须与传递给register_blkdev()的参数匹配，否则这个函数返回-EINVAL。

块设备驱动注册模板代码如下：

```
xxx_major = register_blkdev(xxx_major, "xxx");
if (xxx_major <= 0)                          //注册失败
{
    printk(KERN_WARNING "xxx: unable to get major number\n");
    return -EBUSY;
}
```

2．块设备驱动模块加载与卸载

在块设备驱动的模块加载函数中通常需要完成如下工作：

（1）分配、初始化请求队列，绑定请求队列和请求函数。

（2）分配、初始化gendisk，给gendisk的major、fops、queue等成员赋值，最后添加gendisk。

（3）注册块设备驱动。

如下代码是使用 blk_alloc_queue()分配请求队列并使用 blk_queue_make_request()绑定“请求队列”和“制造请求”函数。

```
static int __init xxx_init(void)
{
    //分配 gendisk
    xxx_disks = alloc_disk(1);
    if (!xxx_disks)
    {
        goto out;
    }
   //块设备驱动注册
   if (register_blkdev(XXX_MAJOR, "xxx"))
   {
       err =    - EIO;
       goto out;
   }
   //“请求队列”分配
   xxx_queue = blk_alloc_queue(GFP_KERNEL);
   if (!xxx_queue)
   {
       goto out_queue;
   }
   blk_queue_make_request(xxx_queue, &xxx_make_request);        //绑定“制造请求”函数
   blk_queue_hardsect_size(xxx_queue, xxx_blocksize);           //硬件扇区尺寸设置
   //gendisk 初始化
   xxx_disks->major = XXX_MAJOR;
   xxx_disks->first_minor = 0;
   xxx_disks->fops = &xxx_op;
   xxx_disks->queue = xxx_queue;
   sprintf(xxx_disks->disk_name, "xxx%d", i);
   set_capacity(xxx_disks, xxx_size); //xxx_size 以 512 字节为单位
   add_disk(xxx_disks);                                         //添加 gendisk
   return 0;
   out_queue: unregister_blkdev(XXX_MAJOR, "xxx");
   out: put_disk(xxx_disks);
```

```
    blk_cleanup_queue(xxx_queue);
    return  - ENOMEM;
}
```

在块设备驱动的模块卸载函数中通常需要与模块加载函数相反的工作：

（1）清除请求队列。

（2）删除 gendisk 和对 gendisk 的引用。

（3）删除对块设备的引用，注销块设备驱动。

块设备驱动模块卸载函数的模板代码如下：

```
static void __exit xxx_exit(void)
{
    if (bdev)
    {
      invalidate_bdev(xxx_bdev, 1);
      blkdev_put(xxx_bdev);
    }
    del_gendisk(xxx_disks);                         //删除 gendisk
    put_disk(xxx_disks);
   blk_cleanup_queue(xxx_queue[i]);               //清除请求队列
   unregister_blkdev(XXX_MAJOR, "xxx");
}
```

3．块设备的打开与释放

块设备驱动的 open()和 release()函数并非是必需的，一个简单的块设备驱动可以不提供 open()和 release()函数。

块设备驱动的 open()函数和其字符设备驱动中的对等体非常类似，都以相关的 inode 和 file 结构体指针作为参数。当一个节点引用一个块设备时，inode->i_bdev->bd_disk 包含一个指向关联 gendisk 结构体的指针。因此，类似于字符设备驱动，也可以将 gendisk 的 private_data 赋给 file 的 private_data，private_data 同样是指向描述该设备的设备结构体 xxx_dev 的指针。如下代码实现了块设备的 open()函数中赋值 private_data 的功能。

```
static int xxx_open(struct inode *inode, struct file *filp)
{
   struct xxx_dev *dev = inode->i_bdev->bd_disk->private_data;
   filp->private_data = dev;                      //赋值 file 的 private_data
   ...
   return 0;
}
```

在一个处理真实的硬件设备的驱动中，open()和 release()方法还应当设置驱动和硬件的状态，这些工作可能包括启停磁盘、加锁一个可移出设备和分配 DMA 缓冲等。

4．块设备驱动的 ioctl 函数

与字符设备驱动一样，块设备可以包含一个 ioctl()函数以提供对设备的 I/O 控制能力。实际上，高层的块设备层代码处理了绝大多数 ioctl()，因此，具体的块设备驱动中通常不再需要实现很多的 ioctl 命令。

如下代码给出的 ioctl()函数只实现 1 个命令 HDIO_GETGEO，用于获得磁盘的几何信息（geometry，指 CHS，即 Cylinder、Head、Sector/Track）。

```
int xxx_ioctl(struct inode *inode, struct file *filp, unsigned int cmd, unsigned long arg)
{
    long size;
    struct hd_geometry geo;
    struct xxx_dev *dev = filp->private_data;        //通过 file->private 获得设备结构体
    switch (cmd)
    {
     case HDIO_GETGEO:
        size = dev->size *(hardsect_size / KERNEL_SECTOR_SIZE);
        geo.cylinders = (size &~0x3f) >> 6;
        geo.heads = 4;
        geo.sectors = 16;
        geo.start = 4;
        if (copy_to_user((void __user*)arg, &geo, sizeof(geo)))
        {
          return   - EFAULT;
        }
        return 0;
    }
   return   - ENOTTY;
}
```

5．使用请求队列的块设备驱动 I/O 请求处理

块设备驱动请求函数的原型为

```
void request(request_queue_t *queue);
```

这个函数不能由驱动自己调用，只有当内核认为是时候让驱动处理对设备的读写等操作时，它才调用这个函数。

请求函数可以在没有完成请求队列中的所有请求的情况下返回，甚至 1 个请求都未完成时也可以返回。但是，对大部分设备而言，在请求函数中处理完所有请求后再返回是值得推荐的方法。一个简单的 request()函数代码段如下：

```
static void xxx_request(request_queue_t *q)
{
  struct request *req;
  while ((req = elv_next_request(q)) != NULL)
  {
    struct xxx_dev *dev = req->rq_disk->private_data;
    if (!blk_fs_request(req))                //不是文件系统请求
    {
      printk(KERN_NOTICE "Skip non-fs request\n");
      end_request(req, 0);                   //通知请求处理失败
      continue;
    }
```

```
13      xxx_transfer(dev, req->sector, req->current_nr_sectors, req->buffer,
14          rq_data_dir(req));                    //处理这个请求
15      end_request(req, 1);                      //通知成功完成这个请求
16    }
17 }
18
19 //完成具体的块设备 I/O 操作
20 static void xxx_transfer(struct xxx_dev *dev, unsigned long sector, unsigned
21    long nsect, char *buffer, int write)
22 {
23    unsigned long offset = sector * KERNEL_SECTOR_SIZE;
24    unsigned long nbytes = nsect * KERNEL_SECTOR_SIZE;
25    if ((offset + nbytes) > dev->size)
26    {
27      printk(KERN_NOTICE "Beyond-end write (%ld %ld)\n", offset, nbytes);
28      return ;
29    }
30    if (write)
31    {
32      write_dev(offset, buffer, nbytes);       //向设备写 nbytes 个字节的数据
33    }
34    else
35    {
36      read_dev(offset, buffer, nbytes);        //从设备读 nbytes 个字节的数据
37    }
38 }
```

第 4 行使用 elv_next_request()获得队列中第一个未完成的请求，end_request()会将请求从请求队列中剥离。

第 7 行判断请求是否为文件系统请求，如果不是，则直接清除，调用 end_request()，传递给 end_request()的第 2 个参数为 0，意味着处理该请求失败。

第 15 行传递给 end_request()的第 2 个参数为 1，意味着该请求处理成功。

end_request()函数非常重要，其源代码如下：

```
1  void end_request(struct request *req, int uptodate)
2  {
3    if (!end_that_request_first(req, uptodate, req->hard_cur_sectors))
4    {
5      add_disk_randomness (req->rq_disk);
6      blkdev_dequeue_request (req);
7      end_that_request_last(req);
8    }
9  }
```

当设备已经完成 1 个 I/O 请求的部分或者全部扇区传输后，它必须通告块设备层，上述代码中的第 4 行完成这个工作。end_that_request_first()函数的原型为

```
int end_that_request_first(struct request *req, int success, int count);
```

这个函数告知块设备层，块设备驱动已经完成count个扇区的传送。end_that_request_first()的返回值是一个标志，指示是否这个请求中的所有扇区已经被传送。返回值为0表示所有的扇区已经被传送并且这个请求完成，然后，必须使用 blkdev_dequeue_request()来从队列中清除这个请求。最后，将这个请求传递给end_that_request_last()函数。

```
void end_that_request_last(struct request *req);
```

end_that_request_last()通知所有正在等待该请求完成的对象请求已经完成并回收这个请求结构体。

第 6 行的 add_disk_randomness()函数的作用是使用块 I/O 请求的定时来给系统的随机数池贡献熵，它不影响块设备驱动。但是，仅当磁盘的操作时间是真正随机的时候（大部分机械设备如此），才应该调用它。

6. 不使用请求队列的块设备驱动 I/O 请求处理

使用请求队列对于一个机械的磁盘设备而言，的确有助于提高系统的性能，但是对于许多块设备，如数码相机的存储卡、RAM 盘等完全可真正随机访问的设备而言，无法从高级的请求队列逻辑中获益。对于这些设备，块层支持“无队列”的操作模式，为使用这个模式，驱动必须提供一个“制造请求”函数，而不是一个请求函数，“制造请求”函数的原型为

```
typedef int (make_request_fn) (request_queue_t *q, struct bio *bio);
```

上述函数的第一个参数仍然是“请求队列”，但是这个“请求队列”实际上不包含任何请求。因此，“制造请求”函数的主要参数是bio结构体，这个bio结构体表示1个或多个要传送的缓冲区。“制造请求”函数或者直接进行传输，或者把请求重定向给其他设备。

处理完成后，应该使用 bio_endio()函数通知处理结束。

```
void bio_endio(struct bio *bio, unsigned int bytes, int error);
```

参数 bytes 是已经传送的字节数，它可以比这个 bio 所代表的字节数少，这意味着“部分完成”，同时 bio 结构体中的当前缓冲区指针需要更新。当设备进一步处理这个 bio 后，驱动应该再次调用 bio_endio()，如果不能完成这个请求，应指出一个错误，错误码赋值给 error 参数。

不管对应的I/O处理成功与否，“制造请求”函数都应该返回0。如果“制造请求”函数返回一个非零值，bio 将被再次提交。

一个“制造请求”函数的例子如下：

```
static int xxx_make_request(request_queue_t *q, struct bio *bio)
{
    struct xxx_dev *dev = q->queuedata;
    int status;
    status = xxx_xfer_bio(dev, bio);              //处理 bio
    bio_endio(bio, bio->bi_size, status);         //通告结束
    return 0;
}
```

14.2 IDE 硬盘设备驱动

14.2.1 IDE 硬盘设备原理

IDE（Integrated Drive Electronics）接口，也就是集成驱动器电路接口，原名为 ATA（AT Attachment，AT 嵌入式）接口，其本意为将硬盘控制器与盘体集成在一起的硬盘驱动器，经历了 ATA-1 到 ATA-7 以及 SATA-1 和 SATA-2 的发展历史。ATA-1 至 ATA-4 采用 40 芯排线缆，ATA-5 至 ATA-7 则采用 40 针 80 芯线缆，虽然线缆数量增加了，但是逻辑原理没有变，只是通过物理上的改变来达到改善 PCB 信号完整性的目的，它提供更多的地线并使信号线临近地线，从而减少电流回流的面积。SATA-1 和 SATA-2 与 ATA-1 至 ATA-7 相比，数据传输方式由并行转变为串行。

IDE 接口的硬件原理实际上非常简单，对 CPU 的外围总线进行简单的扩展后就可外接 IDE 控制器，表 14-6 给出了 40 针 IDE 接口的引脚定义。

表 14-6　40 针 IDE 接口的引脚定义

引脚	信号	信号描述	信号方向	引脚	信号	信号描述	信号方向
1	RSET	复位	I	2	GND	地	I/O
3	DD7	数据位 7	I/O	4	DD8	数据位 8	I/O
5	DD6	数据位 6	I/O	6	DD9	数据位 9	I/O
7	DD5	数据位 5	I/O	8	DD10	数据位 10	I/O
9	DD4	数据位 4	I/O	10	DD11	数据位 11	I/O
11	DD3	数据位 3	I/O	12	DD12	数据位 12	I/O
13	DD2	数据位 2	I/O	14	DD13	数据位 13	I/O
15	DD1	数据位 1	I/O	16	DD14	数据位 14	I/O
17	DD0	数据位 0	I/O	18	DD15	数据位 15	I/O
19	GND	地		20	N.C	未用	
21	DMARQ	DMA 请求	O	22	GND	地	
23	DIOW/	写选通	I	24	GND	地	
25	DIOR/	读选通	I	26	GND	地	
27	IORDY	通道就绪	O	28	DPSYNC：CXEL	同步电缆选择	
29	DMACK/DMA	应答	O	30	GND	地	
31	INTRQ/	中断请求	O	32	IOCS13/	为 I/O	O
33	DA1	地址 1	I	34	PDIAG/	诊断完成	O
35	DA0	地址 0	I	36	DA2	地址 2	I
37	CS1FX/	片选 0	I	38	CS3FX/	片选 1	I
39	DASP/	驱动器激活	O	40	GND	地	

IDE 控制器提供了一组寄存器，通过这些寄存器，主机能控制 IDE 驱动器的行为并可查询其状态，表 14-7 给出了 IDE 接口寄存器的定义。

表 14-7　40 针 IDE 接口的寄存器

片选 1	片选 0	地址 2	地址 1	地址 0	读	写	位数
1	0	0	0	0	数据寄存器	数据寄存器	16
1	0	0	0	1	错误寄存器	特征寄存器	8
1	0	0	1	0	扇区数寄存器	扇区数寄存器	8
1	0	0	1	1	扇区号寄存器	扇区号寄存器	8
1	0	1	0	0	柱面号寄存器（低 8 位）	柱面号寄存器（低 8 位）	8
1	0	1	0	1	柱面号寄存器（高 8 位）	柱面号寄存器（高 8 位）	8
1	0	1	1	0	驱动器选择/磁头寄存器	驱动器选择/磁头寄存器	8
1	0	1	1	1	状态寄存器	命令寄存器	8
0	1	1	1	0	状态寄存器	设备控制器寄存器	8

IDE 硬盘的传输模式有以下 3 种：

（1）PIO（Programmed I/O）模式：PIO 模式是一种通过 CPU 执行 I/O 端口指令来进行数据读写的数据交换模式，是最早的硬盘数据传输模式，数据传输速率低下，CPU 占有率也很高。

（2）DMA（Direct Memory Access）模式：DMA 模式是一种不经过 CPU 而直接从内存里存取数据的数据交换模式。PIO 模式下，硬盘和内存之间的数据传输是由 CPU 来控制的；而在 DMA 模式下，CPU 只须向 DMA 控制器下达指令，让 DMA 控制器来处理数据的传送，数据传送完毕再把信息反馈给 CPU，这样很大程度上减轻了 CPU 的资源占有率。

（3）Ultra DMA（简称 UDMA）模式：它在包含了 DMA 模式的优点的基础上，又增加了 CRC 校验技术，提高数据传输过程中的准确性，安全性得到保障。另外，在以往的硬盘数据传输模式下，一个时钟周期只传输一次数据，而在 UDMA 模式中逐渐应用了双倍数据传输技术，它在时钟的上升沿和下降沿各自进行一次数据传输，使数据传输速度成倍增长。

14.2.2　S3C2440 与 IDE 接口电路

如图 14-1 所示，S3C2440 与硬盘之间的接口电路分为 3 个部分：片选信号、数据信号和控制信号。硬盘上的寄存器分为两组，分别由 IDE_CS0 和 IDE_CS1 选中，DA0~DA2 则用于组内寄存器寻址；数据线 DD0~DD15 因存在输入/输出方向问题，故用 nOE（读信号）接 buffer （74LVTH162245）的 DIR 引脚来控制缓冲器方向；因该 CPU 与硬盘之间 DMA 时序不一致，故控制信号部分采用一块 EPM7032AETC44-7 芯片用于调整其时序。PIO 模式下，不需要 DMARQ 和 nDMACK 信号，DMA 模式下，这两个信号才起作用。

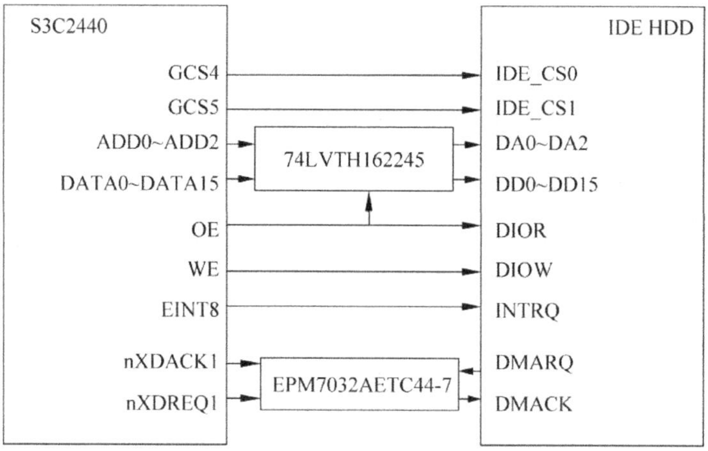

图 14-1 S3C2440 与硬盘接口电路示意图

14.2.3 block_device_operations 及成员函数

IDE 硬盘驱动的 block_device_operations 中包含打开、释放、I/O 控制、获得几何信息、媒介改变和使介质有效的成员函数，这些函数的实现较简单，代码如下：

```
static struct block_device_operations idedisk_ops =
{
  .owner    = THIS_MODULE,
  .open     = idedisk_open,
  .release = idedisk_release,
  .ioctl    = idedisk_ioctl,
  .getgeo   = idedisk_getgeo,                                   //得到几何信息
  .media_changed = idedisk_media_changed,                       //媒介改变
  .revalidate_disk= idedisk_revalidate_disk                     //使介质有效
};

static int idedisk_ioctl(struct inode *inode, struct file *file,
      unsigned int cmd, unsigned long arg)
{
  struct block_device *bdev = inode->i_bdev;
  struct ide_disk_obj *idkp = ide_disk_g(bdev->bd_disk);
  return generic_ide_ioctl(idkp->drive, file, bdev, cmd, arg);  //通用 IDE 的 I/O 控制
}


static int idedisk_getgeo(struct block_device *bdev, struct hd_geometry *geo)
{
  struct ide_disk_obj *idkp = ide_disk_g(bdev->bd_disk);
  ide_drive_t *drive = idkp->drive;
  /* 得到几何信息,CHS */
  geo->heads = drive->bios_head;
  geo->sectors = drive->bios_sect;
  geo->cylinders = (u16)drive->bios_cyl; /* truncate */
```

```
 return 0;
}

static int idedisk_open(struct inode *inode, struct file *filp)
{
 struct gendisk *disk = inode->i_bdev->bd_disk;
 struct ide_disk_obj *idkp;
 ide_drive_t *drive;

 if (!(idkp = ide_disk_get(disk)))
  return -ENXIO;

 drive = idkp->drive;

 drive->usage++;                               //使用计数加 1
 if (drive->removable && drive->usage == 1) {
  ide_task_t args;
  memset(&args, 0, sizeof(ide_task_t));
  args.tfRegister[IDE_COMMAND_OFFSET] = WIN_DOORLOCK;
  args.command_type = IDE_DRIVE_TASK_NO_DATA;
  args.handler    = &task_no_data_intr;
  check_disk_change(inode->i_bdev);

  if (drive->doorlocking && ide_raw_taskfile(drive, &args, NULL))
   drive->doorlocking = 0;
 }
 return 0;
}

static int idedisk_release(struct inode *inode, struct file *filp)
{
 struct gendisk *disk = inode->i_bdev->bd_disk;
 struct ide_disk_obj *idkp = ide_disk_g(disk);
 ide_drive_t *drive = idkp->drive;

 if (drive->usage == 1)
  ide_cacheflush_p(drive);
 if (drive->removable && drive->usage == 1) {
  ide_task_t args;
  memset(&args, 0, sizeof(ide_task_t));
  args.tfRegister[IDE_COMMAND_OFFSET] = WIN_DOORUNLOCK;
  args.command_type = IDE_DRIVE_TASK_NO_DATA;
  args.handler    = &task_no_data_intr;
  if (drive->doorlocking && ide_raw_taskfile(drive, &args, NULL))
   drive->doorlocking = 0;
 }
 drive->usage--;                               //使用计数减 1

 ide_disk_put(idkp);
 return 0;
}
```

14.2.4 I/O 请求处理

Linux 对 IDE 驱动进行了再封装，定义了 ide_driver_t 结构体，这个结构体容纳了 IDE 硬盘的探测、移除、请求处理和结束请求处理等函数指针。结束请求处理函数 ide_end_request()是针对 IDE 对 end_request()函数的修改。

1．ide_driver_t 结构体

```
1  static ide_driver_t idedisk_driver = {
2   .gen_driver = {
3     .owner    = THIS_MODULE,
4     .name     = "ide-disk",
5     .bus      = &ide_bus_type,
6   },
7   .probe      = ide_disk_probe,              //探测
8   .remove     = ide_disk_remove,             //移除
9   .shutdown   = ide_device_shutdown,         //关闭
10  .version    = IDEDISK_VERSION,
11  .media      = ide_disk,                    //媒介类型
12  .supports_dsc_overlap = 0,
13  .do_request   = ide_do_rw_disk,            //请求处理函数
14  .end_request  = ide_end_request,           //请求处理结束
15  .error      = __ide_error,
16  .abort      = __ide_abort,
17  .proc       = idedisk_proc,
18 };
```

第 13 行的 ide_do_rw_disk()函数完成硬盘 I/O 操作请求的处理。

2．IDE 硬盘驱动 I/O 请求处理

```
static ide_startstop_t ide_do_rw_disk(ide_drive_t *drive, struct request *rq,
    sector_t block)
{
    ide_hwif_t *hwif = HWIF(drive);

    BUG_ON(drive->blocked);

    if (!blk_fs_request(rq))                    //不是文件系统请求
    {
        blk_dump_rq_flags(rq, "ide_do_rw_disk - bad command");
        ide_end_request(drive, 0, 0);           //以失败结束该请求
        return ide_stop,ped;
    }

    pr_debug("%s: %sing: block=%llu, sectors=%lu, buffer=0x%08lx\n",
        drive->name,rq_data_dir(rq) == READ ? "read" : "writ", (unsigned long
        long)block, rq->nr_sectors, (unsigned long)rq->buffer);

    if (hwif->rw_disk)
```

```
        hwif->rw_disk(drive, rq);

    return __ide_do_rw_disk(drive, rq, block);          //具体的请求处理
}

static ide_startstop_t __ide_do_rw_disk(ide_drive_t *drive, struct request *rq,
    sector_t block)
{
    ide_hwif_t *hwif = HWIF(drive);
    unsigned int dma = drive->using_dma;
    u8 lba48 = (drive->addressing == 1) ? 1 : 0;
    task_ioreg_t command = WIN_NOP;
    ata_nsector_t nsectors;

    nsectors.all = (u16)rq->nr_sectors;                 //要传送的扇区数

    if (hwif->no_lba48_dma && lba48 && dma)
    {
        if (block + rq->nr_sectors > 1ULL << 28)
            dma = 0;
        else
            lba48 = 0;
    }

    if (!dma)
    {
        ide_init_sg_cmd(drive, rq);
        ide_map_sg(drive, rq);
    }

    if (IDE_CONTROL_REG)
        hwif->OUTB(drive->ctl, IDE_CONTROL_REG);

    if (drive->select.b.lba)
    {
        if (lba48) //48 位 LBA
        {
            ...
        }
        else
        {
            //LBA 方式,写入要读写的位置信息到 IDE 寄存器
            hwif->OUTB(0x00, IDE_FEATURE_REG);
            hwif->OUTB(nsectors.b.low, IDE_NSECTOR_REG);
            hwif->OUTB(block, IDE_SECTOR_REG);
            hwif->OUTB(block >>= 8, IDE_LCYL_REG);
            hwif->OUTB(block >>= 8, IDE_HCYL_REG);
            hwif->OUTB(((block >> 8) &0x0f) | drive->select.all,IDE_SELECT_REG);
        }
    }
    else
```

```
    {
        unsigned int sect, head, cyl, track;
        track = (int)block / drive->sect;
        sect = (int)block % drive->sect + 1;
        hwif->OUTB(sect, IDE_SECTOR_REG);
        head = track % drive->head;
        cyl = track / drive->head;

        pr_debug("%s: CHS=%u/%u/%u\n", drive->name, cyl, head, sect);
        //CHS 方式,写入要读写的位置信息到 IDE 寄存器
        hwif->OUTB(0x00, IDE_FEATURE_REG);
        hwif->OUTB(nsectors.b.low, IDE_NSECTOR_REG);
        hwif->OUTB(cyl, IDE_LCYL_REG);
        hwif->OUTB(cyl >> 8, IDE_HCYL_REG);
        hwif->OUTB(head | drive->select.all, IDE_SELECT_REG);
    }

    if (dma)   //DMA 方式
    {
        if (!hwif->dma_setup(drive))                //设置 DMA 成功
        {
            if (rq_data_dir(rq))
            {
                command = lba48 ? WIN_WRITEDMA_EXT : WIN_WRITEDMA;
                if (drive->vdma)
                    command = lba48 ? WIN_WRITE_EXT : WIN_WRITE;
            }
            else
            {
                command = lba48 ? WIN_READDMA_EXT : WIN_READDMA;
                if (drive->vdma)
                    command = lba48 ? WIN_READ_EXT : WIN_READ;
            }
            hwif->dma_exec_cmd(drive, command);
            hwif->dma_start(drive);
            return ide_started;
        }
        /* 回到 PIO 模式 */
        ide_init_sg_cmd(drive, rq);
    }

    if (rq_data_dir(rq) == READ)                //数据传输方向是读
    {
        if (drive->mult_count)
        {
            hwif->data_phase = TASKFILE_MULTI_IN;
            command = lba48 ? WIN_MULTREAD_EXT : WIN_MULTREAD;
        }
        else
        {
            hwif->data_phase = TASKFILE_IN;
```

```
122            command = lba48 ? WIN_READ_EXT : WIN_READ;
123        }
124        //执行读命令
125        ide_execute_command(drive, command, &task_in_intr, WAIT_CMD, NULL);
126        return ide_started;
127    }
128    else                                        //数据传输方向是写
129    {
130        if (drive->mult_count)
131        {
132            hwif->data_phase = TASKFILE_MULTI_OUT;
133            command = lba48 ? WIN_MULTWRITE_EXT : WIN_MULTWRITE;
134        }
135        else
136        {
137            hwif->data_phase = TASKFILE_OUT;
138            command = lba48 ? WIN_WRITE_EXT : WIN_WRITE;
139        }
140
141        //写 IDE 命令寄存器,写入写命令
142        hwif->OUTB(command, IDE_COMMAND_REG);
143
144        return pre_task_out_intr(drive, rq);
145    }
146 }
```

真正开始执行 I/O 操作的是第 22 行引用的__ide_do_rw_disk()函数，这个函数会根据不同的操作模式，将要读写的 LBA 或 CHS 信息写入 IDE 寄存器内，并给其命令寄存器写入读、写命令。

为了进行硬盘读写操作，第 61～67 行和第 80～85 行将参数写入地址寄存器和特性寄存器，如果是读，第 125 行调用的 ide_execute_command()会将读命令写入命令寄存器；如果是写，第 142 行将写命令写入 IDE 命令寄存器 IDE_COMMAND_REG。

3．start_request()函数

真正调用 ide_driver_t 结构体中 do_request()成员函数 ide_do_rw_disk()的是 ide-io.c 文件中的 start_request()函数，这个函数会过滤掉一些请求，最终将读写 I/O 操作请求传递给 ide_do_rw_disk()函数。

```
static ide_startstop_t start_request(ide_drive_t *drive, struct request *rq)
{
    ide_startstop_t startstop;
    sector_t block;

    BUG_ON(!(rq->flags &REQ_STARTED));

    /* 超过了最大失败次数 */
    if (drive->max_failures && (drive->failures > drive->max_failures))
    {
        goto kill_rq;
    }
```

```
    block = rq->sector;                    //要传输的下一个扇区
    if (blk_fs_request(rq) && (drive->media == ide_disk || drive->media ==
      ide_floppy))                         //是文件系统请求,是 IDE 盘
    {
      block += drive->sect0;
    }
    /* 如果将 0 扇区重映射到 1 扇区 */
    if (block == 0 && drive->remap_0_to_1 == 1)
      block = 1;

    if (blk_pm_suspend_request(rq) && rq->pm->pm_step ==
      ide_pm_state_start_suspend)
      drive->blocked = 1;
    else if (blk_pm_resume_request(rq) && rq->pm->pm_step ==
      ide_pm_state_start_resume)
    {
      /* 醒来后的第一件事就是等待 BSY 位不忙 */
      int rc;

      rc = ide_wait_not_busy(HWIF(drive), 35000);
      if (rc)
        printk(KERN_WARNING "%s: bus not ready on wakeup\n", drive->name);
      SELECT_DRIVE(drive);
      HWIF(drive)->OUTB(8, HWIF(drive)->io_ports[IDE_CONTROL_OFFSET]);
      rc = ide_wait_not_busy(HWIF(drive), 10000);
      if (rc)
        printk(KERN_WARNING "%s: drive not ready on wakeup\n", drive->name);
    }

    SELECT_DRIVE(drive);
    if (ide_wait_stat(&startstop, drive, drive->ready_stat, BUSY_STAT | DRQ_STAT,
      WAIT_READY))                         //等待驱动器 READY
    {
      printk(KERN_ERR "%s: drive not ready for command\n", drive->name);
      return startstop;
    }
    if (!drive->special.all)
    {
      ide_driver_t *drv;

      //其他非读写请求
      if (rq->flags &(REQ_DRIVE_CMD | REQ_DRIVE_TASK))
        return execute_drive_cmd(drive, rq);
      else if (rq->flags &REQ_DRIVE_TASKFILE)
        return execute_drive_cmd(drive, rq);
      else if (blk_pm_request(rq))
      {
        startstop = ide_start_power_step(drive, rq);
        if (startstop == ide_stopped && rq->pm->pm_step == ide_pm_state_completed)
          ide_complete_pm_request(drive, rq);
```

```
            return startstop;
        }

        drv = *(ide_driver_t **)rq->rq_disk->private_data;
        return drv->do_request(drive, rq, block);      //处理 I/O 操作请求
    }
    return do_special(drive);
    kill_rq: ide_kill_rq(drive, rq);
    return ide_stopped;
}
```

4．IDE I/O 请求结束处理

IDE 硬盘驱动对 I/O 请求结束处理进行了针对 IDE 的整理，并填充在 ide_driver_t 结构体的 end_request 成员中，对应的函数为 ide_end_request()，代码如下：

```
/* ide_end_request:完成了一个 IDE 请求
   参数: nr_sectors 为被完成的扇区数量
*/
int ide_end_request (ide_drive_t *drive, int uptodate, int nr_sectors)
{
  struct request *rq;
  unsigned long flags;
  int ret = 1;

  spin_lock_irqsave(&ide_lock, flags);                     //获得自旋锁
  rq = HWGROUP(drive)->rq;

  if (!nr_sectors)
    nr_sectors = rq->hard_cur_sectors;

  ret = __ide_end_request(drive, rq, uptodate, nr_sectors);    //具体的结束请求处理

  spin_unlock_irqrestore(&ide_lock, flags);                //释放自旋锁
  return ret;
}

static int __ide_end_request(ide_drive_t *drive, struct request *rq, int
   uptodate, int nr_sectors)
{
   int ret = 1;

   BUG_ON(!(rq->flags &REQ_STARTED));

   /*  如果对请求设置了 failfast,立即完成整个请求 */
   if (blk_noretry_request(rq) && end_io_error(uptodate))
      nr_sectors = rq->hard_nr_sectors;

   if (!blk_fs_request(rq) && end_io_error(uptodate) && !rq->errors)
      rq->errors =   - EIO;

   /* 决定是否再使能 DMA,如果使能 DMA 超过 3 次,采用 PIO 模式 */
```

```
    if (drive->state == DMA_PIO_RETRY && drive->retry_pio <= 3)
    {
        drive->state = 0;
        HWGROUP(drive)->hwif->ide_dma_on(drive);
    }

    //结束请求
    if (!end_that_request_first(rq, uptodate, nr_sectors))
    {
        add_disk_randomness(rq->rq_disk);              //给系统的随机数池贡献熵
        blkdev_dequeue_request(rq);
        HWGROUP(drive)->rq = NULL;
        end_that_request_last(rq, uptodate);
        ret = 0;
    }

    return ret;
}
```

14.2.5 在内核中增加对新系统 IDE 设备的支持

尽管 IDE 的驱动非常复杂，但是由于其访问方式符合 ATA 标准，因而内核提供的 I/O 操作方面的代码是通用的，为了使内核能找到新系统中的 IDE 硬盘，只需编写少量的针对特定硬件平台的底层代码。

使用 ide_register_hw()函数可注册 IDE 硬件接口，其原型为

```
int ide_register_hw(hw_regs_t *hw, ide_hwif_t **hwifp);
```

这个函数接收的两个参数对应的数据结构为 hw_regs_s 和 ide_hwif_t，其定义如下：

```
typedef struct hw_regs_s
{
    unsigned long io_ports[IDE_NR_PORTS];            //task file 寄存器
    int irq;                                         //中断号
    int dma;                                         //DMA 入口
    ide_ack_intr_t *ack_intr;                        //确认中断
    hwif_chipset_t chipset;
    struct device *dev;
} hw_regs_t;

typedef struct hwif_s
{
    ...

    char name[6];                                    //接口名,如"ide0"

    hw_regs_t hw;                                    //硬件信息
    ide_drive_t drives[MAX_DRIVES];                  //驱动器信息

    u8 major;                                        //主设备号
```

```
    u8 index;                                                    //索引,如 0 对应 ide0,1 对应 ide1
    ...
    //DMA 操作
    int(*dma_setup)(ide_drive_t*);
    void(*dma_exec_cmd)(ide_drive_t *, u8);
    void(*dma_start)(ide_drive_t*);
    int(*ide_dma_end)(ide_drive_t *drive);
    int(*ide_dma_check)(ide_drive_t *drive);
    int(*ide_dma_on)(ide_drive_t *drive);
    int(*ide_dma_off_quietly)(ide_drive_t *drive);
    int(*ide_dma_test_irq)(ide_drive_t *drive);
    int(*ide_dma_host_on)(ide_drive_t *drive);
    int(*ide_dma_host_off)(ide_drive_t *drive);
    int(*ide_dma_lostirq)(ide_drive_t *drive);
    int(*ide_dma_timeout)(ide_drive_t *drive);
    //寄存器访问
    void(*OUTB)(u8 addr, unsigned long port);
    void(*OUTBSYNC)(ide_drive_t *drive, u8 addr, unsigned long port);
    void(*OUTW)(u16 addr, unsigned long port);
    void(*OUTL)(u32 addr, unsigned long port);
    void(*OUTSW)(unsigned long port, void *addr, u32 count);
    void(*OUTSL)(unsigned long port, void *addr, u32 count);

    u8(*INB)(unsigned long port);
    u16(*INW)(unsigned long port);
    u32(*INL)(unsigned long port);
    void(*INSW)(unsigned long port, void *addr, u32 count);
    void(*INSL)(unsigned long port, void *addr, u32 count);

    ...
} ____cacheline_internodealigned_in_smp ide_hwif_t;
```

hw_regs_s 结构体描述了 IDE 接口的寄存器、用到的中断号和 DMA 入口，是对寄存器和硬件资源的描述，而 ide_hwif_t 是对 IDE 接口硬件访问方法的描述。

因此，为使得新系统支持 IDE 并被内核侦测到，工程师只需要初始化 hw_regs_s 和 ide_hwif_t 这两个结构体，并使用 ide_register_hw()注册 IDE 接口。如下代码给出了 H8/300 系列单片机 IDE 驱动的适配器注册代码。

```
/* 寄存器操作函数 */
static void mm_outw(u16 d, unsigned long a)
{
 __asm__("mov.b %w0,r2h\n\t"
   "mov.b %x0,r2l\n\t"
   "mov.w r2,@%1"
   :
   :"r"(d),"r"(a)
   :"er2");
}

static u16 mm_inw(unsigned long a)
```

```
{
 register u16 r __asm__("er0");
 __asm__("mov.w @%1,r2\n\t"
   "mov.b r2l,%x0\n\t"
   "mov.b r2h,%w0"
   :"=r"(r)
   :"r"(a)
   :"er2");
 return r;
}

static void mm_outsw(unsigned long addr, void *buf, u32 len)
{
 unsigned short *bp = (unsigned short *)buf;
 for (; len > 0; len--, bp++)
   *(volatile u16 *)addr = bswap(*bp);
}

static void mm_insw(unsigned long addr, void *buf, u32 len)
{
 unsigned short *bp = (unsigned short *)buf;
 for (; len > 0; len--, bp++)
   *bp = bswap(*(volatile u16 *)addr);
}

#define H8300_IDE_GAP (2)

/* hw_regs_t 结构体初始化 */
static inline void hw_setup(hw_regs_t *hw)
{
 int i;

 memset(hw, 0, sizeof(hw_regs_t));
 for (i = 0; i <= IDE_STATUS_OFFSET; i++)
   hw->io_ports[i] = CONFIG_H8300_IDE_BASE + H8300_IDE_GAP*i;
 hw->io_ports[IDE_CONTROL_OFFSET] = CONFIG_H8300_IDE_ALT;
 hw->irq = EXT_IRQ0 + CONFIG_H8300_IDE_IRQ;
 hw->dma = NO_DMA;
 hw->chipset = ide_generic;
}

/* ide_hwif_t 结构体初始化 */
static inline void hwif_setup(ide_hwif_t *hwif)
{
 default_hwif_iops(hwif);

 hwif->mmio   = 2;
 hwif->OUTW   = mm_outw;
 hwif->OUTSW = mm_outsw;
 hwif->INW    = mm_inw;
 hwif->INSW   = mm_insw;
```

```
64   hwif->OUTL   = NULL;
65   hwif->INL    = NULL;
66   hwif->OUTSL = NULL;
67   hwif->INSL   = NULL;
68 }
69
70 /* 注册 IDE 适配器 */
71 void __init h8300_ide_init(void)
72 {
73   hw_regs_t hw;
74   ide_hwif_t *hwif;
75   int idx;
76
77    /* 申请内存区域 */
78   if (!request_region(CONFIG_H8300_IDE_BASE, H8300_IDE_GAP*8, "ide-h8300"))
79     goto out_busy;
80   if (!request_region(CONFIG_H8300_IDE_ALT, H8300_IDE_GAP, "ide-h8300")) {
81     release_region(CONFIG_H8300_IDE_BASE, H8300_IDE_GAP*8);
82     goto out_busy;
83   }
84
85   hw_setup(&hw);                         //初始化 hw_regs_t
86
87   /* 注册 IDE 接口 */
88   idx = ide_register_hw(&hw, &hwif);
89   if (idx == -1) {
90     printk(KERN_ERR "ide-h8300: IDE I/F register failed\n");
91     return;
92   }
93
94   hwif_setup(hwif);                      //设置 ide_hwif_t
95   printk(KERN_INFO "ide%d: H8/300 generic IDE interface\n", idx);
96   return;
97 out_busy:
98   printk(KERN_ERR "ide-h8300: IDE I/F resource already used.\n");
99 }
```

第 1~36 行定义了寄存器读写函数。第 41 行的 hw_setup()函数用于初始化 hw_regs_t 结构体。第 55 行的 hwif_setup()函数用于初始化 ide_hwif_t 结构体。第 71 行的 h8300_ide_init()函数使用 ide_register_hw()注册了这个接口。

习题与练习

1. 块设备有哪些主要数据结构？
2. 块设备有哪些主要操作？
3. IDE 硬盘有几种传输模式？
4. 使用内存空间来模拟出一个磁盘，以块设备的方式来访问这片内存。

第 15 章 网络设备驱动

CHAPTER 15

Internet 现已成为社会重要的基础信息设施之一，是信息流通的重要渠道，如果嵌入式系统能够连接到 Internet 上，则可以方便、低廉地将信息传送到世界上的任何一个地方。

15.1 网络设备驱动简介

Linux 网络设备不像字符设备和块设备那样有一个特殊的文件作为其设备节点，网络设备通常是通过一种套接字（socket）接口来实现事务处理的。网络接口是由内核网络子程序驱动的，它负责发送和接收数据包。

15.1.1 驱动程序体系结构

从整体角度考虑，Linux 网络系统可以分为硬件层、设备驱动层、网络协议层和应用层。其中，网络协议层得到的数据包通过设备驱动的发送函数被发送到具体的通信设备上，通信设备传来的数据也在设备驱动程序的接收函数中被解析，并组成相应的数据包传给网络协议层。实现一个网络设备驱动程序的主要工作只是根据具体的硬件设备向它的高层提供服务而已，这与字符设备、块设备的思路都是一样的。整个网络设备驱动程序体系结构如图 15-1 所示。

在 Linux 中，整个网络接口驱动程序的框架可分为 4 层，从上到下分别为协议接口层、网络设备接口层、提供实际功能的设备驱动功能层，以及网络设备和网络媒介层。这个框架在内核网络模块中已经搭建好了，在设计网络驱动程序时，要做的主要工作就是根据上层网络设备接口层定义的 device 结构和底层具体的硬件特性，完成设备驱动的功能。

在 Linux 中，网络设备接口层是对所有网络设备的一个抽象，其提供了对所有网络设备的操作集合。所有对网络硬件的访问都是通过这一接口进行的，接口为所有类型的硬件提供了一个一致化的操作集合。任意一个网络接口均可看成一个发送和接收数据包的实体。在 Linux 中，这个统一的接口就是数据结构 device。一个设备就是一个对象，即 device 结构，其内部有自己的数据和方法。每一个设备的方法被调用时的第一个参数都是这个设备对象本身。这样，这个方法就可以存取自身的数据，类似面向对象程序设计中的 this 引用。

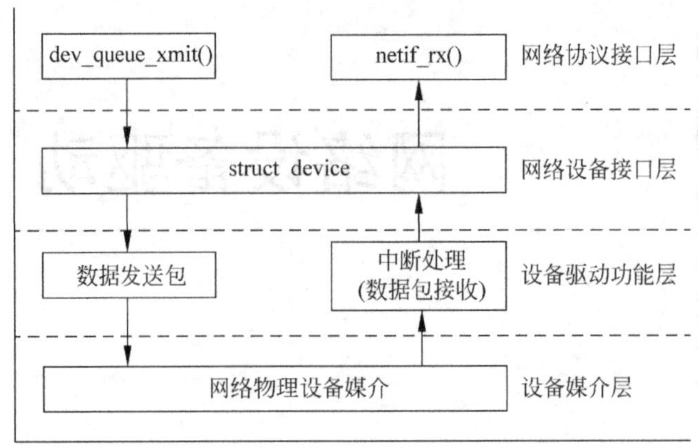

图 15-1 网络设备驱动程序体系结构

15.1.2 主要数据结构

网络驱动程序部分主要有两个数据结构，一个是网络设备数据结构 net_device，另一个是套接字缓冲区 sk_buff。

1. net_device 结构

网络设备数据结构 net_device 是整个网络体系的中枢，定义了很多供系统访问和协议层调用的设备标准的方法，包括设备初始化和向系统注册用的 init 函数、打开和关闭网络设备的 open 函数和 stop 函数、处理数据包发送的 hard_start_xmit 函数以及中断处理函数、接口状态统计函数等，它定义在/include/linux/netdevice.h 中。数据结构 device 操作的数据对象——数据包是通过数据结构 sk_buff 来封装的。其主要成员说明如表 15-1 和表 15-2 所示。

表 15-1 net_device 主要成员变量

成　员	功　能
char name[IFNAMSIZ]	网络设备特殊文件，每一个名字表示其设备类型，以太网设备编号为/dev/eth0、/dev/eth1 等
unsigned long state	表示设备的状态，它包括许多标志，驱动程序无须直接操作这些标志，而由内核提供一组函数来实现
struct net_device *next	指向下一个网络设备，驱动程序不应该修改这个成员
unsigned long mem_end	表示共享内存的结束地址
unsigned long mem_start	表示共享内存的开始地址
unsigned long base_addr	设备 I/O 地址
unsigned int irq	设备 IRQ 中断号
unsigned char if_port	表示多个端口设备上使用哪个端口
unsigned char dma	为设备分配的 DMA 通道
unsigned mtu	表示最大传输单元值的接口
unsigned short type	物理硬件类型
unsigned short hard_header_len	指向数据包头信息的长度
unsigned char broadcast[MAX_ADDR_LEN]	硬件广播网地址
unsigned char dev_addr[MAX_ADDR_LEN]	硬件地址

续表

成　员	功　能
unsigned char addr_len	硬件地址长度
unsigned short flags	接口标识
unsigned long tx_queue_len	在设备的传输队列中的最大帧个数
unsigned long trans_start	保存 jiffies 值，在传输开始及接收到数据包时负责更新
void *priv	该成员等价于 filp->private_data，经由 alloc_netdev 设置，不能直接访问，如果要访问，则需要使用 netdev_priv 函数
int watchdog_timeo	表示在网络层确定传输已经超时并且调用驱动程序的 tx_timeout 函数之前的最小时间
struct dev_mc_list *mc_list	该成员用于处理组播传输
int mc_count	表示 mc_list 所包含的项数目
spinlock_t xmit_lock	该成员用来避免同时对驱动程序中 har_start_xmit 函数的多次调用
int xmit_lock_owner	该成员用于获得 xmit_lock 的 CPU 编号

表 15-2　net_device 主要成员函数

成　员	功　能
int （*open)（struct net_device *dev)	打开网络接口，该函数应该注册所有的系统资源，打开硬件并对设备执行其需要的设置
int （*stop)（struct net_device *dev)	停止网络接口
int（*hard_start_xmit)（struct sk_buff *skb，struct net_device *dev)	该方法用于初始化数据报的传输，用于发送数据包
int （*hard_header) （struct sk_buff *skb， struct net_device *dev，unsigned short type，void *daddr，void *saddr，unsigned len)；	该方法根据先前检索到的源和目标硬件地址建立硬件头。在调用 hard_start_xmit 函数之前调用，它的任务是将作为参数传递进入的信息组织成设备特有的硬件头信息
int （*rebuild_header)（struct sk_buff *skb)	用于重建硬件头，在传输数据包之前并且完成 ARP 解析之后调用
int （*set_config)（struct net_device *dev，struct ifmap *map)	用于改变接口配置
void （*tx_timeout) （struct net_device *dev)	用于解决数据包传输失败的问题，并重新开始数据包的传输

net_device 结构还包括许多其他成员，但在网络驱动程序中很少使用，此处不一一列举。

2．sk_buff 结构

TCP/IP 的不同协议层间，以及与网络驱动程序之间数据包的传递都是通过 sk_buff 结构体来完成的，这个结构体主要包括传输层、网络层、连接层需要的变量，决定数据区位置和大小的指针，以及发送接收数据包所用到的具体设备信息等。根据网络应用的特点，对链表的操作主要是删除链表头的元素和添加元素到链表尾。

该数据结构定义在/include/linux/skbuff.h 中，其主要成员如表 15-3 所示。

表 15-3 sk_buff 主要成员

成 员	功 能
struct sk_buff * next	指向下一个 sk_buff 结构对象
struct sk_buff * prev	指向前一个 sk_buff 结构对象
unsigned char *head	指向内存中数据的起始地址，sk_buff 和相关数据块被分配后，该指针就固定下来
unsigned char *data	指向协议数据的当前起始地址，随协议层的变化而变化
unsigned char *tail	指向协议数据的当前结尾地址，随协议层的变化而变化
unsigned char *end	指向内存数据的结尾地址，sk_buff 和相关数据块被分配后，该指针就固定下来
unsigned int len	表示当前协议数据包的长度
unsigned int truesize	表示数据缓冲区的实际长度

15.1.3 基本函数

一个网络设备最基本的方法有初始化、发送和接收。初始化程序完成硬件的初始化、数据结构 device 中变量的初始化和系统资源的申请。发送程序是在驱动程序的上层协议层有数据要发送时自动调用的。一般驱动程序不对发送数据进行缓存，而是直接使用硬件的发送功能把数据发送出去。接收数据一般是通过硬件中断来通知的。在中断处理程序里，把硬件帧信息填入一个 sk_buff 结构中，然后调用 netif_rx()传递给上层处理。

1. 初始化（initialize）

驱动程序必须有一个初始化方法，在把驱动程序载入系统时会调用这个初始化程序。可以完成以下几方面的工作：

（1）检测设备：在初始化程序里可以根据硬件的特征检查硬件是否存在，然后决定是否启动这个驱动程序。

（2）配置和初始化硬件：在初始化程序里可以完成对硬件资源的配置，例如，即插即用的硬件就可以在这个时候进行配置。

（3）申请这些资源：配置或协商好硬件占用的资源以后，可以向系统申请这些资源。

有些资源是可以和其他设备共享的，例如中断；有些是不能共享的，例如 I/O、DMA。接下来要初始化 device 结构中的变量。最后，可以让硬件正式开始工作。

2. 打开（open）

open 函数在网络设备驱动程序中，当网络设备激活时被调用，即设备状态由 down 转变为 up。实际上，很多初始化的工作可以在这里做，例如资源的申请、硬件的激活。如果 dev−>open 返回非 0（error），则硬件的状态还是 down。open 方法的另一个作用是，如果驱动程序作为一个模块被装入，则要防止模块卸载时设备处于打开状态。在 open 方法里要调用 MOD_INC_USE_COUNT 宏。

3. 关闭（close）

close 方法完成和 open 相反的工作，它可以释放某些资源以减少系统负担。close 是在设备状态由 up 转为 down 时被调用的。另外，如果是作为模块装入的驱动程序，close 里应该调用 MOD_DEC_USE_COUNT，减少设备被引用的次数，以使驱动程序可以被卸载。除此之外，close 方法必须返回成功。

4. 发送（hard_start_xmit）

所有的网络设备驱动程序都必须有这个发送方法。在系统调用驱动程序的 xmit 时，发送的数据放在一个 sk_buff 结构中。一般的驱动程序把数据传给硬件发出去，也有一些特殊的设备，例如 loopback 把数据组成一个接收数据再回送给系统，或者 dummy 设备直接丢弃数据。

如果发送成功，hard_start_xmit 方法里释放 sk_buff，返回 0（发送成功）。如果设备暂时无法处理，例如硬件忙，则返回 1。这时如果 dev->tbusy 设置为非 0，则系统认为硬件忙，要等到 dev->tbusy 置 0 以后才会再次发送。tbusy 的置 0 任务一般由中断完成。硬件在发送结束后产生中断，同时可以把 tbusy 置 0，然后调用 mark_bh()通知系统可以再次发送。在发送不成功的情况下，也可以不置 dev->tbusy 为非 0，此时系统会不断尝试重发。可见，如果 hard_start_xmit 发送不成功，则不需要释放 sk_buff。

由于从上层传送下来的 sk_buff 中的数据已经包含硬件需要的帧头，所以在发送方法里不需要再次填充硬件帧头，数据可以直接提交给硬件发送。sk_buff 是被锁住的（locked），确保不会被其他程序存取。

5. 接收（reception）

一般设备收到数据后都会产生一个中断，在中断处理程序中驱动程序申请一块 sk_buff（skb），从硬件读出数据放置到申请好的缓冲区里，接下来填充 sk_buff 中的一些信息。然后判断收到帧的协议类型，填入 skb->protocol（多协议的支持）。把指针 skb->mac.raw 指向硬件数据然后丢弃硬件帧头（skb_pull）。还要设置 skb->pkt_type，标明第二层（链路层）数据类型。可以是以下类型：

（1）PACKET_BROADCAST：链路层广播。

（2）PACKET_MULTICAST：链路层组播。

（3）PACKET_SELF：发给自己的帧。

（4）PACKET_OTHERHOST：发给别人的帧，监听模式时会有这种帧。

最后调用 netif_rx()把数据传送给协议层。在 netif_rx()里数据放入处理队列然后返回，真正的处理是在中断返回以后，这样可以减少中断时间。

6. 硬件帧头（hard_header）

硬件一般都会在上层数据发送之前加上其硬件帧头，例如以太网就有 14 字节的帧头。这个帧头是加在上层 ip、ipx 等数据包的前面的。驱动程序提供一个 hard_header 方法，协议层（ip、ipx、arp 等）在发送数据之前会调用这段程序。硬件帧头的长度必须填在 dev->hard_header_len，这样，协议层会在数据之前保留好硬件帧头的空间，hard_header 程序只要调用 skb_push 然后正确填入硬件帧头就可以了。

在协议层调用 hard_header 时，传送 6 个参数：数据的 sk_buff、device 指针、protocol、daddr、saddr 和 len。数据长度不使用 sk_buff 中的参数，因为调用 hard_header 时数据可能还没完全组织好。saddr 是 NULL 时使用默认地址（default）。daddr 是 NULL 表明协议层不知道硬件的目的地址。如果 hard_header 完全填好了硬件帧头，则返回添加的字节数；如果硬件帧头中的信息还不完全，则返回负字节数。hard_header 返回负数的情况下，协议层会做进一步的 build header 的工作。

7. 地址解析（xarp）

有些网络有硬件地址，并且在发送硬件帧时需要知道目的硬件地址。这样就需要上层协议地址（ip、ipx）和硬件地址的对应，这个对应是通过地址解析完成的。处理 arp 的设备在发送之前会调用驱动程序的 rebuild_header，调用的主要参数包括指向硬件帧头的指针和协议层地址。如果驱动程序能够解析硬件地址，就返回 1；如果不能，返回 0。对 rebuild_header 的调用在 net/core/dev.c 的 do_dev_queue_xmit()里。

8. 参数设置和统计数据

驱动程序还提供一些方法供系统对设备的参数进行设置和读取信息。一般只有超级用户（root）权限才能对设备参数进行设置。设置方法有：

（1）dev->set_mac_address()，当用户调用 ioctl 类型为 SIOCSIFHWADDR 时要设置这个设备的 mac 地址。一般对 mac 地址的设置是没有太大意义的。

（2）dev->set_config()，当用户调用 ioctl 的类型为 SIOCSIFMAP 时，系统会调用驱动程序的 set_config 方法。用户会传递一个 ifmap 结构，其包含需要的 I/O、中断等参数。

（3）dev->do_ioctl()，如果用户调用 ioctl 的类型在 SIOCDEVPRIVATE 和 SIOCDEVPRIVATE +15 之间，系统会调用驱动程序的这个方法。一般是设置设备的专用数据。

读取信息也是通过调用 ioctl 进行。除此之外，驱动程序还可以提供一个 dev->get_stats 方法，返回一个 enet_statistics 结构，包含发送和接收的统计信息。

ioctl 的处理在 net/core/dev.c 的 dev_ioctl()和 dev_ifsioc()中。

15.2 CS8900A 网卡设备

随着以太网在不同领域的广泛应用和发展，各种以太网控制芯片层出不穷。其中 CS8900A 就是性能十分优良的一款，它主要为嵌入式应用系统、便携式产品和某些适配卡等提供一种切实可行的以太网解决方案。大量实践表明，该芯片可靠易用，是实现以太网的良好选择。

15.2.1 CS8900A 简介

CS8900A 是 CIRRUS LOGIC 公司生产的低功耗、性能优越的 16 位以太网控制器，功能强大。该芯片的突出特点是使用灵活，其物理层接口、数据传输模式和工作模式等都能根据需要动态调整，通过内部寄存器的设置来适应不同的应用环境。

1. 主要功能模块和特点

CS8900A 内部功能模块主要是 802.3 介质访问控制块（MAC）。802.3 介质访问控制块支持全双工操作，完全依照 IEEE802.3 以太网标准（ISO/IEC8802-3，1993），它负责处理有关以太网数据帧的发送和接收，包括冲突检测、帧头的产生和检测、CRC 校验码的生成和验证。通过对发送控制寄存器（TxCMD）的初始化配置，MAC 能自动完成帧的冲突后重传；如果帧的数据部分少于 46 个字节，它能生成填充字段使数据帧达到 802.3 所要求的最短长度。它的主要特点如下：

（1）符合 IEEE 802.3 以太网标准，并带有 ISA 接口。

（2）片内 4K 字节 RAM。

（3）适用于 I/O 操作模式，存储器操作模式和 DMA 操作模式。

（4）带有传送、接收低通滤波的 10Base-T 连接站口。

（5）支持 10Base2、10Base5 和 10Base-F 的 AUI 自动重发。

（6）最大电流消耗为 55mA（5V 电源）。

（7）全双工操作。

（8）接网络变压器 YL18-1080S 到 RJ45。

（9）支持外部 EEPROM。

另外，要实现 CS8900A 与主机之间的数据通信，在电路设计时可根据具体情况灵活选择合适的数据传输模式。CS8900A 支持的传输模式有 I/O 模式和 Memory 模式，另外还有 DMA 模式。其中，I/O 模式是访问 CS8900A 存储区的默认模式，比较简单易用。CS8900A 功能框图如图 15-2 所示。

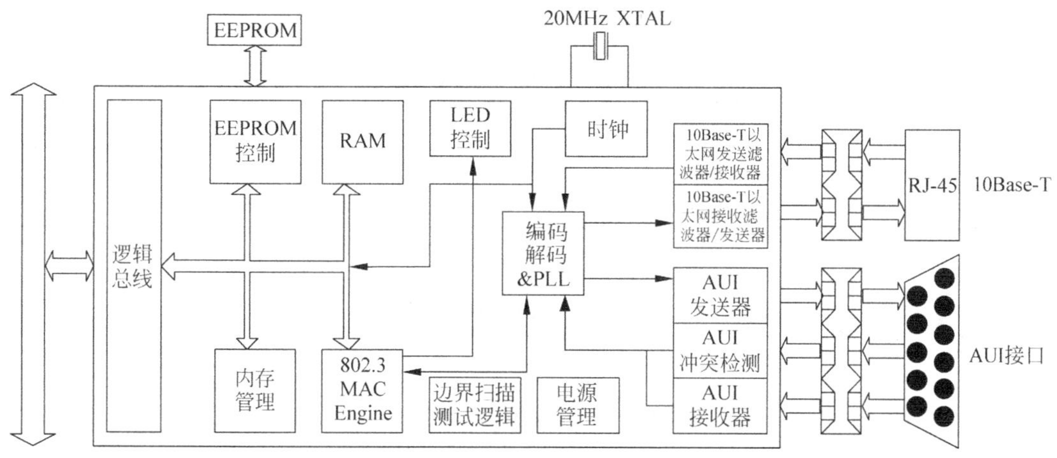

图 15-2 CS8900A 功能框图

2. 工作原理简介

CS8900A 基本工作原理是：在收到由主机发来的数据报后，侦听网络线路。如果线路忙，它就等到线路空闲为止，否则，立即发送该数据帧。发送过程中，首先，它添加以太网帧头（包括先导字段和帧开始标志），然后，生成 CRC 校验码，最后，将此数据帧发送到以太网上。接收时，它将从以太网收到的数据帧在经过解码、去掉帧头和地址检验等步骤后缓存在片内。在 CRC 校验通过后，它会根据初始化配置情况，通知主机 CS8900A 收到了数据帧，最后，用某种传输模式传到主机的存储区中。

15.2.2 CS8900A 网卡接口电路

CS8900A 网卡主要由三部分组成：RJ-45、10Base-T 和 CS8900A 芯片。其中，CS8900A 芯片与 10Base-T 连接的接口引脚为 RXD−、RXD+、TXD−和 TXD+，如图 15-3 所示，表 15-4 列出了这四个引脚的功能。

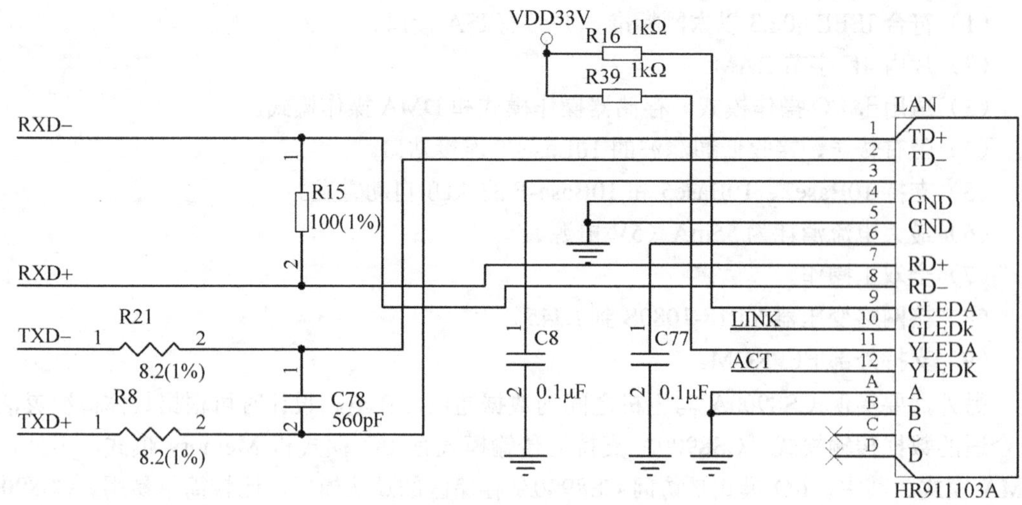

图 15-3 CS8900A 接口电路

表 15-4 10Base-T 引脚功能

引　　脚	功　　能
RXD−，RXD+	数据接收、差分输入管脚对
TXD−，TXD+	数据发送、差分输入管脚对

15.3 CS8900A 设备驱动程序

网络驱动程序主要完成系统的初始化、数据包的发送和接收。在以前的内核版本中，网络设备的初始化主要由 net_device 数据结构中的 init 函数指针所指向的初始化函数来完成。在现在较新的 2.6 内核中，网络设备的初始化主要由 device_driver 数据结构中的 probe 函数指针所指向的函数来完成。数据包的发送和接收是实现 Linux 网络驱动程序中两个最关键的过程，对这两个过程处理的好坏将直接影响驱动程序的整体运行质量。

15.3.1 初始化网络设备

CS8900A 网卡设备驱动的初始化主要由 device_driver 数据结构中的 probe 函数指针所指向的初始化函数来完成，当内核启动或加载网络驱动模块时，就会调用这个初始化函数。该模块加载函数实现如下：

```
static int __init cirrus_init(void)
{
    return driver_register(&cirrus_driver);
}
```

模块加载函数 cirrus_init 通过调用内核函数 driver_register 来注册 CS8900A 网卡设备驱

动，driver_register 函数的实现在内核 drivers/base/driver.c 文件中。对设备驱动程序进行注册和初始化是两件不同的事情。设备驱动程序应当尽快被注册，以便用户应用程序通过相应的设备文件使用它。通常设备驱动程序在最后可能的时刻才被初始化。事实上，初始化驱动程序意味着分配系统宝贵的资源，这些被分配的资源因此无法被其他驱动程序使用。关于注册网络设备驱动的结构 cirrus_driver 的定义如下：

```
1 static struct device_driver cirrus_driver = {
2   .name    = "cirrus-cs89x0",
3   .bus     = &platform_bus_type,
4   .probe   = cirrus_drv_probe,
5   .remove  = cirrus_remove,
6   .suspend = cirrus_suspend,
7   .resume  = cirrus_resume,
8 };
```

第 1 行中，定义变量 cirrus_driver 为 device_driver 结构类型，关于 device_driver 结构的定义在 include/linux/device.h 文件中；第 2 行定义设备驱动名称为 cirrus-cs89x0；第 3 行定义 bus 类型为 platform_bus_type；第 4 行定义 probe 函数为 cirrus_drv_probe，也就是说，该网络设备的初始化是由 cirrus_drv_probe 函数完成的，下面会具体讲述这个函数。第 5 行定义 remove 函数为 cirrus_remove，该函数主要完成网络设备的退出功能；第 6 行定义 suspend 函数为 cirrus_suspend，用来实现设备驱动的挂起操作，一般不用实现；第 7 行定义 resume 函数为 cirrus_resume，该函数用来实现从挂起状态返回到继续执行状态，一般也不用实现。

现在分析一下初始化函数 cirrus_drv_probe 的具体实现。在初始化函数中，通过检测物理设备的硬件特征来侦测网络物理设备是否存在，然后对设备进行资源配置以及内存映射，接下来构造设备的 net_device 数据结构，并用检测到的数据对 net_device 中的变量初始化，最后向 Linux 内核注册该设备并申请内存空间。

```
int __init cirrus_drv_probe (struct device *dev)
{
  struct platform_device *pdev = to_platform_device(dev);
  struct resource *res;
  unsigned int *addr;
  int ret;

  res = platform_get_resource(pdev, IORESOURCE_MEM, 0);
  if (!res) {
    ret = -ENODEV;
    goto out;
  }

   /* 域请求 */
   if (!request_mem_region(res->start, 16, "cirrus-cs89x0")) {
     ret = -EBUSY;
     goto out;
   }

   /* 重映射 */
```

```
21  addr = ioremap(res->start, res->end - res->start);
22  if (!addr) {
23    ret = -ENOMEM;
24    goto release_1;
25  }
26
27  ndev = alloc_etherdev(sizeof(cirrus_t));
28  if (!ndev) {
29    printk("cirrus-cs89x0: could not allocate device.\n");
30    ret = -ENOMEM;
31    goto release_2;
32  }
33
34  SET_NETDEV_DEV(ndev, dev);
35
36  ndev->irq = platform_get_irq(pdev, 0);
37  printk(KERN_DEBUG "cirrus: irq:%d\n",ndev->irq);
38
39  dev_set_drvdata(dev, ndev);
40
41  ret = cirrus_probe(ndev, (unsigned long)addr);
42  if (ret != 0)
43    goto release_3;
44  return 0;
45
46 release_3:
47  dev_set_drvdata(dev, NULL);
48  free_netdev(ndev);
49 release_2:
50  iounmap(addr);
51 release_1:
52  release_mem_region(res->start, res->end - res->start);
53 out:
54  printk("cirrus-cs89x0: not found (%d).\n", ret);
55  return ret;
56 }
```

现在分析上述代码。

第 3 行调用 to_platform_device 宏将 device 结构转化为 platform_device 结构的指针。第 4~6 行定义一些该函数内部将用到的局部变量。第 8~12 行调用 platform_get_resource 内核函数来为该平台设备申请内存资源，当该函数返回值为 0 时，表示申请内存资源失败，否则表示成功，返回申请的资源地址。第 15~18 行调用 request_mem_region 宏来请求分配指定的 I/O 内存资源，如果返回值为 0 表示设备或资源被占用。第 21~25 行调用 ioremap 函数将该设备的物理地址转化为内核地址，如果返回值为 0，表示失败，此时需要释放指定的 I/O 内存资源。第 27~32 行调用 alloc_etherdev 函数分配和设置一个以太网设备，如果返回值为 0，表示分配失败，然后调用 iounmap 函数取消之前的内存映射。第 34 行调用 SET_NETDEV_DEV 宏实现为系统文件系统中物理设备创建一个与网络类逻辑设备的链接，也就是说，将物理设备与网络设备联系起来。第 36 行调用 platform_get_irq 函数获得一个设备 IRQ，并将获得结果传递给 ndev->irq。第 39 行调用 dev_set_drvdata 函数将网络设备与驱动具体的数据关联起来。第 41~44 行调用 cirrus_probe 函数实现对网络设备的初始化工作，如果返回 0，表示初始化失败，然后调用 dev_set_drvdata 将驱动设备的具体数据设为空，最后调用 free_netdev 内核函数释放之前注册的网络设备。关于 cirrus_probe 函数的具体实现，下面将具体介绍。目前，对 cirrus_drv_probe 函数的介绍基本完毕。

cirrus_probe 函数主要用来初始化网络设备，包括数据包发送、接收函数的定义、网络设备的注册等。下面具体分析该函数的实现。

```
int __init cirrus_probe (struct net_device *dev, unsigned long ioaddr)
{
  cirrus_t *priv = netdev_priv(dev);
  int i;
  u16 value;

  ether_setup (dev);

  dev->open                = cirrus_start;
   dev->stop               = cirrus_stop;
   dev->hard_start_xmit    = cirrus_send_start;
   dev->get_stats          = cirrus_get_stats;
   dev->set_multicast_list = cirrus_set_receive_mode;
   dev->set_mac_address = cirrus_set_mac_address;
   dev->tx_timeout         = cirrus_transmit_timeout;
   dev->watchdog_timeo     = HZ;

   dev->if_port    = IF_PORT_10BASET;
   dev->priv       = (void *)priv;

   spin_lock_init(&priv->lock);

   SET_MODULE_OWNER (dev);

   dev->base_addr = ioaddr;

   /* 如果 EEPROM 存在,使用其 MAC 地址 */
   if (!cirrus_eeprom(dev,&priv->eeprom))
    for (i = 0; i < 6; i++)
      dev->dev_addr[i] = priv->eeprom.mac[i];
   else
    cirrus_parse_mac(cirrus_mac, dev->dev_addr);

   /* 为 Cirrus Logic 验证 EISA 注册号 */
   if ((value = cirrus_read (dev,PP_ProductID)) != EISA_REG_CODE) {
    printk (KERN_ERR "%s: incorrect signature 0x%.4x\n",dev->name,value);
    return (-ENXIO);
   }

   /* 验证芯片版本 */
   value = cirrus_read (dev,PP_ProductID + 2);
```

```
42 if (VERSION (value) != CS8900A) {
43   printk (KERN_ERR "%s: unknown chip version 0x%08x\n",dev->name,VERSION (value));
44   return (-ENXIO);
45 }
46 printk (KERN_INFO "%s: CS8900A rev %c detected\n",dev->name,'B' + REVISION (value) - REV_B);
47
48 /* 设置中断号 */
49 cirrus_write (dev,PP_IntNum,0);
50
51 /* 配置 MAC 地址 */
52 for (i = 0; i < ETH_ALEN; i += 2)
53   cirrus_write (dev,PP_IA + i,dev->dev_addr[i] | (dev->dev_addr[i + 1] << 8));
54
55 return register_netdev(dev);
56 }
```

现在分析上述代码。

第 3 行调用 netdev_priv 函数获得 net_device 结构末端地址，也就是网卡私有数据结构的起始地址。关于 netdev_priv 函数的内核实现如下：

```
static inline void *netdev_priv(struct net_device *dev)
{
    return (char *)dev + ((sizeof(struct net_device) + NETDEV_ALIGN_CONST) & ~NETDEV_ALIGN_CONST);
}
```

第 4~5 行定义两个局部变量供函数内部使用。

第 7 行调用 ether_setup 函数设置以太网相关的网络设备属性。

第 9~10 行定义网络设备的 open 方法和 stop 方法，分别由 cirrus_start 和 cirrus_stop 函数实现，这两个函数会在后面具体讲解。

第 11 行定义网络设备的数据包发送函数 hard_start_xmit，由 cirrus_send_start 函数具体实现。该函数是网络设备驱动中非常重要的一个函数，后面将会具体介绍该函数的实现。

第 12 行定义网络设备的 get_stats 方法，由 cirrus_get_stats 函数实现，主要用来获得网络设备的状态信息。

第 13 行中网络设备的 set_multicast_list 方法由 cirrus_set_receive_mode 函数完成，主要实现设置接收数据包的类型。

第 14 行定义网络设备的 set_mac_address 方法，由 cirrus_set_mac_address 函数实现，该函数用来设置网络设备的 MAC 地址。

第 15 行定义网络设备的 tx_timeout 方法，由 cirrus_transmit_timeout 函数完成，该函数用于当传输数据包超时时告诉内核来调度网络处理事件队列。

第 16 行初始化网络设备 watchdog_timeo 的值为 HZ。

第 18 行初始化网络设备的 if_port 属性为 IF_PORT_10BASET，即选择 10M 以太网。

第 19 行初始化网络设备的私有数据。第 21 行调用 spin_lock_init 宏来初始化网络设备的自旋锁。

第 23 行调用 SET_MODULE_OWNER 宏设置网络设备的模块拥有属性。

第 25 行初始化网络设备的 base_addr 为 ioremap 映射后的地址。

第 28~32 行检查是否有 EEPROM（Electrically Erasable Programmable Read-Only Memory，电可擦写可编程只读存储器），如果有，设置网络设备的 MAC 地址为 EEPROM 的 MAC 地址，否则，调用 cirrus_parse_mac 函数获得网络设备的 MAC 地址。

第 35~38 行通过读 CS8900A 的产品标识寄存器来检查是否是已定义的产品，如果不是，返回无此设备的错误标志。

第 41~45 行验证芯片的版本是否与定义的版本相同，如果不同，返回无此设备的错误标志。

第 49 行调用 cirrus_write 函数设置相应的寄存器中网络设备中断的个数。第 52~53 行调用 cirrus_write 函数将 MAC 地址写到相应的寄存器。

第 55 行调用 register_netdev 函数注册网络设备到内核中，根据该函数的返回值可以判断是否注册成功，返回值为 0 表示成功，否则表示错误。

15.3.2　打开网络设备

网络设备的打开（open）方法的作用就是激活网络接口，使它能接收来自网络的数据并且传递到网络协议栈的上层，也可以将数据发送到网络上。先来分析 CS8900A 网卡设备的打开实现函数 cirrus_start。

```
1 static int cirrus_start (struct net_device *dev)
2 {
3   int result;
4
5   /* 判断是否是有效的以太网地址 */
6   if (!is_valid_ether_addr(dev->dev_addr)) {
7     printk(KERN_ERR "%s: invalid ethernet MAC address\n",dev->name);
8     return (-EINVAL);
9   }
10
11    /* 安装中断句柄 */
12    if ((result = request_irq (dev->irq,&cirrus_interrupt,0,dev->name,dev)) < 0) {
13      printk (KERN_ERR "%s: could not register interrupt %d\n",dev->name,dev->irq);
14      return (result);
15    }
16
17    set_irq_type(dev->irq, IRQT_RISING);
18
19    /* 使能以太网控制器 */
20    cirrus_set (dev,PP_RxCFG,RxOKiE | BufferCRC | CRCerroriE | RuntiE | ExtradataiE);
21    cirrus_set (dev,PP_RxCTL,RxOKA | IndividualA | BroadcastA);
22    cirrus_set (dev,PP_TxCFG,TxOKiE | Out_of_windowiE | JabberiE);
23    cirrus_set (dev,PP_BufCFG,Rdy4TxiE | RxMissiE | TxUnderruniE | TxColOvfiE | MissOvfloiE);
24    cirrus_set (dev,PP_LineCTL,SerRxON | SerTxON);
25    cirrus_set (dev,PP_BusCTL,EnableRQ);
26
27 #ifdef FULL_DUPLEX
28    cirrus_set (dev,PP_TestCTL,FDX);
29 #endif /* #ifdef FULL_DUPLEX */
```

```
30
31  /* 启动队列 */
32  netif_start_queue (dev);
33
34  return (0);
35 }
```

现在分析上述代码。

第 6~9 行调用 is_valid_ether_addr 函数来确认已知的以太网地址是否有效，如果不是，返回无效错误标志。

第 12~15 行调用 request_irq 函数申请一个 IRQ 资源，并且定义该中断处理函数为 cirrus_interrupt，这个函数在后面会专门介绍。

第 17 行调用 set_irq_type 函数来设置刚才申请的 IRQ 类型，设置类型为上升沿触发（IRQT_RISING）。

第 20~25 行通过调用 cirrus_set 函数设置 CS8900A 芯片的相关寄存器，来启动 CS8900A 以太网控制器。需要设置哪些寄存器需要参考 CS8900A 芯片的用户手册。

第 27~29 行，如果支持全双工传输模式，需要调用 cirrus_set 函数来设置相应的寄存器使该功能启动。

第 32 行调用 netif_start_queue 函数告诉上层网络协议该驱动程序有空的缓冲区可用，请开始送数据包。

第 34 行返回 0。

15.3.3 关闭网络设备

网络设备的关闭（stop）方法用于停止网络设备，它的作用与 open 方法相反，CS8900A 网卡设备的关闭方法由 cirrus_stop 函数实现，具体实现如下：

```
static int cirrus_stop (struct net_device *dev)
{
  /* 取消使能以太网控制器 */
  cirrus_write (dev,PP_BusCTL,0);
  cirrus_write (dev,PP_TestCTL,0);
  cirrus_write (dev,PP_SelfCTL,0);
  cirrus_write (dev,PP_LineCTL,0);
  cirrus_write (dev,PP_BufCFG,0);
  cirrus_write (dev,PP_TxCFG,0);
  cirrus_write (dev,PP_RxCTL,0);
  cirrus_write (dev,PP_RxCFG,0);

  /* 卸载中断处理器 */
  free_irq (dev->irq,dev);

  /* 停止队列 */
  netif_stop_queue (dev);

  return (0);
}
```

现在分析上述代码。

第 4~11 行调用 cirrus_write 函数写 CS8900A 芯片相应的寄存器，从而关闭 CS8900A 以太网控制器。

第 14 行调用 free_irq 函数释放之前申请的 IRQ 资源。

第 17 行调用 netif_stop_queue 函数告诉上层网络请不要再送数据包。

15.3.4 中断处理

CS8900A 网卡设备驱动的中断处理函数是对接收帧（Frame，即帧。数据在网络上是以帧为单位传输的）事件、发送帧事件、Buffer 事件、传输出现冲突事件和获取丢失帧事件等进行处理。该中断处理函数由 cirrus_interrupt 函数实现，具体实现如下：

```
static irqreturn_t cirrus_interrupt (int irq,void *id)
{
 struct net_device *dev = (struct net_device *) id;
 cirrus_t *priv = netdev_priv(dev);
 u16 status;

 if (dev->priv == NULL) {
  printk (KERN_WARNING "%s: irq %d for unknown device.\n",dev->name,irq);
  return IRQ_RETVAL(IRQ_NONE);
 }

 spin_lock(&priv->lock);

 while ((status = cirrus_read (dev,PP_ISQ))) {
  switch (RegNum (status)) {
  case RxEvent:
   cirrus_receive (dev);
   break;

  case TxEvent:
   priv->stats.collisions += ColCount (cirrus_read (dev,PP_TxCOL));
   if (!(RegContent (status) & TxOK)) {
    priv->stats.tx_errors++;
    if ((RegContent (status) & Out_of_window)) priv->stats.tx_window_errors++;
    if ((RegContent (status) & Jabber)) priv->stats.tx_aborted_errors++;
    break;
   } else if (priv->txlen) {
    priv->stats.tx_packets++;
    priv->stats.tx_bytes += priv->txlen;
   }
   priv->txlen = 0;
   netif_wake_queue (dev);
   break;

  case BufEvent:
   if ((RegContent (status) & RxMiss)) {
```

```
37          u16 missed = MissCount (cirrus_read (dev,PP_RxMISS));
38          priv->stats.rx_errors += missed;
39          priv->stats.rx_missed_errors += missed;
40        }
41        if ((RegContent (status) & TxUnderrun)) {
42          priv->stats.tx_errors++;
43          /* 如果频繁运行,启动 */
44          switch (priv->stats.tx_fifo_errors++) {
45          case 3: priv->txafter = After381; break;
46          case 6: priv->txafter = After1021; break;
47          case 9: priv->txafter = AfterAll; break;
48          default: break;
49          }
50        }
51        /* 仅为 Tx 事件时唤醒! */
52        if ((RegContent (status) & (TxUnderrun | Rdy4Tx))) {
53          priv->txlen = 0;
54          netif_wake_queue (dev);
55        }
56        break;
57
58      case TxCOL:
59        priv->stats.collisions += ColCount (cirrus_read (dev,PP_TxCOL));
60        break;
61
62      case RxMISS:
63        status = MissCount (cirrus_read (dev,PP_RxMISS));
64        priv->stats.rx_errors += status;
65        priv->stats.rx_missed_errors += status;
66        break;
67
68      default:
69        break;
70      }
71    }
72
73    spin_unlock(&priv->lock);
74    return IRQ_RETVAL(IRQ_HANDLED);
75  }
```

现在分析上述代码。

第 3 行将参数 id 强制转化为 net_device 结构的指针，然后赋值给 dev 变量。

第 4 行调用 netdev_priv 函数获得网卡私有数据结构的起始地址并赋值给变量 priv。

第 7~10 行，如果网络设备的私有数据为空，直接返回错误。

第 12 行调用 spin_lock 宏获得网络设备私有数据的自旋锁。

第 14 行调用 cirrus_read 函数读 CS8900A 的中断状态队列寄存器来获得当前的中断状态。

第 15 行调用 RegNum 宏得出具体的中断类型。

第 16~17 行为接收帧事件，当网卡接收到数据就会触发一次该中断，然后调用

cirrus_receive 函数处理数据包的接收，关于该函数的实现在下面会具体介绍。

第 20~33 行，如果网卡将数据发送成功，则会触发一次该中断，在中断处理例程中将 net_device_stats 结构体中的 tx_packets（表示发送的包的个数）元素递增并通知上层可继续送包下来。

第 35~56 行，Buffer 事件中，当 RxMiss 置位时表示由于数据从缓冲区中搬移到主机速度较慢而丢失了一些接收的帧，读寄存器获取丢失的包的数目。当 TxUnderrun 置位表示在帧结束前网卡运行已过时。改变网络状态结构体中对应元素的值，接着通知上层可往下发送包数据。

第 58~60 行，当传输出现冲突错误时，通过读寄存器值得到当前冲突的个数，加到统计结构体中的对应元素 collisions 上。

第 62~66 行，读寄存器获取丢失帧的个数，并将其状态结果加到统计结构体对应的元素值上。

第 73 行调用 spin_unlock 宏来解锁。

第 74 行返回 1 表示中断处理完成。

15.3.5　发送数据

网络设备数据发送是由 net_device 结构中的 hard_start_xmit 方法实现的，所有的网络设备驱动程序都必须实现该方法。CS8900A 网卡设备驱动的数据发送具体由 cirrus_send_start 函数实现，其实现代码如下：

```
static int cirrus_send_start (struct sk_buff *skb,struct net_device *dev)
{
 cirrus_t *priv = netdev_priv(dev);
 u16 status;

 /* 当 irq 失能时,Tx 启动,
  * 否则,状态错误 */
 spin_lock_irq(&priv->lock);

  netif_stop_queue (dev);

  cirrus_write (dev,PP_TxCMD,TxStart (priv->txafter));
  cirrus_write (dev,PP_TxLength,skb->len);

  status = cirrus_read (dev,PP_BusST);

  if ((status & TxBidErr)) {
   printk (KERN_WARNING "%s: Invalid frame size %d!\n",dev->name,skb->len);
   priv->stats.tx_errors++;
   priv->stats.tx_aborted_errors++;
   priv->txlen = 0;
   spin_unlock_irq(&priv->lock);
   return (1);
  }

```

```
26  if (!(status & Rdy4TxNOW)) {
27    printk (KERN_WARNING "%s: Transmit buffer not free!\n",dev->name);
28    priv->stats.tx_errors++;
29    priv->txlen = 0;
30    spin_unlock_irq(&priv->lock);
31    return (1);
32  }
33
34  cirrus_frame_write (dev,skb);
35
36 #ifdef DEBUG
37  dump_packet (dev,skb,"send");
38 #endif /* #ifdef DEBUG */
39
40  dev->trans_start = jiffies;
41  spin_unlock_irq(&priv->lock);
42
43  dev_kfree_skb (skb);
44  priv->txlen = skb->len;
45
46  return (0);
47 }
```

现在分析上述代码。

第 3 行调用 netdev_priv 函数获得网卡私有数据结构的起始地址并赋值给变量 priv。

第 8 行调用 spin_lock_irq 宏获得自旋锁，该宏首先会关闭当前 CPU 的中断，然后获得锁，因为在处理发送数据之前，必须先关闭中断，否则会引起错误。

第 10 行调用 netif_stop_queue 函数告诉上层网络请不要再送数据包。

第 12~13 行调用 cirrus_write 函数写数据发送命令寄存器开始发送数据，并且给发送数据长度寄存器中写要发送数据包的长度。

第 15 行调用 cirrus_read 函数读 Bus 状态寄存器。

第 16~24 行，当数据帧的大小不在规定的大小范围之内时产生 Bid 错误。当 Bus 状态寄存器中的 TxBidErr 置位时，表明已经产生了 Bid 错误，此时在统计数据结构中增加相应的错误计数值，然后调用 spin_unlock_irq 宏解锁，最后退出发送函数。

第 26~32 行，当 Bus 状态寄存器中的 Rdy4TxNOW 置 0 时，表明 Bus 状态还没有准备就绪发送数据，此时在统计数据结构中增加相应的错误计数值，然后调用 spin_unlock_irq 宏解锁，最后退出发送函数。

第 34 行调用 cirrus_frame_write 函数将 sk_buff 结构的 data 值写进设备 I/O 地址中，该函数的实质就是将数据发送到硬件层。

第 36~38 行，如果打开了调试选项，将调用 dump_packet 函数打印发送数据包的一些数据信息。

第 40 行将 jiffies 值赋给设备结构的 trans_start 项，jiffies 用来统计系统自运行以来的时钟中断的次数，每次时钟中断都会使 jiffies 的值加 1。

第 41 行调用 spin_unlock_irq 宏解锁。

第 43 行调用 dev_kfree_skb 函数释放缓冲区，并把它返回给缓冲池（缓存）。

第 46 行退出发送数据函数。

15.3.6 接收数据

当有数据到达时产生中断信号，网络设备驱动功能层调用中断处理程序来处理数据包的接收，在中断处理程序中调用 cirrus_receive 函数完成数据包的接收，cirrus_receive 函数的具体实现如下：

```
static void cirrus_receive (struct net_device *dev)
{
  cirrus_t *priv = netdev_priv(dev);
  struct sk_buff *skb;
  u16 status,length;

  status = cirrus_read (dev,PP_RxStatus);
  length = cirrus_read (dev,PP_RxLength);

   if (!(status & RxOK)) {
     priv->stats.rx_errors++;
     if ((status & (Runt | Extradata))) priv->stats.rx_length_errors++;
     if ((status & CRCerror)) priv->stats.rx_crc_errors++;
     return;
   }

   if ((skb = dev_alloc_skb (length + 4)) == NULL) {
     priv->stats.rx_dropped++;
     return;
   }

   skb->dev = dev;
   skb_reserve (skb,2);

   cirrus_frame_read (dev,skb,length);

#ifdef DEBUG
   dump_packet (dev,skb,"recv");
#endif /* #ifdef DEBUG */

   skb->protocol = eth_type_trans (skb,dev);

   netif_rx (skb);
   dev->last_rx = jiffies;

   priv->stats.rx_packets++;
   priv->stats.rx_bytes += length;
}
```

现在分析上述代码。

第 3 行调用 netdev_priv 函数获得网卡私有数据结构的起始地址并赋值给变量 priv。

第 4 行定义一个 sk_buff 结构的指针，用来存放接收的数据包。

第 7~8 行通过调用 cirrus_read 函数来读取接收状态寄存器和接收数据长度寄存器来分别获得接收数据的状态和接收到数据的长度。

第 10~15 行，当接收状态未就绪时，将统计结构的相应元素值加 1，最后退出数据接收函数。

第 17~20 行，调用 dev_alloc_skb 函数为 sk_buff 结构指针申请内存空间，当申请失败时，退出数据接收函数。

第 22 行将网络设备的指针赋给 sk_buff 结构的 dev 元素。第 23 行调用 skb_reserve 函数来填充 2 个字节到数据头，这样确保接收到的数据中 IP 包的起始地址是字节对齐的。

第 25 行调用 cirrus_frame_read 函数从硬件读取发送的数据，将数据存放到之前申请的 skb 内存中。

第 27~29 行，如果开启调试功能，调用 dump_packet 函数打印接收数据的相关信息。

第 31 行调用 eth_type_trans 函数获得数据包的协议类型。

第 33 行调用 netif_rx 函数把接收到的数据包传输到网络协议的上层进行处理。

第 34 行将 jiffies 值赋给网络设备结构的 last_rx 元素。

第 36~37 行增加统计结构的接收包个数以及接收包的字节数据长度。

习题与练习

1. 根据图 16-1，说明网络驱动程序的作用。
2. 数据结构 sk_buff 具有哪些功能和操作？
3. 简述 CS8900A 初始化过程。
4. 根据 CS8900A 驱动程序，实现一个简单的聊天程序，实现双机互动聊天功能。

参 考 文 献

1．冯新宇. ARM 9 嵌入式开发基础与实例进阶[M]. 北京：清华大学出版社，2012.

2．黄智伟. ARM 9 嵌入式系统设计基础教程[M]. 北京：北京航空航天大学出版社，2008.

3．田泽. ARM 9 嵌入式开发实验与实践[M]. 北京：北京航空航天大学出版社，2006.

4．李驹光等. ARM 应用系统开发详解[M]. 北京：清华大学出版社，2004.

5．杨树青，王欢. Linux 环境下 C 编程指南[M]. 北京：清华大学出版社，2010.

6．宋宝华. 设备驱动开发详解[M]. 2 版. 北京：人民邮电出版社，2010.

7. 华清远见嵌入式培训中心. 嵌入式 Linux 应用程序设计开发标准教程[M]. 北京：人民邮电出版社，2010.

8．刘淼. 嵌入式系统接口设计与 Linux 驱动程序开发[M]. 北京：北京航空航天大学出版社，2015.

9．Robert Love. Linux 内核设计与实现[M]. 陈莉君，康华，张波，译. 北京：机械工业出版社，2007.

10．Jonathan Coibet 等. Linux 设备驱动开发[M]. 3 版. 魏永明，译. 北京：中国电力出版社，2006.

11．韦东山. 嵌入式 Linux 应用开发完全手册[M]. 北京：人民邮电出版社，2010.